F. Puente León / M. Heizmann (Hrsg.)

Forum Bildverarbeitung 2012

Forum Bildverarbeitung 2012

F. Puente León
M. Heizmann
(Hrsg.)

Impressum

Karlsruher Institut für Technologie (KIT)
KIT Scientific Publishing
Straße am Forum 2
D-76131 Karlsruhe
www.ksp.kit.edu

KIT – Universität des Landes Baden-Württemberg und
nationales Forschungszentrum in der Helmholtz-Gemeinschaft

KIT Scientific Publishing 2012
Print on Demand

ISBN 978-3-86644-927-5

Vorwort

Bildverarbeitung spielt in vielen Bereichen der Technik zur effizienten und objektiven Informationserfassung eine Schlüsselrolle. Beispielsweise in der Qualitätssicherung industrieller Produktionsprozesse und zur Fahrerassistenz haben sich Bildverarbeitungssysteme einen unverzichtbaren Platz erobert.

Dennoch werden in der Bildverarbeitung weiterhin erhebliche Fortschritte gemacht: Sie werden auf der Seite der Hardware durch Weiterentwicklungen im Bereich der Sensortechnik, der Datenübertragung und durch die Zunahme der Leistungsfähigkeit von Rechnersystemen getragen. Auf der Seite der Signal- und Informationsverarbeitung sind leistungsfähige mathematische Verfahren und effiziente Algorithmen zur Verarbeitung der von Kameras erfassten Bildsignale wichtige Schwerpunkte aktueller Forschung und Entwicklung.

Das „Forum Bildverarbeitung" hat sich zum Ziel gesetzt, aktuelle Trends in Bildgewinnung, -verarbeitung und -auswertung aufzugreifen und zum fachlichen Austausch zwischen den Teilnehmern beizutragen. Die Auswahl der Beiträge resultiert aus der Arbeit des Programmausschusses, welcher vom Fachausschuss 3.51 „Bildverarbeitung in der Mess- und Automatisierungstechnik" der VDI/VDE-Gesellschaft Mess- und Automatisierungstechnik (GMA) berufen wurde:

- Bildsensoren,
- Bildgewinnung und -verbesserung,
- Mathematische Verfahren,
- Mustererkennung,
- Analyse menschlicher Bewegungen,
- Bildverarbeitung für mobile Systeme,
- Messtechnik.

Das Forum Bildverarbeitung möchte einen Beitrag zur Weiterentwicklung dieser wichtigen und zukunftsträchtigen Disziplin am Wirtschafts- und Forschungsstandort Deutschland leisten. Es richtet sich an Fachleute, die sich in der industriellen Entwicklung, in der Forschung oder der Lehre mit Bildverarbeitungssystemen befassen, und bietet eine Plattform für den Wissens- und Erfahrungsaustausch zwischen Wissenschaftlern und Anwendern.

November 2012 F. Puente León
M. Heizmann

Wissenschaftliche Leitung

Prof. Dr.-Ing. F. Puente León	Karlsruher Institut für Technologie
Dr.-Ing. M. Heizmann	Fraunhofer IOSB Karlsruhe

Programmausschuss

Dipl.-Ing. J. Berthold	VDI e.V. Düsseldorf
Prof. Dr.-Ing. J. Beyerer	Fraunhofer IOSB Karlsruhe
Prof. Dr. K. Donner	Universität Passau
Dr.-Ing. I. Gheţa	Karlsruher Institut für Technologie
Dr. A. Heinrich	Carl Zeiss AG Oberkochen
Dr.-Ing. M. Heizmann	Fraunhofer IOSB Karlsruhe
Prof. Dr. B. Jähne	Universität Heidelberg
Prof. Dr.-Ing. T. Längle	Fraunhofer IOSB Karlsruhe
Dipl.-Ing. M. Maurer	Vitronic Dr.-Ing. Stein GmbH
Prof. Dr. W. Osten	Universität Stuttgart
Prof. Dr.-Ing. F. Puente León	Karlsruher Institut für Technologie
Prof. Dr.-Ing. R. Schmitt	RWTH Aachen
Dr.-Ing. D. Schupp	Robert Bosch GmbH Stuttgart
Prof. Dr.-Ing. C. Stiller	Karlsruher Institut für Technologie
Prof. Dr.-Ing. R. Tutsch	Technische Universität Braunschweig
Dr.-Ing. S. Werling	Fraunhofer IOSB Karlsruhe
Dr.-Ing. E. Wiedenmann	AiMess Services Burg
Dipl.-Ing. S. Wienand	ISRA VISION AG Darmstadt
Dr.-Ing. V. Willert	TU Darmstadt

Inhaltsverzeichnis

Mathematische Verfahren

Mustererkennung

Analyse menschlicher Bewegungen

Bildverarbeitung für mobile Systeme

Messtechnik

Erweiterte Schärfentiefe mittels Scheimpflug-Bildaufnahme und Bildfusion

Michael Erz[1], Wolfgang Mischler[1], Johannes Trein[2], Zhuang Lin[1], Ralf Lay[2] und Bernd Jähne[1]

[1] Universität Heidelberg, Heidelberg Collaboratory for Image Processing am Interdisziplinären Zentrum für Wissenschaftliches Rechnen, Speyerer Straße 6, D-69115 Heidelberg
[2] Silicon Software GmbH, Steubenstrasse 46, D-68163 Mannheim

Zusammenfassung Dieser Beitrag stellt ein neuartiges Scan-Verfahren mit erweiterter Schärfentiefe vor. Der Einsatz der Scheimpflug-Optik erlaubt, bei Beobachtung senkrecht zur Bewegungsrichtung das Objekt in unterschiedlichen Tiefen scharf abzubilden, ohne dass eine Fokusserie aufgenommen werden muss. Bei der nachfolgenden Bildfusion entsteht das tiefenscharfe Bild und eine entsprechende Tiefenkarte. Die Implementierung der Bildverarbeitung auf einem FPGA ermöglicht bei hohen Eingangsbildraten, die Berechnung von Zwischenergebnissen und die Ausgabe von zwei Bildströmen in Echtzeit. Der Geschwindigkeitsvorteil gegenüber einer softwarebasierten Referenzimplementierung der Bildverarbeitung wird demonstriert.

1 Einleitung

Eine hochauflösende dreidimensionale Vermessung von Objekten mit unebenen Oberflächen muss in industriellen Anwendungen oft bei hohen Geschwindigkeiten (z.B. auf einem Förderband) erfolgen. Die Vergrößerung der Schärfentiefe durch eine kleinere nummerische Apertur ist aufgrund von sehr kurzen Belichtungszeiten nicht immer möglich. Die Rekonstruktion der tiefenscharfen Abbildung bei einer bekannten *Point Spread Function* (PSF) erfordert entweder mehrere Aufnahme bei verschiedenen Entfernungen zum Objekt oder eine Aufnahme, während deren Belichtung der Fokus variiert wird (*Focus Stacking / Focus Sweep*)

[1]. Eine solche Fokusserie benötigt Zeit und schränkt somit die maximale Geschwindigkeit ein. Verfahren basierend auf der Wellenfrontkodierung [2] mit optischen Masken ermöglichen zwar eine bessere Schärfentiefe, reduzieren jedoch die Signalstärke erheblich. Lichtfeldkameras (plenoptische Kameras [3]) erlauben eine nachträgliche Refokussierung eines unscharf abgebildeten Gegenstandes, besitzen aber eine relativ geringe räumliche Auflösung und erfordern Bildverarbeitungsschritte, die das System verlangsamen.

Dieser Beitrag stellt ein neuartiges Scan-Verfahren mit erweiterter Schärfentiefe und gleichzeitiger Tiefenrekonstruktion vor, das auf der Scheimpflug-Bildaufnahmetechnik und der Fusion von Bildern basiert. Dabei wird die xyt-Bildfolge auf ein yt-Bild reduziert und fusioniert.

2 Funktionsprinzip

Im Jahr 1906 stellte Theodor Scheimpflug ein Prinzip zur Bildaufnahme vor, mit dem eine nicht parallel zur Bildebene befindliche Objektoberfläche scharf abgebildet werden kann. Dabei ergibt sich aus der allgemeinen Linsengleichung, dass eine scharfe Abbildung dann zustande kommt, wenn die Bild-, Objektiv- und Objektebene sich in einer Geraden schneiden [4]. Der erste Ansatz einer Kombination aus Scheimpflug-Bildaufnahme und *Focus Sweep* in einem Scanverfahren wurde von Schapowalow [5] vorgestellt. Die Scheimpflug-Optik erlaubt es, bei Beobachtung senkrecht zur Bewegungsrichtung das Objekt in unterschiedlichen Tiefen scharf abzubilden, ohne dass eine Fokusserie aufgenommen werden muss (siehe Abb. 1.1). In Kombination mit der Bewegung des Objektes um eine Sensorzeile repräsentieren die Bildzeilen Aufnahmen eines Objektbereichs bei unterschiedlichen Entfernungen. Zur Verdeutlichung des Aufnahmeprinzips siehe Abb. 1.2. Hier wird die Aufnahme mit einem fünfzeiligen Sensor ($N_m = 5$) demonstriert. Die relative Bewegung des Objekts zur Kamera verläuft von oben nach unten jeweils um eine Pixelbreite. Für die Berechnung eines tiefenscharfen Bildes existieren zwei Möglichkeiten.

Die eine Möglichkeit ist das sukzessive Zusammensetzen des tiefenscharfen Bildes und der Tiefenkarte mithilfe des lokalen Kontrastes für jeden Pixel (m, n) aus den einzelnen Aufnahmen $\boldsymbol{G}_i$. Die Berechnung des lokalen Kontrastes $\boldsymbol{K}_i$ erfolgt mithilfe der Varianz, die in der Nachbar-

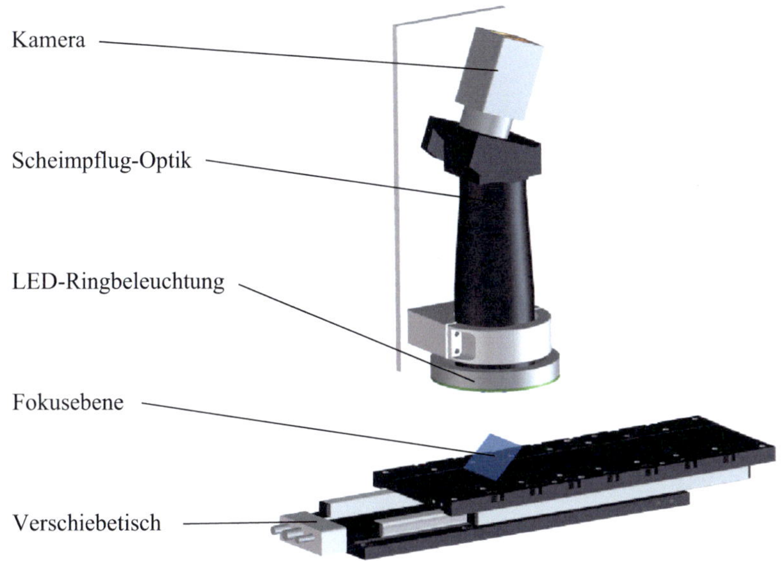

Abbildung 1.1: Ein CAD-Modell des Testaufbaus mit einer Basler Ace Kamera, einer bi-telezentrischen Scheimpflug-Optik, einer LED-Ringbeleuchtung und einer Positionierungseinheit. Die halbdurchsichtige Fläche deutet die Lage der objektseitigen Fokusebene an.

schaft $\boldsymbol{A}$ berechnet wird:

$$\boldsymbol{K}_i[m,n] = \frac{1}{N_A - 1} \sum_{m,n\in\boldsymbol{A}} \left(\boldsymbol{G}_i[m,n] - \frac{1}{N_A} \sum_{m,n\in\boldsymbol{A}} \boldsymbol{G}_i[m,n] \right)^2 .$$

(1.1)

Dabei ist N_A die Anzahl der Pixel in der Nachbarschaft $\boldsymbol{A}$. Das tiefenscharfe Bild $\boldsymbol{G}'$ und die zugehörige Tiefenkarte $\boldsymbol{T}'$ ergeben sich anschließend aus den Grauwerten an der Stelle des maximalen Kontrastes.

Mathematische Symbole mit einem Apostroph ($'$) beziehen sich im Folgenden immer auf das tiefenscharfe Bild bzw. die berechnete Tiefe.

Für die Aufnahme der ersten tiefenscharfen Zeile von $\boldsymbol{G}'$ (also $m' = 0$) und der entsprechenden Tiefe $\boldsymbol{T}'$ werden N_m versetzte Aufnahmen benötigt, für $N_{m'}$ Zeilen entsprechend $N_m + N_{m'} - 1$ Aufnahmen. Die

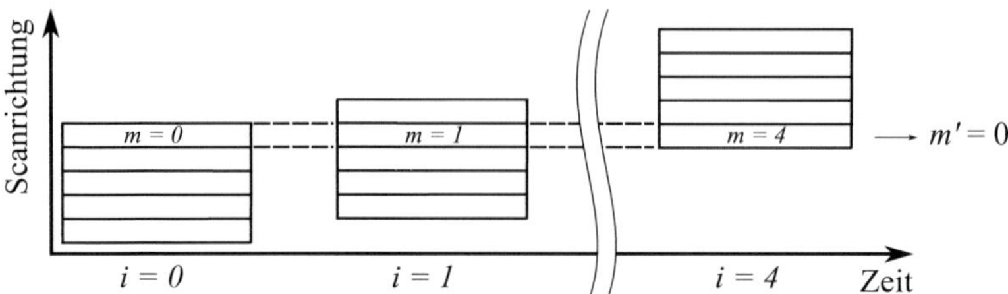

Abbildung 1.2: Veranschaulichung des Aufnahmeprinzips einer tiefenscharfen Zeile $N_{m'} = 1$ (und der entsprechenden Tiefe) an einem fünfzeiligen Sensor ($N_m = 5$); Es entspricht einer Tiefenauflösung von fünf Stufen, mit insgesamt fünf Aufnahmen, $i = 0, \ldots, 4$.

m'-te Zeile ergibt sich also als

$$\boldsymbol{G}'[m', n] = \boldsymbol{G}_{m'+m}[m, n] \text{ und}$$
$$\boldsymbol{T}'[m', n] = m \cdot \tan \alpha \tag{1.2}$$
$$\text{mit } m = \underset{l \in \{0, 1, \ldots, N_m - 1\}}{\arg\max} \boldsymbol{K}_{m'+l}[l, n] \ .$$

Dabei ist α der Winkel der Fokusebene (gegenüber der Waagerechten).

Da die Bildfusion sehr rechenintensiv, aber parallelisierbar, ist, wurde diese auf dem FPGA des Framegrabbers implementiert.

Die zweite Methode zur Tiefengewinnung und die Rekonstruktion einer tiefenscharfen Abbildung ist das Aufsummieren der entsprechenden Zeilen. Mithilfe der bekannten *Point Spread Function* (PSF) des Objektivs und einer Entfaltung kann anschließend das tiefenscharfe Bild und die Tiefenkarte berechnet werden. Schapowalow [5] beschränkte sich in seiner Arbeit auf diese zweite Methode.

In dieser Publikation wird die erste Methode zur Bestimmung der tiefenscharfen Abbildung und der Tiefenschätzung verwendet.

3 Demonstrator

Zur Demonstration des Messprinzips wurde folgende experimentelle Anordnung verwendet. Der Aufbau beinhaltet eine digitale Kamera mit einer telezentrischen Scheimpflug-Optik und eine LED-Beleuchtung. Ein

Objekt wird unter der Optik mittels eines Verschiebetisches mit konstanter Geschwindigkeit bewegt. Während dieser Bewegung werden mit der Kamera synchronisiert Bilder aufgenommen (siehe hierzu Abb. 1.1).

3.1 Bildaufnahme mittels Scheimpflug-Prinzip

Bei einer konventionelle Scheimpflug-Abbildung ist zu beachten, dass aufgrund der Änderung des Abbildungsmaßstabes (in diesem Fall in Abhängigkeit von der Position auf dem Bildsensor) es zu so genannten „stürzenden Linien" kommt. Für das hier beschriebenen Verfahren ist jedoch derselbe Abbildungsmaßstab auf dem gesamten Sensor essentiell, da die einzelnen Pixelwerte separate Messungen desselben Objektpunktes darstellen müssen. Dieser Nachteil kann durch eine telezentrische Optik umgangen werden. Da aber sowohl die Objektebene als auch die Sensorebene gekippt sind, ist beidseitige Telezentrie notwendig. Es wurde das bi-telezentrische Objektiv TCSM024 der Fa. *Opto-Engineering* mit einer *Basler Ace* acA2000-340km verwendet. Der Kippwinkel des Bildsensors wurde auf 19.3° eingestellt. Der Abbildungsmaßstab betrug 2.3 : 1. Der Neigungswinkel der objektseitigen Fokusebene betrug demzufolge $\alpha = 45°$. Aufgrund der auftretenden Verzeichnung des Objektiv wurden nur 1280 Spalten in der Mitte des Bildsensors ausgelesen. Um die Belichtungszeit so klein wie möglich zu halten, wurde zusätzlich horizontales Binning über 2 Pixel verwendet. Die Horizontale Auflösung betrug deshalb 640 Pixel. Die Schärfentiefe des Objektivs beträgt laut Herstellerangaben 3 mm. Aus diesem Grund konnte die Tiefenauflösung durch das Reduzieren der Zeilenanzahl auf 100 dem Auflösungsvermögen des Objektivs angepasst werden. Dazu wurde nur jede 10-te Zeile des Sensors ausgelesen[3]. Aus dem Sichtfeld von 15 mm und dem Neigungswinkel der Fokusebene ergibt sich eine maximale Tiefenauflösung von 0.15 mm.

Variationen in der Sensitivität, *Photo Response Nonuniformity* (PRNU), und in dem Dunkelsignal, *Dark Signal Nonuniformity* (DS-NU), von Pixel zu Pixel wurden vor den Messungen mit einer homogenen Lichtquelle vermessen. Für eine möglichst gleichmäßige Beleuchtung wurde eine LED-Ringbeleuchtung eingesetzt.

---

[3] Bei dem Hersteller heißt diese Einstellung *Decimation* (nicht zu verwechseln mit *Binning*). Hier wird tatsächlich nur jede n-te Zeile ausgelesen.

3.2 Objektpositionierung und Kameraansteuerung

Zur Positionierung des Objektes wird ein linearer Verschiebetisch MX80L mit einer ViX250IH Steuerung der Fa. Parker verwendet. Dieser Verschiebetische zeichnet sich durch eine Wiederholgenauigkeit von $1\,\mu$m bei relativ hoher Verfahrgeschwindigkeit aus.

Als Framegrabber dient ein *MicroEnable IV VD4* mit einer Verarbeitungserweiterung *PixelPlant 200* der Fa. *Silicon Software*. Zur Triggerung der Bildaufnahme wurde zusätzlich ein *TTL Trigger Board* verwendet.

Das Schrittsignal des Verschiebetisches wurde als Triggersignal verwendet. Dieses wurde auf dem FPGA durch einen konstanten Faktor, der so eingestellt werden musste, dass die einzelnen Aufnahmen um 10 Pixelbreiten gegeneinander verschoben sind, geteilt und als Trigger für die Kamera verwendet.

Bei der Ausrichtung des Verschiebetisches ist eine zu den Spalten des Sensors parallele Bewegung des Objektes von entscheidender Bedeutung.

4 Signalverarbeitung auf FPGA

Sowohl die Bild- als auch Triggersignalverarbeitung wurde auf dem FPGA des Framegrabbers implementiert. Als Entwicklungsumgebung wurde *VisualApplets* der Fa. *Silicon Software* verwendet. Der Einsatz eines FPGAs ermöglicht bei hohen Eingangsbildraten, die Berechnung der Zwischenergebnissen und die Ausgabe von drei Bildströmen in Echtzeit.

Da bei diesem Verfahren in jedem Bildverarbeitungsschritt auf die Ergebnisse aus dem vorherigen Bild zugegriffen werden muss, war eine direkte Implementierung in der aktuellen Version von *VisualApplets* noch nicht möglich. Für solche Aufgaben stellt *Silicon Software GmbH* eine Erweiterung, eine *PixelPlant*, zur Verfügung. Es handelt sich um eine zusätzliche Karte, die in Verbindung mit einem Framegrabber geschlossene Schleifen in Datenströmen erlaubt.

In Abb. 1.3 ist das *VisualApplets*-Design für die Signalverarbeitung auf dem FPGA dargestellt. Aus Übersichtlichkeitsgründen wurden dabei mehrere Module in einem Block (so genannte *HierarchicalBox*) zusammengefasst. Der FPGA-Design beinhaltet drei grundlegende Bildverarbeitungsschritte: Berechnung des lokales Kontrastes, Vergleich mit dem Kontrastwert aus der vorherigen Aufnahme und anschließender Zwi-

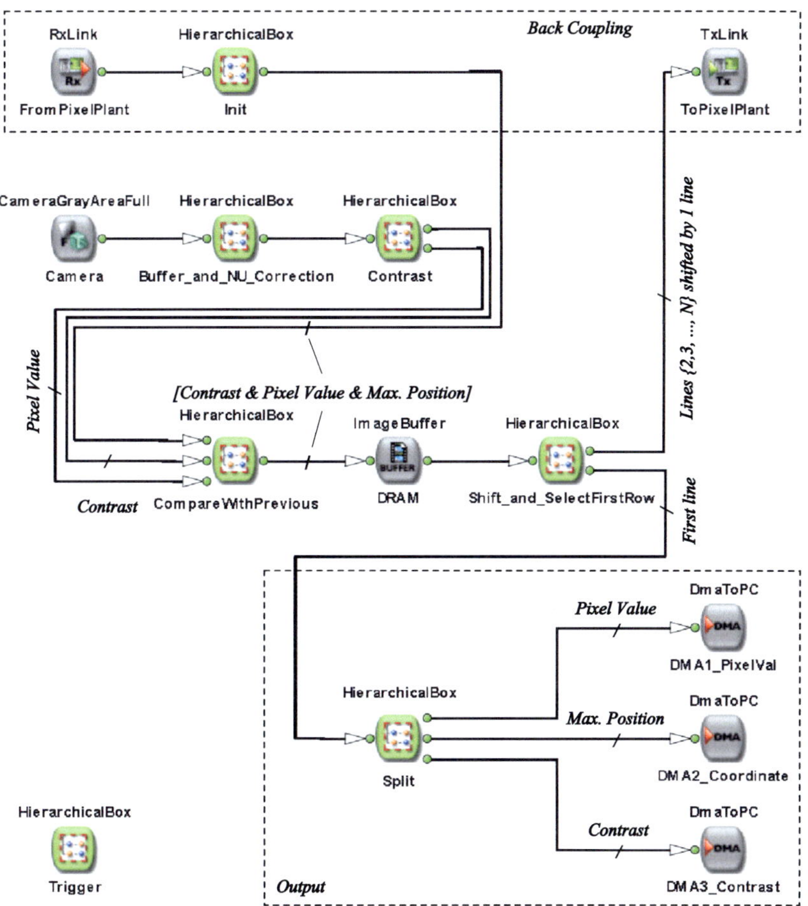

Abbildung 1.3: *VisualApplets*-Design zur Signalverarbeitung auf dem FPGA. Die Implementierung von Schleifen wurde durch die Rückkopplung anhand einer Erweiterungskarte (*PixelPlant*) ermöglicht; Eine *HierarchicalBox* kann mehrere *Module* beinhalten; Für nähere Beschreibung siehe Text.

schenspeicherung des größeren Kontrastwertes (und der Position), und die Rückkopplung mit einer der Bewegung des Objektes entsprechenden Verschiebung um eine Zeile. Das Modul *Trigger* beinhaltet lediglich einen Flanken-Zähler und eine anschließende Division durch einen bestimmten Faktor (in diesem Fall 148). Im Modul *Buffer_and_NU_Correction* wird das von der Kamera kommende Bild durch eine Subtraktion des vorher gemessenen Dunkelsignals und durch eine Multiplikation mit einer Korrekturmatrix bzgl. DSNU bzw. PRNU korrigiert. Im Folgenden werden die drei entscheidende Bildverarbeitungsschritte näher erläutert.

Berechnung des Kontrastes: Die Berechnung des lokalen Kontrastes erfolgt im Block *Contrast* mithilfe der Gl. (1.1) in der Pixelnachbarschaft von 5×5. Hierzu wird ein *FIRkernelNxM*-Modul verwendet. Um bei dem Quadrieren Ressourcen zu sparen, wurden *HWMULT*-Module verwendet, die zur Multiplikation die auf der Platine festverdrahtete Multiplikationseinheiten verwenden. Die Ausgabe des Blocks *Contrast* stellen der Pixelwert selbst G_i und der für jeden Pixel berechnete Kontrast K_i dar.

Vergleich des Kontrastes und Zwischenspeicherung: Der lokale Kontrast K_i, der für den aktuellen Pixel berechnet wurde, wird mit dem Kontrast K_{i-1} aus dem vorherigen Bild anhand eines *IF*-Moduls in dem Block *CompareWithPrevious* verglichen. Der aktuell maximale Wert des Kontrastes $\max(K_i, K_{i-1})$, die Position m des Pixel (also die Zeilennummer) und der entsprechende Pixelwert werden im Buffer *DRAM* gespeichert. Da die Anzahl der DRAMs auf dem Framegrabber limitiert ist, werden die drei Werte in einem einzigen Werte von 32 bit [Kontrast,Pixelwert,Position] zusammengefasst und gespeichert.

Rückkopplung über die PixelPlant: Zum besseren Verständnis dieses Absatzes nehmen wir an, dass wir bereits $N_m = 100$ Aufnahmen getätigt haben. Im Block *Shift_and_SelectFirstRow* wird die erste Zeile aus dem Buffer *DRAM* an die Ausgabe weitergeleitet, da hier (nach N_m Aufnahmen) der Kontrastwert mit allen Abtastungen verglichen wurde und ausgegeben werden kann. Die restlichen Zeilen werden entsprechend der Bewegung des Objektes um eine Zeile nach oben verschoben und an die *PixelPlant* geleitet. So werden diese Werte mit der nächsten Aufnahme verglichen.

Bei der Ausgabe (*Split*) werden die ersten $N_m - 1$ (hier also 99) Zeilen verworfen, da der Sensor noch nicht mit allen Zeilen die jeweilige Position auf dem Objekt abgetastet hat. Außerdem werden hier die in einem 32 bit-Wert zusammengefassten Kontrast, Pixelwert und Koordinate getrennt und an die entsprechende Ausgabe an den PC *DMA1*, *DMA2* und *DMA3* weitergeleitet.

5 Ergebnisse

Für das beschriebene Verfahren ist eine kontrastreiche Oberfläche sehr wichtig. Strukturen auf der zu vermessenen Oberfläche sollten dabei nicht gröber als die zur Berechnung des Kontrastes gewählte Maske sein. Bei der Demonstration wurde diese Maske auf 5×5 festgelegt. Somit müssten die Oberflächenstrukturen im Bereich von $1/10$ mm liegen. Dazu wurden feine Strukturen (Zufallsmuster oder Linienstrukturen) auf dem Papier ausgedruckt. Als Testobjekt diente ein aus dem bedruckten Papier geformter Zylinder, der auf einem ebenfalls bedruckten Blatt Papier liegt. In der Abb. 1.4a ist das mit der Scheimpflug-Optik aufgenommene Bild G_{99} ohne der oben beschriebenen Bildverarbeitung gezeigt. Die obere Kante des Bildes ist dank der geneigten Fokusebene näher an die Objektoberfläche, so dass hier der Hintergrund scharf erscheint. Die Fokusebene an der unteren Bildkante ist weiter von der Oberfläche entfernt, deshalb erscheint hier die Oberfläche des Zylinders schärfer. Abbildungen 1.4b-d zeigen die Ausgabe des FPGA-Designs: das tiefenscharfe Bild G' (Abb. 1.4b), die rekonstruierte Tiefe T' (Abb. 1.4c) und den maximalen Kontrast (Abb. 1.4d). Durch unzureichende Strukturierung der Objektoberfläche (Kontrast nahe Null) treten fehlerhafte Werte für die rekonstruierte Tiefe auf (siehe Abb. 1.4c). Hier könnte anhand einer nachträglichen Filterung am PC Punkte mit Kontrastwerten unterhalb einer bestimmten Schwelle, die von Anwendung zu Anwendung variieren kann, herausgefiltert werden und mit Nachbarwerten aufgefüllt werden. Die Abb. 1.4f zeigt ein solches Auffüllen der Tiefenkarte mit einem mittleren Wert in der Nachbarschaft (ohne weitere Regularisierung). Für das tiefenscharfe Bild spielt dieser Effekt keine Rolle, das es bei dem Fehlen des Kontrastes sowieso keine scharfe Abbildung möglich ist und der bestmögliche Wert verwendet werden kann. Aufgrund der Tatsache, dass nur jede zehnte Zeile, aber nur jede zweite Spalte auf dem Sensor ausgelesen wird, muss

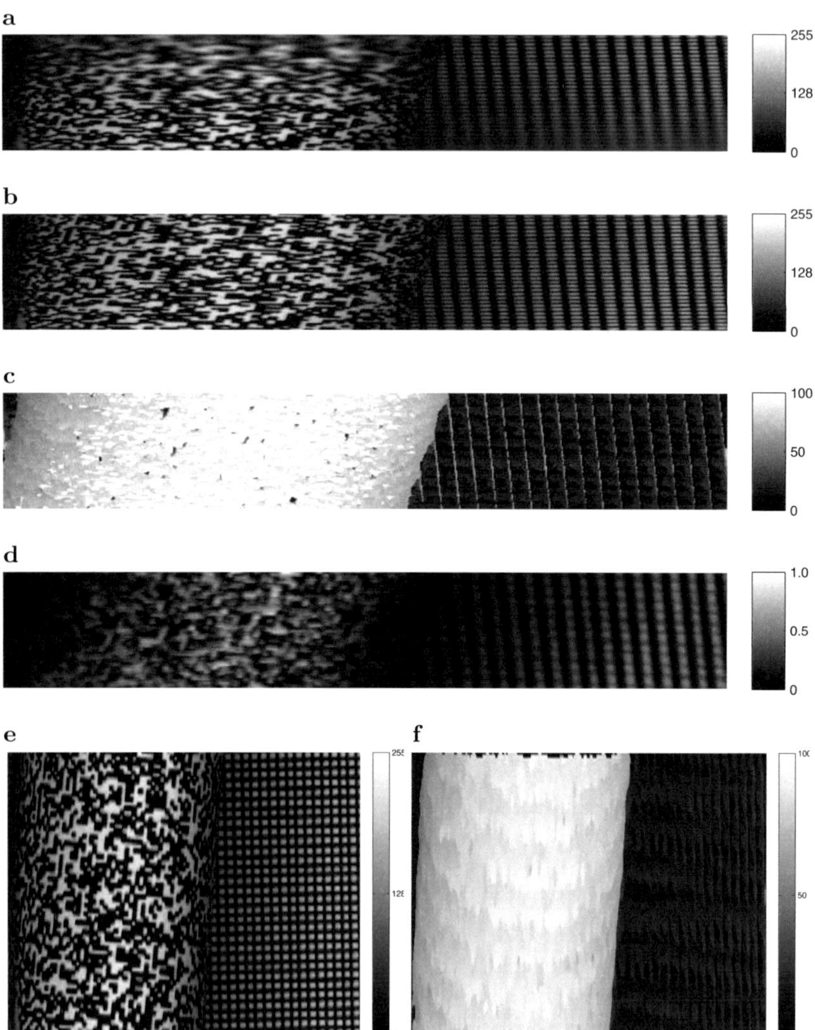

Abbildung 1.4: Ergebnisse: Als Testtarget diente hier ein Zylinder auf einer ebenen Fläche; a) stellt das Rohbild $\boldsymbol{G}_{99}$, b) das tiefenscharfe Bild $\boldsymbol{G}'$, c) die rekonstruierte Tiefe $\boldsymbol{T}'$ und d) den maximale Kontrast dar; e-f) zeigen nachträglich am PC gefilterte und maßstabsgetreu interpolierte Ergebnisse.

zusätzlich maßstabgetreu interpoliert werden. Die Abbildungen 1.4e,f zeigen die nachträglich interpolierte Ergebnisse.

6 Geschwindigkeitsgewinn im Vergleich zur Bildverarbeitung auf CPU

In der verwendete Konfiguration (640×100 Pixel) beträgt die maximale Bildrate der Kamera ca. 600 Hz. Mit der Scanweite von 10 Pixeln entspricht dies einer Scangeschwindigkeit von ca. 7 cm/s.

Um den Geschwindigkeitsvorteil der Bildverarbeitung auf FPGA zu demonstrieren, wurde ein *Matlab*-Skript erstellt, der aus dem Stapel der aufgenommenen Bilder (200 Bilder) entsprechend der beschriebenen Methode den lokalen Kontrast berechnet und anschließend die Tiefe und das tiefenscharfe Bild zusammensetzt. Durch die relativ geringe Auflösung wurde die volle Geschwindigkeit des Framegrabbers nicht ausgenutzt und somit dauerte die Aufnahme ohne Bildverarbeitung genauso lang, wie mit der Bildverarbeitung. Das Scannen von 100 Zeilen (entspricht 200 Aufnahmen) dauerte ca. 0.3 s. Die anschließende Bildverarbeitung in *Matlab* ca. 1.5 s. Die Verarbeitung auf der CPU benötigt so 6-mal länger.

Außerdem ist die CPU-Implementierung nicht für unendlich ausgedehnte Aufnahmen geeignet.

7 Zusammenfassung und Ausblick

Dieser Beitrag stellt ein neuartiges Scan-Verfahren mit erweiterter Schärfentiefe vor. Der Einsatz der Scheimpflug-Optik erlaubt, bei Beobachtung senkrecht zur Bewegungsrichtung, das Objekt in unterschiedlichen Tiefen scharf abzubilden, ohne dass eine Fokusserie aufgenommen werden muss. Bei der nachfolgenden auf der FPGA implementierten Bildfusion in Synchronisation mit der Bewegung des Objektes entsteht das tiefenscharfe Bild und eine entsprechende Tiefenkarte. Die Implementierung der Bildverarbeitung auf einem FPGA ermöglicht bei hohen Eingangsbildraten, die Berechnung von Zwischenergebnissen und die Ausgabe von zwei Bildströmen in Echtzeit. Aufgrund von (momentanen) Einschränkungen in der Funktionalität eines der Operatoren in der verwendeten Programmierumgebung musste die Datenflussgeschwindigkeit auf dem FPGA auf Parallelität 4 reduziert werden. Nichtsdestotrotz konnte ein deutlicher Geschwindigkeitsvorteil gegenüber einer Bildverarbeitung auf CPU-Basis festgestellt werden (Faktor 6). Bei der nächsten Generation des verwendeten Framegrabbers und der neuen Version der Programmierumgebung wird erwartungsgemäß die volle CameraLink-Full-Geschwindigkeit (Parallelität 16) des FPGA ausgenutzt werden können. Die zu erwartende Geschwindigkeit würde bei gleicher Auflösung von 640×100 Pixeln ca. $13\,\mathrm{kHz}$ oder rund $150\,\mathrm{cm/s}$ betragen. Dies entspricht in etwa auch der Geschwindigkeit bei Lasertriangulationsverfahren.

8 Danksagung

Wir bedanken uns bei dem Bundesministerium für Wirtschaft und Technologie (BMWi) für die Förderung des FuE-Kooperationsprojektes im Rahmen des Förderprogramms „Zentrales Innovationsprogramm Mittelstand (ZIM)", sowie bei Dr. Ralf Zink (Robert Bosch GmbH) für zahlreiche Diskussionen.

Literatur

1. G. Hausler, „A Method to Increase the Depth of Focus by Two Step Image Processing,", *Optics Communications*, S. 38–42, 1972.

2. E. R. J. Dowski und W. T. Cathey, „Extended depth of field through wavefront coding", *Applied Optics*, Vol. 34, Issue 11, S. 1859–1866, 1995.

3. T. Adelson und J. Y. A. Wang, „Single lens stereo with a plenoptic camera", *IEEE, Transactions on Pattern Analysis and Machine Intelligence*, Vol. 14, S. 99–106, 1992.

4. T. Scheimpflug, „Der Photospektrograph und seine Anwendungen", *Photographische Korrespondenz*, Nr. 43, S. 516, 1906.

5. A. Schapowalow, „Implementierung der Focus-Sweep Technik mit Hilfe von Scheimpflugoptik und TDI-Technik", Master's Thesis, Fakultät für Mathematik und Informatik, Ruprecht-Karls-Universität Heidelberg, Germany, 2011.

Infrarot 3D Scanner

Ernst Wiedenmann, Thomas Scholz und Andreas Wolf

AiMESS Services GmbH
Johann-Sebastian-Bach-Str. 60, D-39288 Burg

Zusammenfassung In der industriellen Messtechnik hat sich das Verfahren der sogenannten Streifenprojektion zur schnellen Ermittlung von dimensionellen 3D Oberflächendaten etabliert. Die Kombination aus flächenhafter, strukturierter Projektion, zweidimensionalen digitalen optischen Sensoren und Triangulation als Messprinzip erlaubt es sehr hohe Punktdichten mit ausreichenden Messunsicherheiten zu ermitteln. Seit Beginn der 80er Jahre des letzten Jahrhunderts ist das Messprinzip bekannt [1]. Bisherige Systeme konnten bis heute die prinzipiellen Schwierigkeiten sowohl mit stark glänzenden Oberflächen als auch mit sehr dunklen Oberflächen nicht überwinden. Im sichtbaren Lichtspektrum transparente Materialien können gar nicht vermessen werden. Wir haben deshalb ein neues Streifenprojektionssystem entwickelt, das diese Probleme löst. Dazu setzen wir erstmalig in der geometrischen Messtechnik das physikalische Prinzip der Energieumwandlung ein. In diesem Beitrag werden die Grundlagen und die Funktionsweise dieses Messprinzips erläutert. Erste Resultate von 3D Rekonstruktionen von verschiedenen Oberflächen werden gezeigt.

1 Funktionsprinzip

Der Nachweis der strukturierten Beleuchtung bisheriger Streifenprojektionssysteme basiert auf der Reflexion elektromagnetischer Strahlung. Es wird das vom Projektor ausgesandte Licht vom Messobjekt reflektiert und im Detektor nachgewiesen. Damit die Kamera Lichtstrahlen auffängt, die vom Projektor ausgesandt wurden, muss im Allgemeinen eine diffuse Reflexion an der Oberfläche des Messobjektes stattfinden. Die diffuse Reflexion von optischer Strahlung eines Materials hängt von mehreren Faktoren ab und dabei besonders von der Oberflächenrauhigkeit.

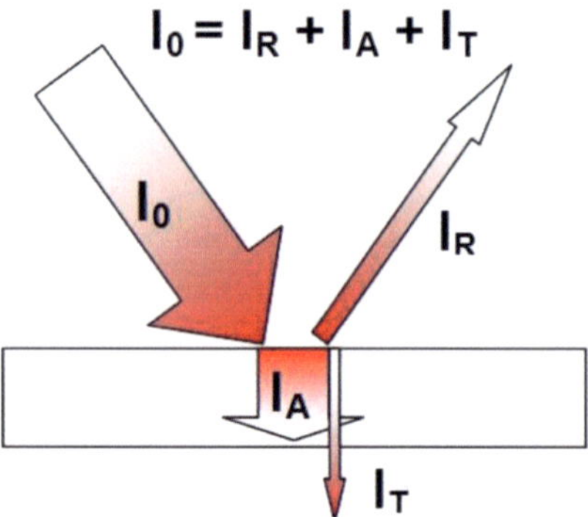

Abbildung 2.1: Energieerhaltung elektromagnetische Strahlung.

Nur der spekulare Anteil kann mit einfachen physikalischen Gesetzen (Brechungsgesetz von Snellius bzw. Fresnel-Gleichungen) vorhergesagt werden kann. Deshalb kann die „Kooperationsfähigkeit" eines unbekannten Materials nicht vorhergesagt werden und muss für jeden Einzelfall überprüft werden. Wir nutzen deshalb erstmalig nicht die Reflexion, sondern die Absorption der Oberfläche des zu vermessenden Gegenstandes.

Wie in Abbildung 2.1 zu sehen ist, gilt aufgrund des Energieerhaltungssatz folgende Formel:

$$I_0 = I_R + I_A + I_T \tag{2.1}$$

Dabei ist I_0 die Intensität der eingestrahlten elektromagnetischen Strahlung. I_R, I_A und I_T sind die reflektierte, absorbierte bzw. die transmittierte Intensität. Die Nutzung des absorbierten Strahlung vereinfacht das physikalische Verhalten erheblich, fordert jedoch den Übergang zu anderen Strahlungsquellen. Wir haben hierfür den infraroten Wellenlängenbereich gewählt, da in diesem Bereich im Gegensatz zum optischen die meisten Materialien eine starke Absorption zeigen. Beispielhaft sei hierfür der in Abbildung 2.2 gezeigte imaginäre Anteil k des Brechungsindex von Quarzglas gezeigt. Bei seinem Maximum von ca. 9,1 µm [2] ist die Absorption maximal und damit die Eindringtiefe minimal. Das Bedeutet, dass bei dieser Wellenlänge die Energie in einer Oberflächenschicht von weniger als 0,3 µm deponiert wird.

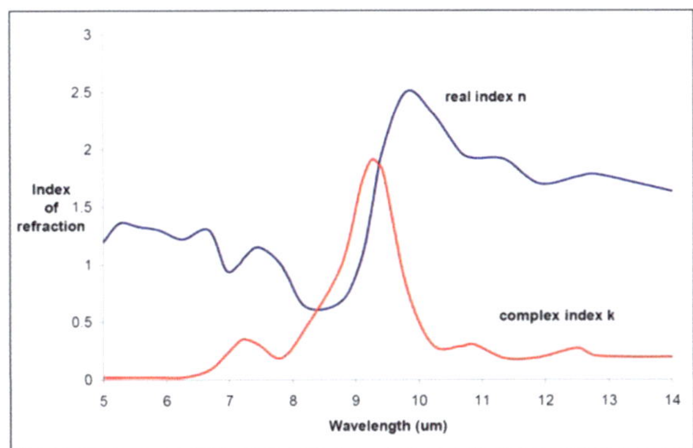

Abbildung 2.2: Brechungsindex von Quarzglas.

Die absorbierte Energie wird nun in Wärme umgewandelt. Der Körper erhöht seine Temperatur. Dies verursacht die Abstrahlung von langwelliger Infrarotstrahlung. Die entsprechend dem Planck'schen Strahlungsgesetz [3] emittierte Strahlung hat zwei wesentliche Vorteile gegenüber reflektierter Strahlung. Zum einen handelt es sich bei der Wärmestrahlung um einen idealen Lambert'schen Strahler. Das bedeutet, dass die Strahlungsdichte in alle Raumrichtungen konstant ist und somit der Nachweis richtungsunabhängig ist. Zum anderen ist sowohl die Entstehung durch Absorption als auch die Emission bei den meisten Stoffen auf die Oberfläche begrenzt. Dies stellt die Vermessung der technisch wirkenden Grenzfläche des Messobjektes sicher, ohne dass störende Volumeneffekte die 3D Ergebnisse verändern.

2 Systemaufbau

Der in Abbildung 2.3 gezeigte Systemaufbau zeigt die verschiedenen Systemkomponenten und ihr Zusammenwirken. In den folgenden Unterkapiteln werden sie näher beschrieben.

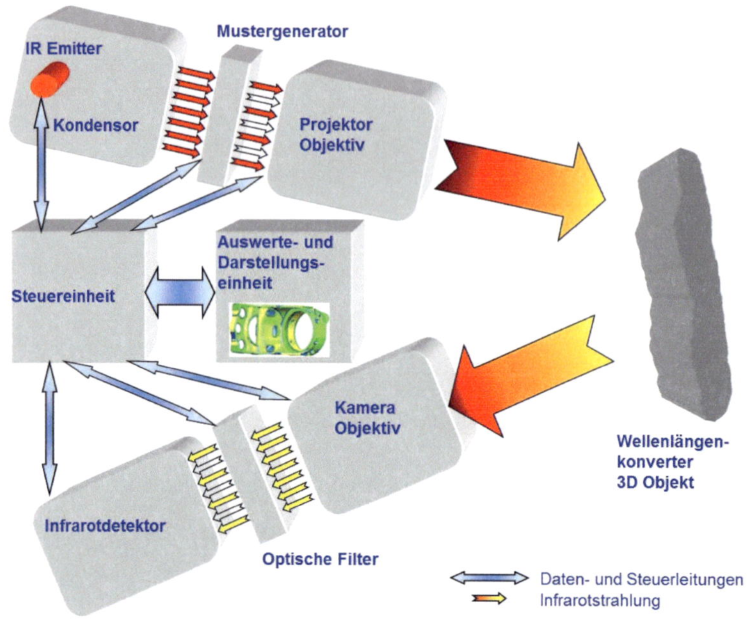

Abbildung 2.3: Skizze des Systemaufbaus.

2.1 Projektor

Der Projektor besteht aus den drei Komponenten Infrarot Quelle, einem
Element, das ein strukturiertes Muster erzeugt und einer Abbildungsoptik. Wie bei den meisten optischen Messgeräten benötigen wir auch hier
möglichst viel Intensität bzw. eine möglichst hohe Strahlungsintensität.
Im Laufe der Entwicklung hat sich gezeigt, dass ausreichende Intensitäten
im langwelligen Infrarot nur mit einem Laser erreicht werden können. Damit wir die oben geschilderten Randbedingungen möglichst gut erfüllen
können, haben wir uns für einen speziellen CO_2-Laser entschieden. Er
wird für die Beleuchtung der Gitter passend zur Gittergröße optisch auf-
geweitet. Als Verfahren zur Lösung des Korrespondenzproblems haben
wir uns zusammen mit unserem Projektpartner, dem Fraunhofer IFF
aus Magdeburg zu einem Phasenschiftverfahren (4-Buckets Algorithmus)
entschieden, das mit mehreren Gitterperioden arbeitet [4].

Abbildung 2.4: Phasenrekonstruktion mit Phasenschiebeverfahren.

Wie in Abbildung 2.4 zu sehen ist, wird das Objekt 4 mal Beleuchtet, wobei das Beleuchtungsgitter jeweils um eine viertel Gitterperiode verschoben wird. Die Phase φ berechnet sich bei der Annahme einer sinusförmigen Intensitätsverteilung folgendermaßen:

$$\varphi(x) = \arctan\left(\frac{I_0 - I_2}{I_1 - I_3}\right) \tag{2.2}$$

Dabei wird für jedes Pixel x der Kamera die Intensität I_k der 4 Wärmebilder bestimmt. Wie im zentralen Bild von Abbildung 2.4 zu sehen ist, erhält man so eine Phaseninformation und damit eine Ortsinformation, die noch periodisch über das Bild ist. Deshalb wird diese Aufnahme noch bei zwei weiteren Wellenlängen wiederholt, so dass eine eindeutige Phase für das gesamte Bildfeld bestimmt werden kann.

Die Abbildungsoptik wurde speziell für diesen Anwendungsfall konzipiert. Da sowohl die Kameraoptik als auch die Projektionsoptik eine sehr kleine Öffnungszahl haben, ist die Tiefenschärfe beider Abbildungen begrenzt. Durch den Triangulationswinkel zwischen Projektor und Infrarotkamera ergibt sich die Notwendigkeit eine größere Tiefe scharf abbilden zu können. Deshalb haben wir die Optik des Projektors für eine Scheimpfluganordnung ausgelegt [5] und [6]. Somit ist es uns möglich, die Referenzebene des Messvolumens senkrecht zur optischen Achse der Infrarotkamera auszurichten, so dass das ganze Bildfeld scharf abgebildet werden kann.

2.2 Detektor

Zur Detektion des erzeugten Wärmemusters ist es notwendig, die Strahlungsverteilung des Wärmemusters zu analysieren. Wie in Abbildung 2.5 zu sehen ist, ergibt sich die maximale Intensität der Wärmestrahlung bei einer Wellenlänge von ungefähr 10 µm. Dies liegt daran, dass wir die Werkstücke bei Umgebungstemperatur vermessen und die durch den Projektor erzeugte Erwärmung nur sehr gering ist. Für Infrarotkameras gibt es nur drei Wellenlängenbereiche die mit kommerziellen Detektoren abgedeckt werden. Dies ist das kurzwellige Infrarot von 0,85 µm bis 2,5 µm, das mittelwellige Infrarot von 3 µm bis 5,7 µm und das langwellige Infrarot von 8 µm bis 12 µm. Aus Abbildung 2.5 ist naheliegend einen Detektor im langwelligen Infrarot zu wählen. Es hat sich jedoch heraus-

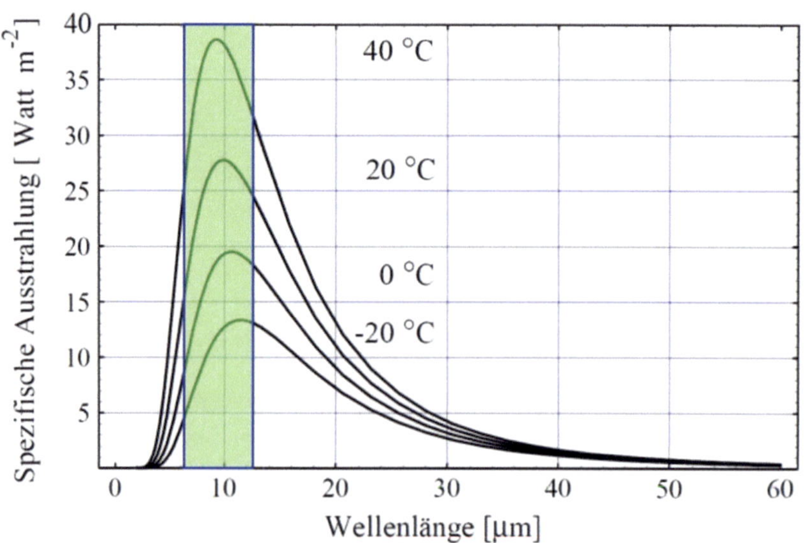

Abbildung 2.5: Plank'sche Strahlungsverteilung.

gestellt, dass eine Kombination aus mittelwelliger IR-Kamera und eines Bandpassfilters ein ähnlich gutes Signal zu Rausch Verhältnis liefert, wie eine langwellige Kamera. Dies liegt letztendlich an der Quanteneffizienz der eingesetzten Detektoren. Da die mittelwelligen IR-Kameras schon in einem Bereich empfindlich sind, in dem z.B. Glas noch transparent ist, bleibt der Einsatz von langwelligen Bandpassfiltern unumgänglich.

2.3 Steuer- und Auswerteeinheit

Die Steuer- und Auswerteeinheit muss zum einen den Projektor mit seiner Mustererzeugung ansteuern und gleichzeitig die Daten der Infrarotkamera verarbeiten. Bei der Erwärmung der Oberflächen handelt es sich um einen dynamischen Prozess. Deshalb verarbeiten wir zur Signalgewinnung nicht einzelne Bilder sonder eine ganze Folge von Aufnahmen. Wir analysieren somit einen ganzen Film und das bei einer Frequenz von 100 Hz. Selbst bei der Auflösung von 640×480 Pixeln unserer Kamera ergibt das eine Datenmenge von über 700 MB, die für jede Rekonstruktion analysiert werden müssen.

3 Ergebnisse

Wir freuen uns hier zum ersten mal Ergebnisse unserer Untersuchungen veröffentlichen zu können. Mit dem im vorigen Kapitel vorgestellten Versuchsaufbau können wir beliebige Objekte bis zu einem Messvolumen von ca. $250{\times}250{\times}100\,\mathrm{mm}^3$ scannen. Dabei ermitteln wir die 3D Oberflächendaten sowohl auf optisch transparenten Materialien als auch auf extrem gering reflektierenden Oberflächen. In Abbildung 2.6 sind die Ergebnisse für einen Spielzeugsmart zu sehen. Diese Aufnahme ist das Ergebnis der Einzelbilder die schon in Abbildung 2.4 gezeigt wurden.

Möglich wurde die 3D Datenbestimmung dank der Arbeiten des Fraunhofer IFF aus Magdeburg [7], die sowohl die Rekonstruktion der Daten als auch die Kalibrierung des Messsystems entwickelt und umgesetzt haben. Die hier gezeigten Ergebnisse zeigen die Möglichkeiten und die bisher bestehenden Grenzen dieses Messgerätes auf. Im Vergleich zum visuellen Bild in Abbildung 2.7 ist in Abbildung 2.6 zu erkennen, dass sowohl die transparenten Scheiben als auch die schwarzen Kunstoffabdeckungen am Scheibenwischer sehr gut gescannt werden konnten. Es ist allerdings auch klar zu sehen, dass noch eine starke „Wellenstruktur" dem Bild überlagert ist. Dies ist ein Artefakt, der daher rührt, dass unsere bisherige Abbildung der Phasenstruktur eine deutliche Abweichung von einer kosinusförmigen Intensitätsverteilung aufweist. Die in Formel 2.2 angegebene Berechnung der Phase und damit der Raumkoordinaten setzt voraus, dass die Intensität der einzelnen Phasenbilder einer $1 + \cos(\varphi)$ Verteilung entspricht. Die systematische Korrektur hiervon müssen wir noch implementieren. Einzelne Fehlstellen in der Aufnahme rühren daher, dass die 3D Daten dieses Bildes aus nur einer Aufnahme rekonstruiert wurden.

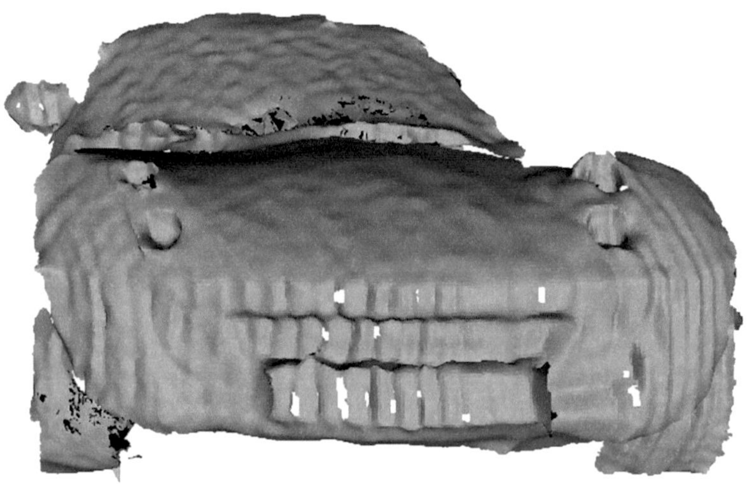

Abbildung 2.6: 3D Infrarot Scan.

4 Zusammenfassung und Ausblick

Die hier gezeigten Ergebnisse stellen das Potential dieses weltweit erstmalig eingesetzten Messverfahrens dar. Es erweitert die Vielfalt der optischen Messgeräte um eine weitere Technologie, um die Anforderungen der industriellen Messtechnik [8] auch in Zukunft bewältigen zu können. Beim Vergleich unseres Ergebnisses (Abbildung 2.6) mit dem professio-

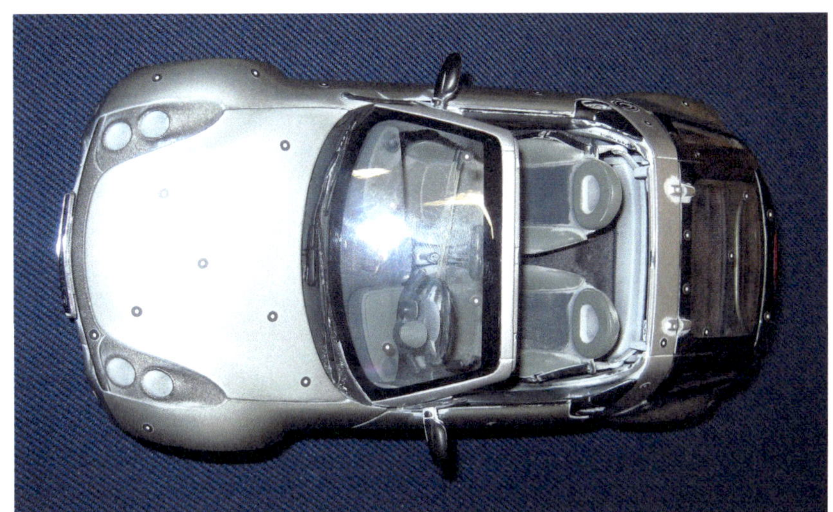

Abbildung 2.7: Visuelles Bild Smart.

nellen Scann eines kommerziellen Weißlichtstreifenscanners (Abbildung
2.8) wird nochmal das Potential dieser Messmethode bewusst. Trotz des
qualitativ hochwertigen Scann, der aus 20 Einzelaufnahmen zusammengesetzt wurde, konnten weder für die Windschutzscheibe noch für die
sehr dunklen Partien des Modellautos Daten ermittelt werden. Dies ist
mit der neuen Messmethode ohne Probleme möglich. An der Abbildung
2.8 ist das Potential erkenntlich, das wir noch mit unserem Messsystem
erreichen wollen. Wir müssen unsere Genauigkeit noch weiter steigern
und es ermöglichen, mehrere Aufnahmen gemeinsam zu verarbeiten.

Literatur

1. J. L. Posdamer und M. D. Altschuler, „Surface measurement by space-
   encoded projected beam systems", *Comput. Graph. Image Processing*,
   Vol. 18, Nr. 1, S. 1–17, 1982.

2. L. P. R. Kitamura und M. Jonasz, „Optical constants of fused quartz from
   extreme ultraviolet to far infrared at near room temperatures", *Applied
   Optics*, Vol. 46, Nr. 33, S. 8118–8133, 2007.

Abbildung 2.8: Scan mit einem Weißlichtstreifenscanner.

3. M. Planck, „Zur Theorie des Gesetzes der Energieverteilung im Normalspectrum", *Verhandlungen der Deutschen physikalischen Gesellschaft*, Vol. 2, Nr. 17, S. 237–245, 1900.

4. E. Lilienblum und B. Michaelis, „Optical 3d surface reconstruction by a multi-period phase shift method", *Journal of Computers*, Vol. 2, Nr. 2, S. 73–83, 2007.

5. J. Carpentier, „Improvements in enlarging or like cameras", GB Patent, Tech. Rep., 1901.

6. T. Scheimpflug, „Verfahren und Apparat zur methodischen Verzerrung ebener Bilder auf photographischem Wege mit beliebigen Objektiven", Österreichisches Patentamt, Tech. Rep., 1902.

7. F. Puente León und M. Heizmann, Hrsg., *Forum Bildverarbeitung*. Regensburg: KIT Scientific Publishing, nov 2012.

8. R. Schmidt, Hrsg., *Größer, genauer und integrierter*, Vol. 54. Carl Hanser Verlag, 2009.

Optimal depth estimation from a single image by computational imaging using chromatic aberrations

Muhammad Atif and Bernd Jähne

University of Heidelberg, Heidelberg Collaboratory for Image Processing, Speyerer Straße 4, D-69115 Heidelberg

Abstract In this paper, we present a computational imaging approach to estimate the optimal depth (in terms of resolution and range) from a single image using axial chromatic aberrations. It includes a co-design of optics and digital processing to select the parameters of a lens such as focal length, f-number and chromatic focal shift according to the performance of a depth estimation algorithm on the digital side. A simulation framework evaluates the complete system performance in different imaging conditions including optimal axial chromatic lens aberration. A low-complexity algorithm estimates the depth map of real scenes. Experiments on real scenes show the feasibility of the proposed system for depth estimation.

1 Introduction

Depth of a scene is a very useful information for many applications in the areas of gaming, machine vision, robotics etc. There have been many passive and active methods proposed in the past, to estimate the depth. Active methods project light or some specific pattern of light on a scene and the sensor detects the depth with the information of either delay in the returned light, e.g., the time of flight camera, or by measuring the distortion in the pattern like Microsoft Kinect. On the other hand, passive methods rely on the intensity image viewed from two different points e.g. stereoscopy, depth from focus and defocus. More detailed overview of depth imaging methods may be found in [1].

In recent past years, many computational imaging approaches are proposed to estimate the depth. Most of these methods code the point spread function (PSF) of a lens either by introducing a phase mask in the pupil or code the aperture of a lens in a specific pattern [2, 3] and depth image is retrieved digitally. However, either these methods make the lens design process more complex or light loss occurs in imaging.

We propose a simple computational approach to estimate the depth with a conventional lens which exhibits axial chromatic aberrations (color shift in the direction of the optical axis). Due to axial chromatic aberrations (ACA), different colors are focused at different distances along the lens axis. Hence, depth from defocus method may be used to extract depth information using different defocused color images.

1.1 Related work

Depth from defocus (DFD) method is widely used in estimating the depth due to low complexity and without any need of modifications to traditional imaging. The relative blur between two defocused images is used to estimate the depth of a scene. Garcia et al. [4] have proposed to use two defocused color images to estimate the depth. Axial chromatic aberrations help in capturing these images in a single shot. They have shown the feasibility of their approach through experiments on the ideal and occluded edges. However, they did not discuss the limitations of their method for natural scenes. The idea of extracting depth using chromatic aberrations (CA) is also discussed for chromatic confocal microscopy [5].

On the other hand, there is not enough work done in selecting the optimal parameters of the lens for DFD systems. Blayvas et al. [6] and Blendowske [7] have discussed the effect of optics on the accuracy of depth estimation. They have derived the equation for the minimal detectable distance between objects in Fourier and spatial domain. However, it should be noted that the accuracy of depth also depends on the algorithm used to estimate the depth.

1.2 Our contribution

We have developed a simulation framework to assist the lens design for depth estimation using axial CA. For the analysis of accuracy of depth, the equations are derived to relate the depth performance with lens properties. Optimal parameters of the lens and the sensor pixel size is selected by considering the performance of post processing algorithm. By introducing the optimum amount of chromatic aberrations in the lens, we have achieved almost similar depth accuracy and larger depth range compared to DFD method with a single image.

An algorithm is proposed to estimate the depth of natural scenes from chromatic aberrations (DFCA). The algorithm deals with the color edges, where the intensities in each color could be different, which makes the accurate blur estimation more challenging. A new kind of ratio of blur measures is proposed to estimate the depth using three color images, which results in larger depth range, and better accuracy.

Finally, we have shown results of our proposed system using simulated image and real captured images. Results show the feasibility of our algorithm and advantages of using the framework for selection of optimum lens parameters.

2 Simulation framework for optics and digital co-design

A basic imaging chain consisting of optical, sensor and digital post processing stages is used to assist the lens design process and depth estimation algorithm. The feedback loop between the results of digital processing and optical design assists in selecting the optimal parameters of a lens. The imaging pipeline used in our simulation framework is shown in figure 3.1.

Optical simulation models the physical image formation stages. We consider a diffraction limited lens with only axial chromatic aberrations, which are intentionally introduced to estimate depth. All other aberrations such as distortions and vignetting are neglected. Also, we assume that during lens design the lateral chromatic aberrations (magnification of colors) can be reduced to a significant amount so that it doesn't affect depth estimation. Input to the optics simulator is an incident scene consisting of red, green and blue colors. The optical blur induced by optics is represented by diffraction limited point spread function (PSF) [8], which contain the combined effect of axial chromatic aberrations and defocus dependent blur.

Sensor simulation consists of two processes, noise addition and color filter array sampling. A simple camera noise model, described in [1], is used to simulate the noise behavior of the image sensor. The noise model represents the noise in three parts, an intensity-dependent noise (photon

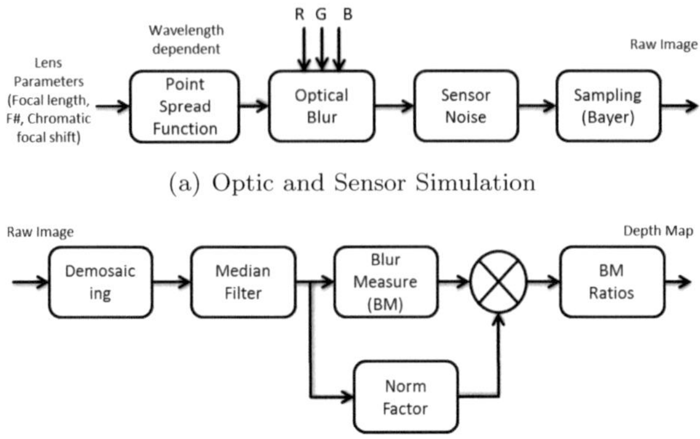

(a) Optic and Sensor Simulation

(b) Depth from Chromatic Aberrations Algorithm

Figure 3.1: Simulation framework for optical and digital co-design.

shot noise), constant dark current noise and quantization noise. After adding the noise, the image is sampled by a color filter array (CFA), e.g, Bayer CFA.

Details of the depth estimation algorithm will be discussed in section 4. Here, we concisely describe the functionality of each block, shown in figure 3.1(b). The Bayer image is demosaiced to get three color images RGB. A median filter is applied before computing the blur measure to reduce the effect of noise. The ratio of blur measure of two color images is computed and multiplied with the normalization factor to balance the effect of different intensities in two color images. Finally, the calibration function is used to get absolute depth value from the ratios.

3 Influence of optics and sensor on depth estimation

3.1 Depth resolution and optical parameters

The accuracy of depth could be defined in terms of minimum depth resolution ΔD at any distance from the lens. Here, we derive the relationship between optical parameters and ΔD to observe the effect of

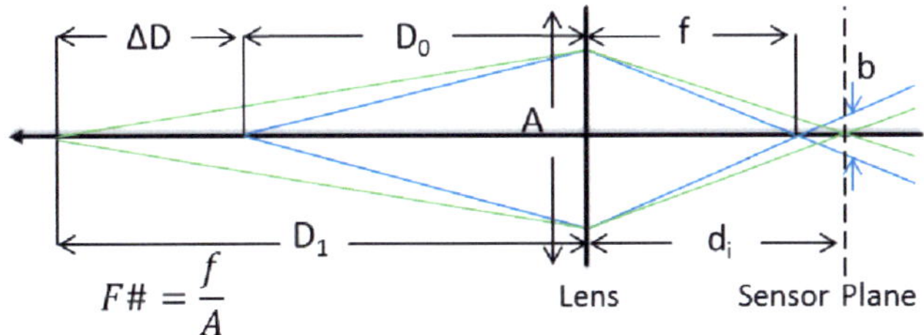

Figure 3.2: Image formation by a thin lens aproximation.

optics on depth resolution. The blur disk diameter is given as

$$
b = \frac{fm}{F\#}\left(\frac{D - D_0}{D}\right) ,
\tag{3.1}
$$

where f is the focal length, $F\#$ is the f-number, D_0 is the focus position of lens and $m = \frac{f}{D_0}$ is the magnification factor for $D_0 \gg f$. These entities are better illustrated through thin lens image formation process, shown in figure 3.2. The relationship between two distances D_1 and D are derived by taking the difference of their respective blur values b_1 and b, as

$$
\frac{1}{D} = \frac{1}{D_1} + \frac{\Delta b F\#}{f^2} ,
\tag{3.2}
$$

where $\Delta b = b_1 - b$. Now, solving for $\Delta D = D_1 - D$, we get

$$
\frac{1}{\Delta D} = \frac{1}{D} + \frac{f^2}{\Delta b D^2 F\#} .
\tag{3.3}
$$

Equation 3.3 shows that ΔD is directly proportional to the f-number and inverse proportional to the squared of focal length. Moreover, ΔD increases for distant objects. Similar equation is also derived by Blendowske [7], but that is only valid for two near distances close to the focus position. Moreover, for small focal lengths and large f-number, the result of Blendowske deviates at farther distances.

3.2 Optimum sensor pixel size

The effective change in the blur Δb that is measurable through the blur measure criteria, in the presence of noise, provides the optimum sensor pixel size. We have computed Δb through simulation framework shown in figure 3.1. All processing steps are applied to an ideal step edge for different amount of defocus blur. The amount of blur for each blurred edge is computed through Tenengrad method (sum of intensity gradients over a local neighborhood). Figure 3.3 shows the measured values for $N = 2.4$ and for different amount of defocus blur, without noise and in case of noise with signal to noise ratio (SNR) equal to 25dB and 50dB. The minimum value of Δb_{min} that gives the monotonically decaying curve would be the effective blur amount to distinguish two different amounts of blur. It can also be seen from plots that Δb_{min} is dependent on SNR.

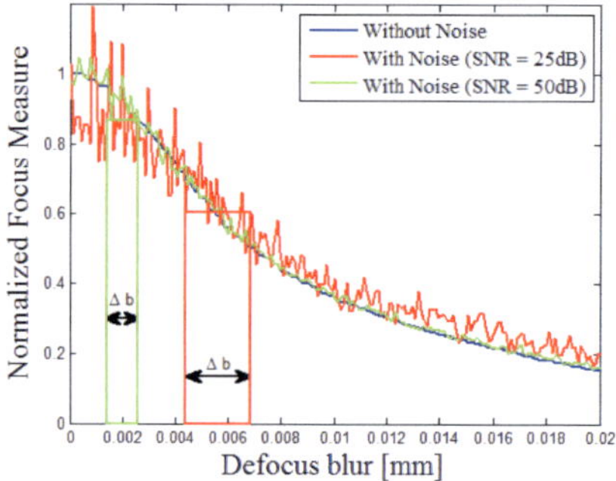

Figure 3.3: Blur measure value for different amount of blur diameter.

Δb_{min} provides the optimum value for sensor pixel size Δx. Pixel size larger than Δb_{min} would decrease the resolution of depth, ΔD would be larger in equation 3.3. On the other hand, smaller pixel size would not have any benefit on depth accuracy. This observation is similar to the one discussed in [9].

3.3 Optimum axial chromatic aberrations

To estimate the depth from two defocused color images in a desired range, optimum amount of ACA must be introduced in the lens. If we set the focus of blue color (which is focused near due to CA) at nearest distance D_n, then we must calculate the optimal focus position D_f, of red color (which is focused far) for specific lens parameters. From figure 3.3, we can select the blur value b_{lim}, above which larger blur values could not be distinguished due to noise. Optimum value of b_{lim} would be the integer multiple of sensor size Δx, as shown in [9]. We can find D_f from equation 3.2 by taking $D_1 = D_n$ and $\Delta b = b_{lim}$.

$$\frac{1}{D_f} = \frac{1}{D_n} + \frac{b_{lim} N}{f^2} \, .$$

(3.4)

In that way, the blur of blue at focus position of red and blur of red at focus position of blue would not exceed the limit b_{lim} and both images would contribute in the depth estimation. Now the focus positions of two colors are known, we can estimate the focal length of both images from thin lens formula. The difference of focal length would be the chromatic focal shift from blue to red color.

3.4 Optimal lens parameters for an example application

Let assume, we want to estimate the depth from 40 cm up to 3 m and at the farthest distance we would like to have depth resolution $\Delta D = 50$ cm. As we know from the previous section, lower f-number would be better for depth resolution but the design of lower f-number lens is more complex and more expensive. So, we choose f-number $N = 2.8$ which is typically used for low cost imaging lenses. For the selected f-number, we compute blur measures and select $\Delta b_{min} = 1.5 \, \mu m$. The focal length is computed using equation 3.3,

$$f = \sqrt{\Delta b_{min} N D^2 \left(\frac{1}{\Delta D} - \frac{1}{D} \right)} \, .$$

(3.5)

This leads to $f = 7.94$ mm which is the minimum focal length to get the depth resolution of 50 cm at 3 m. If we take $f_b = f$, as a focal length for the blue color focusing at 40 cm, we can calculate the image distance $d_i = 8.1$ mm and focal length of red color $f_r = 8.076$ focusing at 3 m using thin lens formula. Therefore, total chromatic shift required for the lens is $\Delta f = f_r - f_b = 139 \, \mu m$.

4 Depth from chromatic aberrations: algorithm

4.1 Local contrast dependent blur measure

Each color image has different intensities, therefore, measure of the blur must be independent of intensity variations. We normalize the image with the difference of local maximum and minimum values, which we call local contrast. If the local contrast is computed with the window size of equal to twice of edge range, normalization of complete edge would be consistent. To reduce the effect of noise, the median filter is applied before computing the local contrast and blur estimation. Median filter preserves the edges more as compared to linear Gaussian filtering, for small to moderate levels of noise.

After normalization, the amount of blur is estimated with the summation of squared magnitude of gradients in four directions, horizontal, vertical and two diagonals. Gradient operator is a bandpass filter that removes the DC value. Therefore, instead of normalizing image, we normalize the gradients of image with local contrast, as shown in figure 3.1(b). In this way, there is no need to subtract mean or local minimum value from the image and gradient estimation would not be effected by noise introduced by normalization process. The blur estimate BM_c, in local neighborhood $M \times N$ of image I_c, is computed as,

$$
BM_c = \frac{\sum\limits_{x=1}^{M} \sum\limits_{y=1}^{N} \|\Delta I_c(x,y)\|^2}{\left[\max\limits_{\substack{x=1 \\ }}^{M} \max\limits_{\substack{y=1}}^{N} I_c(x,y) - \min\limits_{\substack{x=1}}^{M} \min\limits_{\substack{y=1}}^{N} I_c(x,y) \right]^2}, \tag{3.6}
$$

where c represent color, $\Delta I_c(x,y)$ is the gradient vector of a color image I_c in different directions. This blur estimate works well for edges, however, for the texture it is not accurate.

4.2 Depth estimation from blur measures

The relative depth map is generated by taking the normalized ratios of blur measure values of different colors. Conventional color sensors capture three colors, red, green and blue. Therefore, we have three defocused images for depth estimation, which make it possible to estimate the depth for a larger distance range as compared to DFD system where we normally use only two images. Here, we propose to take the normalized ratio of all three colors, to get a single depth map for a broader range in the following way;

$$C\left(depth\right) = \frac{BM_r^2 - \left(BM_b \times BM_g\right)}{BM_r^2 + \left(BM_b \times BM_g\right)} \,, \tag{3.7}$$

where C is the calibration curve used to estimate the absolute depth. The curve is generated for a step edge through the framework shown in figure 3.1. As the framework considers all major image formation processes, therefore absolute depth estimation would be more accurate. Figure 3.4 shows different combination of ratios of blur measure for the distances from focus position of blue to focus position of red image. The combined ratio of all three colors is best in terms of steeper slope for larger distance range.

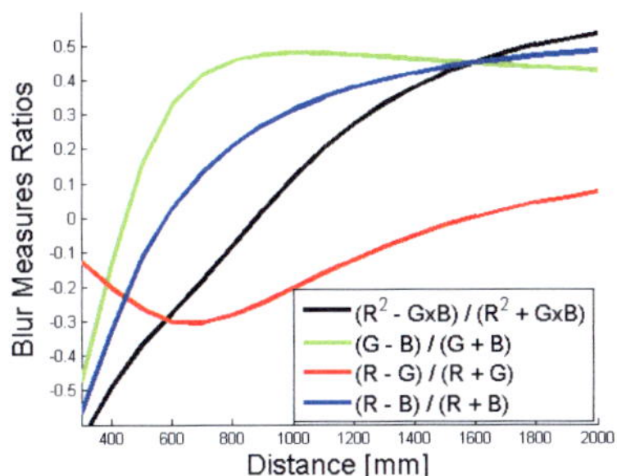

Figure 3.4: Ratios of blur measure with different combinations of colors.

5 Results and discussion

To verify the DFCA algorithm, a lens with f-number 2.4, focal length 4 mm and the chromatic focal shift of 50 μm is simulated to estimate the depth from 30 cm to 2 m. A synthetic image shown in figure 3.5(a) is blurred according to the true depth shown in figure 3.5(b). Image is then converted to Bayer format after adding the sensor noise. Figure 3.5(c) shows the depth map computed with our proposed algorithm. For the analysis of depth accuracy, only actual estimated depth values at edges are shown.

Root mean square error (RMSE) between actual and estimated depth is computed for the detected depth regions. Figure 3.6 shows the RMSE at different distances and difference of local contrast between color images. The local contrast $C_i : i = r, g, b$, is defined as the height of edge and difference of contrast is defined as $C_{diff} = \sqrt{|C_r^2 - C_b C_g|}$. For the edges where one of the color edge is missing due to similar foreground and background color ($C_i \approx 0$), depth estimation is not possible. Otherwise, the proposed algorithm works very good for color edges at different depths, and RMSE is mostly less than 50 mm for the small focal length of 4 mm.

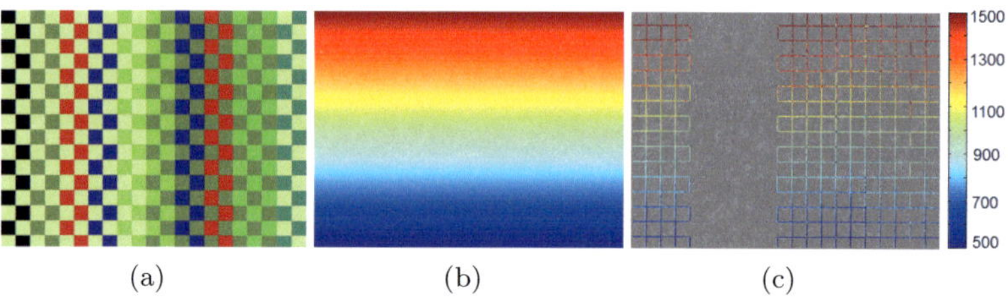

(a)   (b)   (c)

Figure 3.5: (a) Simulated image with chromatic aberrations, (b) ground truth depth map, (c) depth map generated with our algorithm (depth is estimated only at edges, and given in mm).

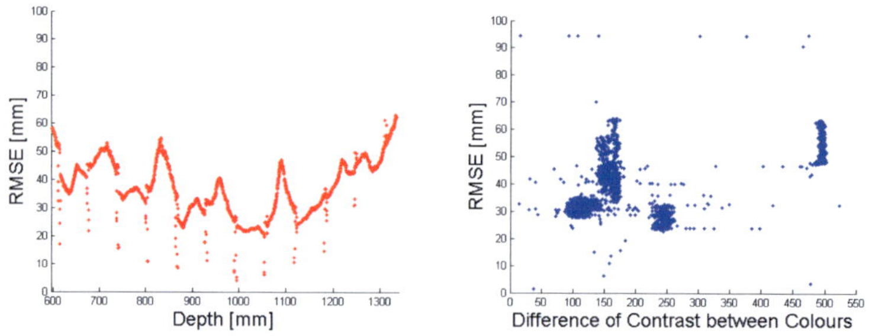

Figure 3.6: RMSE between true depth and estimated depth at different distances and differences of contrast between colors.

Figure 3.7 shows the depth maps computed for the real images captured with a lens having axial chromatic aberrations. The post processing of the depth refines the depth and propagate it to neighboring regions.

We first downsample the depth map, and apply the "colorization using optimization" method [10] to propagate the depth to surroundings. In the next step, we apply joint bilateral upsampling [11] to get a full resolution dense depth map. Results show that depth propagation works quite good for detected objects, but large homogeneous regions are not filled correctly. However, for the applications such as 2D to 3D image conversion or digital refocusing, homogeneous regions don't have any affect on the image.

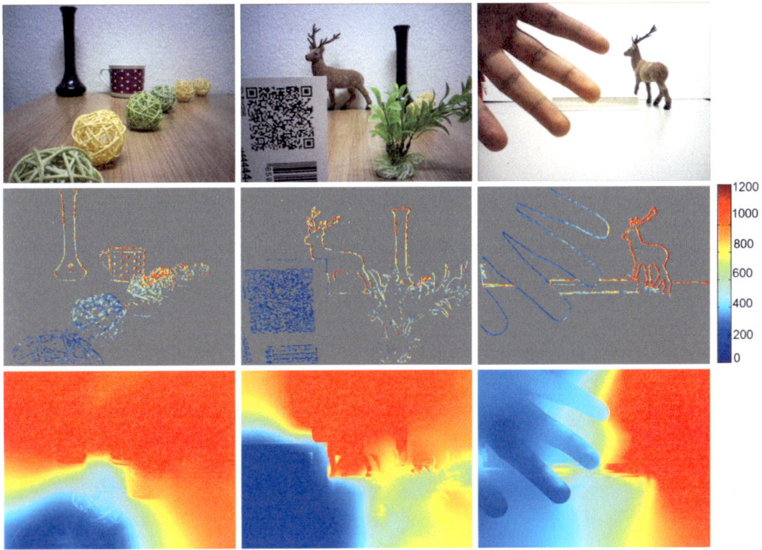

Figure 3.7: Depth estimation from axial chromatic aberrations for the real captured scenes. First row: input images captured with a lens having large chromatic aberrations. Second row: raw depth estimation using the algorithm proposed in this work. Third row: dense depth after propagating the raw depth to surroundings.

6 Conclusion

In this paper, we have shown a computational approach to estimate the depth map from a single image using a lens with axial chromatic aberration and an optimal co-design of optics and digital processing. The algorithm uses contrast dependent blur estimation, and the combined ratio of all three color images proved to generate the depth maps. Simulated and real images show the potential of this work.

DFCA method has some advantages over DFD system. It doesn't suffer with the miss-registration problems because the defocused images are captured with a single-shot. Moreover, the method is also applicable to videos without any modifications, as there is no need to change the focus mechanically.

References

1. B. Jähne, *Digital Image Processing 6th Edition.* Springer, 2005.

2. S. Pavani and R. Piestun, "Efficient rotating point spread functions for 3d imaging," in *Frontiers in Optics.* Optical Society of America, 2007.

3. A. Levin, R. Fergus, F. Durand, and W. Freeman, "Image and depth from a conventional camera with a coded aperture," in *ACM Transactions on Graphics (TOG)*, vol. 26, no. 3. ACM, 2007, p. 70.

4. J. Garcia, J. Sánchez, X. Orriols, and X. Binefa, "Chromatic aberration and depth extraction," in *Pattern Recognition, 2000. Proceedings. 15th International Conference on*, vol. 1. IEEE, 2000, pp. 762–765.

5. H. Tiziani and H. Uhde, "Three-dimensional image sensing by chromatic confocal microscopy," *Applied optics*, vol. 33, no. 10, pp. 1838–1843, 1994.

6. I. Blayvas, R. Kimmel, and E. Rivlin, "Role of optics in the accuracy of depth-from-defocus systems," *JOSA A*, vol. 24, no. 4, pp. 967–972, 2007.

7. R. Blendowske, "Role of optics in the accuracy of depth-from-defocus systems: comment," *JOSA A*, vol. 24, no. 10, pp. 3242–3244, 2007.

8. W. Joseph, *Introduction to Fourier Optics.* McGraw Hill, 1996.

9. Y. Schechner and N. Kiryati, "The optimal axial interval in estimating depth from defocus," in *Computer Vision, 1999. The Proceedings of the Seventh IEEE International Conference on*, vol. 2. IEEE, 1999, pp. 843–848.

10. A. Levin, D. Lischinski, and Y. Weiss, "Colorization using optimization," in *ACM Transactions on Graphics (TOG)*, vol. 23, no. 3. ACM, 2004, pp. 689–694.

11. J. Kopf, M. F. Cohen, D. Lischinski, and M. Uyttendaele, "Joint bilateral upsampling," *ACM Transactions on Graphics (Proceedings of SIGGRAPH 2007)*, vol. 26, no. 3, p. to appear, 2007.

Optimale und differenzierte Kameraauswahl nach dem EMVA-Standard 1288

Michael Erz und Bernd Jähne

Universität Heidelberg, Heidelberg Collaboratory for Image Processing
am Interdisziplinären Zentrum für Wissenschaftliches Rechnen,
Speyerer Straße 6, D-69115 Heidelberg

Zusammenfassung Der EMVA-Standard 1288 zur objektiven Charakterisierung von Kameras und Bildsensoren ist seit Ende 2010 in einer sorgfältig dokumentierten und ausgereiften Version 3.0 verfügbar. Dieser Beitrag zeigt, dass mit Hilfe dieses Standards die optimale Kamera sich für eine bestimmte Aufgabenstellung differenziert auswählen lässt. Dazu werden Auswahlkriterien für bestimmte Anwendungsszenarien abgeleitet und anhand konkreter Kameraexemplare wird eine Wahl getroffen. Im Ausblick werden schließlich die Pläne zur Weiterentwicklung des Standards vorgestellt.

1 Einleitung

Der Standard 1288 der *European Machine Vision Association* (EMVA) zur objektiven Charakterisierung von Kameras und Bildsensoren hat sich etabliert. Dieser ist seit Ende 2010 in einer sorgfältig dokumentierten und ausgereiften Version 3.0 verfügbar [1], die durch einen Vertrag zwischen der EMVA, der amerikanischen *Automated Imaging Association* (AIA) und der *Japan Industrial Imaging Association* (JIIA) global anerkannt ist.

Der Standard basiert auf einem universellen linearen Kameramodell. Dieses gewährleistet, dass alle unbekannten Modellparameter durch eine einfache Input/Output-Relation nach der linearen Systemtheorie bestimmt werden können. Die Kamera kann als „schwarzer Kasten" (*Black Box*) betrachtet werden, von dem außer der Belichtungszeit und der Pixelgröße keinerlei weitere Informationen bekannt sein müssen. Damit können nicht nur Kamerahersteller sondern auch Testlabors, OEM-Integratoren, Distributoren und Endanwender leicht Messungen durchführen. Aus der gemessenen Kennlinie (digitaler Grauwert in Abhängigkeit von der Bestrahlung) und der Photontransfer-Kurve (Varianz des digitalen Signals in Abhängigkeit von dessen Mittelwert) können das Dunkelrauschen, die Verstärkung und die Quantenausbeute bestimmt werden. Anschließend kann das Signal/Rausch-Verhältnis (SNR) berechnet und daraus die Sättigungskapazität, die Empfindlichkeitsschwelle und der Signalumfang/Dynamikbereich (DR) abgeleitet werden. Diese Größen sind für die Beurteilung der Signalqualität von entscheidender Bedeutung. Weiterhin beeinflussen die räumlichen Variationen des Dunkelsignals, die *Dark Signal Nonuniformity* (DSNU), und der Sensitivität, die *Photo Response Nonuniformity* (PRNU), die Bildqualität. Diese werden gemäß dem Standard durch Angabe der räumlichen Varianz, Analyse von periodischen Störungen mittels der Spektrogrammmethode (zeilen- und spaltenweise Berechnung des Leistungsspektrums durch Fouriertransformation) und Bestimmung von Ausreißern („defekte Pixel") in logarithmischen Histogrammen analysiert.

Dieser Beitrag zeigt, dass für eine bestimmte Aufgabenstellung mit Hilfe des Standards sich die optimale Kamera differenziert auswählen lässt. Hierzu werden fünf verschiedene Szenarien betrachtet:

Szenario 1: Es ist wenig Licht vorhanden; Die Kamera soll eine möglichst hohe Empfindlichkeit aufweisen;

Szenario 2: Es ist wenig Licht vorhanden; Die Kamera soll bei einer vorgegebenen Bestrahlungsstärke ein optimales Signal liefern;

Szenario 3: Es ist genügend Licht vorhanden; Die Signalqualität soll optimal sein;

Szenario 4: Eine hohe Linearität des Signals wird gefordert;

Szenario 5: Die Szene weist hohe Variationen in der Lichtstärke auf.

In den nachfolgenden Abschnitten werden für jedes Szenario zunächst die jeweiligen Anforderungen diskutiert und anschließend Auswahlkriterien abgeleitet, anhand derer das adequate Kameramodell bestimmt wird. Zur Auswahl stehen dabei fünf Kameramodelle (A,B,C,D,E). Zur Verdeutlichung, dass EVMA 1288 auch auf Zeilenkameras[1] angewendet

---

[1] und auch Farbkameras

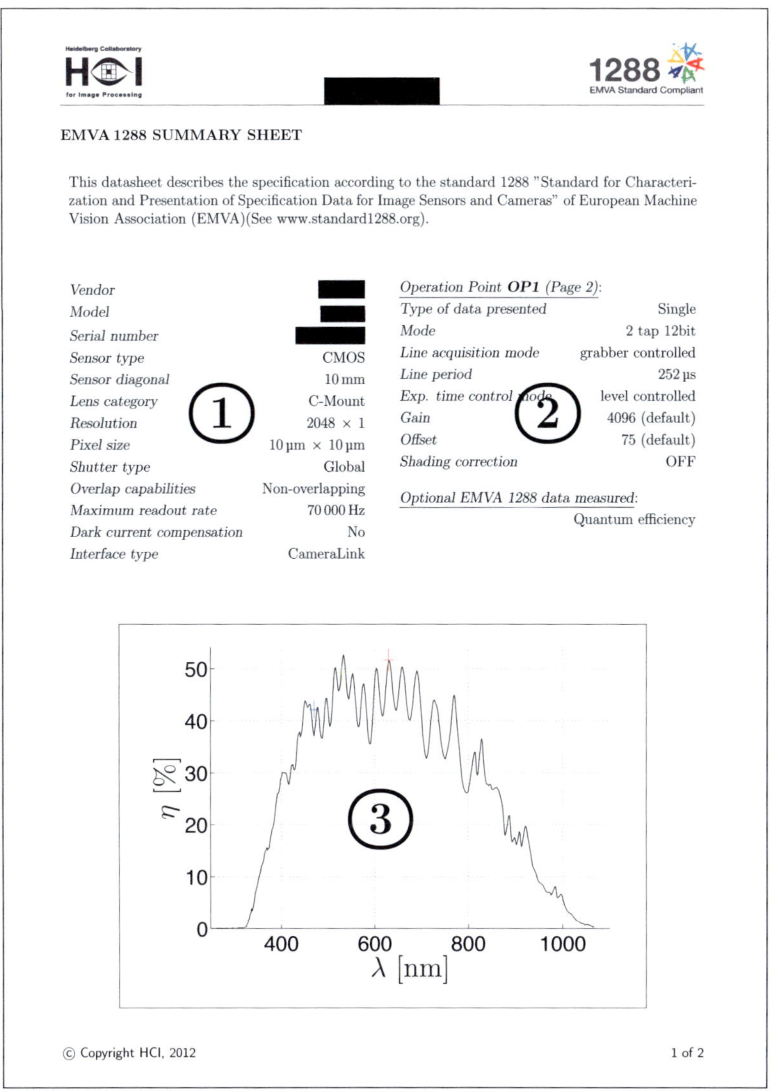

Abbildung 4.1: Eine mögliche Anordnung auf der Seite 1 eines Kamera-Datenblatts gemäß EMVA 1288 (die Bereiche ①, ② und ③ werden im Text erklärt).

werden kann, wurde zusätzlich zu zwei CCD- und zwei CMOS-Flächen-
kameras eine CMOS-Zeilenkamera in die Auswahl aufgenommen.

Die Vermessung von Kameras oder Sensoren und die Berechnung
von den einzelnen Größen gemäß EVMA 1288 wird hier nicht beschrieben. Für Messprozeduren oder notwendiges Equipment siehe z.B. Darmont 2010 [2] oder Erz 2011 [3]. Vielmehr soll es hier auf den Vergleich der
Kameras anhand von vorliegenden Datenblättern eingegangen werden[2].
Zusätzlich wird ein zu EMVA 1288 konformes Datenblatt vorgestellt.

2 Kameradatenblatt gemäß EMVA 1288

Ein Datenblatt gemäß EMVA 1288 besteht mindestens aus zwei Seiten.
Die Abbildungen 4.1 und 4.2 stellen solche zwei Seiten exemplarisch für
die Kamera B dar. Welche Informationen auf diesen Seiten enthalten
sein müssen und welche optional sind, ist im Standard Version 3.0 genau
festgelegt. Das Layout ist jedoch frei wählbar.

Die ersten Seite muss die allgemeine Beschreibung der Kamera / des
Sensors beinhalten. Dieser Block ① in Abb. 4.1 enthält Angaben zu Hersteller, Modell, Sensortyp, Sensordiagonale, einsetzbare Objektivkatego-
rie, Auflösung und Pixelgröße. Nachfolgend werden Eigenschaften aufgelistet, die spezifisch für den jeweiligen Sensortyp (CCD oder CMOS) sind.
Die maximale Aufnahmegeschwindigkeit, Schnittstellentyp und die even-
tuelle Signalkorrektur durch Dunkelstromkompensation oder Kühlung
müssen ebenfalls angegeben werden. Im Block ② der Abb. 4.1 werden die
bei der Vermessung eingestellten Arbeitspunkte (falls es mehrere sind),
also Einstellungen, die bei der Vermessung der Kamera/des Sensors vorgenommen wurden, beschrieben, wie z.B. *Gain* und *Offset*. Außerdem
ist die Art der nachfolgend präsentierten Daten zu spezifizieren. Diese
könnten aus einer einzelnen Messung, aber auch als Mittelwert aus mehreren Messreihen stammen (also typische Daten) oder sogar durch einen
Hersteller garantierte Daten beinhalten. Block ③ (Abb. 4.1) kann den
Plot mit der gemessenen Quanteneffizienz enthalten, falls diese Messung
durchgeführt wurde. Aufgrund der Tatsache, dass die Quantenausbeute
unabhängig von den eingestellten Kameraparametern ist, ist die Position
auf der ersten Seite sinnvoll. Die nachfolgenden Seiten (mindestens eine

---

[2] Auf der Homepage des Standards (`www.standard1288.org`), im Bereich *Downloads*
finden sich weitere Dokumente.

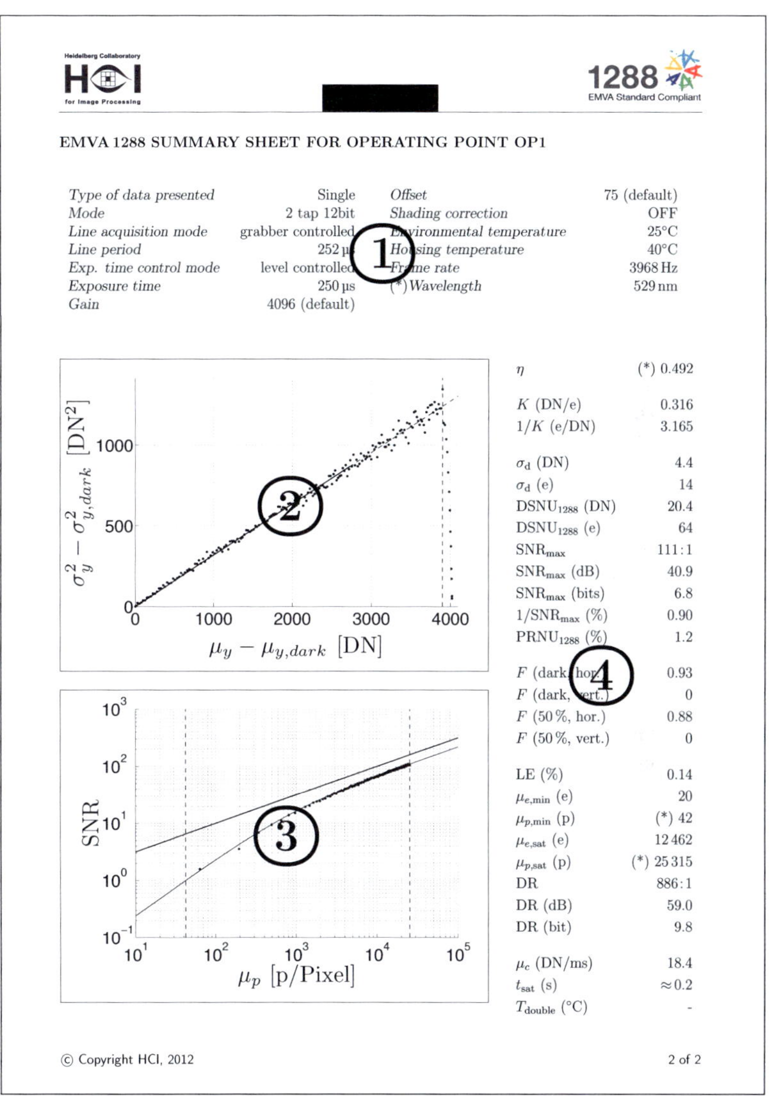

Abbildung 4.2: Eine mögliche Anordnung auf der Seite 2 eines Kamera-Datenblatts gemäß EMVA 1288 (die Bereiche ①, ②, ③ und ④ werden im Text erklärt).

Seite) präsentieren die für einen Arbeitspunkt charakteristischen Daten.

Die zweite Seite des Datenblatts (Abb. 4.2) enthält die eigentlichen Messgrößen, die sich auf einen der Arbeitspunkte beziehen. Hier steht im Block ① die ausführliche Beschreibung des Arbeitspunktes. Im Block ② befindet sich der Photon-Transfer-Plot, der das Rauschen (die Varianz des Grauwerts) in Abhängigkeit von dem mittleren Grauwert darstellt und die Berechnung des Sättigungspunktes (senkrechte gestrichelte Linie) und der Verstärkung K ermöglicht. Das Signal/Rausch-Verhältnis wird in Abhängigkeit von der Lichtintensität im Block ③ platziert[3]. Alle gemessenen Parameter, die durch EMVA 1288 festgelegt werden, sind in einer Tabelle im Block ④ zusammengefasst. Auf weiteren Seiten werden dann alle Plots nach dem Standard dargestellt.

Aus Platzgründen werden Datenblätter der anderen vier Kameras hier nicht aufgeführt[4]. Die zur Auswahl notwendigen Größen werden in einer getrennten Tabelle im direkten Vergleich zwischen den Kameras dargestellt.

3 Betrachtung der einzelnen Szenarien

In diesem Abschnitt werden die einzelnen Szenarien diskutiert und aus den fünf Kameras eine geeignete ausgewählt.

Szenario 1

Bei diesem Szenario könnte es sich um eine Anwendung in der Biologie oder Astronomie handeln. Hier werden nur schwach leuchtente/beleuchtete Objekte beobachtet. Die verwendete Kamera sollte demnach eine möglichst hohe Empfindlichkeit aufweisen. Die Empfindlichkeit oder Sensitivität einer Kamera wird daran gemessen, ab welcher Stärke ein Signal detektiert werden kann. Dazu wird die Empfindlichkeitsschwelle angegeben, ab der das Signal größer als der Rauschpegel ist. In dem EMVA-Standard 1288 wird dieser Pegel als absolute Sensitivitätsschwelle $\mu_{e.\min}$ (in Anzahl der Elektronen) bezeichnet und muss auf Seite 2 jedes Datenblatts (Block ④ der Abb. 4.2) aufgelistet sein. Die alternative Vergleichsgröße ist hier das Dunkelrauschen σ_{d}. Je kleiner diese Werte sind, desto

---

[3] Eine vergrößerte Version dieses Plots ist in Abb. 4.3 zu sehen und wird zu einem späteren Zeitpunkt näher betrachtet.

[4] Die Datenblätter werden auf hci.iwr.uni-heidelberg.de/Benchmarks veröffentlicht.

	Kamera A	Kamera B	Kamera C	Kamera D	Kamera E
Sensortyp	CCD	CMOS Zeilensensor	CMOS	CMOS	CCD
A [μm^2]	6.45^2	10.00^2	9.20^2	6.70^2	6.45^2
σ_d oder $\mu_{e.\mathrm{min}}$ [e]	**10**	20	112	58	15
$\eta(529\,\mathrm{nm})$ [%]	**58**	49	34	25	45
$\mu_{p.\mathrm{min}}(529\,\mathrm{nm})$ [p]	**17**	42	329	232	33
SNR$_\mathrm{max}$	138	105	**210**	128	133
DR [bit]	**10.4**	9.2	8.8	9.2	10.1
PRNU [%]	0.8	1.2	1.0	1.6	**0.6**
DSNU [e]	1.7	64	3.2	32	**1.5**
LE [%]	0.35	0.36	0.60	1.15	**0.32**

Tabelle 4.1: Parameter nach EMVA 1288, die bei der Auswahl der für eines von fünf Szenarien geeigneten Kamera benötigt werden; Diese Größen wurden aus den entsprechenden Datenblättern entnommen und befinden sich auf der Seite 1 (Abb. 4.1, Block ①) und Seite 2 (Abb. 4.2, Block ④) des Datenblatts; Die Einheiten e und p stehen für die Elektron- bzw. Photonenanzahl. Mit fetter Schrift sind die besten Werte hervorgehoben.

empfindlicher ist die Kamera. In Tab. 4.1 ist das Dunkelrauschen und die absolute Sensitivitätsschwelle aufgelistet. Falls es sich in der Anwendung um ein monochromatisches Licht handelt, kann die minimale Anzahl an Photonen $\mu_{p.\mathrm{min}} = \mu_{e.\mathrm{min}}/\eta(\lambda)$ berechnet werden, die notwendig ist, um die absolute Sensitivitätsschwelle zu überschreiben. Diese Schwelle ist im Plot ③ Abb. 4.2 durch eine gestrichelte Linie dargestellt. Dazu sind in Tab. 4.1 die Quantenausbeuten und $\mu_{p,\mathrm{min}}(529\,\mathrm{nm})$ aufgeführt. Die empfindlichste Kamera ist hier also mit Abstand die Kamera A.

Es ist jedoch wichtig anzumerken, dass σ_d bzw. $\mu_{p.\mathrm{min}}$ von der Temperatur und der Belichtungszeit abhängen. Es muss also auch auf den Dunkelstrom μ_c und seine Temperaturabhängigkeit (T_{double}) geachtet werden. Moderne Kameras weisen aber einen relativ geringen Dunkelstrom auf (so auch die Kameras A und E), so dass diese Größen hier nicht betrachtet werden.

Szenario 2

In diesem Szenario soll die Bestrahlungsstärke eher gering sein. Wir legen diese auf $1000\,\text{Photonen}/(10\,\mu\text{m}^2)$ fest. Ein typische Anwendung wäre z.B. eine Oberflächeninspektion auf einem Fließband, bei der die Anzahl der Photonen (meist) durch eine sehr kurze Belichtungszeit begrenzt sind. Für die nachfolgende Bildverarbeitung ist ein optimales Signal wichtig. Die Qualität des Signals wird durch das Signal/Rausch-Verhältnis SNR und räumliche Inhomogenitäten bestimmt.

Das SNR wird in einem Datenblatt durch ein Plot als Funktion der Photonenanzahl pro Pixel dargestellt. Dieser Plot muss sich auf Seite 2 des Datenblatts (z.B. im Block ③, Abb. 4.2) befinden. Durch senkrechte gestrichelte Linien werden $\mu_{p.\text{min}}$ (also SNR $= 1$) und das maximale SNR angedeutet. Aus Platzgründe werden die Kurven hier in einer Abbildung (Abb. 4.3a) zusammengefasst. Es ist klar, dass die Abszissen der einzelnen Kurven sich aber auf jeweils andere Pixelfläche A beziehen (siehe Tab. 4.1). Deshalb wurden in Abb. 4.3b die fünf Kurven gegen eine auf die maximal vorkommende Pixelfläche von $10\,\mu\text{m}^2$ normierte Lichtintensität aufgetragen[5]. Jetzt ist deutlich zu erkennen, dass die Kamera B bei der von uns festgelegten Bestrahlungsstärke das größte SNR aufweist. Somit wäre bei diesem Szenario zunächst die Kamera B zu favorisieren.

Bei dieser geringen Lichtintensität liegt das SNR im Bereich von $10:1$. D.h. dass die gemessenen Signale sich im Bereich von $\sigma_d \cdot 10$, also 100-200 Elektronen, bewegen. Bei Betrachtung der räumlichen Variation des Dunkelsignals (DSNU) (Tab. 4.1) fällt auf, dass DSNU der Kamera B ebenfalls in dieser Größenordnung liegt. Somit wäre das Signal der Kamera A hier deutlich homogener. Wenn es also bei dieser Anwendung keine Möglichkeit besteht das Dunkelsignal zu subtrahieren oder die DSNU weiter zu redizieren, würde Kamera A bessere Signalqualität liefern.

Szenario 3

Bei diesem Beispiel ist in der Szene ausreichend Licht vorhanden. In Abb. 4.3a handelt es sich also um einen Bereich höherer Bestrahlungsstärken (rechts im Plot). Hier sollte die Kamera möglichst gute Signal-

---

[5] Der Grund für die Entscheidung des EMVA 1288 Komitees zur Darstellung der SNR-Kurve in Abhängigkeit von Photonen pro Pixel und nicht Photonen pro eine bestimmte Fläche ist die Möglichkeit des Vergleiches mit dem idealen Sensor.

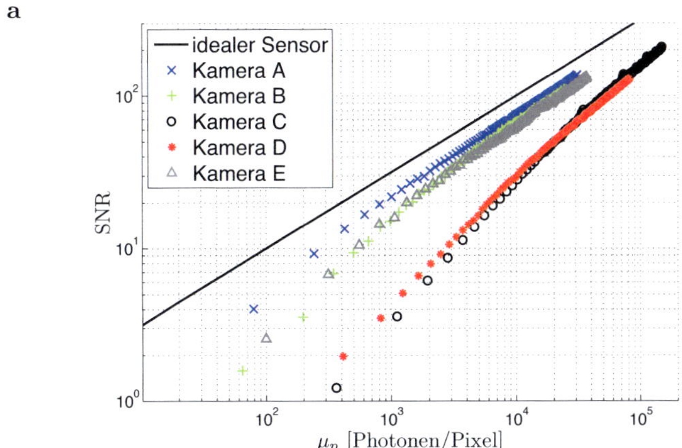

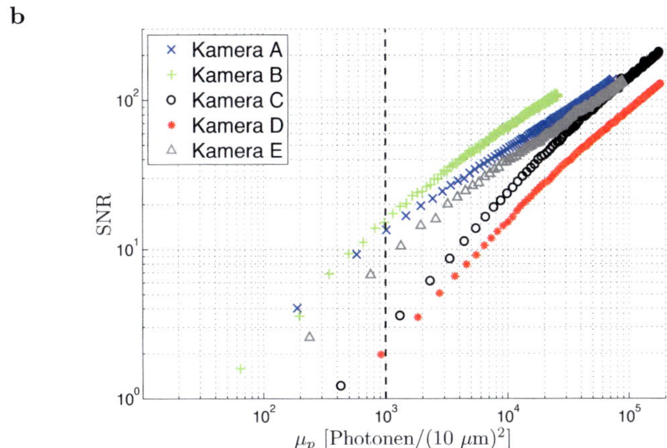

Abbildung 4.3: a) Signal/Rausch-Kennlinie von fünf Kameramodellen aus den Datenblättern nach EMVA 1288; Zur Verdeutlichung des Einflusses der Pixelgröße wurde in b) die Abszisse für jede der fünf Kurven auf einen Wert von $10\,\mu\text{m}^2$ normiert. Bei der exemplarisch ausgewählten Bestrahlungsstärke von 10^3 Photonen/$10\,\mu\text{m}^2$ (für das Szenario 2) weist die Kamera B das höchste SNR auf.

qualität, d.h. möglichst hohes SNR, aufweisen. Dazu wird auf einem Datenblatt das maximal erreichbare Signal/Rausch-Verhältnis SNR_{max} angegeben (siehe Abb. 4.2 ④). In Tab. 4.1 ist diese Größe für alle Kameras aufgelistet. Die Kamera C weist also das höchste SNR auf.

In Tab. 4.1 sind ebenfalls Werte für PRNU aufgeführt, da die Variation der Sensitivität bei ausreichend Licht die Signalqualität beeinflusst. In Version 3.0 des Standards wird das Rauschen aus der Differenz von zwei hintereinander aufgenommenen Bildern berechnet. Da dadurch sich die räumlichen Inhomogenitäten aber herausrechnen, entspricht das SNR_{max} nicht dem tatsächlich erreichbaren SNR eines unkorrigierten Sensors. Um dieses SNR_{max} zu erreichen, muss das PRNU auf dem Sensor korrigiert werden. Das PRNU der Kamera C ist zwar höher (das Signal ist also inhomogener), die Signalqualität kann aber bei einer entsprechenden Korrektur verbessert werden.

Szenario 4

Für die meisten Anwendungen, bei denen aus Intensitätswerten einer Kamera weiter Parameter/Größen abgeleitet werden, wie auch z.B. in der Messtechnik, ist die Linearität der Kameraantwort vom großen Vorteil. In diesem Szenario wird also eine hohe Linearität des Signals gefordert. Im EMVA 1288 wird die Abweichung von der Linearität anhand des Größe LE gemessen. LE ist die mittlere Abweichung des Grauwerts von einem linearen Fit zwischen 5-95% der Sättigung.

In Tab. 4.1 ist diese Größe für die fünf Kameras vergleichsweise dargestellt. Hier ist zu sehen, dass die Kennlinie der Kamera E am wenigsten von einer Geraden abweicht.

Szenario 5

Bei Bildaufnahmen in der Automotive-Branche und allen Szenen im Freien hat man es meistens mit stark schwanken Lichtintensitäten zu tun. Hier muss die Kamera sowohl im Sonnenlicht als auch bei Nacht ein adäquates Bild liefern. Eine besondere Herausforderung stellen Szenen dar, bei denen sich die Lichtintensität schlagartig ändert, z.B. im Sommer bei der Einfahrt in einen Tunnel. Für solche Aufgaben wäre eine High-Dynamic-Range-Kamera mit einer logarithmischen Kennlinie am besten geeignet. Da aber EMVA 1288 bei der aktuellen Version 3.0 nur

Kameras mit einer linearen Kennlinie einschließt, werden wir versuchen eine bestmögliche Kamera mit einer linearen Kennlinie für solche Aufgaben auszusuchen. Wir nehmen also in diesem Szenario an, dass wir die Belichtungszeit der Kamera zwischen den Aufnahmen anpassen müssen. Ein Sensor mit dem größten Dynamikbereich sit also notwendig. Dabei sollte die Qualität der Bilder nach Möglichkeit nicht variieren. Der Dynamikbereich ist das Verhältnis des maximal messbaren Signals – die Sättigungskapazität – zum Dunkelrauschen bzw. zu der absoluten Empfindlichkeitsschwelle festgelegt. Die Angaben zum Dynamikbereich befinden sich ebenfalls im Bereich ④ eines EMVA 1288 Datenblatts (Seite 2). In Tab. 4.1 ist DR für alle fünf Kameras aufgelistet. Hier ist zu erkennen, dass die Kameras A und E einen annähernd gleich großen Dynamikbereich aufweisen.

Ähnlich zu der Diskussion bei dem ersten Szenario ist hier der Dynamikbereich aufgrund seiner Abhängigkeit von dem Dunkelstrom μ_c ebenfalls temperaturabhängig. Bei den Kameras A und E konnte jedoch nur eine Obergrenze für den Dunkelstrom gemessen werden. Deshalb konzentrieren wir uns stattdessen auf DSNU und PRNU. In Tab. 4.1 sind DSNU und PRNU von alle fünf Kameras aufgelistet. Je größer DSNU und PRNU sind, desto unterschiedlicher würde die räumliche Variation bei unterschiedlichen Lichtintensitäten ausgeprägt sein. Deshalb wäre für die in diesen Szenario beschriebenen Anforderungen die Kamera E, die am wenigsten variierende Bildqualität liefern.

4 Zusammenfassung und Ausblick

Es wurden fünf Kameras (zwei mit CCD-, zwei mit CMOS-Flächensensoren und eine CMOS-Zeilenkamera) anhand ihrer Dattenblätter nach EMVA 1288 miteinander verglichen. Aus Platzgründen wurden dabei nicht die kompletten Datenblätter gezeigt, sondern nur die Größen, die für die Auswahl in einem der fünf Szenarien relevant sind. Die ausgewählten Szenarien repräsentieren dabei u.a. Anwendungen bei nur wenig Licht, bei ausreichend Licht aber auch bei stark schwankenden Lichtverhältnissen. Dazu wurden Auswahlkriterien für alle fünf Anwendungsszenarien abgeleitet und anhand von ausgewählten Kameraexemplaren wurde eine Wahl getroffen. Es wurden Datenblätter nach EMVA 1288 Version 3.0, die Ende 2010 veröffentlicht wurde, miteinander verglichen.

Dabei lässt sich mithilfe dieser Datenblätter die optimale Kamera differenziert für jede konkrete Aufgabe auswählen.

Während der Weiterentwicklung des Standards beschäftigt sich das Konsortium EMVA 1288 mit solchen Themen, wie die Erweiterung des theoretischen Modells auf nicht-lineare Sensoren, Soft- und Hardware-Zertifizierung, verbesserte Darstellung der räumlichen Inhomogenitäten und Einbeziehen der räumlichen Inhomogenitäten in das berechnete SNR.

Literatur

1. „EMVA Standard 1288 - Standard for characterization of image sensors and cameras, release 3.0", European Machine Vision Association, 2010. [Online]. Available: www.standard1288.org

2. A. Darmont, „Using the EMVA 1288 standard to select an image sensor or camera", in *Electronic Imaging*, Ser. Proc. SPIE, Vol. 7536, 2010, S. 753609.

3. M. Erz und B. Jähne, „Optimale Kameraauswahl für maschinelles Sehen durch standardisierte Charakterisierung", *Technisches Messen*, Vol. 78, S. 377–383, 2011.

Sensormodell und Kalibrierung für einen IR-Streifenlichtsensor

Thomas Dunker und Sebastian Luther

Fraunhofer Institut für Fabrikbetrieb und -automation, IFF,
Sandtorstraße 22, D-39106 Magdeburg

Zusammenfassung In diesem Artikel stellen wir ein Sensormodell und ein Kalibrierverfahren vor, das für einen Streifenlichtsensor bestehend aus einer IR-Kamera und einem IR-Projektor entwickelt wurde.

1 Motivation

Die AiMESS Services GmbH hat einen Streifenlichtsensor (IR-3D-Scanner) entwickelt, der die Oberfläche des zu messenden Objektes mit einem IR-Projektor, der im langwelligen Infrarot abstrahlt, erwärmt und die Änderung der emittierte Infrarotstrahlung mit einer IR-Kamera misst. Dies ermöglicht z.B. Objekte, die für das sichtbare Lichtspektrum transparent jedoch für IR-Strahlung opaque sind, zu messen.

Der IR-Projektor erzeugt nacheinander mehrere phasenverschobene, streifenförmige Intensitätsmuster, deren Intensitätsverlauf sinusförmig ist. Es werden drei Muster mit drei verschiedenen Periodenlängen verwendet. Aus der Musterfolge kann für ein Pixel eine Projektorkoordinate ermittelt werden. Ein Verfahren dafür wurde in [1] beschrieben.

Aus Projektor- und Pixelkoordinaten lassen sich die 3D-Koordinaten des beobachteten Objektpunktes errechnen. Für diese Berechnung wird ein Sensormodell benötigt, dessen Parameter sich durch einen geeigneten Kalibriervorgang schätzen lassen.

Kann der Projektor ein um 90° gedrehtes Streifenmuster projizieren und somit eine zweite Kamerakoordinate erzeugen, wie z.B. moderne DLP-Projektoren, so kann er als inverse Kamera betrachtet werden. In diesem Fall kann der Projektor ähnlich einer Kamera kalibriert werden. Es werden die doppelte Anzahl an Streifenprojektionen benötigt, und

Selbstkalibrierung ist möglich, siehe z.B. [2]. Für den IR-3D-Scanner wäre dies mit einem wesentlich höheren Hardwareaufwand und einer Verlängerung der Messzeit verbunden gewesen, was nicht wünschenswert ist.

Auf eine Kalibrierung des Projektors kann ganz verzichtet werden, wenn zwei Kameras eingesetzt werden und die Streifenprojektion nur der Lösung des Korrespondenzproblems entlang der Epipolarlinien in den Bildern des Stereokamerasystems dient. Da IR-Kameras noch sehr teuer sind, wurde auch diese Lösung ausgeschlossen.

Eine pixelweise Kalibrierung wird in [3] beschrieben. Es werden Ebenen in verschiedenen bekannten Abständen gemessen. Ergebnis ist für jedes Pixel eine Messreihe von Projektor- und zugehörigen z-Koordinaten, in welche ein Polynom eingepasst wird. Eine Vergrößerung des Signal-Rausch-Abstandes ist bei diesem Ansatz nur mit vielen Messungen oder einer nachträglichen Glättung der Polynomkoeffizienten benachbarter Pixel möglich.

Für den IR-3D-Scanner wurde ein Sensormodell benötigt, das optische Verzeichnung der Projektion berücksichtigt, jedoch nicht zu viele Freiheitsgrade besitzt, so dass eine Modelleinpassung eine Rauschfilterung ermöglicht. Im Folgenden stellen wir ein solches Sensormodell und ein Kalibrierverfahren für die Schätzung seiner Parameter vor.

Dieses Sensormodell eignet sich auch für miniaturisierte Streifenlichtsensoren, wie sie in [4] beschrieben sind, die nur Streifen in einer Richtung erzeugen.

2 Sensormodell

Der Ort eines Objektpunktes im Messfeld des Sensors wird durch die beiden Koordinaten des ihn beobachtenden Pixels und die Koordinate des ihn beleuchtenden Projektorstreifens eindeutig bestimmt. Wir wollen die Abbildung zwischen diesen drei Werten einer Messung und den Koordinaten des Objektpunktes in $\mathbb{R}^3$ modellieren. In einem ersten Schritt nehmen wir vereinfachend an, dass sowohl die Kamera als auch der Projektor als Zentralprojektionen dargestellt werden können. Danach modellieren wir die optischen Verzeichnungen als kleine Abweichungen zwischen idealisierten und verzeichneten Pixel- und Projektorkoordinaten.

Betrachten wir Abbildung 5.1. Wir ordnen „Film" und „Dia" zwischen

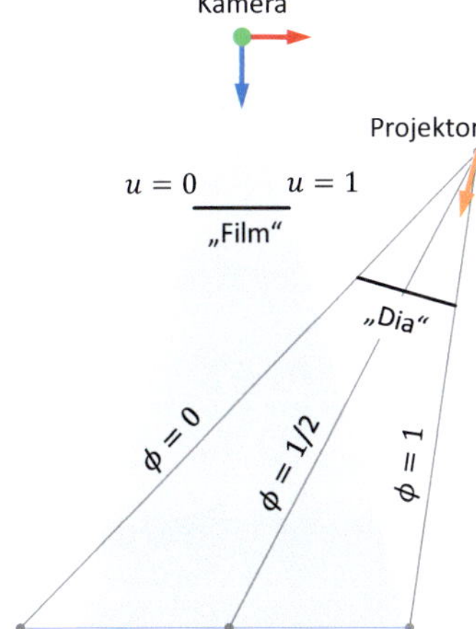

Abbildung 5.1: Skizze eines Streifenlichtsensors.

den Projektionszentren und dem Messvolumen an. Nun legen wir das Sensorkoordinatensystem so fest, dass sich die Projektionen möglichst einfach darstellen lassen. Den Ursprung legen wir in das Projektionszentrum der Kamera. Die x-y-Ebene ist parallel zum „Film", und die Achsen x und u sind parallel. In Abbildung 5.1 liegt die Mitte des „Films" auf der z-Achse, und für den Projektor ist eine Scheimpfluganordnung angedeutet. Es sind jedoch auch andere Konfigurationen zulässig.

Wir wollen im Weiteren folgende Bezeichnungen verwenden. Für einen Punkt im Sensorkoordinatensystem verwenden wir $\boldsymbol{p} = (x, y, z)^T \in \mathbb{R}^3$. Die gemessenen, verzeichneten Pixel- und Projektorkoordinaten $\tilde{\boldsymbol{m}} = (\tilde{u}, \tilde{v}, \tilde{\phi})^T \in [0, 1]^3$ sind normalisiert. Dabei stehen $\tilde{u}$ und $\tilde{v}$ für Spalte und Zeile des Kamerabildes und $\tilde{\phi}$ für die „Streifennummer" des Projektors. Die idealisierten, unverzeichneten Pixel- und Projektorkoordinaten werden mit $\boldsymbol{m} = (u, v, \phi)^T \in [-\epsilon, 1 + \epsilon]^3$ bezeichnet. Nun betrachten wir folgende Kette von Abbildungen

$$\boldsymbol{p} \underset{\boldsymbol{H}^{-1}}{\overset{\boldsymbol{H}}{\rightleftarrows}} \boldsymbol{m} \underset{\boldsymbol{\Delta}^{-1}}{\overset{\boldsymbol{\Delta}}{\rightleftarrows}} \tilde{\boldsymbol{m}} \tag{5.1}$$

hierbei steht $\boldsymbol{H}$ für die ideale Zentralprojektion eines 3D-Punktes auf den „Film" und das „Dia", und $\boldsymbol{\Delta}$ bezeichnet die Verzeichnung der Pixel- und Projektorkoordinaten durch das reale optische Linsensystem.

2.1 Zentralprojektion

Die Projektion $\boldsymbol{H}$ kann in homogenen Koordinaten durch zwei Matrizen

$$z \begin{pmatrix} u \\ v \\ 1 \end{pmatrix} = \boldsymbol{C} \begin{pmatrix} x \\ y \\ z \end{pmatrix} \quad \text{und} \quad \mu \begin{pmatrix} \phi \\ 1 \end{pmatrix} = \boldsymbol{A} \begin{pmatrix} x \\ y \\ z \end{pmatrix} + \boldsymbol{b}. \tag{5.2}$$

beschrieben werden. Durch die Wahl des Koordinatensystems hat $\boldsymbol{C}$ die einfache Form

$$\boldsymbol{C} = \begin{pmatrix} f_x & f_{xy} & c_x \\ 0 & f_y & c_y \\ 0 & 0 & 1 \end{pmatrix}$$

mit fünf Freiheitsgraden. Die 2×4 Matrix

$$\boldsymbol{P} = (\boldsymbol{A}|\boldsymbol{b}) \quad \text{mit} \quad \boldsymbol{A} = \begin{pmatrix} a_{11} & a_{12} & a_{13} \\ a_{21} & a_{22} & a_{23} \end{pmatrix} \quad \text{und} \quad \boldsymbol{b} = \begin{pmatrix} b_1 \\ b_2 \end{pmatrix}$$

kann noch beliebig skaliert werden. Folglich hat sie sieben Freiheitsgrade. Durch invertieren, substituieren und multiplizieren mit $(1, -\phi)$ erhält man aus (5.2)

$$z\boldsymbol{C}^{-1} \begin{pmatrix} u \\ v \\ 1 \end{pmatrix} = \begin{pmatrix} x \\ y \\ z \end{pmatrix} \quad \text{und}$$

$$0 = z \begin{pmatrix} 1 \\ -\phi \end{pmatrix}^T \boldsymbol{A}\boldsymbol{C}^{-1} \begin{pmatrix} u \\ v \\ 1 \end{pmatrix} + \begin{pmatrix} 1 \\ -\phi \end{pmatrix}^T \boldsymbol{b}, \text{ woraus sich}$$

$$\boldsymbol{p} = \boldsymbol{H}^{-1}(\boldsymbol{m}) = -\frac{\begin{pmatrix} 1 \\ -\phi \end{pmatrix}^T \boldsymbol{b}}{\begin{pmatrix} 1 \\ -\phi \end{pmatrix}^T \boldsymbol{A}\boldsymbol{C}^{-1} \begin{pmatrix} u \\ v \\ 1 \end{pmatrix}} \boldsymbol{C}^{-1} \begin{pmatrix} u \\ v \\ 1 \end{pmatrix} \tag{5.3}$$

ergibt. Die Matrix $\boldsymbol{C}^{-1}$ hat die gleiche Form wie $\boldsymbol{C}$

$$\boldsymbol{C}^{-1} = \begin{pmatrix} c_{11} & c_{12} & c_{13} \\ 0 & c_{22} & c_{23} \\ 0 & 0 & 1 \end{pmatrix}.$$

Wir definieren $\boldsymbol{D} = \boldsymbol{A}\boldsymbol{C}^{-1}$. Wenn wir annehmen, dass der Kamerastrahl $(u,v) = (0,0)$ die Projektorebene $\phi = 0$ schneidet, dann ist $\boldsymbol{D}_{13}$ verschieden von Null. Somit können wir die Skalierung von $\boldsymbol{P}$ durch

$$\boldsymbol{D} = \begin{pmatrix} d_{11} & d_{12} & 1 \\ d_{21} & d_{22} & d_{23} \end{pmatrix}.$$

festlegen. In dem Vektor $\boldsymbol{\alpha} = (c_{11}, \dots, c_{23}, d_{11}, \dots, d_{23}, b_1, b_2)$ fassen wir alle 12 Parameter zusammen und erhalten die Formel

$$p = \boldsymbol{H}^{-1}(\boldsymbol{m}, \boldsymbol{\alpha}) = -\frac{\begin{pmatrix} 1 \\ -\phi \end{pmatrix}^T \boldsymbol{b}}{\begin{pmatrix} 1 \\ -\phi \end{pmatrix}^T \boldsymbol{D} \begin{pmatrix} u \\ v \\ 1 \end{pmatrix}} \boldsymbol{C}^{-1} \begin{pmatrix} u \\ v \\ 1 \end{pmatrix}. \tag{5.4}$$

2.2 Verzeichnung und deren Korrektur

Verzeichnung des Kamerabildes

Die Verzeichnung $\boldsymbol{\Delta}$ modelliert die Differenz zwischen idealisierten und gemessenen Koordinaten. Für die Pixelkoordinaten haben wir die Abhängigkeit

$$\tilde{u} = \boldsymbol{\Delta}_1(u,v) \quad \text{und} \quad \tilde{v} = \boldsymbol{\Delta}_2(u,v).$$

Eigentlich sind wir an der Verzeichnungskorrektur $\boldsymbol{\Delta}^{-1}$ interessiert. Für die Modellierung nutzen wir Polynome $f_i(\tilde{u})f_j(\tilde{v})$. Andere differenzierbare Basisfunktionen sind auch möglich. Dabei stehen die Indizes für den Grad oder die Anzahl der Nullstellen. Die Verzeichnungskorrektur darf keine Verschiebung, Skalierung und Scherung erzeugen, da diese bereits durch die Kameramatrix $\boldsymbol{C}$ modelliert werden. Deshalb fordern wir, dass die Ecken $\{0,1\}^2$ unverändert bleiben. Für $i \geq 2$ verteilen wird die Nullstellen von f_i auf 0, 1 und äquidistant dazwischen. Dann schlagen wir für die Verzeichnungskorrektur

$$u = \mathbf{\Delta}_1^{-1}(\tilde{u}, \tilde{v}) = \tilde{u} + \sum_{(i,j) \in J_{K_{uv}}^{uv}} \beta_{ij}^u f_i(\tilde{u}) f_j(\tilde{v})$$

$$v = \mathbf{\Delta}_2^{-1}(\tilde{u}, \tilde{v}) = \tilde{v} + \sum_{(i,j) \in J_{K_{uv}}^{uv}} \beta_{ij}^v f_i(\tilde{u}) f_j(\tilde{v})$$

vor. Dabei definiert K_{uv} den maximalen Grad der Basisfunktion. Die Indexmenge

$$J_{K_{uv}}^{uv} = \{(i,j) \in \mathbb{N}^2 : i + j \leq K_{uv} \wedge \max(i,j) > 1\}.$$

schließt Basisfunktionen $f_i(\tilde{u}) f_j(\tilde{v})$ aus, die auf den Ecken nicht Null sind.

Verzeichnung des Projektors

Um mehr als nur Winkelverzeichnungen zwischen den Ebenen, die verschiedenen Projektorkoordinaten entsprechen, modellieren zu können, benötigen wir eine zweite Projektorkoordinate ψ. Wir definieren ψ durch

$$\psi = \frac{(\mathbf{A}_{1:} \times \mathbf{A}_{2:})\mathbf{p} + \beta_0}{\mathbf{A}_{2:}\mathbf{p} + b_2} = \frac{(\mathbf{A}_{1:} \times \mathbf{A}_{2:})\mathbf{H}^{-1}(\mathbf{m}, \boldsymbol{\alpha}) + \beta_0}{\mathbf{A}_{2:}\mathbf{H}^{-1}(\mathbf{m}, \boldsymbol{\alpha}) + b_2}, \qquad (5.5)$$

wobei $\mathbf{A}_{1:}$ und $\mathbf{A}_{2:}$ die erste und zweite Zeile von $\mathbf{A}$ sind. Somit ist ψ orthogonal zu ϕ und der neue Parameter β_0 bestimmt das Projektionszentrum auf der Schnittlinie aller ϕ-Ebenen. Wir setzen

$$\tilde{\phi} = \mathbf{\Delta}_3(u, v, \phi) = \mathbf{\Delta}_3(\phi, \psi(u, v, \phi)) = \phi + \delta(\phi, \psi(u, v, \phi))$$

und modellieren δ mit Hilfe von Polynomen oder anderen differenzierbaren Basisfunktionen der Form $g_i(\phi)\psi^j$. Da die Projektormatrix z.B. durch die drei Ebenen $\phi = 0, 0.5, 1$ definiert ist, fordern wir, dass die Basisfunktionen auf $\{0, 0.5, 1\} \times \{0\}$ Null sind. Außerdem dürfen sie nicht linear in ψ seien, da dies einer Drehung entspricht. Für ungerade $i \geq 3$ legen wir die Nullstellen von g_i auf $0, 1/(i-1), \ldots, 1$. Für gerade $i \geq 4$ erzeugen wir eine doppelte Nullstelle bei 0.5 durch $g_i(\phi) = (\phi - 0.5)g_{i-1}(\phi)$. Dadurch gilt stets $g_i(0) = g_i(0.5) = g_i(1) = 0$ für $i \geq 3$. Wir schlagen folgende implizite Gleichung

$$\tilde{\phi} = \mathbf{\Delta}_3(u, v, \phi) = \phi + \sum_{(i,j) \in J_{K_\phi}^\phi} \beta_{ij}^\phi g_i(\phi) \psi^j \tag{5.6}$$

für ϕ vor. Dabei bezeichnet K_ϕ den maximalen Grad der Basisfunktionen. Die Indexmenge

$$J_{K_\phi}^\phi = \{(i,j) \in \mathbb{N}^2 : (i + j \leq K_\phi) \wedge (j \neq 1) \wedge (j = 0 \implies i > 2)\}$$

sichert die oberen Forderungen. Alle Parameter, die die Verzeichnung beschreiben, werden im Vektor $\boldsymbol{\beta} = (\beta_0, \beta_{0,2}^u, \beta_{2,0}^u, \ldots, \beta_{0,2}^v, \beta_{2,0}^v, \ldots, \beta_{0,1}^\phi, \ldots)$ zusammengeführt. Dann erhalten wir aus (5.5-5.6)

$$\boldsymbol{m} = \mathbf{\Delta}^{-1}(\tilde{\boldsymbol{m}}, \boldsymbol{\beta}, \boldsymbol{\alpha}) \quad \text{und} \quad \boldsymbol{p} = \boldsymbol{H}^{-1}(\mathbf{\Delta}^{-1}(\tilde{\boldsymbol{m}}, \boldsymbol{\beta}, \boldsymbol{\alpha}), \boldsymbol{\alpha})$$

durch einsetzen in (5.4).

3 Parameterschätzung für α und β

Um die Parameter $\boldsymbol{\alpha}$ und $\boldsymbol{\beta}$ für einen Sensor zu schätzen, benötigen wir Messungen an einem Kalibrierobjekt. Eine Möglichkeit ist eine ebene Kalibrierplatte mit Marken, deren Positionen im Plattenkoordinatensystem bekannt sind. Diese wird in verschiedenen Positionen im Messfeld gemessen. Bezeichnen wir mit $\boldsymbol{p}_m^c$, $m = 1, \ldots, M$, die Markenpositionen im Plattenkoordinatensystem. Die verschiedenen Positionen der Platte werden durch Transformationen $T(\cdot, \boldsymbol{\gamma}_n)$ beschrieben, wobei $\boldsymbol{\gamma}_n$ die sechs Bewegungsfreiheitsgrade repräsentiert und $n = 1, \ldots N$. In der n-ten Messung befindet sich die m-te Marke in der Position $T(\boldsymbol{p}_m^c, \boldsymbol{\gamma}_n)$ in Sensorkoordinaten. Somit kann diese Position mit der Messung $\tilde{\boldsymbol{m}}_{mn}$ der m-te Marke in der n-ten Messung verglichen werden. Wir definieren Residuen

$$\boldsymbol{r}_{mn}(\boldsymbol{\alpha}, \boldsymbol{\beta}, \boldsymbol{\gamma}) = w_{mn} \left(\boldsymbol{H}^{-1}(\mathbf{\Delta}^{-1}(\tilde{\boldsymbol{m}}_{mn}, \boldsymbol{\beta}, \boldsymbol{\alpha}), \boldsymbol{\alpha}) - T(\boldsymbol{p}_m^c, \boldsymbol{\gamma}_n) \right), \tag{5.7}$$

wobei w_{mn} eine Gewichtung ist, welche kleiner wird wenn wir einer Messung weniger vertrauen. Bezeichnen wir mit $M_n \subset \{\ldots, M\}$ die Menge der Marken, die in der Messung n erfasst wurden, und definieren

$$f(\boldsymbol{\alpha}, \boldsymbol{\beta}, \boldsymbol{\gamma}) = \sum_{n=1}^N \sum_{m \in M_n} \boldsymbol{r}_{mn}^T \boldsymbol{r}_{mn}, \tag{5.8}$$

dann liefert die Lösung des nichtlinearen Problems kleinster Quadrate $f(\boldsymbol{\alpha}, \boldsymbol{\beta}, \boldsymbol{\gamma}) \to \min$ eine Schätzung für die Modellparameter $\boldsymbol{\alpha}$ und $\boldsymbol{\beta}$ und die Transformationsparameter $\boldsymbol{\gamma}$.

Für die Lösung kann ein beliebiger Solver verwendet werden. Wir haben die Funktion dn2g aus der Bibliothek PORT verwendet, deren Algorithmus in [5] beschrieben ist. Dafür werden die Ableitungen der Residuen nach den Parametern benötigt. Wir verwenden die Indices mn, um zu kennzeichnen, dass ein Wert zur m-ten Marke in der n-ten Messung gehört. Da nur ϕ aber nicht u und v von $\boldsymbol{\alpha}$ abhängen, gilt

$$\frac{d\boldsymbol{r}_{mn}}{d\boldsymbol{\alpha}} = w_{mn}\left(\underbrace{\frac{\partial \boldsymbol{H}^{-1}}{\partial \phi}(\boldsymbol{m}_{mn}, \boldsymbol{\alpha})}_{3\times 1\ \text{Matrix}}\underbrace{\frac{d\phi_{mn}}{d\boldsymbol{\alpha}}}_{1\times 12} + \underbrace{\frac{\partial \boldsymbol{H}^{-1}}{\partial \boldsymbol{\alpha}}(\boldsymbol{m}_{mn}, \boldsymbol{\alpha})}_{3\times 12\ \text{Matrix}}\right) \quad (5.9)$$

$$\frac{d\boldsymbol{r}_{mn}}{d\boldsymbol{\beta}} = w_{mn}\left(\underbrace{\frac{\partial \boldsymbol{H}^{-1}}{\partial u}}_{3\times 1}\underbrace{\frac{du_{mn}}{d\boldsymbol{\beta}}}_{1\times \#\boldsymbol{\beta}} + \underbrace{\frac{\partial \boldsymbol{H}^{-1}}{\partial v}}_{3\times 1}\underbrace{\frac{dv_{mn}}{d\boldsymbol{\beta}}}_{1\times \#\boldsymbol{\beta}} + \underbrace{\frac{\partial \boldsymbol{H}^{-1}}{\partial \phi}}_{3\times 1}\underbrace{\frac{d\phi_{mn}}{d\boldsymbol{\beta}}}_{1\times \#\boldsymbol{\beta}}\right)$$

$$(5.10)$$

$$\frac{d\boldsymbol{r}_{mn}}{d\boldsymbol{\gamma}_n} = -w_{mn}\underbrace{\frac{\partial T}{\partial \boldsymbol{\gamma}_n}(\boldsymbol{p}_m^c, \boldsymbol{\gamma}_n)}_{3\times 6\ \text{Matrix}}. \quad (5.11)$$

Bis auf die Ableitungen von ϕ_{mn} können alle andere Terme in (5.9-5.11) direkt berechnet werden. Die Ableitung von ϕ muss aus der impliziten Gleichung $\tilde{\phi} = \phi(\tilde{\boldsymbol{m}}, \boldsymbol{\alpha}, \boldsymbol{\beta}) + \delta(\phi, \psi, \boldsymbol{\beta})$, siehe (5.6), gewonnen werden. Da das gemessene $\tilde{\phi}$ weder von $\boldsymbol{\alpha}$ noch von $\boldsymbol{\beta}$ abhängt liefert Differentiation dieser Gleichung

$$-\left(1 + \frac{\partial \delta}{\partial \phi}\right)\frac{d\phi}{d\boldsymbol{\alpha}} = \frac{\partial \delta}{\partial \psi}\frac{d\psi}{d\boldsymbol{\alpha}} \quad (5.12)$$

$$-\left(1 + \frac{\partial \delta}{\partial \phi}\right)\frac{d\phi}{d\boldsymbol{\beta}} = \frac{\partial \delta}{\partial \psi}\frac{d\psi}{d\boldsymbol{\beta}} + \frac{\partial \delta}{\partial \boldsymbol{\beta}}. \quad (5.13)$$

Die für (5.12) und (5.13) benötigten Ableitungen von ψ lassen sich aus Gleichung (5.5) bestimmen, welche wir als $\psi = \psi(\boldsymbol{p}, \boldsymbol{\alpha}, \boldsymbol{\beta}) =$

$\psi(\boldsymbol{H}^{-1}(\boldsymbol{m},\boldsymbol{\alpha}),\boldsymbol{\alpha},\boldsymbol{\beta})$ schreiben können. Es gilt

$$\frac{d\psi}{d\boldsymbol{\alpha}} = \frac{\partial\psi}{\partial\boldsymbol{p}}\left(\frac{\partial\boldsymbol{H}^{-1}}{\partial\phi}\frac{d\phi}{d\boldsymbol{\alpha}} + \frac{\partial\boldsymbol{H}^{-1}}{\partial\boldsymbol{\alpha}}\right) + \frac{\partial\psi}{\partial\boldsymbol{\alpha}}$$

$$\frac{d\psi}{d\boldsymbol{\beta}} = \frac{\partial\psi}{\partial\boldsymbol{p}}\left(\frac{\partial\boldsymbol{H}^{-1}}{\partial u}\frac{du}{d\boldsymbol{\beta}} + \frac{\partial\boldsymbol{H}^{-1}}{\partial v}\frac{dv}{d\boldsymbol{\beta}} + \frac{\partial\boldsymbol{H}^{-1}}{\partial\phi}\frac{d\phi}{d\boldsymbol{\beta}}\right) + \frac{\partial\psi}{\partial\boldsymbol{\beta}},$$

da nur ϕ aber nicht u und v von $\boldsymbol{\alpha}$ abhängen. Mit der Bezeichnung

$$F(\phi,\psi,\boldsymbol{\alpha},\boldsymbol{\beta}) = -\left(1 + \frac{\partial\delta}{\partial\phi} + \frac{\partial\delta}{\partial\psi}\frac{\partial\psi}{\partial\boldsymbol{p}}\frac{\partial\boldsymbol{H}^{-1}}{\partial\phi}\right)^{-1}$$

erhalten wir die gewünschten Formeln

$$\frac{d\phi}{d\boldsymbol{\alpha}} = F(\phi,\psi,\boldsymbol{\alpha},\boldsymbol{\beta})\frac{\partial\delta}{\partial\psi}\left(\frac{\partial\psi}{\partial\boldsymbol{p}}\frac{\partial\boldsymbol{H}^{-1}}{\partial\boldsymbol{\alpha}} + \frac{\partial\psi}{\partial\boldsymbol{\alpha}}\right) \tag{5.14}$$

$$\frac{d\phi}{d\boldsymbol{\beta}} = F(\phi,\psi,\boldsymbol{\alpha},\boldsymbol{\beta})\frac{\partial\delta}{\partial\psi}\left(\frac{\partial\psi}{\partial\boldsymbol{p}}\left(\frac{\partial\boldsymbol{H}^{-1}}{\partial u}\frac{du}{d\boldsymbol{\beta}} + \frac{\partial\boldsymbol{H}^{-1}}{\partial v}\frac{dv}{d\boldsymbol{\beta}}\right) + \frac{\partial\psi}{\partial\boldsymbol{\beta}}\right)$$

$$+ F(\phi,\psi,\boldsymbol{\alpha},\boldsymbol{\beta})\frac{\partial\delta}{\partial\boldsymbol{\beta}},$$

$$\tag{5.15}$$

deren Terme direkt berechnet werden können.

Da ϕ nur implizit gegeben ist, muss ϕ iterativ berechnet werden. In vielen Fällen konvergiert eine Iteration der Fixpunktgleichung $\phi = \tilde{\phi} - \delta(\phi,\psi(\boldsymbol{H}^{-1}(u,v,\phi,\boldsymbol{\alpha}),\boldsymbol{\alpha},\boldsymbol{\beta}),\boldsymbol{\beta})$ sehr schnell. Für die divergenten Fälle kann ein beliebiges Verfahren zum Finden von Nullstellen genutzt werden, wie z.B. der ableitungsfreie Brent Algorithmus, auf dem die Matlabfunktion fzero basiert.

4 Anwendungsbeispiel IR-3D-Scanner

Die für den IR-3D-Scanner entwickelte Kalibrierplatte besteht aus einer dünnen Leiterplatte mit dem Markenlayout und einer CFK-Sandwichplatte für die mechanische Stabilität. Es wird der Unterschied zwischen der geringen Emissivität im langwelligen Infrarot der Goldbeschichtung der Marken und der höheren des GFK-Trägermaterials

(a)   (b)

Abbildung 5.2: Kalibrierplatte (a) und detektierte Markenpositionen (b).

genutzt, welcher als Kontrast im IR-Bild der bestrahlten Platte sichtbar wird. Als Markenform wurden Ringe gewählt, um in deren Mittelpunkt und außerhalb auf dem Material mit der höheren Emissivität messen zu können, siehe Abbildung 5.2. Die Marken sind in einem regelmäßigen Dreiecksgitter angeordnet. Fertigungstoleranzen führen zu geringen Abweichungen der Gitterpositionen, deshalb werden Markenpositionen nachträglich vermessen. Um die eine korrekte Zuordnung der vermessenen Marken zu ermöglichen, existieren in der Mitte kleine Orientierungsmarken, welche bei den Messungen im Bildfeld sein müssen.

Die Kreisform wurde gewählt, um die Position des Mittelpunktes möglichst stabil durch die Punkte des Umfanges zu bestimmen. Der Algorithmus für die Mittelpunktbestimmung ist mehrstufig. Um auch Marken am Rand des Bildes mit einem geringeren Kontrast zum Hintergrund lokalisieren zu können, haben wir versucht mehr als die lokalen Bildinformationen zu nutzen.

Mit einer Hough-Transformation für Kreise werden in einem ersten Schritt potentielle Markenmittelpunkte gefunden. Hierfür wird eine Matlabfunktion von Tao Peng [6] genutzt, deren Algorithmus auf [7] basiert. In einem zweiten Schritt wird eine Homographie gesucht, die das Dreiecksgitter der Kalibrierplatte so in das Bild transformiert, dass möglichst viele der vorher gefunden potentielle Markenmittelpunkte möglichst nah bei einem Gitterpunkt liegen. Die Punkte des so gefundenen Gitters im Bild bilden die Startpunkte für eine lokale Suche im dritten Schritt. Mit der Homographie kann für jeden Gitterpunkt ein synthe-

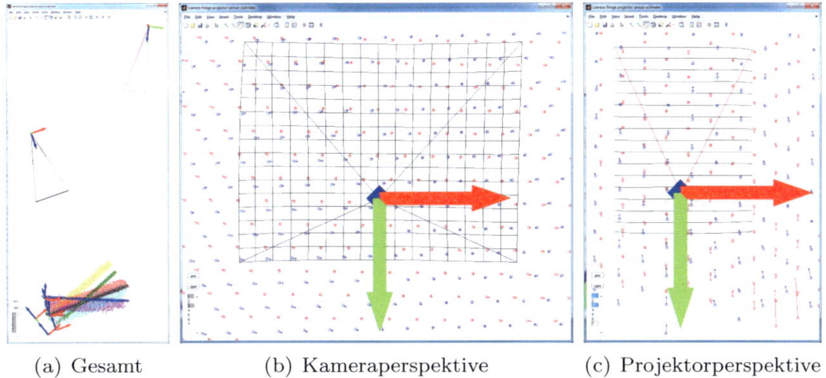

(a) Gesamt   (b) Kameraperspektive   (c) Projektorperspektive

Abbildung 5.3: Ergebnisansichten einer Parameterschätzung.

tisches Bild einer passend perspektivisch verzerrten Ringmarke erzeugt werden. Dieses dient als Template, dessen Position durch die Suche des Maximums der Kreuzkorrelation mit Bildbereichen der Umgebung bestimmt wird. Ein Vorteil z.B. gegenüber der Nutzung von Mittelpunkten von in Konturen eingepassten Ellipsen ist, dass durch die erste Homographieshätzung bereits berücksichtigt wird, dass die Markenmittelpunkte nicht immer auf die Ellipsenmittelpunkte abgebildet werden.

In Abbildung 5.3 sehen wir die Ergebnis einer Beispielmessung mit sieben Orientierungen der Kalibrierplatte. Kamera und Projektor werden durch ihre Koordinatensysteme und einige Zeilen- bzw. Spaltenlinien veranschaulicht. Man kann sowohl die geschätzten Markenpositionen (o) als auch die gemessenen Markenmittelpunkte (+) anzeigen lassen. Für die Verzeichnung wurden Polynome bis zum 5. Grad verwendet.

5 Zusammenfassung und Ausblick

Es wurde ein Modell und ein Kalibrierverfahren für Streifenlichtsensoren, die nur eine Streifenrichtung erzeugen können, vorgestellt. Damit können Verzeichnungen auch für Scheimpfluganordnungen modelliert werden. Für die Kalibrierung ist es sehr wichtig, dass die Kalibrierpunkte möglichst gleichmäßig über das gesamte Messvolumen verteilt sind. In

Bereichen, in denen keine Kalibrierpunkte vorlagen, können keine Aussagen über den Fehler der gefundenen Verzeichnung gemacht werden. Die Parameterschätzung kann durch Iteration verbessert werden. Mit einem gefundenen Modell können die Templates für das Finden der Ringmarken unter Berücksichtigung der Verzeichnung erneut berechnet werden und die Parameterschätzung mit den damit gefundenen Markenmittelpunkten wiederholt werden.

Literatur

1. E. Lilienblum und B. Michaelis, „Optical 3d surface reconstruction by a multi-period phase shift method“, *Journal of Computers*, Vol. 2, Nr. 2, S. 73–83, 2007.

2. W. Schreiber und G. Notni, „Theory and arrangements of self-calibrating whole-body three-dimensional measurement systems using fringe projection technique“, *Optical Engineering*, Vol. 39, Nr. 1, S. 159–169, 2000.

3. Y. Li, X. Su und Q. Wu, „Accurate phase-height mapping algorithm for PMP“, *Journal of Modern Optics*, Vol. 53, Nr. 14, S. 1955–1964, 2006.

4. T. Yoshizawa und T. Wakayama, „Compact camera system for 3d profile measurement“, *Proceedings of the SPIE - The International Society for Optical Engineering*, Vol. 7513, 2009.

5. J. Dennis, D. Gay und R. Welsch, „An adaptive nonlinear least-squares algorithm“, *ACM Transactions on Mathematical Software*, Vol. 7, Nr. 3, S. 348–368, 1981.

6. T. Peng, „Detect circles with various radii in grayscale image via hough transform“, MATLAB Central File Exchange (http://www.mathworks.com/matlabcentral/fileexchange/9168), July 2012.

7. J. Illingworth und J. Kittler, „The adaptive hough transform“, *IEEE Transactions on Pattern Analysis and Machine Intelligence*, Vol. 9, Nr. 5, S. 690–698, 1987.

Online-Bestimmung der aufgabenspezifischen zufälligen Abweichungen phasenmessender optischer Sensoren

Marc Fischer, Marcus Petz und Rainer Tutsch

Technische Universität Braunschweig, Institut für Produktionsmesstechnik, Schleinitzstraße 20, D-38106 Braunschweig

Zusammenfassung In der vorliegenden Arbeit wird eine Methode vorgestellt, mit der sich ein Schätzwert für die zufälligen Messabweichungen in phasenmessenden optischen Sensoren direkt aus den aufgezeichneten Grauwerten berechnen lässt. Das verwendete Rauschmodell basiert auf einer Richtlinie zur Charakterisierung von Bildsensoren (EMVA 1288). Als Anwendung wird die Fusion von Phasenmessungen bei unterschiedlicher Belichtung diskutiert.

1 Einleitung

Phasenmessende optische Sensoren basieren auf einer Ortscodierung durch ortsabhängige Helligkeitsverteilungen. Als Muster wird dabei häufig eine Sequenz von phasenverschobenen Sinusmustern eingesetzt, da diese neben einer hohen Ortsauflösung auch eine pixelweise unabhängige Auswertung ermöglichen. Das Grundprinzip der Auswertung ist in Abbildung 6.1 für den weit verbreiteten 4-Schritt-Algorithmus (vier um je 90° verschobene Sinusmuster) dargestellt.

Aus den vier sequentiell zu den Zeitpunkten t_1 bis t_4 aufgezeichneten Intensitäten kann senkrecht zur Streifenrichtung in jedem Pixel der Kamera eine Ortsinformation x, zunächst 2π-periodisch, codiert werden. Die Erweiterung auf eine im gesamten Messbereich eindeutige Ortscodierung erfolgt durch Anwendung von Entfaltungsalgorithmen, welche z.B. auf der zusätzlichen Anzeige von Graycode-Sequenzen oder auf der

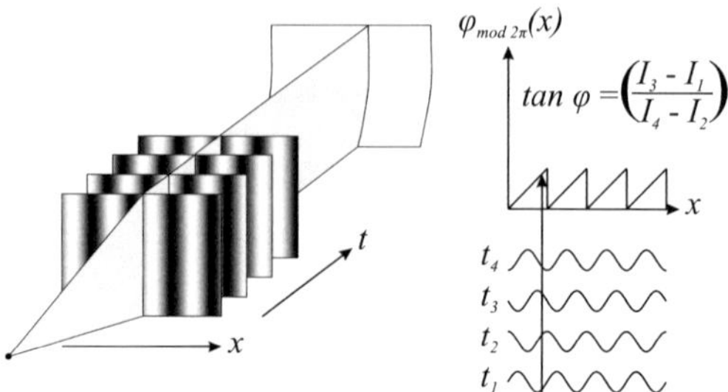

Abbildung 6.1: Ortscodierung durch phasenverschobene Sinusmuster.

Auswertung verschiedener Wellenlängen basieren. Die Bestimmung von 3D-Punkten erfolgt dann durch Triangulation, wobei die Messdaten anschließend im Allgemeinen noch weiterverarbeitet und beispielsweise geometrische Funktionselemente in die Punktewolke eingepasst werden.

Die in phasenmessenden optischen Sensoren eingesetzten Algorithmen zur Phasenbestimmung sind aus der Phasenschiebe-Interferometrie übernommen worden [1]. Aufgrund der hohen Empfindlichkeit interferometrischer Verfahren sind dort systematische Effekte gegenüber stochastischen Rauscheinflüssen dominierend. Zufällige Messabweichungen wurden daher in der Forschung deutlich weniger untersucht, und die meisten Arbeiten basieren auf vereinfachten Annahmen zum Rauschverhalten des eingesetzten Bildsensors [2–4].

Für den Anwender besteht das Problem, dass er eine Aussage über stochastische Messabweichungen nur durch Wiederholungsmessungen erhalten würde. Auf diese wird jedoch bei industriellem Einsatz der Messverfahren aus Kostengründen im Allgemeinen verzichtet. Stattdessen erfolgt eine allgemeine Spezifikation der Messunsicherheit durch Messung an kalibrierten Probekörpern. Insbesondere im Hinblick auf die Weiterverarbeitung der Daten durch Anpassung von geometrischen Standardelementen oder der Fusion der Daten unterschiedlicher Messungen führt der Mangel an Informationen über die Zuverlässigkeit von Einzelmesswerten zu statistisch suboptimalen Ergebnissen aufgrund fehlender Gewichtungsmöglichkeit.

Es wird daher im Rahmen der vorliegenden Arbeit für die Klasse der symmetrischen M-Schritt Algorithmen eine auf dem Kameramodell der Richtlinie EMVA 1288 [5] basierende Vorhersagemethode entwickelt, welche es ermöglicht, zu jedem Messwert auch eine Schätzung für die Unsicherheit der Phasenbestimmung anzugeben. Das Kameramodell weist eine hohe Modellgüte auf und wurde bereits erfolgreich für die Analyse von optischen Messsystemen eingesetzt [6,7]. Anschließend kann das Phasenrauschen über eine Fehlerfortpflanzung in stochastische Abweichungen der 3D-Daten umgerechnet werden. Als Anwendungsbeispiel wird die gewichtete Fusion von Messreihen mit variierender Belichtung demonstriert.

2 Statistische Eigenschaften von Phasenschiebe-Algorithmen

Für die im Rahmen der vorliegenden Arbeit betrachteten phasenmessenden optischen Sensoren erfolgt die Aufnahme der unterschiedlichen Phasenverschiebungen im Allgemeinen sequentiell. Die in einem Pixel der Kamera im Bild i der Sequenz beobachtete Intensität I_i kann dabei als Summe eines konstanten und eines modulierten Signalanteils beschrieben werden:

$$I_i = I' + I'' \cos(\varphi + \psi_i) \quad \text{mit} \quad i = 1, \ldots, M. \tag{6.1}$$

Hierbei bezeichnet φ den zu berechnenden Phasenwinkel, ψ_i die Phasenverschiebung des entsprechenden Musters und M die Gesamtanzahl der verwendeten Muster. Für eine allgemeingültige Diskussion ist es sinnvoll, den absoluten Bezug der Intensitätsgrößen I' und I'' zu eliminieren. Durch die Definition von

$$I' = \beta I_{\text{sat}} \quad \text{und} \quad I'' = \gamma I' \tag{6.2}$$

kann (6.1) durch folgenden Zusammenhang ausgedrückt werden:

$$I_i = I_{\text{sat}}\beta[1 + \gamma \cos(\varphi + \psi_i)]. \tag{6.3}$$

Hierin bezeichnet I_{sat} die Sättigungskapazität des Pixels, β die relative mittlere Intensität (Belichtung) und γ den relativen Streifenkontrast (Sichtbarkeit). Die beiden Parameter β und γ beschreiben die Kontrastverhältnisse des Musters im betrachteten Pixel unabhängig von der verwendeten Kamera. Beide weisen einen Wertebereich von 0 bis 1 auf, wobei zusätzlich die Bedingung

$$\beta \leqq \frac{1}{1+\gamma} \tag{6.4}$$

gilt, da die Intensität I_i im Pixel sonst höher wäre als die Sättigungskapazität I_{sat}. Der Vorteil der Darstellung gemäß (6.3) ist neben der Normierung der beschreibenden Parameter β und γ insbesondere die Trennung von skalierenden und modulierenden Einflüssen. Nach der Aufzeichnung der Bildsequenz kann aus den beobachteten Intensitäten $I_1, \ldots, I_M$ durch Anwendung geeigneter Phasenschiebe-Algorithmen für jedes Kamerapixel unabhängig von seiner Nachbarschaft ein Phasenwert ermittelt werden, indem das Gleichungssystem (6.3) nach φ aufgelöst wird.

Aufgrund der in Abschnitt 1 erläuterten Relevanz stochastischer Abweichungen für phasenmessende optische Sensoren sind viele der in der Interferometrie eingesetzten Algorithmen hierfür ungeeignet, da sie zwar systematische Fehlereinflüsse minimieren, jedoch bezüglich ihrer statistischen Eigenschaften ein ungünstiges Verhalten zeigen [2]. Eine Gruppe von Phasenschiebe-Algorithmen die hingegen statistisch optimale Ergebnisse liefern, sind symmetrische M-Schritt Algorithmen. Diese basieren auf gleichmäßig über eine volle Periode verteilten Phasenverschiebungen:

$$\tan\varphi = \frac{-\sum\limits_{i=1}^{M} I_i \sin\psi_i}{\sum\limits_{i=1}^{M} I_i \cos\psi_i} \quad \text{mit} \quad \psi_i = \frac{i2\pi}{M} \tag{6.5}$$

mit dem bekannten 4-Schritt Algorithmus für $M = 4$:

$$\tan\varphi = \frac{I_3 - I_1}{I_4 - I_2} \quad \text{mit} \quad \psi_i = \left(\frac{\pi}{2}, \pi, \frac{3\pi}{2}, 2\pi\right). \tag{6.6}$$

Gemäß [3] kann hierfür ein einfacher Zusammenhang zwischen dem Intensitätsrauschen des Bildsensors σ_I und dem Phasenrauschen σ_φ angegeben werden:

$$\sigma_\varphi = \sqrt{\frac{2}{M}}\frac{1}{\gamma}\frac{\sigma_I}{I'} = \sqrt{\frac{2}{M}}\frac{1}{\gamma}\frac{1}{SNR}. \tag{6.7}$$

Dieser Ausdruck basiert auf der Annahme von signalunabhängigem normalverteiltem Intensitätsrauschen mit konstantem σ_I, wodurch das

Signal-Rausch-Verhältnis (SNR) linear mit der mittleren Intensität I' steigt. Im folgenden Abschnitt 3 wird gezeigt, dass (6.7) auf der Grundlage eines komplexeren Kameramodells weiterentwickelt werden kann.

3 Methode zur Vorhersage des Phasenrauschens

Ausgangspunkt der folgenden Ausführungen war die Fragestellung, inwieweit der einfache Zusammenhang (6.7) für symmetrische M-Schritt Phasenschiebe-Algorithmen auch gilt, wenn statt konstantem Intensitätsrauschen ein komplexeres Kameramodell angenommen wird. Wie in Abschnitt 1 erläutert, ist ein solches allgemein anerkanntes Modell als Grundlage für die objektive Charakterisierung von Bildsensoren und Kameras in der Richtlinie EMVA 1288 beschrieben.

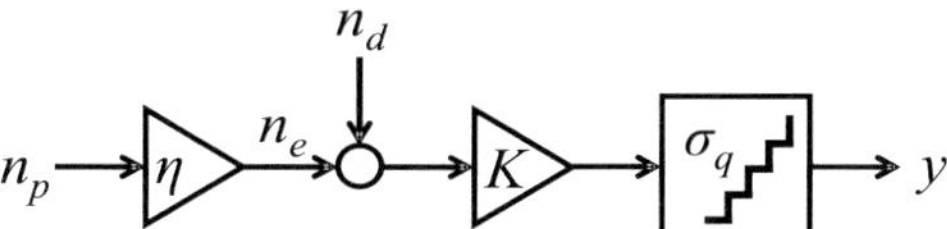

Abbildung 6.2: Modell der Bildentstehung in einer Kamera (nach [5]).

Das zugehörige mathematische Modell eines Kamerapixels ist in Abbildung 6.2 dargestellt. Es modelliert die Bildentstehung als multiplikative Umrechnung der Anzahl Photonen n_p in die Anzahl der Signalelektronen n_e, mit der Quanteneffizienz η als Faktor, und weiter in den digitalen Grauwert y mit der Systemverstärkung K als Faktor. Drei Rauschquellen werden dabei zusätzlich berücksichtigt:

1. die erzeugten Elektronen n_e sind Poisson-verteilt ($\sigma_\mathrm{e}^2 = \mu_\mathrm{e}$)
2. das additive Dunkelrauschen n_d ist normalverteilt ($\sigma_\mathrm{d}, \mu_\mathrm{d}$)
3. das Quantisierungsrauschen ist gleichverteilt ($\sigma_\mathrm{q}^2 = \frac{1}{12}$)

Der gesamte Prozess wird als linear angenommen, so dass sich die Varianz des Ausgangssignals σ_y^2 durch Addition der Einzelvarianzen unter Berücksichtigung der Systemverstärkung ergibt:

$$\sigma_\mathrm{y}^2 = K^2 \left(\sigma_\mathrm{e}^2 + \sigma_\mathrm{d}^2 \right) + \sigma_\mathrm{q}^2. \tag{6.8}$$

Auf der Grundlage von (6.8) wird in [5] das Signal-Rausch-Verhältnis für das Ausgangssignal y definiert als das Verhältnis zwischen der Differenz der Erwartungswerte von Ausgangssignal und Dunkelrauschen $\mu_{\mathrm{y}} - \mu_{\mathrm{y.dark}}$ und der Standardabweichung des Ausgangssignals σ_{y}, wobei alle Größen mit dem Index y jeweils die Einheit „digitaler Grauwert" (DN = digital number) besitzen:

$$SNR = \frac{\mu_{\mathrm{y}} - \mu_{\mathrm{y.dark}}}{\sigma_{\mathrm{y}}} = \frac{\eta\mu_{\mathrm{p}}}{\sqrt{\eta\mu_{\mathrm{p}} + \sigma_{\mathrm{d}}^2 + \frac{1}{12}\frac{1}{K^2}}}. \tag{6.9}$$

Es ist erkennbar, dass die Beleuchtungsstärke μ_{p} aufgrund der Poisson-Verteilung auch unter der Wurzel im Ausdruck für σ_{y} vorhanden ist, so dass das Intensitätsrauschen signalabhängig wird. Für kleine Werte von μ_{p} ist das Signal-Rausch-Verhältnis daher proportional zur Beleuchtungsstärke und es dominiert der Einfluss des Ausleserauschens. Für große Werte von μ_{p} ist es proportional zur Wurzel aus der Beleuchtungsstärke und wird vom Photonenrauschen dominiert.

Ein Modell für die stochastischen Abweichungen bei der Anwendung von symmetrischen M-Schritt Phasenschiebealgorithmen kann durch Kombination der in den vorangegangenen Abschnitten dargestellten Ergebnisse hergeleitet werden. Im Ausdruck für das Signal-Rausch-Verhältnis (6.9) kann in Anlehnung an (6.3) ein Bezug zur Belichtung β und der Sättigungskapazität I_{sat} (hier Elektronensättigungskapazität $\mu_{\mathrm{e.sat}}$) hergestellt werden durch den Zusammenhang:

$$\eta\mu_{\mathrm{p}} = \mu_{\mathrm{e}} = \beta\mu_{\mathrm{e.sat}}. \tag{6.10}$$

Durch Einsetzen in den Ausdruck für das Phasenrauschen bei symmetrischen M-Schritt Algorithmen (6.7) ergibt sich eine Formel zur Vorhersage des Phasenrauschens, welche sowohl Auslese-, als auch Photonen- und Quantisierungsrauschen berücksichtigt:

$$\sigma_{\varphi} = \sqrt{\frac{2}{M}\frac{1}{\gamma\beta\mu_{\mathrm{e.sat}}}}\sqrt{\beta\mu_{\mathrm{e.sat}} + \sigma_{\mathrm{d}}^2 + \frac{1}{12}\frac{1}{K^2}}. \tag{6.11}$$

Hierin sind alle Parameter entweder Kameraparameter, die einem EMVA 1288 konformen Datenblatt entnommen werden können ($\mu_{\mathrm{e.sat}}, \sigma_{\mathrm{d}}, K$) oder fundamentale Größen, welche die Messung beschreiben (β, γ, M). Während M bereits durch die Wahl des Auswertealgorithmus festgelegt ist, hängen β und γ in einer konkreten Messung auch vom Messobjekt selbst ab und können daher nicht als a priori bekannte konstante Parameter angesetzt werden. Es ist jedoch möglich, das Gleichungssystem (6.1) neben dem Phasenwinkel φ auch nach den anderen unbekannten Größen I' und I'' zu lösen. Für den symmetrischen M-Schritt Algorithmus gilt dabei nach [1]:

$$I' = \frac{1}{M} \sum_{i=1}^{M} I_i \ \text{und} \ I'' = \frac{2}{M} \sqrt{\left(\sum_{i=1}^{M} I_i \sin \psi_i \right)^2 + \left(\sum_{i=1}^{M} I_i \cos \psi_i \right)^2} \quad (6.12)$$

Für die weitere Analyse muss beachtet werden, dass die aufgezeichneten Intensitäten I_i in (6.12) nicht direkt durch die von der Kamera ausgegebenen Grauwerte y_i repräsentiert werden, da gemäß (6.9) der Erwartungswert des Dunkelrauschen $\mu_{\text{y.dark}}$ vor der Weiterverarbeitung subtrahiert werden muss. Wenn diese Korrektur vorgenommen wurde, kann (6.11) mit (6.12) zu einem Ausdruck für das auf der Grundlage der aufgezeichneten Grauwerte geschätzte Phasenrauschen $\sigma_{\varphi.\text{est}}$ kombiniert werden:

$$\sigma_{\varphi.\text{est}} = \sqrt{\frac{\frac{K}{2} \sum_{i=1}^{M} y_i + \frac{K^2 M}{2} (\sigma_{\text{d}}^2 - \mu_{\text{d}}) + \frac{M}{24}}{\left(\sum_{i=1}^{M} y_i \sin \psi_i \right)^2 + \left(\sum_{i=1}^{M} y_i \cos \psi_i \right)^2}}. \quad (6.13)$$

Die Genauigkeit der Vorhersage, d.h. die stochastischen Abweichungen des mit (6.13) geschätzten Phasenrauschens, folgt direkt aus den Gesetzen der Fehlerfortpflanzung:

$$\sigma_{\sigma_{\varphi.\text{est}}} = \sigma_{\varphi}^2 \quad (6.14)$$

Das bedeutet, dass die relative Vorhersagegenauigkeit gerade dem Wert von σ_{φ} entspricht. Für phasenmessende optische Sensoren kann daher von einer relativen statistischen Unsicherheit der Schätzung von $< 6\,\%$, entsprechend einem Phasenrauschen von $< \frac{\lambda}{100}$, ausgegangen werden.

4 Validierung

Die oben beschriebene Methode zur Vorhersage des Phasenrauschens aus den aufgezeichneten Grauwerten wurde experimentell validiert.

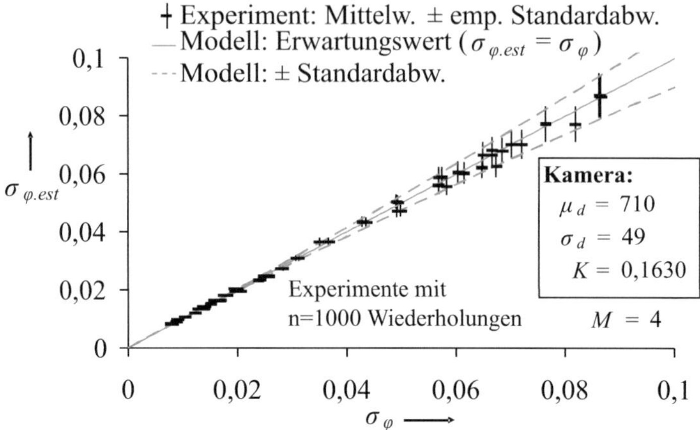

Abbildung 6.3: Validierung der Phasenrausch-Vorhersagemethode.

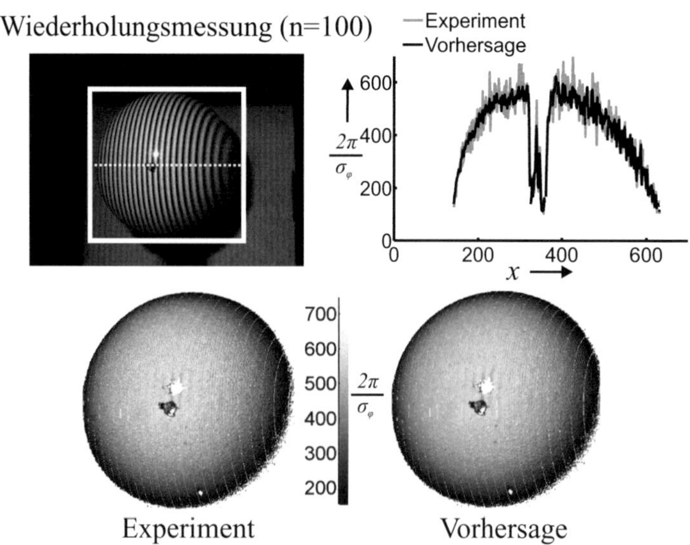

Abbildung 6.4: Beispielmessung mit einem Streifenprojektionssystem.

Für die Experimente wurden Muster mit unterschiedlichen Parameterausprägungen angezeigt und wiederholt ausgewertet. In Abbildung 6.3 ist für jeweils 1000 Wiederholungen die Verteilung des für jede Messung individuell geschätzten $\sigma_{\varphi.\mathrm{est}}$ über den aus allen Phasenmessungen statistisch ermittelten σ_φ aufgetragen. Es ist erkennbar, dass das Modell sowohl bezüglich des Mittelwerts als auch der erwarteten Streuung der Werte sehr gut mit den Messungen übereinstimmt. Abbildung 6.4 zeigt beispielhaft die sehr gute Übereinstimmung zwischen Vorhersage und Messwerten bei einer realen Messung an einer Kugel mit einem Streifenprojektionssystem. Als Ergebnisgröße ist jeweils das Phasenrauschen als Bruchteil der Streifenbreite λ angegeben, d.h. ein Wert von 200 entspricht $\sigma_\varphi = \frac{\lambda}{200}$.

5 Anwendung in der Informationsfusion

Die durchgeführten Experimente lassen den Schluss zu, dass das beschriebene Verfahren mit hinreichender Genauigkeit in der Lage ist, den gewünschten Schätzwert für die stochastische Abweichung des Phasenwerts für jedes Pixel aus den aufgenommenen Streifenbildern zu berechnen. Dieser Wert steht dann in einem phasenmessenden optischen Sensor für die Weiterverarbeitung als Gewichtungsfaktor zur Verfügung. Als Anwendungsbeispiel für dieses zu den Methoden der Informationsfusion [8] gehörende Verfahren wird hier die Fusion mehrerer Messungen mit unterschiedlichen Belichtungen bei einem Streifenprojektionssensor beschrieben.

Bei diesen phasenmessenden optischen Sensoren gestaltet sich insbesondere die Messung an gekrümmten teilspiegelnden Oberflächen, wie sie z.B. für bearbeitetes Metall typisch sind, als schwierig, da aufgrund des begrenzten Dynamikumfangs einer Kamera nur jeweils ein kleiner Ausschnitt des Prüflings optimal belichtet werden kann. Zur Lösung dieses Problems werden üblicherweise Mehrfachmessungen mit variierender Belichtung durchgeführt und anschließend auf Merkmalsebene fusioniert, in dem für jedes Pixel der Kamera jeweils die Phasenmessung mit der größten Modulationshöhe I'' in das Endergebnis übernommen und weiterverarbeitet wird.

Das beschriebene Vorgehen weist zwei wesentliche Nachteile auf. Zum Einen wird nur ein Bruchteil der zur Verfügung stehenden Information genutzt, da pro Messpunkt lediglich eine Messung in das Ergebnis eingeht. Zum Anderen stellt I'' zwar ein robust und einfach zu bestimmendes, jedoch kein sehr genaues Qualitätsmaß dar, da es auf dem einfachen Rauschmodell (6.7) basiert und damit insbesondere gut belichtete Messungen zu hoch gewichtet. Auf der Grundlage von I'' führt eine gewichtete Mittelung somit zu statistisch suboptimalen Ergebnissen.

Mit Hilfe des in Abschnitt 2 beschriebenen Verfahrens kann jedoch zu allen ermittelten Phasenwerten φ gemäß 6.13 jeweils $\sigma_{\varphi.\mathrm{est}}$ als deutlich genaueres Qualitätsmaß berechnet und für die gewichtete Mittelung herangezogen werden. Zwei Aspekte sind dabei zusätzlich zu beachten. Zum Einen ist die Überbelichtung in Form des Clippings einzelner Pixel als nichtlinearer Prozess nicht durch das Phasenrauschmodell abgebildet. Es müssen daher Vorkehrungen getroffen werden, die die Weiterverarbeitung von überbelichteten Bereichen verhindern. Zum Anderen ist die Berechnung von $\sigma_{\varphi.\mathrm{est}}$ insbesondere in stark unterbelichteten Bildbereichen nicht robust genug um direkt für die Ausmaskierung ungültiger Werte benutzt zu werden, da das Sensorrauschen in diesen Fällen zu einer scheinbaren Signalmodulation führt. Es bietet sich daher ein schrittweises Vorgehen für jeden Messpunkt an:

1. Ausmaskierung, wenn das Pixel den maximalen Grauwert aufweist
2. Ermittlung der Modulationshöhe I'' gemäß (6.12)
3. Ausmaskierung, wenn I'' kleiner als eine sinnvoll gewählte Modulationsschwelle ist
4. Berechnung des entfalteten absoluten Phasenwerts φ und des geschätzten Phasenrauschens als Qualitätswert $q = \sigma_{\varphi.\mathrm{est}}$ gemäß (6.13)
5. Fusion aller gültigen absoluten Phasenwerte zum Ergebniswert φ_{fus} und Berechnung der Qualität des Ergebnisses q_{fus}

Dabei ist φ_{fus} das gewichtete arithmetische Mittel für jeweils n gültige Messungen:

$$\varphi_{\mathrm{fus}} = \frac{\sum_{i=1}^{n} \frac{1}{q_i^2} \varphi_i}{\sum_{i=1}^{n} \frac{1}{q_i^2}} \quad \text{und} \quad q_{\mathrm{fus}} = \sqrt{\frac{1}{\sum_{i=1}^{n} \frac{1}{q_i^2}}}. \tag{6.15}$$

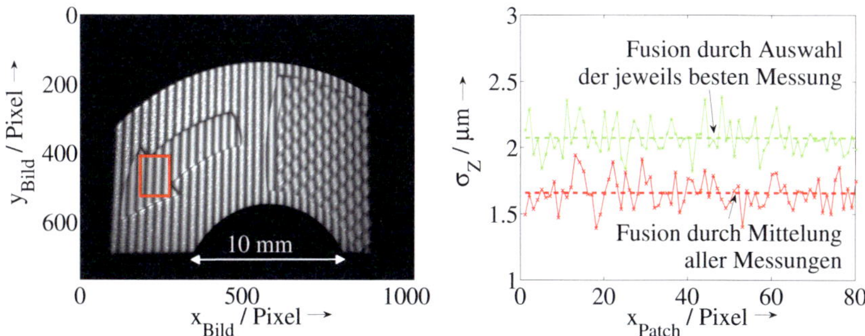

Abbildung 6.5: Vergleich der Fusionsverfahren.

Das beschriebene Verfahren wurde mit Hilfe eines Streifenprojektions-systems experimentell analysiert. Ein Bild der Beispielmessung an einem Kunststoffbauteil ist auf der linken Seite in Abbildung 6.5 dargestellt. Es handelt sich um ein Messsystem für kleine Bauteile mit einem Messfeld von 20x16 mm^2. Die Belichtungsreihe umfasste vier Messungen. Für die Auswertung wurde der im Bild durch ein Rechteck markierte ebene Oberflächenpatch herangezogen. Für den Vergleich erfolgte die Triangulation der Oberflächenpunkte zum Einen unter Auswahl der Phasenmessung mit der jeweils größten Modulationshöhe I'' und zum Anderen unter gewichteter Mittelung aller gültigen Phasenwerte. Die Form und Welligkeit der Oberfläche wurde in den Ergebnisdaten durch Hochpassfilterung eliminiert, da nur das Rauschverhalten verglichen werden sollte.

Das Ergebnis des Vergleichs ist auf der rechten Seite von Abbildung 6.5 dargestellt. In dem Diagramm ist für beide Auswertemethoden jeweils spaltenweise die Standardabweichung σ_Z der triangulierten Z-Koordinaten und das mittlere Rauschen (gestrichelte Linie) visualisiert. Die mittlere Standardabweichung beträgt 2,07 µm bei Auswahl der jeweils besten Messung im Vergleich zu 1,66 µm bei Mittelung aller Messungen. Das Rauschen konnte somit im Mittel um 20 % reduziert werden. Dabei ist anzumerken, dass aufgrund des kleinen Messvolumens die durch das Rauschen des Bildsensors verursachte Streuung der Z-Koordinaten von der Oberflächenrauhheit überlagert wird, so dass bei Systemen mit größerem Messvolumen noch deutlich bessere Ergebnisse zu erwarten sind.

6 Zusammenfassung

Das in der vorliegenden Arbeit vorgestellte Verfahren ermöglicht die Berechnung eines Schätzwerts für die zufälligen Phasenabweichungen als Qualitätsparameter in phasenmessenden optischen Sensoren. Als Eingangsgrößen sind dabei neben den Kameraparametern gemäß EMVA 1288 nur die im Rahmen der eigentlichen Phasenmessung bereits aufgezeichneten Grauwerte erforderlich. Die Gültigkeit dieser Methode wurde experimentell validiert und es konnte gezeigt werden, dass für das in praktischen Anwendungen typischerweise erreichbare Phasenrauschen von kleiner als $\frac{\lambda}{100}$, die relativen Abweichungen der Vorhersage geringer als 6 % ist. Als Anwendung dieser Methode wurde ein verbessertes Fusionsverfahren für Belichtungsreihen vorgestellt. Auf der Grundlage des Qualitätswertes konnten die jeweils gültigen Phasenwerte aller Messungen gewichtet gemittelt werden, was in einer Beispielmessung zu einer Reduzierung des Rauschens der Z-Koordinate von 20 % geführt hat.

Literatur

1. H. Schreiber und J. Bruning, *Optical Shop Testing*, 3. Aufl. Hoboken, NY: Wiley, 2007, Kap. Phase Shifting Interferometry, S. 547–655.

2. C. Rathjen, „Statistical properties of phase-shift algorithms", *Journal of the Optical Society of America A*, Vol. 12, Nr. 9, S. 1997–2008, 1995.

3. Y. Surrel, „Additive noise effect in digital phase detection", *Applied Optics*, Vol. 36, Nr. 1, S. 271–276, 1997.

4. K. Hibino, „Susceptibility of systematic error-compensating algorithms to random noise in phase-shifting interferometry", *Applied Optics*, Vol. 36, Nr. 10, S. 2084–2093, 1997.

5. EMVA, *Standard for Characterization of Image Sensors and Cameras*, European Machine Vision Association Std. 1288, Rev. 3.0, November 2010.

6. T. Bothe, *Grundlegende Untersuchung zur Formerfassung mit einem neuartigen Prinzip der Streifenprojektion und Realisierung in einer kompakten 3D-Kamera (Dissertation)*, Ser. Strahltechnik, F. Vollertsen und R. Bergmann, Hrsg. Bremen: BIAS Verlag, 2008, Vol. 32.

7. M. Erz, *Charakterisierung von Laufzeitkamerasystemen für Lumineszenzlebensdauermessungen (Dissertation)*. Universität Heidelberg, 2011.

8. H. Ruser und F. P. León, „Informationsfusion - eine Übersicht", *tm - Technisches Messen*, Vol. 74, Nr. 3, S. 93–102, 2007.

PRNU and DSNU maximum likelihood estimation using sensor statistics

Marc Geese[1], Paul Ruhnau[1] and Bernd Jähne[2]

[1] Robert Bosch GmbH
Daimlerstrasse 6, 71226 Leonberg
[2] Universität Heidelberg, HCI,
Speyerer Straße 6, 69115 Heidelberg

Abstract Image sensors come with a spatial inhomogeneity, known as Fixed Pattern Noise, that degrades the image quality. In this paper a known maximum likelihood estimation method [1] is extended in a way that it allows to estimate the two parameters *DSNU* and *PRNU* of a sensor's fixed pattern noise. The method's input are the averaged sensor responses and the corresponding pairwise sensor covariances. First results show a significant performance increase compared to related methods.

1 Introduction and related work

Fixed pattern noise (*FPN*) of image sensors results from the ensemble of the individual light sensor's systematic errors. With a linear model for the single light sensors *FPN* decomposes into a photo response non uniformity (*PRNU*) and a dark signal non uniformity (*DSNU*). Such a model is in compliance with the EMVA1288 standard for camera characterization [2]. The *FPN* components drift with time and depend on temperature and exposure time, which makes laboratory calibrations unsatisfying. This is especially the case for applications such as video based driver assistance systems that may operate at high temperatures over a period of more than 10 years without a recalibration.

Correction methods that estimate the *FPN* from a set of given input images are known as scene based *FPN* correction methods. First scene based methods used a constant statistics assumption [3] and further developments exploited the retinomorphic hypothesis of IR-cameras by use of the least mean square algorithm [4]. A signal gating technique recently improved these methods [5].

While these methods correct successfully for *FPN*, their performance can still be improved and many methods miss a motivation of their assumptions (*e.g.* the way of estimating the original image [4,5]). Furthermore, the statistical information of the camera's FPN (*e.g.* mean and standard deviation) has not been considered, which leads to corrected images on different gray value scales.

Our introduced maximum likelihood method covers these gaps [1], but an extension towards a combined *DSNU* and *PRNU* estimation is still missing. The method already exploits the continuous light signal's sampling and reconstruction as well as the available statistical data of the sensor. A rigorous mathematical extension now allows to outperform the related methods in presence of strong *DSNU* and *PRNU* image degradations.

2 Theoretical background and maximum likelihood estimation

As mentioned in [1, 6] the measurement process of the continuous $2D$ light signal I_W can be summarized as a convolution with a point spread function P of the optical system, followed by a sampling with Dirac Impulses at the sample points $(i, j) \in S$. The continuous signal $I_{W,S}$ can be reconstructed from the Dirac's coefficients $C_{S,i,j}$ with help of an (ideal) reconstruction function $\Phi(x, y)$:

$$C_{S,i,j} = (I_W * P)|_{(i,j)\in S} \tag{7.1}$$

$$\text{and} \quad I_{W,S}(\Phi; x, y) = \sum_{i,j} C_{S,i,j} \cdot \Phi_{i,j}(x, y). \tag{7.2}$$

The sampled coefficients $C_{S,i,j}$ represent the input to a linear sensor model that transforms the sampled values C_S into real measurements C_M:

$$C_{M,i,j} \approx a_{i,j} \cdot C_{S,i,j} + b_{i,j} + \chi_{i,j}. \tag{7.3}$$

χ is a mean free stochastic error and EMVA1288 [2] gives the dependencies of the *FPN* correction values a and b to further physical variables (*e.g.* on exposure time and temperature). The *FPN* itself is completely defined by a set of parameters $\{a_{i,j}, b_{i,j}\}$ for all sensors in the array.

EMVA1288 also defines a measure of *DSNU* and *PRNU* via the *spatial* deviation σ_x and *spatial* expectation value μ_x. Given the parameters $\{a_{i,j}, b_{i,j}\}$ and the linear sensor model, these definitions express as

$$DSNU = \frac{\sigma_{\{b_{i,j}\}}}{K} \quad \text{and} \quad PRNU = \frac{\sigma_{\{a_{i,j}\}}}{\mu_{\{a_{i,j}\}}} \cdot 100\% . \tag{7.4}$$

The new maximum likelihood estimation method bases on the trivial observation that adding noise to an image will increase gradient- or edge-like features instead of smoothing the image. The mathematical derivation considers the parameters $a_{i,j}$ and $b_{i,j}$ as the realizations of their corresponding random variables $\mathbf{a}_{i,j}$ and $\mathbf{b}_{i,j}$. Similar as in [1] we consider the parameter set $\{a_{i,j}, b_{i,j}\}$ that maximizes the probability density function of the real valued multivariate random variable $\mathbf{FPN}(\{\mathbf{a}_{i,j}, \mathbf{b}_{i,j}\})$ as the solution.

The probability density of $\mathbf{FPN}$ is obtained by assumptions on the manufacturing process of the sensors. We assume that the sensors are produced independently to each other by the same manufacturing process. This results in independent and identically distributed random variables $\mathbf{a}_{i,j}$ and $\mathbf{b}_{i,j}$, which is also a common assumption in related scene based *FPN* correction methods [4, 5]. The probability density of $\mathbf{FPN}$ then writes as

$$f_{\mathbf{FPN}}(\{b_{i,j}, a_{i,j}\}) = \prod_{i,j} f_{\mathbf{a}_{i,j}}(a_{i,j}) f_{\mathbf{b}_{i,j}}(b_{i,j}) . \tag{7.5}$$

Measurements of the ground truth parameter distribution now allow to assume the manufacturing process as a Gaussian random process:

$$\mathbf{b}_{i,j} \sim \mathcal{N}\left(\mu_{\{b_{i,j}\}}, \sigma^2_{\{b_{i,j}\}}\right) \tag{7.6}$$

$$\text{and} \quad \mathbf{a}_{i,j} \sim \mathcal{N}\left(\mu_{\{a_{i,j}\}}, \sigma^2_{\{a_{i,j}\}}\right) . \tag{7.7}$$

Fig. 7.1(b) shows for support the histogram of the ground truth parameters $\{b_{i,j}\}$ from a Photonfocus MV1-D1312-160-CL camera and a fit of a normal distribution ($\mu_b = 246.9, \sigma_b = 49.00$).

The maximization is done with the conditional variable $\mathbf{FPN}|\mathbf{I_M}$, that considers a given light intensity measurement. With help of the Bayes' theorem the following maximization task results:

$$\arg\max_{\{a_{i,j},b_{i,j}\}} \left\{ f_{\mathbf{FPN}}(\{a_{i,j},b_{i,j}\}) \cdot f_{\mathbf{I_M}|\mathbf{FPN}=\{a_{i,j},b_{i,j}\}}(I_M(t)) \right\} . \quad (7.8)$$

The sensor model (eq. 7.3) and the reconstruction formula (eq. 7.1), allow to identify the unknown conditional variable $\mathbf{I_M}|\mathbf{FPN}$ as the reconstructed light signal's intensity random variable $\mathbf{I_{W,S}}$.

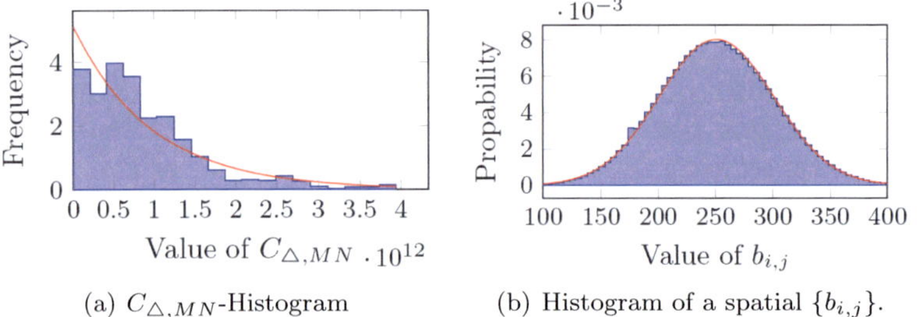

(a) $C_{\triangle,MN}$-Histogram   (b) Histogram of a spatial $\{b_{i,j}\}$.

Figure 7.1: Histograms of the coarseness realizations $C_{\triangle,MN}$ and from a measured *DSNU* pattern.

To define the probability density of $\mathbf{I_{W,S}}$, we use the assumption that the image gets degraded by edge and gradient-like features and introduce an *edge-intensity* $C_{\hat{L},\Phi}(I_{W,S})$ which is used to estimate the probability of the world signal $I_{W,S}$ via its gradient or edge properties:

$$f_{\mathbf{I_M}|\mathbf{FPN}} \approx f_{\mathbf{I_{W,S}}} \approx f_{\mathbf{C}_{\hat{L},\Phi}(I_{W,S})} \quad (7.9)$$

$$\text{and} \quad C_{\hat{L},\Phi}(I_{W,S}) = \int_{x,y} \left| \hat{L} I_{W,S}(\Phi; x, y) \right|^2 \, dx \, dy \quad (7.10)$$

$\hat{L}$ is a linear operator that detects the edge- or gradient-like features and we choose either $\hat{L} = \nabla$ as Nabla with $\nabla = (\partial_x, \partial_y)^T$ or $\hat{L} = \triangle$ as Laplacian with $\triangle = \partial_x^2 + \partial_y^2$. The choice of $\hat{L} = \triangle$ is considered to have the advantage to consider constant spacial gradients in $I_{W,S}$ as a probable signal as well (*e.g.* intensity ramps in the image). For the reconstruction function Φ we selected either a Bilinear filter (BL) or a Mitchell-Netravali-Filter (MN) with $B = 1$ and $C = 0$ [7].

Still, the probability density function of the new random variable $\mathbf{C}_{\hat{L},\Phi}$ is not known yet. But evaluations of ground truth data taken from [8] allows us to estimate an exponential distribution $Ex(\lambda)$ for $\mathbf{C}_{\hat{L},\Phi}$. Fig. 7.1(a) shows the histogram and the fit.

Until now eq. 7.8 does only consider one point in time. With several *independent* measurements at times $t\in\mathbb{T}_{\text{use}}$, the density $f_{\mathbf{I_M}|\mathbf{FPN}=\{a_{i,j},b_{i,j}\}}$ in eq. 7.8 is replaced by the combined density $\prod_{t\in\mathbb{T}_{\text{use}}} f_{\mathbf{C}_{\hat{L},\Phi}}(I_{W,S}(t))$. The fully described maximization task is now transferred into an energy minimization task by applying the negative logarithm. The desired *DSNU* and *PRNU* patterns now present as the solution of

$$\arg\min_{\{a_{i,j},b_{i,j}\}}\left\{\underbrace{\sum_{t\in\mathbb{T}_{\text{use}}}\lambda C_{\hat{L},\Phi}}_{E_S}\underbrace{-\ln f_{\mathbf{FPN}}(\{a_{i,j},b_{i,j}\})}_{E_P}\right\}. \tag{7.11}$$

3 Solving the minimization problem

The minima of the energies are given by

$$\begin{pmatrix}\partial_{b_{k,l}}E_{tot.}\\\partial_{a_{k,l}}E_{tot.}\end{pmatrix}=\begin{pmatrix}\partial_{b_{k,l}}E_S+\partial_{b_{k,l}}E_P\\\partial_{a_{k,l}}E_S+\partial_{a_{k,l}}E_P\end{pmatrix}=0\quad\forall k,l\,. \tag{7.12}$$

A gradient based solver can be used to find a minimum, and we limit it to the area of $\{a_{i,j}\}\in\mu_a\pm4\sigma_a;\{b_{i,j}\}\in\mu_b\pm4\sigma_b$ to avoid the wrong minima to be selected.

Further mathematical transformations simplify the above expression and new variables are introduced and explained below. The use of the Hadamard (element-wise) division $\oslash$ and multiplication $\otimes$ allows to express the minimization task as:

$$\begin{pmatrix}-2\lambda\left(A_M^{corr.}\otimes(A_M^{corr.}*HP)+\Upsilon\oslash a\right)\oslash a+2\alpha\left(a-\mu_a\right)\\-2\lambda\cdot(A_M^{corr.}*HP)\oslash a)+2\beta\left(b-\mu_b\right)\end{pmatrix}=0$$

$$\text{with:}\quad\Upsilon_{k,l}=\sum_{i,j}(\frac{1}{a_{i,j}}\cdot\text{Cov}(I_{M,i,j},I_{M,k,l})\cdot HP_{|i-k|,|j-l|}\quad\forall k,l$$

$$\text{and:}\quad HP_{m,n}=\int_{x,y}\hat{L}\Phi_{0,0}\hat{L}\Phi_{m,n}\,dx\,dy\,. \tag{7.13}$$

The new variables are as it follows: The matrix $A_M^{corr.}$ consists of the averaged corrected measurements, where in the averaging higher weights are given for areas from darker illumination. The second absolute moment is used as the weight (see [1]), which enforces the (laboratory) demands to measure the $DSNU$ at darkness. The effects of the mean free stochastic errors χ converge to 0 due to the temporal averaging. The variable HP represents the high-pass filter masks known from [1] that are defined by the choices of $\hat{L}$ and Φ. Here $\Phi = BL$ results in a 3×3 mask, while $\Phi = MN$ results in a 7×7 mask. Finally, Υ results from a calculation that demands a full set of the pairwise sensor covariances in the given neighborhood (*e.g.* with: $Cov(X,Y) = \mu_{XY} - \mu_X\mu_Y$ for $X,Y \in \mathrm{Area}(7\times7)$).

The remaining parameters in 7.13 are the statistically or experimentally derived data: $\lambda, \sigma_a, \mu_a, \sigma_b, \mu_b$. The parameter λ is chosen empirically, as the extraction of this parameter from the histograms leads to unsatisfying results. We used the method of spectral projected gradients (SPG, [9]) to solve the problem and chose $\{a_{i,j}\} = \mu_a$ and $\{b_{i,j}\} = \mu_b$ as the start-point.

4 Experimental section and results

As introduced in [1] we evaluate the performance of any given estimation method with help of EMVA1288 calibrated ground truth reference patterns $\{a_{i,j,ref.}\}$ and $\{b_{i,j,ref.}\}$. The estimations from the related methods result in corrected images with different gray levels as these methods do not consider the sensor statistics. For a fair comparison we transform their estimations $\{a_{i,j,est.}\}, \{b_{i,j,est.}\}$ in a way that the corrected image fits the ground truth image in its first two spatial moments μ and σ:

$$a_{i,j,sc.} = h_{sc.,PRNU}(V; a_{i,j,est.}) \tag{7.14}$$

$$\text{and} \quad b_{i,j,sc.} = h_{sc.,DSNU}(V; b_{i,j,est.}), \tag{7.15}$$

h is the transformation rule that depends on the set V of the *statistical* moments of the known variables: $\{C_{M,i,j}\}, \{b_{i,jest.}\}, \{a_{i,j,est.}\}, \{b_{i,j,ref}\}, \{a_{i,j,ref.}\}$. Next, a set of remaining correction factors $\{a_{i,j,rem.}\}$ and $\{b_{i,j,rem.}\}$ is calculated as

$$a_{i,j,rem.} = \frac{a_{i,j,ref.}}{a_{i,j,sc.}} \quad \text{and} \quad b_{i,j,rem.} = b_{i,j,ref.} - b_{i,j,sc.}. \tag{7.16}$$

For a good estimation the $\{a_{i,j,rem.}\}$ should be close to 1.0, and the $\{b_{i,j,rem.}\}$ should be close to 0. A *remaining PRNU* and *DSNU* is calculated from the $a_{i,j,rem.}$ and $b_{i,j,rem.}$ parameters according to eq. 7.4, and is further used to calculate a percentual correction factor $p_{c,X}$ (with $X \in (PRNU, DSNU)$):

$$p_{c,X} = (X_{ref.} - X_{rem.})/X_{ref.} \cdot 100\% \tag{7.17}$$

A $p_{c,X} = 0\%$ results from estimated parameters that did not achieve an improvement, while $p_{c,X} = 100\%$ results from estimation parameters that equal the reference. Note that values of $p_c < 0\%$ are possible if the image was deteriorated by the corresponding *FPN* correction. The percentual EMVA1288 *PRNU* value helps to define a *combined correction factor* as

$$p_{c,comb.} = (100\% - PRNU_{ref.}) \cdot p_{c,DSNU} + PRNU_{ref.} \cdot p_{c,PRNU} \cdot \tag{7.18}$$

Image material: The used image material comes from a Photonfocus MV1-D1312-160-CL CMOS camera and was recorded in public traffic with switched off FPN correction [8]. An EMVA1288 laboratory calibration allowed to correct for FPN after recording.

To test the new method, the recorded images have been corrected and then corrupted with a Gaussian artificial *FPN*. This step was necessary because the camera's *FPN* did not provide a *PRNU* strong enough to create visible artifacts that allow to evaluate the method properly. For the FPN generation we chose parameters similar to the original measurements: The *DSNU* with $\mu_b = 350$ and $\sigma_b = 50$, and the *PRNU* with $\mu_a = 0.7$ and $\sigma_a = 0.15$ ($\mu_a = 0.7$ again as the Photonfocus' ground truth, the *PRNU* then measures as 21.43%).

We used sequences of 500 randomly chosen frames that guarantee a best fit to the demanded independence of the input images. This simulates either a slow capture rate or a random selection of frames over a longer period of time. Both are possible scenarios for video based driver assistance systems that aim mainly to correct for slow *FPN* drifts.

4.1 Reference methods and parameter fitting

The newly developed method is compared against the method of constant statistics (CS) [3] and the two methods that are based on the least mean square algorithm [4] (the basic method L, and the adaptive version L_A).

For a fair comparison, a set of well adapted parameters was produced with help of 15 *calibration* sequences. The result of the parameter searches are a maximum correction rate $p_{c,max.}$ and a corresponding best parameter $\alpha_{max.}$ for each method and for each sequence. The averages present an estimation of the theoretical best parameters while the standard deviations are used to estimate the error. Tab. 7.1 summarizes the parameters $\alpha_{max.}$ and their relative and absolute errors.

Method	Parameter
$\nabla_{BL,3\times3}$	$\lambda = 0.030 \pm (0.009, 30.0\%)$
$\triangle_{MN,7\times7}$	$\lambda = 0.033 \pm (0.015, 47.0\%)$
CS	Thres. $= 35.2 \pm (26.9, 76.4\%)$
$L_{(3\times3)}$	$\eta = 14.5 \cdot 10^{-5} \pm (3.52 \cdot 10^{-5}, 24.1\%)$
$L_{(7\times7)}$	$\eta = 56.0 \cdot 10^{-6} \pm (5.73 \cdot 10^{-6}, 10.26\%)$
$L_{A,(3\times3)}$	$k_{alr} = 3.98 \cdot 10^{-3} \pm (0.27 \cdot 10^{-3}, 7.00\%)$
$L_{A,(7\times7)}$	$k_{alr} = 4.39 \cdot 10^{-4} \pm (0.27 \cdot 10^{-4}, 6.17\%)$

Table 7.1: Parameter search results from 15 calibration sequences.

Fig. 7.2(a) shows a visualization of the maximum possible correction rates $p_{c,max.}$ for all categories (Combined, *DSNU* and *PRNU*), including the estimated error. The $L_{A,(7\times7)}$ method achieves the best results for the set of reference methods, but the newly proposed $\triangle_{MN}$-method outperforms this method in all categories. Our ∇_{MN}-method performs better than all comparable 3×3-mask methods while the $L_{A,(3\times3)}$ method reaches close to its performance. With concern to the reference methods, the methods with a smaller mask perform significantly better for the *PRNU* estimation.

4.2 Temporal performance evaluations and spatial quality

A further method comparison is a temporal performance evaluation on 28 *evaluation sequences* using the optimal (averaged) set of parameters from tab. 7.1. Figure 7.2(b) shows the evaluations of the combined correction rate $p_{c,comb.}$ (eq. 7.18) of the reference methods. The error bars depict the 30% and 70% percentile and refer to the method's stabilities. As expected, the $L_{A,(7\times7)}$ method performs as the significantly best method for the reference methods (no overlap of error bars), followed by the $L_{A,(3\times3)}$ method. The large error bars of the CS method show that this method's performance depends too much on changes of the input data.

Fig. 7.2(c) then compares the newly proposed methods against the two best methods from literature. The $L_{A,(7\times7)}$-method is outperformed significantly by our proposed $\triangle_{MN}$-method by more than 3% considering the error bars. For the 3×3-mask methods the $L_{A,(3\times3)}$-method is outperformed by our ∇_{BL}-method which also reaches almost the $L_{A,(7\times7)}$-method's performance.

Fig. 7.2(d) shows the method comparison for the $PRNU$ performance. The 3×3-mask methods outperform the 7×7-mask methods and the $L_{A,(7\times7)}$ converges very slowly and does not reach up to the other methods. ∇_{BL}, $\triangle_{MN}$ and $L_{A(3\times3)}$ show no significant difference as their error bars overlap.

Fig. 7.2(e) then analyses the $DSNU$ performance where the $L_{A(7\times7)}$ method shows a decrease in performance after 250 frames. The $\triangle_{MN}$ wins this comparison and the ∇_{BL}-method outperforms the $L_{A(3\times3)}$-method after 350 frames with much smaller error bars.

A more qualitative view at the best method's performances is shown in fig. 7.3 where figs. 7.3(a)–7.3(c) show an FPN degraded example image and the ground truth correction patterns. In general all methods improve the image quality if one considers the detection of the women in front of the traffic light and the readability of the text on the bus.

Figs. 7.3(d)–7.3(f) show the $L_{A,3\times3}$ results, with quite high remaining $DSNU$ and $PRNU$ and a visually degraded corrected image while the $\nabla_{BL,(3\times3)}$-method shows much better correction than its direct competitor. Compared to the $L_{A,3\times3}$- and $L_{A,7\times7}$-method, the remaining $PRNU$ has smaller magnitude and much less high frequency components. The $L_{A,7\times7}$-method results in a much better overall correction, but high frequency components remain in both components: $DSNU$ and $PRNU$ (figs. 7.3(j)–7.3(l)) but only a few artifacts show up in the corrected image. For the $\triangle_{MN,(7\times7)}$-method we observe for the $DSNU$ less magnitude and less high frequency components while the $PRNU$ remains are similar to the $\nabla_{BL,(3\times3)}$-method. No visual artifacts are observed and thus the $\triangle_{MN,(7\times7)}$-method gives the the best visual impression.

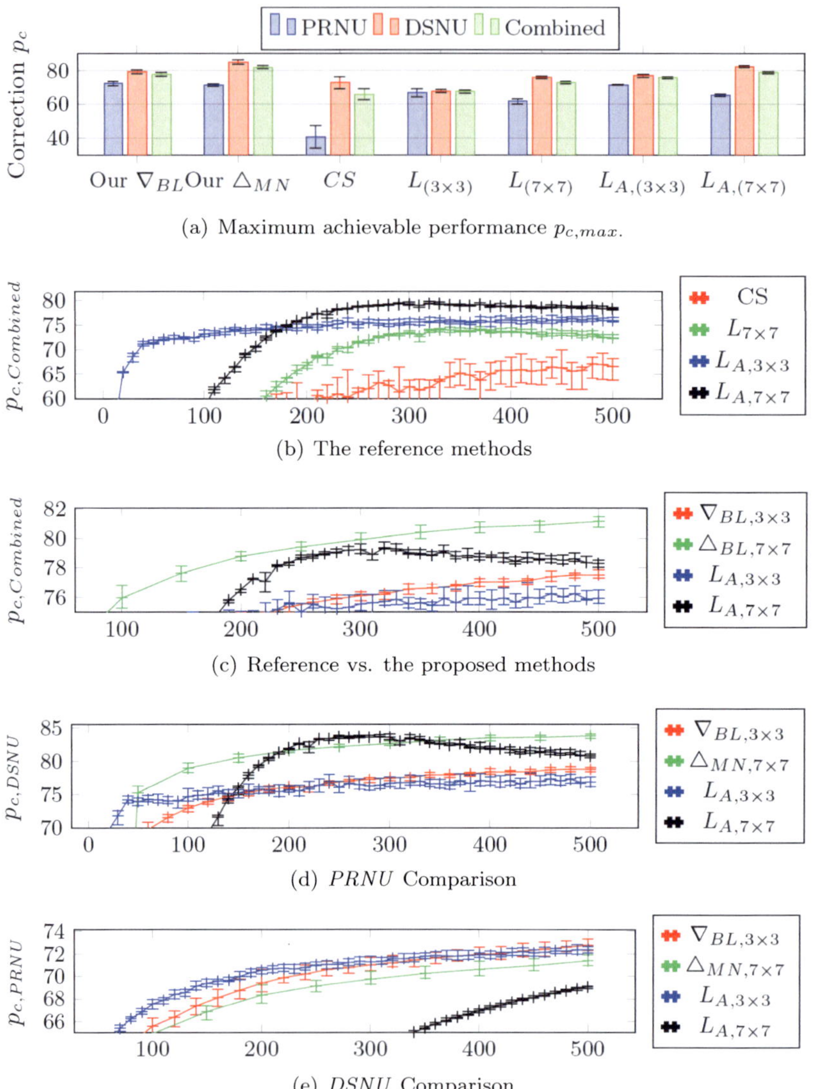

(a) Maximum achievable performance $p_{c,max}$.

(b) The reference methods

(c) Reference vs. the proposed methods

(d) *PRNU* Comparison

(e) *DSNU* Comparison

Figure 7.2: Comparisions of the individual *DSNU* and *PRNU* correction rates.

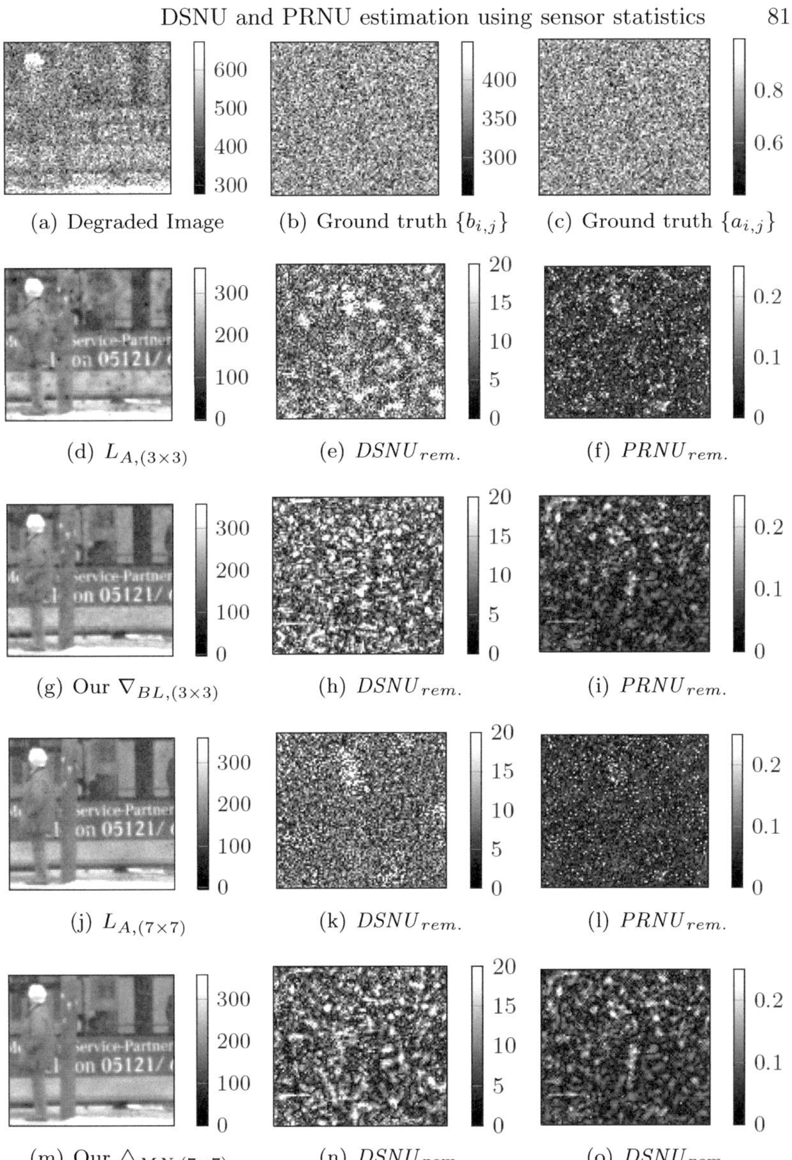

Figure 7.3: Visual comparison of the 4 best methods. $DSNU_{rem.}$ depicted as $\{|b_{i,j,rem.}|\}$ and $PRNU_{rem.}$ depicted as $\{|1 - a_{i,j,rem.}|\}$.

5 Conclusions and further work

A new scene based maximum likelihood method that corrects the *DSNU* and *PRNU* in a combined way was introduced. The method outperforms related methods in first results by more than 3%, which leads to a visual improvement. The use of independent images and averaged sensor information makes the method more reliable in comparison to the related methods.

Further developments will concentrate on a computationally less complex approximation and on a mathematical analysis of the energy functional. Detailed evaluations with different camera types and non-simulated, real FPN will also be shown in the future research.

References

1. M. Geese, P. Ruhnau, and B. Jaehne, "CNN based Dark Signal Non-Uniformity Estimation," *CNNA 2012, Turin*, 2012.

2. EMVA Commitee, "EMVA1288: A standard for Characterization of Image Sensors and Cameras," Dec. 2010, release 3.0, http://www.emva.org.

3. J. Harris and Y.-M. Chiang, "Nonuniformity correction of infrared image sequences using the constant-statistics constraint," *IEEE Trans. Image Process.*, vol. 8, no. 8, pp. 1148–1151, Aug 1999.

4. E. Vera and S. Torres, "Fast adaptive nonuniformity correction for infrared focal-plane array detectors," *EURASIP J. Appl. Signal Process.*, vol. 2005, pp. 1994–2004, Jan. 2005.

5. R. C. Hardie, F. Baxley, B. Brys, and P. Hytla, "Scene-based nonuniformity correction with reduced ghosting using a gated LMS algorithm," *Opt. Express*, vol. 17, no. 17, pp. 14918–14933, Aug 2009.

6. B. Jähne, *Digital Image Processing: Concepts, Algorithms and Scientific Applications*, 6th ed. Berlin: Springer, 2005.

7. D. P. Mitchell and A. N. Netravali, "Reconstruction filters in computer graphics," *Computer Graphics*, vol. 22, no. 4, pp. 221–228, 1988.

8. S. Meister, B. Jähne, and D. Kondermann, "Outdoor stereo camera system for the generation of real-world benchmark data sets," *Opt. Eng.*, vol. 51, no. 2, p. 021107, 2012.

9. E. G. Birgin, J. M. Martínez, and M. Raydan, "Algorithm 813: SPG - Software for Convex-Constrained Optimization," *ACM Trans. Math. Softw.*, vol. 27, no. 3, pp. 340–349, Sep. 2001.

Bildrestauration für Unterwasser-Bilder

Thomas Stephan

Karlsruher Institut für Technologie, Institut für Anthropomatik, Lehrstuhl
für Interaktive Echtzeitsysteme,
Adenauerring 4, D-76131 Karlsruhe

Zusammenfassung In natürlichen Gewässern sind Bildaufnahmen unter Wasser meist von schlechten Sichtverhältnissen geprägt. Um den Bildinhalt solcher Aufnahmen visuell auszuwerten ist eine Bildrestauration von notwendig. In dieser Arbeit wird ein Konzept zur automatisierten Restauration von Unterwasser-Bildern vorgestellt. Das Konzept basiert auf einer Entfernungsschätzung auf Grundlage von Trübungshinweisen, einer anschließenden Farbrestauration, einem modellbasierten Dekonvolutionsansatz, sowie einer abschließenden Bildfusion. Die komplette Restauration basiert auf physikalischen Grundlagen und erfüllt damit Anforderungen an eine objektive Verbesserung des Bildinhaltes.

1 Einleitung

Offshore-Anlagen, Staumauern und andere Infrastruktur-Einrichtungen unter Wasser werden meist visuell bzw. manuell durch Taucher inspiziert. Die Nachteile dieser Vorgehensweise sind bekannt: Sie ist gefährlich, kostenintensiv, zeitaufwendig und ermöglicht dennoch keine vollständige Bewertung. Es besteht folglich die Notwendigkeit, die Inspektion unter Wasser zu automatisieren. Dies setzt bildgebende Sensoren voraus, die in der Lage sind, die Infrastrukturen und alle vorhandenen Defekte zu erfassen. Optische bildgebende Sensoren besitzen für Inspektionen einen großen Vorteil: Die entstehenden Bilder sind für den menschlichen Betrachter intuitiv auswertbar. Dennoch liefern diese Sensoren unter Wasser nur eingeschränkt nutzbare Resultate. Die hohe, wellenlängenabhängige Lichtabsorption und -streuung sowie störende Schwebstoffe erzeugen einen hohen Kontrastverlust, unscharfe und verrauschte Bilder.

Problematik

Die schlechten Sichtverhältnisse unter Wasser werden vor allem durch Absorption, Streuung und Partikel verursacht. Dabei erzeugt jede dieser Ursachen spezifische Bildverschlechterungen.

Absorption Dem Lichtfeld wird durch das Medium Wasser und den darin befindlichen Teilchen Energie entzogen. Ein ins Wasser emittierter Lichtstrahl wird zunehmend schwächer. Die Folge für die Bildaufnahme sind geringe Lichtintensitäten, dadurch hohe Belichtungszeiten oder die Notwendigkeit starke, künstliche Lichtquellen mitzuführen. Die Absorption – quantifiziert durch den Absorptionskoeffizient a_λ – ist wellenlängenabhängig, wodurch Farbverschiebungen in der Abbildung entstehen.

Streuung Lichtstrahlen können an im Wasser befindlichen Teilchen gestreut werden, d.h. sie ändern ihre Richtung. Die Stärke der Streuung wird durch den wellenlängenabhängigen Streukoeffizient b_λ ausgedrückt. Die Winkelverteilung der Streuung wird durch die sog. Phasenfunktion $\tilde{\beta}(\alpha)$ beschrieben, wobei α die Winkeländerung des Lichtstrahls ist.
Die Streuung des Lichts verursacht zwei verschiedene Effekte, die die Bildaufnahme verschlechtern. Zum einen werden aufgenommene Objekte unscharf abgebildet. Zum anderen wird das Umgebungslicht in Richtung Kamera gestreut. Es entsteht ein zusätzlicher Dunstschleier.

Partikel Partikel, die sich im Wasser befinden, werden oft mit Meeresschnee bezeichnet. Partikel können die Sicht auf das Objekt verdecken und werden als helle Punkte im Bild wahrgenommen. Weit entfernte Partikel erzeugen ein gewisses Bildrauschen und verschlechtern das Signal-zu-Rausch-Verhältnis.

Stand der Forschung

Das Thema der Unterwasser-Bildverarbeitung erfährt erst in den letzten Jahren größere Beachtung. Die Grundlagen für die Unterwasser-Bildverarbeitung wurden jedoch schon früh durch die physikalische Modellierung des Strahlentransports unter Wasser gelegt [1–4]. Die Bildverarbeitung für Unterwasserbilder kann in zwei Kategorien eingeteilt werden, die der heuristischen Bildverbesserung und die der modellbasierten Bildrestauration. Der Artikel aus [5] zählt einige wichtige Verfahren im Bereich der Unterwasser-Bildverarbeitung auf und vergleicht diese. Im Rahmen der modellbasierten Bildrestauration sind wiederum zwei verschiedene Ansätze zu beobachten. Einerseits existieren Dekonvolutionsansätze, die die Bildschärfe erhöhen und andererseits Verfahren zur Farbrestauration, um den Kontrast zu verstärken. Zu den Dekonvolutionsansätzen gehören dabei vor allem [6,7]. Diese Verfahren benutzen entfernungsabhängige optische Übertragungsfunktionen, mittels derer die Bildrestauration durchgeführt wird. Die Verfahren der Farbrestauration [8, 9] basieren zumeist auf den Grundlagen des Dark-Channel Prior aus [10], dessen generelles Vorgehen und dessen Schwächen im nächsten Kapitel ausführlich erläutert werden. Ein gänzlich anderes Verfahren entstand 2004 durch die Forschungsgruppe um Yoav Y. Schechner. Es basiert auf der Fusion mehrerer Kameraufnahmen mit Polfiltern und jeweils verschiedenen Polarisationswinkeln [11]. Bei diesem Verfahren wird über die Winkel der Polfilterstellung und die dadurch unterschiedlich wahrgenommene Trübung die Bildrestauration betrieben. Der Nachteil dieses Verfahrens ist, dass sich die Kamera unbeweglich auf einem Stativ am Meeresboden befinden muss und mehrere Bilder von derselben Szene mit verschiedenen Polarisationswinkeln aufgenommen werden müssen.

Viele der genannten Verfahren bieten leistungsfähige Ansätze zur Bildrestauration, jedoch wurden weder Ansätze zur entfernungsabhängigen Dekonvolution noch solche, die die Dekonvolution mit der Farbrestauration kombinieren, untersucht.

Lösung

Im Rahmen dieser Arbeit wird ein neuartiger Ansatz zur modellbasierten Bildrestauration vorgestellt, der speziell auf die Gegebenheiten unter Wasser optimiert ist. Das vorgestellte Verfahren vereint eine Entfernungsschätzung auf Basis von Trübungshinweisen mit einem entwickelten Farbrestaurationsfilter und einem entfernungsabhängigen Dekonvolutionsansatz.

2 Konzept

Der Ablauf des entwickelten Verfahrens ist in Abbildung 8.1 dargestellt. Aus einem einzelnen Unterwasser-Bild wird zunächst eine Tiefenkarte geschätzt, d.h. eine Karte erstellt, die die Entfernungen von der Kamera zu den einzelnen Objekten beinhaltet. Die Grundlage der Tiefenschätzung bildet die durch die Wassertrübung verursachte, mit der Enternung zunehmende Aufhellung von abgebildeten Objekten.

Die erstellte Tiefenkarte wird genutzt, um eine modellbasierte Farbrestauration durchzuführen. Das benutzte Modell berücksichtigt dabei die wasserspezifischen Parameter, wie Absorption und Streuung und ist abgeleitet von der Strahlentransportgleichung (engl. Radiative Transfer Equation) [1,3].

Da die Unschärfe des Bildes mit der Entfernung zum Objekt zunimmt, muss eine Tiefenabhängige Restauration der Unschärfe durchgeführt werden. Dazu wird auf das farbrestaurierte Bild für jede vorhandene Tiefenebene ein Dekonvolutionsfilter angewendet.

Mittels des geschätzten Tiefenbildes werden die Restaurationsergebnisse aus dem Dekonvolutions-Schritt fusioniert. Das Resultat ist ein auf allen Tiefenebenen restauriertes und farbkorrigiertes Bild.

Tiefenschätzung

Im Folgenden wird auf die Tiefenschätzung näher eingegangen. Grundlage des Verfahrens ist die Idee des *Dark Channel Prior*, wie sie im Paper „Single Image Haze Removal Using Dark Channel Prior" [10] zur Reduktion von Nebel und Dunst auf Bildern entwickelt wurde. Kern des Verfahrens bildet das Bildentstehungsmodell

$$g(\boldsymbol{x}) = s(\boldsymbol{x})t(\boldsymbol{x}) + k \cdot (1 - t(\boldsymbol{x})). \tag{8.1}$$

Dabei beschreibt $g(\boldsymbol{x})$ den Intensitätswert eines Bildpunktes $\boldsymbol{x}$, $s(\boldsymbol{x})$ ist das zu restaurierende Signal, $t(\boldsymbol{x})$ die sog. Transmission und k eine szenenabhängige Konstante.

Man kann zeigen, dass dieses Modell unter bestimmten Voraussetzungen den physikalischen Gesetzmäßigkeiten unter Wasser genügt [12]. Das Modell aus (8.1) wird dann zu

$$\forall \lambda \in \{r, g, b\} : g_\lambda(\boldsymbol{x}) = s_\lambda(\boldsymbol{x})e^{-c_\lambda d(\boldsymbol{x})} + k_\lambda \cdot (1 - e^{-c_\lambda d(\boldsymbol{x})}) , \tag{8.2}$$

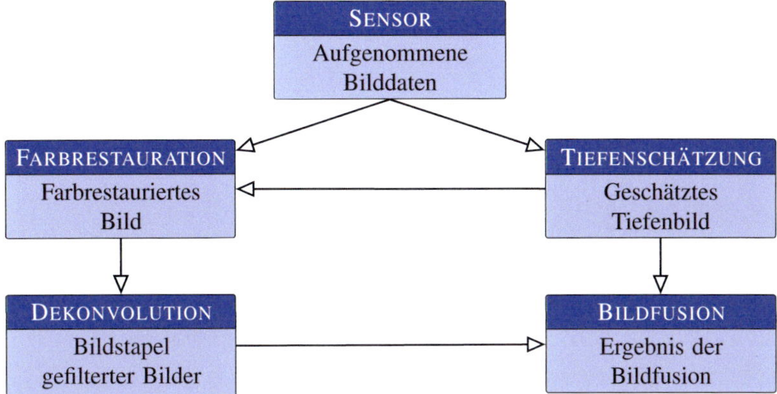

Abbildung 8.1: Skizze des Ablaufs. Aus dem Unterwasser-Bild der Kamera wird zunächst die Tiefe geschätzt. Mit Hilfe der Tiefenkarte wird das Bild farbrestauriert, bevor es für jede Tiefenebene einen Dekonvolutionsansatz durchläuft. Das Resultat der Bildfusion wird auf Grundlage der Tiefenkarte und des restaurierten Bildstapels durchgeführt.

wobei $d(\boldsymbol{x})$ die Entfernung der Kamera zur Objektoberfläche am Punkt $\boldsymbol{x}$ darstellt. λ ist ein Farbkanal des Bildes und c_λ die wellenlängenabhängige Dämpfungskonstante. Diese setzt sich zusammen aus Absorptionskoeffizient und Streukoeffizient $c_\lambda = a_\lambda + b_\lambda$. Die Konstante k_λ hängt von den vorhandenen, als konstant vorausgesetzten Lichtverhältnissen und der Phasenfunktion $\tilde{\beta}(\alpha)$ des Wassers ab. Die Tiefenschätzung basiert auf Annahmen, die im Folgenden angeführt werden.

Dark Channel Prior Es wird angenommen, dass es in jeder Umgebung $\mathcal{U}(\boldsymbol{x})$ um die Stelle $\boldsymbol{x}$ einen Wert im Signal gibt, der für einen Farbkanal verschwindet.

$$\forall \boldsymbol{x}\ \exists \lambda \in \{r, g, b\}, \boldsymbol{\xi} \in \mathcal{U}(\boldsymbol{x}) : s_\lambda(\boldsymbol{\xi}) = 0 \tag{8.3}$$

Entferntes Objekt Weiterhin wird die Annahme getroffen, dass es eine Stelle im Bild gibt, dessen Sichtstrahl keine Objektoberfläche schneidet.

$$\exists \boldsymbol{x}\ \forall \boldsymbol{\xi} \in \mathcal{U}(\boldsymbol{x}) : d(\boldsymbol{\xi}) \to \infty \tag{8.4}$$

Mit Hilfe einer Funktion

$$g_\lambda^{\mathrm{dark}}(\boldsymbol{x}) := \min_{\boldsymbol{\xi} \in \mathcal{U}(\boldsymbol{x})} \{g_\lambda(\boldsymbol{\xi})\}, \tag{8.5}$$

welche eine morphologische Erosion darstellt, kann nun eine Funktion $\gamma(\boldsymbol{x})$ definiert werden:

$$\gamma(\boldsymbol{x}) := \min_{\lambda \in \{r,g,b\}} \{g_\lambda^{\mathrm{dark}}(\boldsymbol{x})\} \tag{8.6}$$

Aus der Annahme (8.3) folgt, dass $\gamma(\boldsymbol{x})$ eine Schätzung des zweiten Summanden $k_\lambda \cdot (1 - e^{-c_\lambda d(\boldsymbol{x})})$ des Modells aus (8.2) bildet. Eine Schätzung für k_λ kann mit Hilfe der zweiten Annahme (8.4) gewonnen werden:

$$\widehat{k_\lambda} = g_\lambda^{\mathrm{dark}} \left(\arg\max_{\boldsymbol{x}} \{\gamma(\boldsymbol{x})\} \right) \tag{8.7}$$

Substituiert man nun die reale Distanz $d(\boldsymbol{x})$ durch die optische Dicke $R(\boldsymbol{x}) = c_\lambda d(\boldsymbol{x})$ bezüglich des Kanals mit der geringsten Dämpfung, so kann dieser durch

$$R(\boldsymbol{x}) := \min_{\lambda \in \{r,g,b\}} \{c_\lambda\} \cdot d(\boldsymbol{x}) = -\log\left(1 - \frac{\gamma(\boldsymbol{x})}{\widehat{k_\lambda}}\right) \tag{8.8}$$

geschätzt werden. In Abbildung 8.2 ist exemplarisch eine Schätzung der Tiefe aus einem Bild dargestellt.

Ist die Annahme (8.3) verletzt, so resultieren daraus falsche Entfernungsschätzungen. Um eine qualitativ höherwertige Tiefenschätzung zu erhalten, führt man nun eine Konsistenzprüfung der Tiefenschätzung durch und kompensiert die auftretenden Fehler. Definiert man

$$R_\lambda(\boldsymbol{x}) := -\log\left(1 - \frac{g_\lambda^{\mathrm{dark}}(\boldsymbol{x})}{\widehat{k_\lambda}}\right) \tag{8.9}$$

und bildet den Quotienten $\eta_\lambda(\boldsymbol{x}) := \frac{R(\boldsymbol{x})}{R_\lambda(\boldsymbol{x})}$, sollte dieser an jeder Stelle $\boldsymbol{x}$ im Bild konstant sein, ansonsten weist er auf Inkonsistenzen in der Tiefenschätzung hin. Mit Hilfe der Quotientenkarte $\eta_\lambda(\boldsymbol{x})$ lässt sich die Tiefenkarte an den inkonsistenten Entfernungsschätzungen verbessern, indem das Modell durch

$$g_\lambda(\boldsymbol{x}) = s_\lambda(\boldsymbol{x})e^{-\eta_\lambda(\boldsymbol{x})R(\boldsymbol{x})} + k_\lambda \cdot (1 - e^{-\eta_\lambda(\boldsymbol{x})R(\boldsymbol{x})}) \tag{8.10}$$

ersetzt wird. Die Verbesserungen, die durch die Konsistenzprüfung erreicht werden können, sind in der Abbildung 8.2 exemplarisch dargestellt.

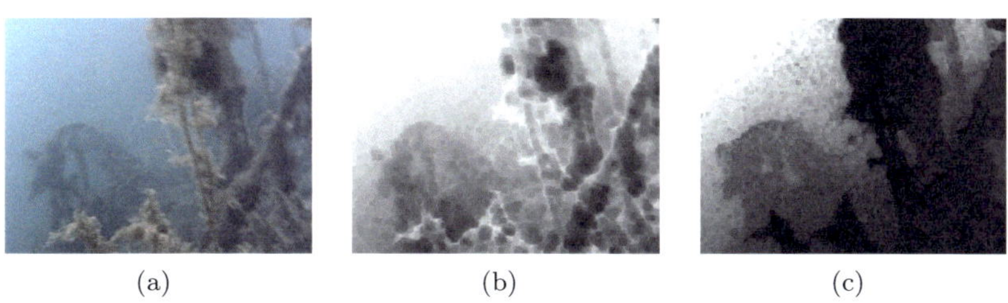

(a)   (b)   (c)

Abbildung 8.2: Schätzung der Tiefenkarte durch Hinweise aus der Trübung. Das linke Bild stellt die Aufnahme dar, aus welcher die Tiefe geschätzt wurde. Im mittleren Bild sieht man das Resultat aus dem Verfahren aus [10]. Es ist für den Einsatz unter Wasser nicht geeignet. Durch Modifikationen und einer Konsistenzüberprüfung der Dämpfungskonstanten, kann die Schätzung deutlich verbessert werden (rechtes Bild).

Farbrestauration

Das Modell aus (8.10) lässt sich nun verwenden um eine Restauration des Signals $s_\lambda(x)$ herzuleiten:

$$\widehat{s}_\lambda(\boldsymbol{x}) = \frac{g_\lambda(\boldsymbol{x}) - \widehat{k}_\lambda}{e^{-\eta_\lambda(\boldsymbol{x})R(\boldsymbol{x})}} + \widehat{k}_\lambda \tag{8.11}$$

Die Restauration des Signals $s_\lambda(x)$ für große Entfernungen ist jedoch sehr rauschanfällig und führt zu unerwünschten Ergebnissen. Aus diesem Grund wurde eine Regularisierung durchgeführt und die Tiefe $R(\boldsymbol{x})$ durch eine parametrisierte, regularisierte Tiefe $\pi(\boldsymbol{x})$ ersetzt.

$$\pi(\boldsymbol{x}) = \frac{R(\boldsymbol{x})}{\epsilon R(\boldsymbol{x})^q + 1} \tag{8.12}$$

Die Parameter ϵ und q sind dabei zu wählende Designparameter, die die Stärke der Regularisierung beeinflussen. Je kleiner das Signal-zu-Rausch-Verhältnis ist, desto größer müssen diese Parameter gewählt werden. In Abbildung 8.3 ist eine Restauration zu sehen.

Dekonvolution

Um die Einflüsse, die die Streuung unter Wasser verursacht zu reduzieren, also die Bildschärfe zu erhöhen, werden mehrere Dekonvolutionsfilter zur

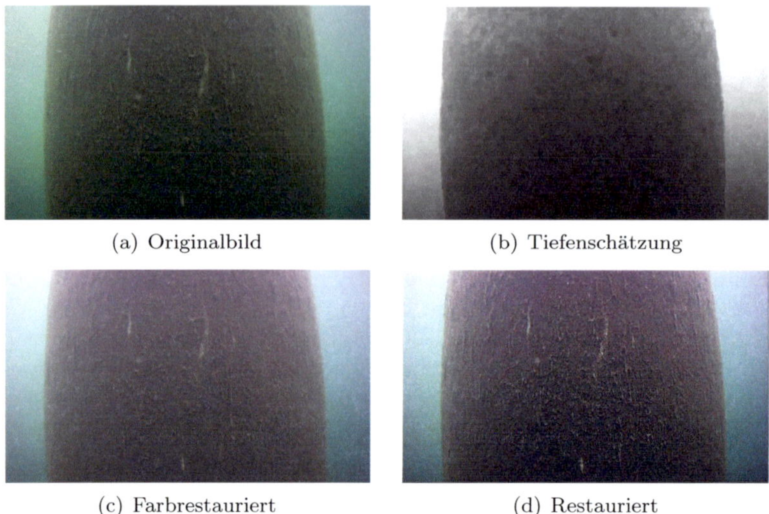

(a) Originalbild

(b) Tiefenschätzung

(c) Farbrestauriert

(d) Restauriert

Abbildung 8.3: Bilder aus der Verarbeitungssequenz. In (a) sieht man das Originalbild, dass mit Hilfe der Tiefenkarte (b) zunächst farbrestauriert wird (c). In (c) sieht man ein Bild aus dem Bildstapel der gefilterten Bilder.

Bildrestauration verwendet. Hou, Gray und Weidemann [7] haben eine optische Übertragungsfunktion für die Streuung unter Wasser und einer einfachen Phasenfunktion hergeleitet.

$$H_{\text{Medium}}(\psi, d) = e^{-D(\psi)d} \tag{8.13}$$

beschreibt das Übertragungsverhalten im Frequenzbereich. d ist hierbei die Entfernung zur Objektoberfläche,

$$D(\psi) = c - \frac{b(1 - e^{-2\pi\theta_0\psi})}{2\pi\theta_0\psi} \tag{8.14}$$

und θ_0 ein Parameter der Phasenfunktion $\tilde{\beta}(\alpha)$.

Das farbrestaurierte Bild wird nun für jede Tiefenebene d restauriert. Es entsteht ein Bildstapel, welcher die Restaurationsergebnisse für jede mögliche Entfernungsebene enthält.

Bildfusion

Auf Grundlage der geschätzten Tiefenkarte wird nun eine Bildfusion durchgeführt. Für jeden Bildpunkt x wird aus dem zur Entfernung korrespondierenden Bild aus dem Bildstapel der restaurierte Bildpunkt entnommen. In Abbildung 8.3 werden anhand eines Beispiels die Tiefenschätzung, die Farbrestauration und das fusionierte Resultat der Bildrestauration dargestellt.

3 Evaluation und Ergebnisse

Die Anpassungen des ursprünglichen Ansatzes aus [10] und der daraus resultierenden Tiefenschätzung ermöglicht eine adäquate Tiefenschätzung unter Wasser. In Abbildung 8.2 sieht man das Resultat einer Tiefenschätzung mit dem vorgestellten Verfahren im Vergleich zum Ansatz aus [10]. Die grundsätzliche Idee, die Tiefe durch die Trübung und den Dunst zu schätzen ist gerade für das Milieu unter Wasser geeignet, da in natürlichen Gewässern meist Trübungen das Sichtfeld beherrschen. Trübungen erzeugen zwar auf der einen Seite eine Verschlechterung der Sicht und damit der Bildqualität, auf der anderen Seite hingegen erlauben sie dafür eine Schätzung der Entfernung auf Basis eines Bildes. Das Verfahren aus [10], welches für die Gegebenheiten über Wasser konzipiert wurde, hat speziell dann Schwächen, wenn die Annahmen aus Abschnitt 2 verletzt sind. Durch die Betrachtung jedes einzelnen Farbkanales und die Kompensation der inkonsistenten Tiefenschätzungen, kann dennoch eine gute Entfernungsschätzung und Bildrestauration erreicht werden.

Die entwickelte Farbrestauration ist in der Lage die Farbwerte entfernungsabhängig und modellbasiert zu restaurieren. Im Gegensatz zum ursprünglichen Verfahren, das nicht für die Farbrestauration unter Wasser ausgelegt ist, werden die einzelnen Farbkanäle abhängig ihrer jeweiligen Dämpfung und Entfernung verstärkt. Dadurch werden die Rottöne hervorgehoben, die durch die Absorption unter Wasser stark gedämpft werden.

Aus der anschließenden Dekonvolution und Bildfusion resultieren scharfe und farbrestaurierte Ergebnisse. In Abbildung 8.4 sind einige Ergebnisse der Bildverarbeitungskette zu sehen. Die visuelle Auswertbarkeit wird deutlich verbessert und die Details der Objektoberflächen

deutlich hervorgehoben. Der Vorteil der hier vorgestellten Vorgehensweise im Vergleich zu vorhanden Verfahren zur Bildverbesserung und Bildrestauration besteht in der Automatisierung. Das vorgestellte Verfahren
verlangt weder eine Benutzerinteraktion noch a-priori Wissen über Absorption und Streuung.

Abbildung 8.4: Ergebnisse der Bildrestauration. Auf der linken Seite sind die
Originalbilder zu sehen. Auf der rechten Seite befinden sich die restaurierten
Bilder. Die Verbesserung des Kontrasts, der Bildschärfe und die Korrektur der
Farbinformationen führen zu einer deutlich verbesserten visuellen Auswertbar-
keit der Bilder.

4 Zusammenfassung

Die Bildaufnahme in natürlichen Gewässern ist immer mit schlechten
Sichtverhältnissen verbunden. Eine flächige Inspektion von Boden, Gegenständen oder Einrichtungen unter Wasser gestaltet sich im Allgemeinen schwierig. Automatisierte Verfahren zur Inspektion existieren da-

her kaum oder nur für sehr klare Sichtverhältnisse. Die im Rahmen dieser Arbeit entstandenen Verfahren und Konzepte bieten eine solide Grundlage, automatisiert Inspektionen unter Wasser auf Basis visueller Überprüfung durchzuführen. Das hier beschriebene Verfahren zur Bildrestauration ist robust gegenüber veränderlichen Szenen und Lichtverhältnissen. Es konnte in Versuchen gezeigt werden, dass die Tiefenschätzung aus Trübungshinweisen unter Wasser erstaunliche Resultate erzielen kann und dadurch eine angepasste, modellbasierte Restauration möglich ist. Durch den erhöhten Kontrast, die verringerten Farbverschiebungen und die verbesserte Darstellung von kleinen Details, sind die resultierenden Bilder durch den Menschen leichter zu überprüfen und ermöglichen dadurch eine visuelle Inspektion unter Wasser.

Weiterführende Arbeiten

Grundsätzlich besteht unter Wasser das Problem eines sehr niedrigen Signal-zu-Rausch-Verhältnisses. Um eine adäquate Restauration von Bildinhalten, auch in größerer Entfernung zu ermöglichen, müssen Verfahren entwickelt werden, um das Rauschen zu minimieren. Möglich sind in diesem Zuge Bildfusionsmethoden, die räumlich oder zeitlich versetzte Bildaufnahmen miteinander fusionieren, um das Rauschen zu minimieren und das Signal der Szeneninformation zu maximieren.

Literatur

1. S. Chandrasekhar, *Radiative transfer.* New York: Dover, 1960.

2. J. S. Jaffe, „Computer Modeling and the Design of Optimal Underwater Imaging Systems", *Oceanic Engineering, IEEE Journal of*, Vol. 15, Nr. 2, S. 101–111, 1990.

3. C. D. Mobley, *Light and water: Radiative transfer in natural waters.* San Diego: Academic Press, 1994.

4. B. L. McGlamery, „A computer model for underwater camera systems", *Ocean Optics*, Nr. 208, 1979.

5. Raimondo Schettini and Silvia Corchs, „Underwater Image Processing: State of the Art of Restoration and Image Enhancement Methods", *EURASIP Journal on Advances in Signal Processing*, 2009.

6. S. G. Narasimhan und S. K. Nayar, „Shedding Light on the Weather", *Proceedings of the IEEE Computer Society on Computer Vision and Pattern Recognition*, 2003.

7. W. Hou, D. J. Gray und A. D. Weidemann, „Automated underwater image restoration and retrieval of related optical properties", *Geoscience and Remote Sensing Symposium, 2007. IGARSS 2007. IEEE International*, S. 1889–1892, 2007.

8. J. Chiang, Y.-C. Chen und Y.-F. Chen, „Underwater Image Enhancement: Using Wavelength Compensation and Image Dehazing (WCID)", in *Advances Concepts for Intelligent Vision Systems*, Ser. Lecture Notes in Computer Science.   Springer Berlin / Heidelberg, 2011, Vol. 6915, S. 372–383.

9. J. Y. Chiang und Y.-C. Chen, „Underwater Image Enhancement by Wavelength Compensation and Dehazing", *Image Processing, IEEE Transactions on*, Vol. 21, Nr. 4, S. 1756–1769, 2012.

10. K. He, J. Sun und X. Tang, „Single Image Haze Removal Using Dark Channel Prior", *IEEE Transactions on Pattern Analysis and Machine Intelligence*, 2010.

11. Y. Schechner und N. Karpel, „Clear Underwater Vision", *Proceedings of the IEEE Computer Society on Computer Vision and Pattern Recognition*, 2004.

12. S. G. Narasimhan und S. K. Nayar, „Vision and the atmosphere", *Proceedin SIGGRAPH Asia*, Vol. 2008, 2008.

Integration von Strecken in die Kreisbogensplinepassung mit optimaler Segmentzahl

Georg Maier, Andreas Schindler, Florian Janda und Stephan Brummer

Universität Passau, FORWISS, Innstr. 43, D-94032 Passau

Zusammenfassung Viele Anwendungen erfordern eine kompakte und effiziente Kurvenrepräsentation von Daten. Kreisbogensplines, Kurven die stückweise aus glatt aneinander gesetzten Kreisbögen und Strecken bestehen, überzeugen aus Anwendungssicht durch ihre effektive Beschreibbarkeit. Das SMAP-Verfahren garantiert unter Einhaltung einer einstellbaren, maximalen Abweichung einen segment-minimalen Kreisbogenspline. Es wird eine Erweiterung vorgestellt, die Strecken an geeigneten Stellen in die Lösungskurve integriert. Die Strecken sind entweder durch Nebenwissen bekannt oder können heuristisch detektiert werden.

1 Einleitung

Digitale Karten erfordern als Umgebungsmodell in Fahrerassistenzsystemen eine kompakte und effiziente Kurvenrepräsentation. Typischerweise erfolgt eine Darstellung einzelner Fahrstreifen als Kurven. Hier ist insbesondere eine hohe Speichereffizienz notwendig, um auch detaillierte Karten ablegen zu können. Für die Wahl des Kurvenmodells sind aus Andwendungssicht sowohl die Genauigkeit als auch die effektive Beschreibbarkeit entscheidend. Als ein Beispiel für die Generierung von Kartenmaterial, dessen Informationsgehalt weit über den momentanen Standard hinausgeht, sei [1] genannt.

Ein anderes Anwendungsgebiet stellt das Reverse-Engineering planarer Bauteile da. Daher gilt es extrahierte Konturpunkte kompakt als CAD-Modell abzulegen, um eine effiziente Weiterverarbeitung zu ermöglichen, wie in [2] präsentiert. Denkbar ist nicht nur eine Bearbeitung mittels einer CAD-Software, sondern auch die direkte Nutzung zur Ansteuerung von Fräsmaschinen.

Hinsichtlich der vorgestellten Anwendungen zeigt die Untersuchung verschiedener Kurvenmodelle (vgl. [3]) eine besondere Tauglichkeit von Kreisbogensplines. Dies sind Kurven, die stückweise aus glatt aneinander gesetzten Kreisbögen und Strecken bestehen. Neben der Invarianz gegenüber Rotation, Skalierung, Translation und Offset-Bildung erlauben deren parameterfreie Darstellung eine sehr effiziente Abstandsberechnung. Davon profitieren insbesondere Applikationen in Fahrerassistenzsystemen, für die nur begrenzt Rechenleistung und Speicherplatz zur Verfügung steht.

Die in [4] eingeführte SMAP-Algorithmik generiert Kreisbogensplines mit der kleinstmöglichen Segmentzahl zu einer frei einstellbaren Genauigkeit. Das Resultat besteht dabei nahezu ausschließlich aus Kreissegmenten. Um jedoch eine möglichst realitätsnahe Repräsentation des Fahrbahnverlaufs oder des rekonstruierten Bauteils zu gewährleisten, sollten geradlinig verlaufende Bereich der Straße oder des Bauteils auch durch Strecken und möglichst nicht durch Kreisbögen mit nur beinahe verschwindende Krümmung dargestellt werden. Dies vermeidet zusätzlich numerische Probleme, die bei Berechnungen mit großen Radien auftreten können.

2 SMAP – Kreisbogenspline Approximation

Forschungsbeiträge im Bereich der Kreisbogensplines basieren häufig auf Biarc-Kurven. Sie werden in einigen Verfahren zur Approximation und Interpolation von vorgegebenen Punkt- und evtl. Tangentendaten verwendet. Biarcs sind Kurven bestehend aus zwei glatt aneinandergefügten Kreisbögen, die als Eingabe Start- und Endpunkt und zugehörige Tangentenrichtungen erfordern.

Bei der Approximation polygonaler Kurven bis auf eine benutzerspezifische Toleranz ε wird typischerweise ein geometrisches Vorgehen gewählt: Es werden nur Kurven innerhalb einer Toleranzzone erlaubt, die sich aus der Menge aller Punkte ergibt, die einen euklidischen Abstand kleiner oder gleich ε zum Eingangspolygon haben. So entsteht ein Gebiet, das durch einen Kreisbogenspline berandet ist, der meist wiederum durch einen Polygonzug angenähert wird. In [5] wird beispielsweise ein

Verfahren zur Generierung von Toleranzzonen basierend auf Voronoi-Diagrammen vorgestellt. Darauf aufbauend liefert [6] eine Methode zur Approximation einer offenen polygonalen Kurve, die die minimale Anzahl an Biarcs garantiert. Diese Minimalität bezieht sich jedoch auf die Nebenbedingung, dass die Breakpoints der Biarcs Eingangspunkte sind. Unter dem Verlust der Minimalitätseigenschaft erreicht die in [5] vorgeschlagene Vorgehensweise eine erhebliche Verbesserung der Laufzeit.

Das in [4] eingeführte SMAP-Verfahren generiert zu einer benutzerspezifischen Maximaltoleranz einen glatten Kreisbogenspline mit der (echt) minimal möglichen Anzahl an Kreisbögen und Strecken: Die Breakpoints werden nicht aus einer vordefinierten Menge gewählt, sondern automatisch berechnet. Dies führt meist zu einer deutlichen Reduktion der resultierenden Segmentzahl im Vergleich etwa zu den zuvor vorgestellten Methoden.

Durch einen so genannten Toleranzkanal, der sich durch eine Start- und eine Zielstrecke auszeichnet, wird diese ortsabhängige Toleranz charakterisiert. Etwa die in [5] vorgeschlagenen Toleranzzonen sind Beispiele eines Toleranzkanals. Jeder glatte Kreisbogenspline, der innerhalb des Toleranzkanals die Start- und Zielstrecke miteinander verbindet und die kleinstmögliche Anzahl an Segmenten besitzt, löst die angegebene Fragestellung und liefert eine gewünschte Repräsentation des zu approximierenden Objekts (vgl. Abb. 9.1). Solch eine Lösung wird auch *Smooth Minimum Arc Path (SMAP)* genannt.

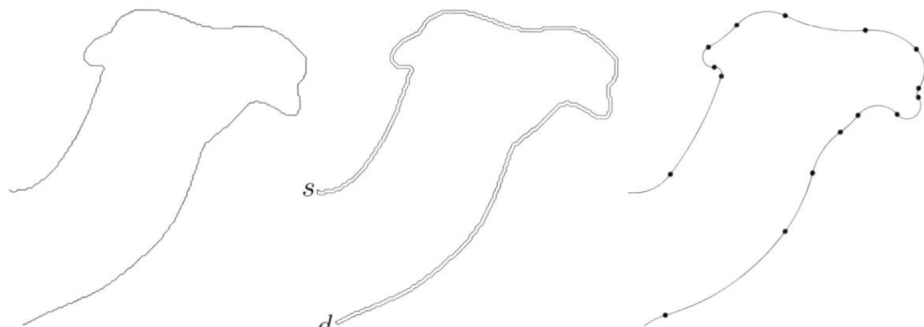

Abbildung 9.1: Orginalpunkte als Polygon verbunden (links); Toleranzkanal mit Startsegment s und Zielsegment d (mitte); SMAP mit Breakpoints als Punkte hervorgehoben (rechts).

Die Generierung eines SMAP kann algorithmisch mittels eines iterativen Verfahrens umgesetzt werden, das auf gewissen Stützstrukturen basiert, die in einem Vorwärtsschritt berechnet und dann in einem Rückwärtsschritt zur Bestimmung eines SMAP verwendet werden. Die angesprochenen Stützstrukturen sind so genannte *Grenzkreisbögen*. Jene beschreiben den topologischen Rand der zirkulären k-Sichtbarkeitsmenge: Das ist die Menge aller Punkte im Kanal, die durch einen glatten Kreisbogenspline mit k Segmenten erreicht werden können. Sie lassen sich durch *Alternantenfolgen* charakterisieren: Punkte, die die Segmente und die Kanalberandung gemein haben. Grenzkreisbögen besitzen immer mindestens drei dieser Randberührungen, etwa a_1, a_2, a_3 geordnet entlang des Kreisbogens, die alternierend auftreten, also etwa links – rechts – links oder umgekehrt (vgl. Abb. 9.2).

Das *Fenster* ist der *zielführende* Grenzkreisbogen, also derjenige der am weitesten innerhalb des Kanals Richtung Ziel vordringt. Dieses wird eindeutig durch die Eigenschaft festgelegt, dass es auf der zur letzten Alternanten entgegengesetzten Seite endet.

Wurde das Fenster ω_1 berechnet, das beim Startsegment des Kanals beginnt, so wird nun als nächstes das Fenster ω_2, ermittelt, das bei ω_1 startet. Um die Glätte der endgültigen Lösung zu gewährleisten, reicht es dabei nicht, irgendwo auf ω_1 zu starten, vielmehr muss folgende Fortsetzungsbedingung erfüllt sein: ω_2 berührt ω_1 glatt oder ω_2 schneidet ω_1 in zwei Punkten, so dass die Reihenfolgen der beiden Punkte gemäß der Orientierungen von ω_1 und ω_2 übereinstimmen. Hieraus resultiert erneut ein Toleranzkanal (mit modifizierten Startbedingungen) und ermöglicht so ein iteratives Vorgehen, einen *Greedy Algorithmus*, der aus zwei Hauptschritten besteht.

Im *Vorwärtsschritt* werden die jeweiligen Fenster aufgebaut solange bis das Zielsegment erreicht wird. Die Fenster erfüllen dabei die oben angesprochene Fortsetzungsbedingung. Somit stimmt die Anzahl der berechneten Fenster mit der minimalen Anzahl an Segmenten überein, die jeder glatte Kreisbogenspline innerhalb des Toleranzkanals benötigt, um Start und Ziel miteinander zu verbinden. Unter Zuhilfenahme der zuvor berechneten Fenster wird dann im *Rückwärtsschritt* ein SMAP generiert. Das zuletzt berechnete Fenster endet am Zielsegment des Kanals und wird als letztes Segment des resultierenden SMAPs verwendet. Nun gibt es einen Kreisbogen, der das so bestimmte Nachfolgersegment glatt berührt und die entsprechende Fortsetzungsbedingung erfüllt. Iterativ werden nun bis zum Erreichen des Startsegments die einzelnen Vorgängersegmente kon-

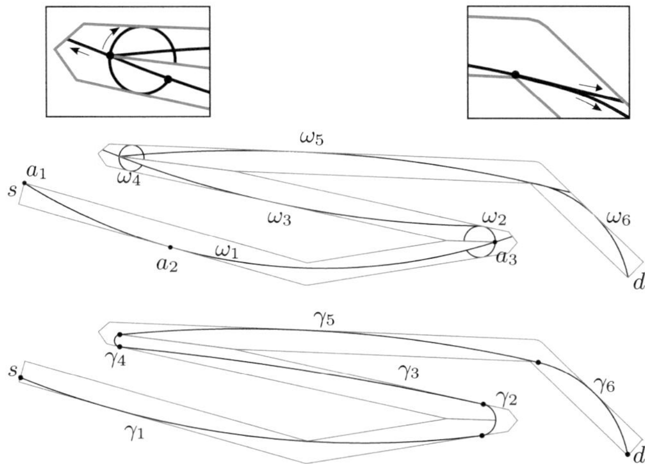

Abbildung 9.2: Oben: Vorwärtsschritt des SMAP Algorithmus. Dargestellt sind die Fenster $\omega_1, \ldots, \omega_6$ und die drei Alternanten a_1, a_2, a_3 von ω_1. In den Vergrößerungen sind die Fortsetzungsbedingungen durch Berührung oder Schnitt visualisiert. **Unten:** Rückwärtsschritt des SMAP Algorithmus. Der glatte Kreisbogenspline inklusive Breakpoints ist dargestellt.

struiert. Abb. 9.2 visualisiert den Vorwärts- und Rückwärtsschritt des SMAP-Verfahrens.

3 Generierung von Liniensegmenten

Wie in Abschnitt 1 bereits beschrieben, ist es wünschenswert vordefinierte Liniensegmente in die Approximationslösung zu integrieren. Im Allgemeinen gibt es eine Vielzahl an Möglichkeiten woher diese Liniensegmente stammen können: Aus Nebenwissen über den vorliegenden Kontext, aus Benutzerinteraktion oder aber aus heuristischen Ansätzen. Ein möglicher Ansatz basiert auf der Berechnung des *Minimum Link Path (MLP)* (vgl. [7]). Innerhalb eines gegebenen Toleranzkanals stellt dieser einen offenen Polygonzug dar, der Start- und Ziel verbindet und eine minimal mögliche Segmentzahl besitzt. In diesem Zusammenhang spielen *extremale Liniensegmente* eine wichtige Rolle:

Ein maximal extendiertes Liniensegment innerhalb des Toleranzkanals heißt *extremal*, falls es zwei Alternanten a_1, a_2 besitzt, so dass entweder

- a_1 und der Endpunkt auf der linken Seite und
- a_2 auf der rechten Seite des Toleranzkanals liegen

oder umgekehrt. Insbesondere befinden sich der Start- und Endpunkt auf der Kanalberandung. Auf diese Weise sind extremale Liniensegmente eng verwandt mit der Charakterisierung von Fenstern im zirkulären Fall aus Abschnitt 2. Da wir lediglich an „langen" Liniensegmenten interessiert sind, betrachten wir nur jene Kandidaten, deren Verhältnis aus Länge und Toleranz ε größer als ein gegebener Schwellwert θ ist. Die Wahl von θ hängt signifikant von der Anwendung ab. Für unsere Kartenerstellungszwecke wird etwa bei $\varepsilon = 0.1$ m ein Schwellwert der Größenordnung $\theta = 10^5$ gewählt.

Algorithmus 1 Berechnung von Liniensegmenten

Input: Toleranzkanal P, Toleranz ε, Schwellwert θ
Output: $L = \{\lambda_1, \ldots, \lambda_l\}$
  Bestimme alle extremalen Liniensegmente L' in P
  for all $l \in L'$ **do**
    if $\frac{length(l)}{\varepsilon} > \theta$ **then**
      Füge l in C ein
    end if
  end for
  $i \leftarrow 1$
  while $C \neq \emptyset$ **do**
    $\lambda_i \leftarrow$ Hole das längste Liniensegment aus C
    for all $l \in C, l \neq \lambda_i$ **do**
      if $\lambda_i \cap l \neq \emptyset$ **then**
        Entferne l aus C
      end if
    end for
    Füge λ_i in L ein
    $i \leftarrow i + 1$
  end while

Im einfachsten Fall können die extremalen Liniensegmente bestimmt werden, indem über alle Kombinationen von Alternanten auf unterschiedlichen Seiten iteriert wird. Allerdings ist diese Aufgabe verwandt mit der Berechnung des MLP und lässt sich daher effizient lösen.

Um Liniensegmente zu bestimmen, die schließlich in der Approximationslösung berücksichtigt werden sollen, können viele weitere Heuristiken betrachtet werden. Allerdings konzentrieren wir uns auf die extremalen Liniensegmente, die durch Algorithmus 1 berechnet werden, da sie vorteilhaft für die SMAP-Methodik sind, wie in Abschnitt 4 deutlich wird. Abbildung 9.3 zeigt Kandidaten extremaler Liniensegmente zusammen mit dem längsten Segment, das schließlich ausgewählt wurde. Alle Kandidaten besitzen zwei Alternanten und Endpunkte, die jeweils auf der gegenüberliegenden Seite der letzten Alternante liegen.

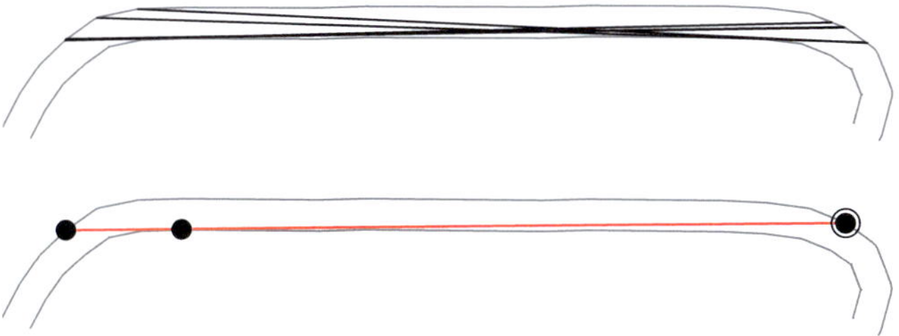

Abbildung 9.3: *Oben*: Kandidatenmenge extremaler Liniensegmente. *Unten*: Ausgewähltes extremales Liniensegment mit zwei Alternanten (als Punkte markiert) und Endpunkt (hervorgehobener Punkt) auf der anderen Seite des Kanals.

4 Integration von Strecken

Sei ein Toleranzkanal P mit Startsegment s und Zielsegment d gegeben und seien extremale Strecken $\lambda_1, \ldots, \lambda_l$ gegeben, die maximal extendiert (bzgl. Inklusion in P), paarweise disjunkt und gemäß P geordnet sind. Wir betrachten nun die Menge $\mathfrak{S}$ der glatten Kreisbogensplines γ in P, die bei s starten, in d enden und Teilstrecken der λ_i enthalten, d.h.: Für jedes $i = 1, \ldots, l$ sind die Schnitte von γ mit den Strecken $\lambda_1, \ldots, \lambda_l$ nicht leer und an den Schnittpunkten stimmen die entsprechenden Richtungsvektoren überein. Gesucht ist nun ein Kandidat γ_0 aus $\mathfrak{S}$ mit der kleinstmöglichen Anzahl an Segmenten.

Aufgrund der Alternanten-Eigenschaften der λ_i können wir das gesamte Problem als $l+1$ Einzelprobleme auffassen, die sich in drei verschiedene

Typen einteilen lassen: den Teil zwischen s und λ_1, die Teile zwischen je zwei aufeinanderfolgende Strecken λ_i und λ_{i+1} und den Teil zwischen λ_l und d. Ist $\lambda_1 \cap s \neq \emptyset$, so entfällt der erste Fall; entsprechend der letzte, wenn $\lambda_l \cap d \neq \emptyset$. Da in [4] die Berührung eines Streckensegments als Startsegment bereits behandelt wird, muss die Algorithmik lediglich um die Berührung eines Streckensegments am Ende erweitert werden. Daher können wir uns ohne Einschränkung auf den ersten Fall konzentrieren.

Hierzu wird der Vorwärtsschritt der SMAP-Algorithmik solange fortgeführt bis das Streckensegment λ_1 erreicht worden ist. Das zuletzt ermittelte Fenster ω_k schneidet dann zwar, aber berührt nicht notwendigerweise λ_1. Kann ω_k nicht durch einen Kreisbogen ersetzt werden, der λ_1 berührt und die Fortsetzungsbedingung bezüglich ω_{k-1} erfüllt, so lässt sich zeigen, dass die minimale mögliche Segmentzahl $k+1$ ist. Dann existiert ein ω_{k+1}, das λ_1 berührt, die Fortsetzungsbedingung bezüglich ω_k erfüllt und zwei Alternanten besitzt. Führt man nun den SMAP-Rückwärtsschritt auf dem berechneten Teil durch, so erhält man einen modifizierten SMAP, der s und λ_1 verbindet und λ_1 berührt unter Einhaltung der minimalen Segmentzahl.

Wenden wir das eben beschriebene Vorgehen auf die $l+1$ Teilprobleme an, so erhalten wir Kreisbogensplines und Strecken $\gamma_1, \lambda_1, \ldots, \lambda_l, \gamma_{l+1}$. Die Einschränkungen der Strecken λ_i auf die Berührpunkte x_i und y_i mit γ_i bzw. γ_{i+1} liefert schließlich eine tangentenstetige Kurve γ. Für den Nachweis, dass $\gamma \in \mathfrak{S}$, bleibt dann lediglich zu prüfen, dass γ keine Selbstüberschneidungen hat. Zu diesem Zweck betrachten wir für $1 \leq i \leq l$ die Strecke λ_i mit Alternanten $a_i^{(1)} < a_i^{(2)}$. Aufgrund der Extremalität der λ_i gilt: $x_i \leq a_i^{(2)} \leq y_i$ bezüglich der Orientierung von λ_i und somit ist γ eine einfache Kurve (vgl. Abb. 9.4). Im Falle $x_i = a_i^{(2)} = y_i$ verschwindet λ_i zwar in der globalen Lösung γ, die Glätte von γ an dieser Stelle ist jedoch sichergestellt. In jedem Fall ist $\gamma \in \mathfrak{S}$ eine gesuchte Lösung des Approximationsproblems. Algorithmus 2 gibt einen Überblick über das Verfahren. In Abbildung 9.5 ist das Resultat für des Layouts der Rennstrecke in Monte Carlo visualisiert.

5 Anwendung

Unter anderem findet die vorgestellte Algorithmik in der Erzeugung hochgenauer digitaler Karten in Ko-PER Verwendung, das Teil der For-

---

Algorithm 2 Kreisbogenspline-Approximation mit Strecken

Input: Eingangspunkte $p_1, \ldots, p_N$, Toleranz ε, Schwellwert θ
Output: Kreisbogenspline $\gamma \in \mathfrak{G}$
  Berechne Toleranzkanal (P, s, d) für $p_1, \ldots, p_N$ und ε
  Berechne extremale Strecken $L = \{\lambda_1, \ldots, \lambda_l\}$ geordnet gemäß P
  if $L = \emptyset$ **then**
    return SMAP bzgl. P
  end if
  if $\lambda_1 \cap s = \emptyset$ **then**
    $\gamma_1 \leftarrow$ modifizierter SMAP, der bei s startet und λ_1 berührt
    Füge γ_1 in G ein
  end if
  for $i = 2, \ldots, l$ **do**
    $\gamma_i \leftarrow$ modifizierter SMAP, der λ_{i-1} und λ_i berührt
    Füge γ_i in G ein
  end for
  if $\lambda_l \cap d = \emptyset$ **then**
    $\gamma_{l+1} \leftarrow$ modifizierter SMAP, der λ_l berührt und bei d endet
    Füge γ_{l+1} in G ein
  end if
  return Kreisbogenspline definiert durch G und L

---

schungsinitiative Ko-FAS (vgl. [8]) ist. Karten in Ko-PER enthalten neben klassischen Merkmalen wie einzelnen Fahrstreifen auch die komplette Straßengeometrie und sämtliche Fahrbahnmarkierungen. Ein Versuchsträger, der mit einer präzise kalibrierten Kamera und einer hochgenauen Referenz-Positionierungseinheit ausgestattet ist, dient zum Aufzeichnen von Messpunkten. Diese werden in einem globalen Koordinatensystem rekonstruiert und entsprechend ihrer Abstände untereinander segmentiert. Für jede so entstandene Zusammenhangskomponente wird eine Toleranzzone berechnet, auf die die präsentierte Algorithmik angewendet wird.

Bei der Wahl von $\varepsilon = 10$ cm konnte trotz der Ungenauigkeiten des Aufnahmeprozesses nachweislich eine absolute Genauigkeit von durchschnittlich 10 cm und eine maximale Abweichung von weniger als 20 cm der in Ko-PER erstellten Karten nachgewiesen werden.

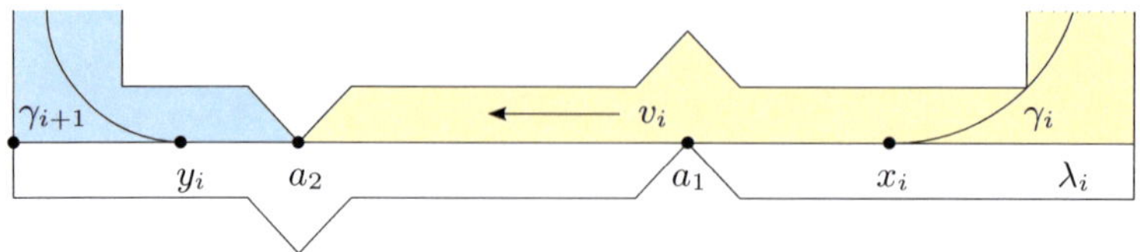

Abbildung 9.4: Visualisierung eines extremalen Liniensegments λ_i mit den Alternanten a_1 und a_2. Die einzelnen Zusammenhangskomponenten, die durch λ_i abgegrenzt werden, sind farblich dargestellt.

6 Zusammenfassung

In dieser Arbeit wurde ein Verfahren zur Detektion vermeintlicher Geradenabschnitte vorgestellt, die bei Approximation von Punktdaten auftreten. Diese werden in die glatte Kreisbogensplineapproximation bei vorgegebener Maximaltoleranz integriert. Dabei wird die minimale Segmentzahl erzielt. Die praktische Relevanz der Methodik wurde durch deren Einsatz bei der Erzeugung digitaler Karten illustriert.

7 Ausblick

Es sollte möglich sein, die Nebenbedingungen des Approximationsproblems so aufzuweichen, dass nicht die zu integrierenden Strecken fixiert werden, sondern lediglich Bereiche detektiert in denen Strecken in der Lösung auftreten sollen. Wenn der Algorithmus einen solchen Bereich erreicht hat, sollte dann statt eines Fensters eine extremale Strecke berechnet werden, die die Fortsetzungsbedinung erfüllt. Während des Rückwärtsschritts könnte dann ein optimales Streckensegment berechnet werden. Dies sollte einen positiven Effekt auf die resultierende Segmentzahl haben, da so die Flexibilität erhöht würde.

8 Danksagung

Diese Arbeit entstand im Rahmen des Verbundprojekts Ko-PER, das Teil der Forschungsinitiative Ko-FAS ist, und wurde vom Bundesministerium für Wirtschaft und Technologie unter dem Förderkennzeichen 19 S 9022E

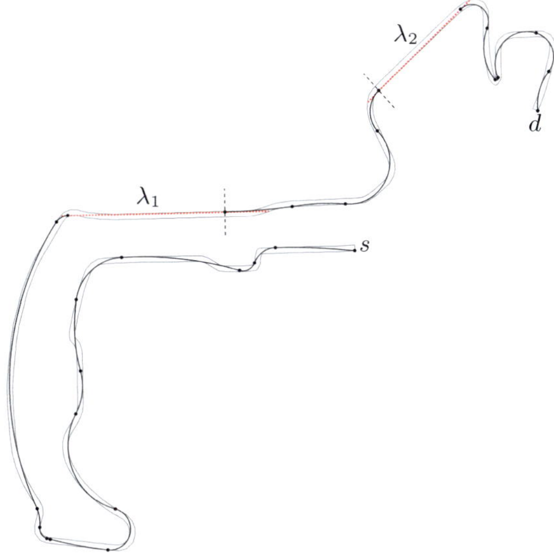

Abbildung 9.5: Toleranzkanal zum Layout der Rennstrecke in Monte Carlo mit erweitertem SMAP, der die zwei Liniensegmenten λ_1 und λ_2 (rot gestrichelt eingezeichnet) beinhaltet. Die einzelnen Breakpoints sind als schwarze Punkte dargestellt.

gefördert.

Literatur

1. A. Schindler, G. Maier und F. Janda, „Generation of high precision digital maps using circular arc splines", in *Intelligent Vehicles Symposium (IV), 2012 IEEE*, 2012, S. 246 –251.

2. G. Maier und A. Schindler, „Visual quality of planar working pieces. A curve based approach using prototype fitting", *Proceedings of the International Conference on Computational Science and its Applications (ICCSA)*, 2011.

3. ——, „Effiziente Prototyp-Passung mittels Kreisbogensplines und Anwen-

dungsbeispiele aus dem Automotive-Bereich", *tm - Technisches Messen*, Vol. 78, Nr. 9, S. 406–411, 2011.

4. G. Maier, *Smooth Minimum Arc Paths. Contour Approximation with Smooth Arc Splines.* Aachen: Shaker, 2010.

5. M. Heimlich und M. Held, „Biarc approximation, simplification and smoothing of polygonal curves by means of Voronoi-based tolerance bands." *Int. J. Comput. Geometry Appl.*, Vol. 18, Nr. 3, S. 221–250, 2008.

6. R. Drysdale, G. Rote und A. Sturm, „Approximation of an open polygonal curve with a minimum number of circular arcs and biarcs", *Computational Geometry*, Vol. 41, S. 31–47, 2008.

7. S. Suri, „A linear time algorithm for minimum link paths inside a simple polygon", *Computer Vision, Graphics, and Image Processing*, Vol. 35, S. 99–110, 1986.

8. „Ko-FAS", http://www.ko-fas.de.

Structural 3D characterization of silica monoliths: extraction of rod networks

Aaron Spettl[1], Mika Lindén[2], Ingo Manke[3] and Volker Schmidt[1]

[1] Ulm University, Institute of Stochastics,
Helmholtzstr. 18, D-89069 Ulm
[2] Ulm University, Institute of Inorganic Chemistry II,
Albert-Einstein-Allee 11, D-89081 Ulm
[3] Helmholtz-Zentrum Berlin für Materialien und Energie, Institut für
Angewandte Materialforschung,
Hahn-Meitner-Platz 1, D-14109 Berlin

Abstract Based on experimental 3D image data, we analyze a highly porous silica monolith consisting of a network of rod-like structures. Because the rods are often hard to recognize even by visual inspection of the image data, a simple binarization with e.g. thresholding techniques is problematic. Therefore we extract a voxel-based skeleton directly from the filtered grayscale image, which is then transformed into vector data, i.e., a system of line segments describing the rod network. In a final step we complete the extraction by estimating a radius for every line segment, using the concept of the Hough transform applied to the gradient image. These steps yield a structural segmentation with advantages over global or local thresholding techniques and allow the statistical analysis and characterization of the given sample.

1 Introduction

Highly porous materials and the investigation of their complex pore architectures are important for many applications, e.g., drug delivery [1] and molecular separation by adsorption or chromatographic separation [2]. Besides the porosity, the connectivity of pores as well as the distributions of pore sizes and pore shapes are very important and not easily accessible. Using 3D imaging techniques the microstructure of porous materials

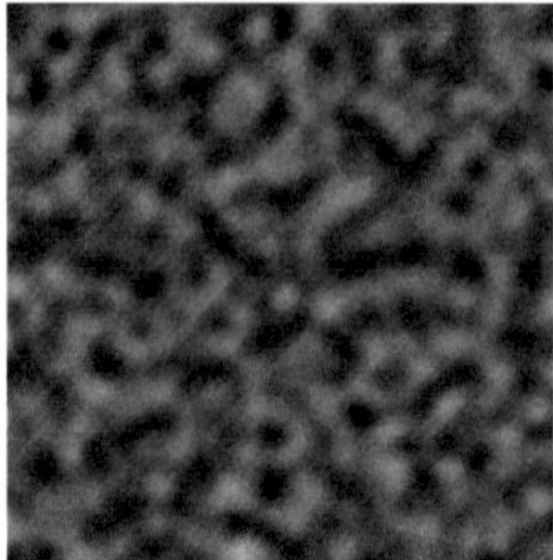

Figure 10.1: 2D cross-section of experimental image data, 60 µm × 60 µm.

and, in particular, their pores can be analyzed, with the limitation to the spatial resolution implied by the chosen imaging technique. As an example of application, we investigate the 3D morphology of a silica monolith using synchrotron X-ray tomography, with a visible porosity of about 70 %. The porosity including mesopores of the highly porous monolith is approximately 90 %, but we only observe the macroporous morphology. Note that for pores on a smaller scale, different imaging techniques like FIB-SEM tomography may be necessary, where other problems occur in the segmentation process [3, 4].

The reconstructed grayscale image of our experimental data has a voxel size of $(215\,\text{nm})^3$, see Figure 10.1 for a 2D cross-section. Visual inspection of the data suggests that a network of micrometer-sized rods might be suitable.

The algorithmic extraction of the network itself is performed by applying the λ-leveling operator proposed in [5], which has originally been designed for 2D images, but works analogously in 3D. The voxel-based skeleton is converted to a network given by vector data, which is achieved by detecting branches and representing their connections by line segments. The connecting line segments are approximated using the Douglas-Peucker algorithm [6, 7], which is an algorithm that reduces the number of points in a curve.

With the known locations of the rods, we use the idea of the Hough transform to detect a radius for every line segment based on the gradient image of the smoothed grayscale image [8, 9]. The rods themselves are then given by the line segments and their corresponding radii.

Note that the segmemtation result cannot be validated directly, because there is no reasonable reference segmentation. However, the quality of the algorithm can be justified by applying it to artificially generated test data with known structural properties.

2 Experimental data and preprocessing

2.1 Experimental data

An exemplary silica monolith has been characterized by synchrotron X-ray tomography, the resulting grayscale image has a voxel size of $(215\text{ nm})^3$, where a large homogeneous cut-out of $768 \times 768 \times 768$ voxels has been processed, see Figure 10.1 for a 2D cross-section. In the following, this observation window is denoted by $W = [0, 767] \times [0, 767] \times [0, 767]$.

While the total porosity of the material is approximately $90\,\%$, only the macropores are visible, which account for about $70\,\%$ of the volume. The grayscale value of a voxel at position $(x, y, z) \in W$ in the considered grayscale image I is denoted by $I(x, y, z) \in [0, 255]$, where higher values indicate brighter regions, i.e., foreground.

2.2 Data preprocessing

We applied a median filter with a box size of $3 \times 3 \times 3$ to remove noise and denote the filtered image by I', i.e., $I'(x, y, z) = \text{median}(\{I(i, j, k), (i, j, k) \in W \cap [x-1, x+1] \times [y-1, y+1] \times [z-1, z+1]\})$.

A subsequent grayscale erosion using a ball with radius $\sqrt{2}$ as structuring element has the effect of highlighting the centers of the rods that we want to extract in the following. The result is denoted by I'', i.e., $I''(x, y, z) = \min(\{I(i, j, k), (i, j, k) \in W$ with $\sqrt{(x-i)^2 + (y-j)^2 + (z-k)^2} \leq \sqrt{2}\})$.

Note that due to integer coordinates, this grayscale erosion is equivalent to a minimum-filtering in a 18-neighborhood in 3D. The effect of these filters is shown in Figure 10.2.

Figure 10.2: 2D cross-section of original image I (left), median-filtered image I' (center) and eroded image I'' (right).

3 Grayscale skeletonization

The extraction of the rod network itself is performed by applying the λ-leveling operator proposed in [5], which has originally been designed for 2D images, but works analogously in 3D. The parameter λ is a non-negative integer that controls the tolerance against variations in grayscale values, i.e., too small values of λ cause an over-segmentation and too large values have the effect that structures are lost.

3.1 λ-leveling and λ-skeleton operator

The idea of the λ-leveling operator is to lower the grayscale value of voxels without changing the topology in their neighborhood. These voxels are called λ-deletable, where λ is a local contrast parameter. The λ-leveling image is then obtained by iteratively choosing voxels whose grayscale value can be lowered and decreasing it to the lowest possible value, until stability is achieved. In 2D, the resulting image often consists of areas having constant grayscale values separated by lines with higher grayscale values. The λ-skeleton is naturally given by those lines, i.e., it consists of all voxels adjacent to at least one voxel with a smaller grayscale value. Note that by introducing the notion of λ-end points, we can avoid thinning of branches that would be iteratively removed otherwise. A detailed description including examples can be found in [5], e.g., how λ-deletable and λ-end points can be defined formally.

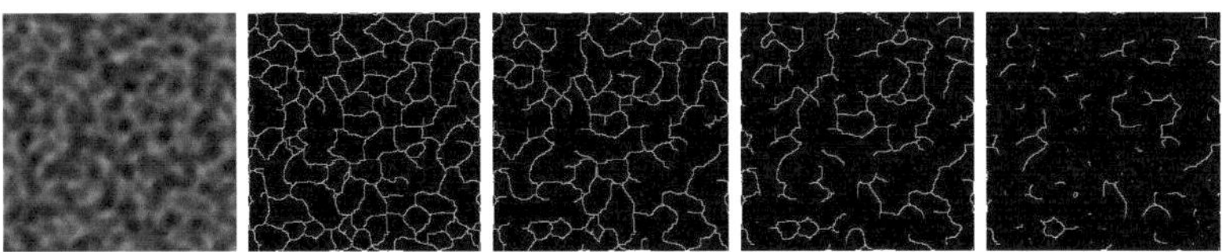

Figure 10.3: 2D input image (left) and 2D λ-skeleton for $\lambda = 20$, $\lambda = 40$, $\lambda = 60$ and $\lambda = 80$ (right).

3.2 Application to experimental data

For our data with grayscale values in $[0, 255]$, the parameter $\lambda = 60$ is a good choice, compare Figure 10.3 with examples of over- and under-segmentation. The parameter λ is chosen such that (in the 2D skeleton) only structures located clearly in the given 2D slice remain. Then, by computing the 3D skeleton, the skeleton voxels are automatically located in the correct slice.

We apply the skeleton operator to the eroded image I'', because this image highlights the centers of rods and is therefore ideal for skeletonization. The resulting skeleton is a binary image S with $S(x, y, z) \in \{0, 255\}$. Note that λ-end points are preserved, because we do not want to lose rods having only one contact to the network. Figure 10.4 shows a 3D visualization of the voxel-based skeleton.

4 Extraction of rod network

The skeleton S obtained in the previous step is based on the voxel grid, but a network given by line segments is required. Those line segments define the start and end points of the rods, whose radii will be detected in a second step.

4.1 Network extraction

The conversion of a voxel-based skeleton to a network of line segments is achieved by detecting branches and their connections. It is clear that all skeleton voxels having exactly two neighbors denote connections. Skeleton voxels with exactly one neighbor are end points, whereas skeleton

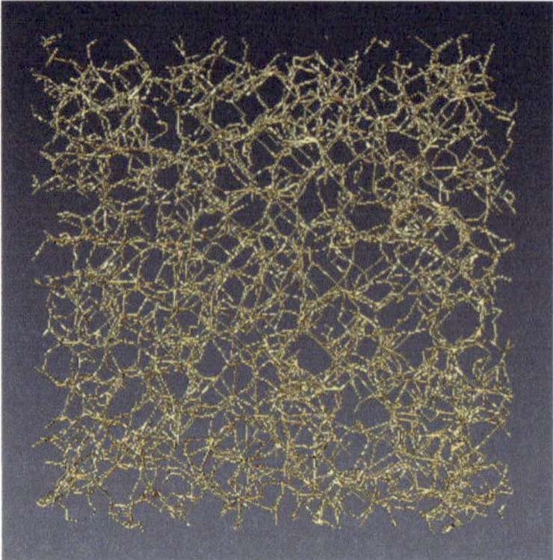

Figure 10.4: 3D visualization of the extracted skeleton (cut-out).

voxels with more than two neighbors are branching points. End points and branching points are therefore the vertices of the resulting network graph. Note that adjacent branching points are converted to a single vertex whose coordinates are given by their barycenter.

An edge connecting two vertices is represented by one or more line segments, depending on the tortuosity of the connection. The connection is given by voxels, i.e., their coordinates, which is a series of points. The Douglas-Peucker algorithm [6, 7] is an algorithm that reduces the number of points in a curve and is suitable to reduce the number of line segments, but upholding a given precision. The algorithm is often used in processing of vector graphics, e.g., rendering of maps. Given a series of points, it connects the start and end point, searches for the interior point with the maximal distance to this line segment, and replaces the segment by two segments if the distance is above a certain threshold. This is applied recursively until all original points are within a (small) distance to the set of extracted line segments.

4.2 Radii detection for rods

The axes including start and end points of the rods are exactly the extracted line segments. With the known location of the rods, we use the idea of the Hough transform (HT) [8]. The HT is a robust algorithm to detect parameterized geometric objects. Generally, it suffers from high computing times, but in our case only one single parameter has to be determined.

The classical HT would require a binary image of detected edges of objects. To avoid binarization, we use the gradient image, as recently suggested in [9]. Instead of counting edge voxels covering the surface of a rod with the currently inspected radius, we sum up gradient values, which show the magnitude of changes in grayscale values. The gradient image of the smoothed grayscale image I' is given by $|\nabla I'(x,y,z)| = |(\frac{\partial}{\partial x} I'(x,y,z), \frac{\partial}{\partial y} I'(x,y,z), \frac{\partial}{\partial z} I'(x,y,z))|$. It is clear that for counting edge voxels or computing sums of gradient values, larger objects have a lot more potential for high values. To avoid over-estimation of object sizes, the values have to be rescaled. In [9], the factor $1/r^{\frac{1}{2}}$ has been suggested, which is also a good starting point for cylinders. However, for our experimental data, $1/r^{0.8}$ provides a better optical fit. This difference is probably caused by relatively wide areas with significant gradient magnitudes. For test data without this effect, the exponent 0.5 works very well.

Note that we have to restrict the gradient image to the relevant parts for each rod. This is important because otherwise the gradient values caused by other (adjacent) rods could have an influence on the detection of the currently processed rod. This is implemented by applying the watershed algorithm [10, 11] to the inverted smoothed grayscale image $255 - I'(\cdot)$. The result is a partition of the window W into basins $B_1, \ldots, B_n$, where bright areas of the original image are in the center of basins and so-called watersheds correspond to borders between brighter regions. The complete relevant region for a single rod is then given by all basins intersecting with the currently processed line segment.

4.3 Results

Recall that the rods themselves are now given by the line segments and the detected radii, as described above. The result of the extraction looks quite promising, compare Figures 10.5 and 10.6. Objects clearly visible are detected, their dimensions seem plausible and the general structure is not lost. Therefore, the porosity of the extracted data is also as anticipated: it is about 0.66, where approximately 0.7 is expected.

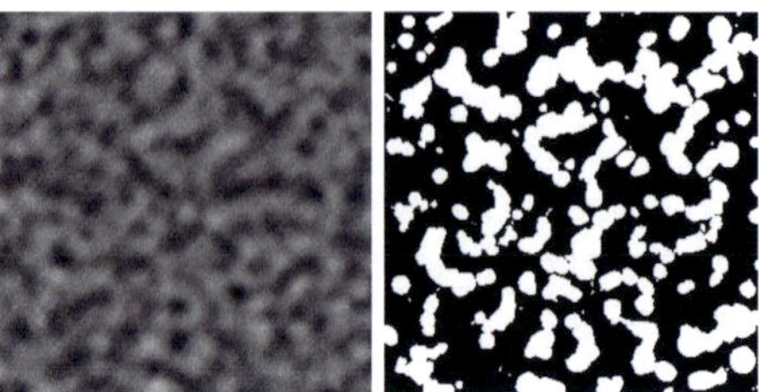

Figure 10.5: 2D cross-section of experimental image data (left) and extracted rod network (right).

Figure 10.6: 3D visualization of a thin cut-out of extracted rod network.

5 Validation

The segmentation result derived in Sections 3 and 4 cannot be validated directly, because there is no reasonable reference segmentation. However, the quality of the algorithm can be justified by applying it to artificially generated test data with known structural properties.

A very simple example based on a cube-shaped network illustrates the procedure, compare Figure 10.7. Note that the vertices are slightly shifted, which is caused by the skeletonization algorithm. Nevertheless, the resulting extracted rods reproduce the input image very well. In the following, we will look at a random rod network and compare its structural characteristics.

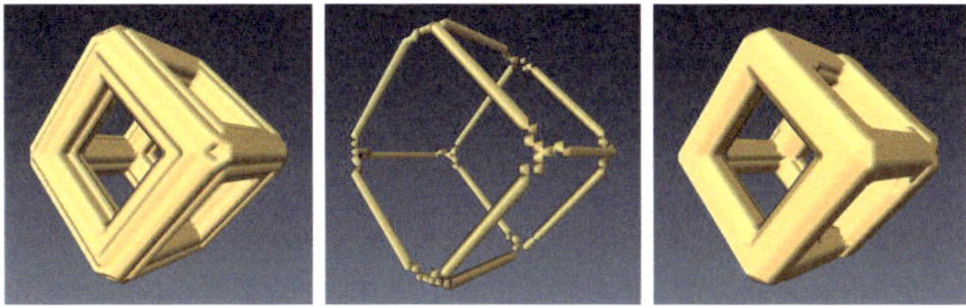

Figure 10.7: Simple example in 3D: cube-shaped network (left), extracted skeleton (center), extracted rod network (right).

5.1 Test data

Artificial test data of mutually overlapping cylinders has been generated by realizing a random geometric graph, including random radii for all line segments and plotting all resulting cylinders into a binary image. Furthermore, the binary image has been blurred and noise has been added, see Figure 10.8.

We use a simple stochastic model for the random geometric graph, with numeric marks for all edges. The vertices of the graph are given by a random point process that enforces a minimum distance between points, i.e., it is a Matérn hard-core point process [12]. Then, for the two nearest neighbors of every vertex, an edge is generated with a certain probability p, in our case $p = 0.8$. Finally, the marks for all edges are modeled by independent Gamma-distributed random variables.

5.2 Extraction of rod network

The rod network has been extracted as described in Section 4, with preprocessing and skeletonization as in Sections 2 and 3.

5.3 Results

While the optical fit is not perfect, see Figures 10.8 and 10.9, the general structure is clearly represented. By looking closely it can be suspected that radii are often overestimated, especially in the case of overlapping rods. This is not surprising, because the Hough transform cannot differentiate between edges caused by the considered rod and another overlapping rod. The histogram of rod radii supports this theory: there is a

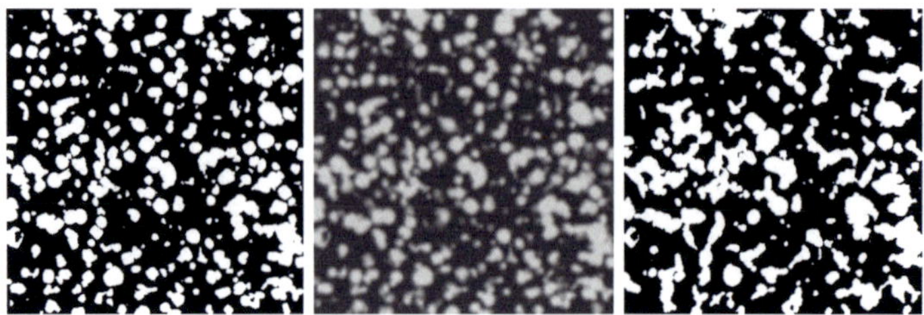

Figure 10.8: Exemplary 2D cross-section of artificial test data (left), blurred and noisy test data (center), and extracted rod network (right).

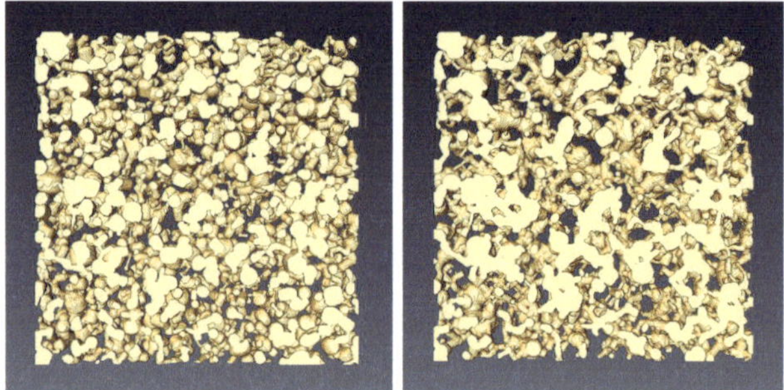

Figure 10.9: 3D visualization of a thin cut-out of artificial test data (left) and extracted rod network (right).

clear tendency towards larger radii, compare Figure 10.10. Nevertheless, the histograms of coordination numbers, i.e., the numbers of edges per vertex of the network graph, are nearly the same, compare Figure 10.11.

6 Summary and conclusion

In this paper, we have introduced a technique suitable to extract rod networks from 3D grayscale images, based on the combination of several well-known algorithms. Binarization of the 3D image is avoided in all steps. After smoothing of experimental image data, we extract a 3D skeleton using a grayscale skeletonization, which takes one parameter to

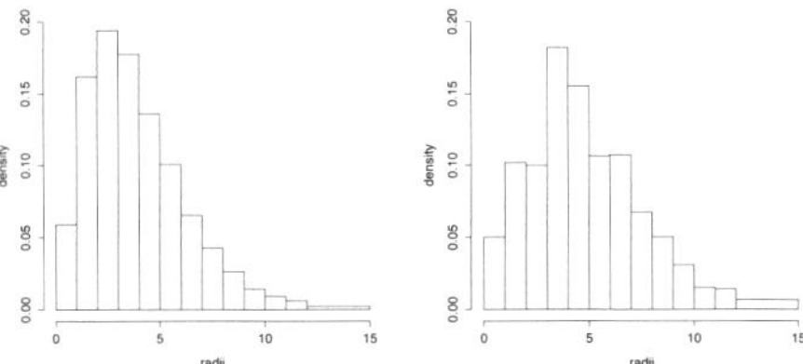

Figure 10.10: Histogram of radii of artificial test data (left) and extracted rod network (right).

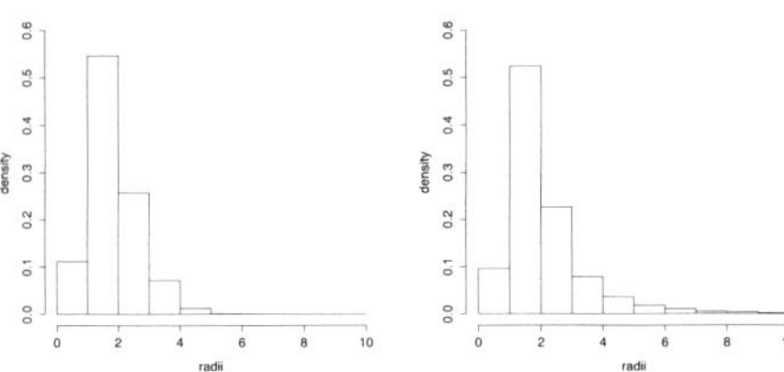

Figure 10.11: Histogram of coordination number of artificial test data (left) and extracted rod network (right).

control the local contrast necessary for skeleton voxels to appear. After conversion from skeleton voxels to a network of line segments, only the radii of the rods have to be detected. The Hough transform is used to detect the missing object parameter, but it is applied to the gradient image instead of a binary image of object edges.

While it is not known whether this type of silica monolith consists exclusively of rods, the segmentation describes the grayscale image very well and obtained characteristics like porosity are as expected. The proposed algorithm has been validated using artificial test data. A perfect fit is not achieved, but this is clearly not a realistic goal—information is lost by blurring the image, but in particular, overlapping rods are a problem for every technique trying to detect the optimal radii or even positions of rods.

References

1. K. Khanafer and K. Vafai, "The role of porous media in biomedical engineering as related to magnetic resonance imaging and drug delivery," *Heat and Mass Transfer*, vol. 42, pp. 939–953, 2006.

2. F. Dullien, *Porous Media, Fluid Transport, and Pore Structure*, 2nd ed. New York: Academic Press Inc., 1992.

3. M. Salzer, A. Spettl, O. Stenzel, J. Smått, M. Lindén, I. Manke, and V. Schmidt, "A two-stage approach to the segmentation of FIB-SEM images of highly porous materials," *Materials Characterization*, vol. 69, pp. 115–126, 2012.

4. M. Salzer, S. Thiele, R. Zengerle, and V. Schmidt, "On automatic segmentation of FIB-SEM images," in *Forum Bildverarbeitung 2012*, F. Puente León and M. Heizmann, Eds. Karlsruhe: KIT Scientific Publishing, 2012.

5. M. Couprie, F. Bezerra, and G. Bertrand, "Topological operators for grayscale image processing," *Journal of Electronic Imaging*, vol. 10, p. 1003, 2001.

6. D. Douglas and T. Peucker, "Algorithms for the reduction of the number of points required to represent a digitized line or its caricature," *The Canadian Cartographer*, vol. 10, pp. 112–122, 1973.

7. U. Ramer, "An iterative procedure for the polygonal approximation of plane curves," *Computer Graphics and Image Processing*, vol. 1, pp. 244–256, 1972.

8. D. Ballard, "Generalizing the Hough transform to detect arbitrary shapes," *Pattern Recognition*, vol. 13, no. 2, pp. 111–122, 1981.

9. R. Thiedmann, A. Spettl, O. Stenzel, T. Zeibig, J. Hindson, Z. Saghi, N. Greenham, P. Midgley, and V. Schmidt, "Networks of nanoparticles in organic–inorganic composites: algorithmic extraction and statistical analysis," *Image Analysis and Stereology*, vol. 31, no. 1, pp. 27–42, 2012.

10. R. Beare and G. Lehmann, "The watershed transform in ITK - discussion and new developments," *The Insight Journal*, June 2006.

11. J. Roerdink and A. Meijster, "The watershed transform: definitions, algorithms, and parallellization strategies," *Fundamenta Informaticae*, vol. 41, pp. 187–228, 2000.

12. J. Illian, A. Penttinen, H. Stoyan, and D. Stoyan, *Statistical Analysis and Modelling of Spatial Point Patterns*. Chichester: J. Wiley & Sons, 2008.

Extraction of curved fibers from 3D data

Gerd Gaiselmann[1], Ingo Manke[2], Werner Lehnert[3,4]
and Volker Schmidt[1]

[1] Ulm University , Institute of Stochastics,
Helmholtzstr. 18, 89081 Ulm
[2] Helmholtz Centre Berlin for Materials and Energy,
Institute of Applied Materials,Glieneckerstr. 100, 14109 Berlin
[3] Forschungszentrum Jülich, Institute of Energy and Climate Research
(IEK-3: Electrochemical Process Engineering),
Wilhelm-Johnen-Straße, 52428 Jülich
[4] Modeling in Electrochemical Process Engineering, RWTH Aachen
University

Abstract A segmentation algorithm is proposed which automatically extracts single fibers from tomographic 3D data. As an example, the algorithm is applied to a non-woven material used in the gas diffusion layer of polymer electrolyte membrane fuel cells. This porous material consists of a densely packed system of strongly curved carbon fibers. Our algorithm works as follows. In a first step, we focus on the extraction of skeletons, i.e., center lines of fibers. Due to irregularities like noise or other data artefacts, it is only possible to extract fragments of center lines. Thus, in a second step, we consider a stochastic algorithm to adequately connect these parts of center lines to each other, with the general aim to reconstruct the complete fibers such that the curvature properties of real fibers are reflected correctly. The quality of the segmentation algorithm is validated by applying it to simulated test data.

1 Introduction

The fuel cell technology provides an efficient way to convert hydrogen into electricity. This allows the replacement of oil products as energy carrier, e.g., in automobiles or submarines. In the present paper we concentrate on proton exchange membrane fuel cells (PEMFC). A key component of

PEMFC is their gas-diffusion layer (GDL), which has to provide many functions for an efficient operation of fuel cells like to supply the catalyst layer with gas, water storage and evacuation, mechanical support of membrane, etc., see [4, 6].

It is generally accepted that the microstructure of GDL has a significant impact on their functionality. For example, the length and curvature of single fibers influence their mechanical strength, stiffness, and resistance [8], where the arrangement and the form of fibers can be changed by the production process or as a result of degradation phenomena. To better understand the coherence of the microstructure of the considered material and the physical processes therein, the development of stochastic models describing the geometry of GDL is of great importance. Typically, these models are built in two steps, see [2, 3, 9]. First, a stochastic model for single fibers is developed. Then, in a second step, the single-fiber model is used to construct a stochastic microstructure model for the entire 3D system of fibers. Therefore, in order to build an adequate single-fiber model, we first need to develop a segmentation algorithm which automatically extracts single fibers from tomographic 3D data. Note that the algorithm proposed in this paper extends and modifies similar algorithms which have recently been developed for straight [9] and curved [2] planar fibers on the basis of 2D SEM images.

Our algorithm can be described in the following way. In a first step the 3D image is binarized by global thresholding. Then, we focus on the extraction of skeletons, i.e., center lines of single fibers from the binarized image. Therefore, we use of a distance map and the fact that all fibers have the same radii. Due to irregularities like noise or binarization artefacts, it is only possible to extract relatively short fragments of center lines. Thus, in a second step, we consider a stochastic algorithm to adequately connect these parts of the center lines to each other, with the general aim to reconstruct the complete fibers such that the curvature properties of real fibers are reflected correctly. The quality of the segmentation algorithm is validated by applying it to simulated test data.

The paper is organized as follows. Section 2 describes the algorithm for automatic extraction of single fibers from tomographic 3D data. In Section 3, a technique to fit the parameters of the segmentation algorithm and to validate the quality of segmentation is biefly explained. Section 4 summarizes the results.

2 Description of the algorithm

We present an algorithm to automatically detect single fibers from tomographic 3D data of fiber-based materials. As an example of application, we use this algorithm for 3D image data of non-woven GDL, gained by synchrotron tomography.

2.1 Preprocessing of image data

In this section, we explain several steps of image preprocessing which are necessary for the detection of fibers from 3D image data. Note that the voxel size of the considered grayscale image is equal to 0.83 µm.

To begin with, the image data is binarized by global thresholding with some threshold value t, which will be specified later on, see Figure 11.1.

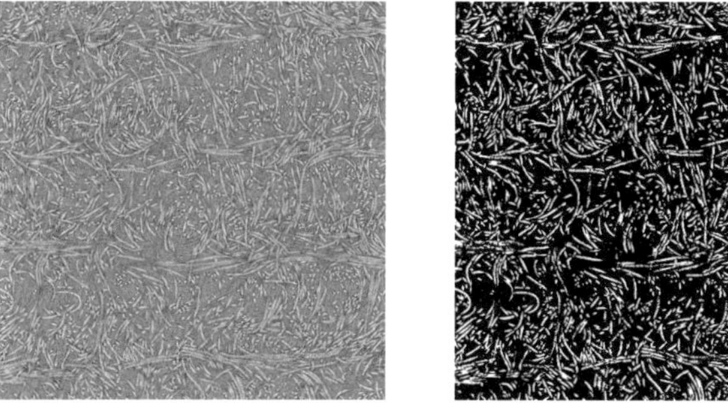

Figure 11.1: 2D slice of synchrotron data (left) and binarized image (right).

The binarized image contains small foreground clusters which obviously do not contribute to the fibers. To remove them, an algorithm proposed in [5] is used for the detection of isolated clusters. Thus, small clusters with a size below a certain limit are removed where this limit has been set to 1000 voxels. The binarization threshold t is chosen such that the foreground phase of the binary image, after removing the dispensable small clusters, has a volume fraction of 23.5 %. This volume fraction of the fiber system is known from manufacturers of non-woven GDL.

In the next step we focus on the extraction of skeletons, i.e. center lines of single fibers, from the binarized image. Since there exists many fibers which touch each other and run in parallel, see Figure 11.2, the extraction of center lines can not be accomplished just by a standard skeletonization procedure for binary images, as described e.g. in [1, 7].

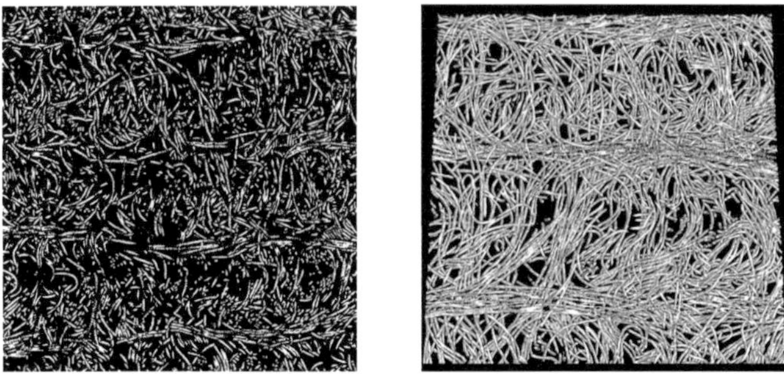

Figure 11.2: 2D slice (left) and small cut-out (right) of binarized 3D image.

Standard skeletonization algorithms would recognize touching fibers as one single fiber, see Figure 11.3. Thus, these skeletonization algorithms are not applicable in our case.

Figure 11.3: Fibers running in parallel (left) and standard skeleton (right).

The basic idea of our approach to the extraction of center lines is to benefit from the fact that all fibers have the same radius $r = 4.75$ µm known from manufacturers. Thus, the center lines of perfect fibers should have a minimal distance r to the background phase. We therefore determine the distance transformation from foreground to background, i.e., we associate each voxel of the binarized image B with its shortest distance to the background phase and denote the resulting image by D_B. Taking e.g. binarization or discretization artefacts into account, we consider all voxels $v \in D_B$ with a shortest distance $D_B(v) \in [r - \sqrt{3}, r + \sqrt{3}]$ to the background as candidates for voxels representing the center lines and set those voxels to foreground. The new image is denoted by V. Subsequently, the foreground phase of V is skeletonized. This means that foreground voxels, i.e., those belonging to the objects we are interested in, are changed to background voxels in a way that the remaining (still voxel-given) paths have a thickness of one voxel, where the connectivity properties of B have to be preserved, see also [1, 7].

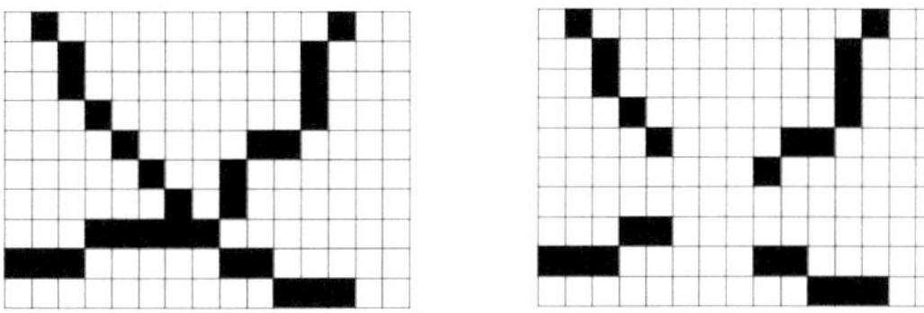

Figure 11.4: Skeleton (left) and elimination of crosspoints (right).

In order to transform the skeletonized image into vector data, we first remove the crosspoints of the voxel-paths with respect to the 26-neighborhood (see Figure 11.4) and subsequently represent the remaining voxel paths by polygonal tracks. For further information about this transformation the reader is referred to [2]. Thus, we end up with a family of polygonal tracks, which can be interpreted as a graph structure, representing parts of the center lines of fibers.

2.2 Reconstruction of fibers

In this section, we discuss a stochastic algorithm to adequately connect the polygonal tracks, whose extraction from the 3D synchrotron image has been explained in Section 2.1. Recall that these polygonal tracks, denoted by $p_1, \ldots, p_n$ for some $n \geq 1$, represent relatively short parts of the center lines of the fibers to be detected. Our algorithm working on 3D data is an extension of the 2D extraction algorithm proposed in [2]. It puts us in a position to construct complete fibers such that the curvature properties of real fibers are reflected correctly. Hence, for an adequate reconstruction of complete center lines, the polygonal tracks considered in Section 2.1 have to be appropriately connected, i.e., we seek for sequences of polygonal tracks (i.e. parts of center lines) representing the courses of complete fibers. The flow-chart of the algorithm shown in Figure 11.5 gives an overview of the consecutive steps of the algorithm.

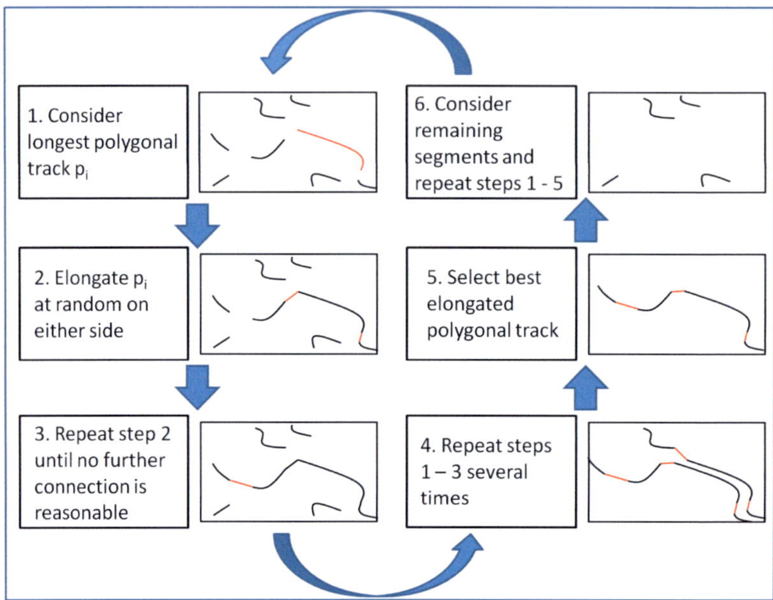

Figure 11.5: Flow-chart of the random fiber-reconstruction.

More precisely, we first consider the polygonal track p_i with the largest Euclidean length. Then, we connect p_i on either side to other polygonal tracks. Since, for a given polygonal track, there can be several possibilities of connecting other polygonal tracks with it, a decision rule has to be established which chooses the next polygonal track for connection. For connecting the end-segment ℓ_i of a polygonal track p_i to the end-segment ℓ_j of another polygonal track p_j, say, we are looking for all end-segments $\{\ell_1,\ldots,\ell_k\}\setminus\{\ell_i\}$ and $\{\ell_1,\ldots,\ell_k\}\setminus\{\ell_j\}$ with an endpoint belonging to a certain cone around the considered endpoint of ℓ_i and ℓ_j, respectively. If there is no line segment in these cones, we stop the connection of polygonal tracks at this stage, where the cone is given as follows. Let $|\ell_{ij}|$ be the length of the line segment ℓ_{ij} connecting ℓ_i and ℓ_j and $\sphericalangle(\ell_i, \ell_{ij})$ denotes the angle between the line segments ℓ_i, ℓ_{ij}. Then, an arbitrary line segment ℓ_j is in the cone of ℓ_i, if $|\ell_{ij}| < \ell_{max}$ and $\sphericalangle(\ell_i, \ell_{ij}) < \alpha_{max}(|\ell_{ij}|)$ as well as $\sphericalangle(\ell_j, \ell_{ji}) < \alpha_{max}(|\ell_{ij}|)$, where $\alpha_{max}(|\ell_{ij}|) = \frac{-\left(\frac{\pi}{2}+\alpha\right)}{\ell_{max}} \cdot |\ell_{ij}| + \frac{\pi}{2} + \alpha$ for some parameters $\ell_{max} > 0$ and $\alpha \in \mathbb{R}$. In other words, the maximum angle $\alpha_{max}(|\ell_{ip}|)$ is large if $|\ell_{ip}|$ is small and vice versa.

Suppose that the line segments $\ell_{i_1}, \ldots, \ell_{i_m}$ are in the cone of ℓ_i and ℓ_i is in the cones of the segments $\ell_{i_1}, \ldots, \ell_{i_m}$, i.e., a connection of the line segment ℓ_i to one of the line segments $\ell_{i_1}, \ldots, \ell_{i_m}$ is possible. Then the probability that a polygonal track p_i is connected to a polygonal track $p_j \in \{p_{i_1}, \ldots, p_{i_m}\}$ via a line segment ℓ_{ij} depends on

1) the values of $\sphericalangle(\ell_i, \ell_{ij})$ and $\sphericalangle(\ell_j, \ell_{ji})$, where the connection probability increases if the differences between the directions of ℓ_i, ℓ_j and ℓ_{ij} get smaller, and

2) the length $|\ell_{ij}|$ of the line segment ℓ_{ij}, where the connection probability decreases with increasing legth of the line segment ℓ_{ij}.

In particular, a weight ω_{ij} is considered for each line segment ℓ_{ij} possibly connecting p_i and p_j, which is given by

$$\omega_{ij} = \exp\left(-\frac{1}{2}\left(\frac{|\ell_{ij}|}{\ell_{max}}\right)^2\right) \cdot \exp\left(-\frac{1}{2}\left(\frac{\sphericalangle(\ell_i, \ell_{ij}) + \sphericalangle(\ell_j, \ell_{ji})}{2\sphericalangle_{max}(|\ell_{ij}|)}\right)^2\right).$$

The weights ω_{ij} are normalized such that the sum of the normalized weights $\widetilde{\omega}_{ij}$ equals 1. The polygonal track p_i is then connected with p_j with probability $\widetilde{\omega}_{ij}$.

After having connected p_i on either side with other polygonal tracks according to the rule described described above, we continue connecting the elongated polygonal track with other tracks until this is not possible anymore, i.e., we can not find any polygonal track which end-segments belong to the cones of the elongated polygonal track, and vice versa. We then end up with a completely elongated polygonal track.

Since polygonal tracks are connected according to a random selection rule, it is obvious that the result of one single run cannot be assured to be optimal. To find nearly optimal solutions, the simulation of connections, i.e., the random construction of elongated polygonal tracks, is repeated 1000 times for the longest (initial) polygonal track. Among these 1000 random elongated polygonal tracks we choose the best one according to a certain evaluation criterion. In the present paper, the evaluation of an elongated polygonal track p is based on the gray-values of those voxels of the underlying tomographic image which are hit by p. More precisely, we discretize the polygonal track p dilated by the unit sphere $b(o, 1) \subset \mathbb{R}^3$. By $I(v_1), \ldots, I(v_{k(p)})$ we denote the gray-values of the 3D tomographic image at the voxels $v_1, \ldots, v_{k(p)}$ hit by the dilated polygonal track $p \oplus b(o, 1)$. As evaluation criterion $e(p)$, we choose the mean of these gray-values, i.e., $e(p) = \sum_{i=1}^{k(p)} I(v_i)/k(p)$. Note that the larger $e(p)$ is the better the polygonal track p is evaluated. The idea of this evaluation criterion is that the gray-values of voxels located on the fibers are larger than the remaining ones. Regarding other evaluation criteria considered in the literature, the reader is referred to [8].

Subsequently, each of the (short) polygonal tracks $\{p_{i_1}, \ldots, p_{i_k}\}$ belonging to the best elongated polygonal track p is removed from the original set $\{p_1, \ldots, p_n\}$ of polygonal tracks, i.e., the fiber reconstruction procedure described above is now applied to the reduced set $\{p_1, \ldots, p_n\} \setminus \{p_{i_1}, \ldots, p_{i_k}\}$ of polygonal tracks. This procedure is repeated until until the reduced set of (short) polygonal tracks is empty.

3 Validation of the algorithm

3.1 Fitting of parameters

To find appropriate values for the parameters α and ℓ_{max} of the fiber-extraction algorithm described in Section 2, we use a pragmatic fitting technique. In a first step, we manually choose values for α and ℓ_{max} such that the segmentation algorithm generates fibers which are realistic in the following sense. The fibers extracted for given values of α and ℓ_{max} from the experimental data set of non-woven GDL are used to fit a stochastic single-fiber model, where synthetic fibers drawn from this model are composed to a random 3D system of non-overlapping fibers as described in [3]. Then, in order to obtain realistic gray-value images, we add random noise to the synthetic fiber system and choose values of α and ℓ_{max} such that the morphology of the resulting simulated 3D image is in a good visual accordance with that of the tomographic 3D image for non-woven GDL gained by synchrotron tomography, see Figure 11.6.

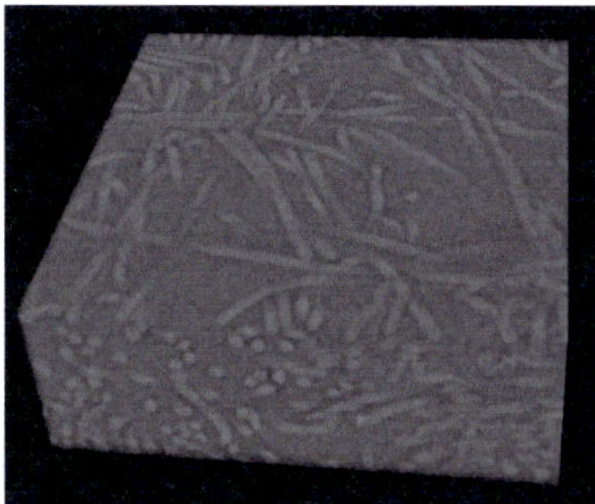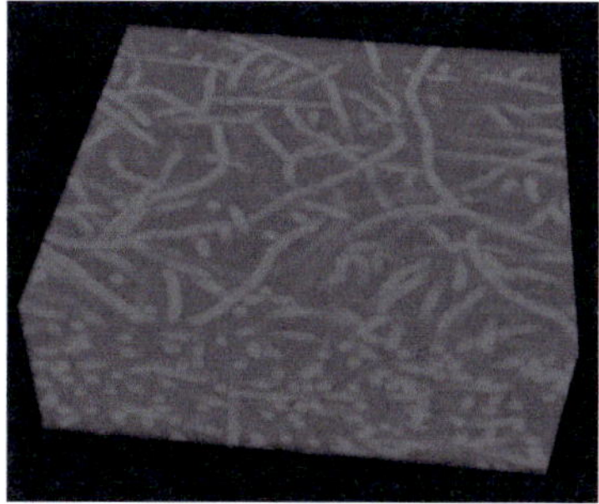

Figure 11.6: 3D synchrotron data (left) and synthetic fiber system with random noise (right).

3.2 Checking the quality of segmentation

The quality of the segmentation algorithm proposed in this paper is validated by applying it to simulated test data. The starting point for this is the simulated 3D system of non-overlapping fibers considered in Section 3.1. The major advantage of this virtual data set is that the morphological properties, e.g. the curvature, of its fibers are known. This allows us to perform an exact validation of the fiber-extraction algorithm described in Section 2, where we applied our algorithm to a noisy version of the synthetic 3D image described above for different values of the parameters α and ℓ_{max}.

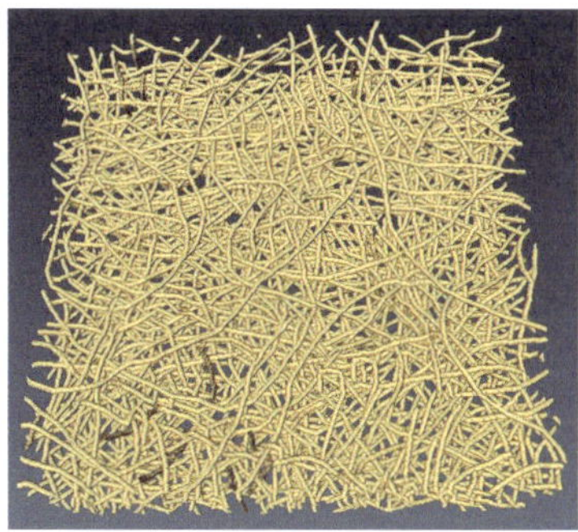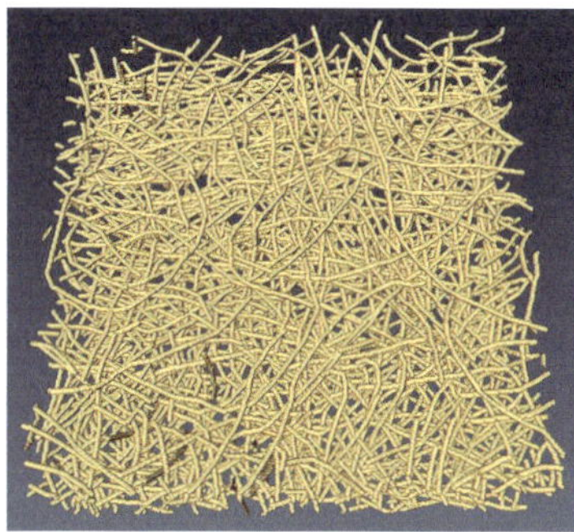

Figure 11.7: Simulated (left) and corresponding extracted (right) fibers.

It turned out that $\alpha = 0.4$ and $\ell_{max} = 60$ is an optimal choice of parameters which yields the best results with respect to the reconstruction of connections between the extracted (short polygonal) fragments of center lines of fibers, i.e., for this choice of α and ℓ_{max}, the most correct and the fewest wrong connections between the extracted fragments of center lines of fibers have been obtained. More precisely, in this case the algorithm correctly sets $0.89\,\%$ of connections, where $7\,\%$ of connections are not set, and $4\,\%$ are set wrongly. For a visual comparison of the simulated 3D system of non-overlapping fibers and the system of fibers extracted from a noisy version of this 3D image, see Figure 11.7.

In morphological analysis of fiber-based materials it is of great importance that from a statistical point of view, the extracted fiber tracks have the same curvature properties as the original fibers. Therefore, in order to validate of our exraction algorithm, we additionally considered the curvature characteristic $\tau(p)$ of a polygonal track $p = (a_0, \ldots, a_k)$, given by the starting and end points $a_0, , \ldots, a_k$ of its line segments $\ell_1, \ldots, \ell_k$, which is defined by $\tau(p) = \sum_{i=1}^{n-1} d(a_i, a_{i+1})/d(a_1, a_n)$, where $d(a, b)$ denotes the Euclidean distance between $a, b \in \mathbb{R}^3$. Figure 11.8 shows that this curvature characteristic is very well reflected by the polygonal tracks extracted from the noisy version of simulated tracks.

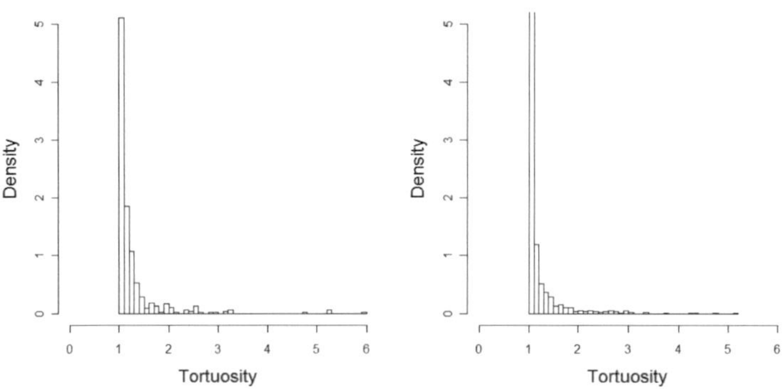

Figure 11.8: Histogram of $\tau(p)$ for simulated (left) and corresponding extracted (right) fibers.

3.3 Application to experimental data

Finally, for the optimal parameter values $\alpha = 0.4$ and $\ell_{max} = 60$, we applied our fiber-extraction algorithm to the experimental 3D data of non-woven GDL, gained by synchrotron tomography. By visual inspection, see Figure 11.9, we found that the experimental data and the fiber system extracted from it are in good accordance. Notice that the extracted (polygonal) fibers are an important basis in order to develope and fit stochastic 3D models to the microstructure of fiber-based materials, see [3].

Figure 11.9: Binarized real data (left) and extracted fiber system (right).

4 Conclusions

We introduced a method of structural image segmentation for fiber-based materials which automatically extracts single fibers from tomographic 3D data. To provide an example, we applied the algorithm to 3D synchrotron data of non-woven gas-diffusion layers which are a key component of polymer electrolyte membrane fuel cells. Additionally, the quality of the structural segmentation algorithm has been validated by applying it to simulated test data. The proposed segmentation algorithm has shown to be robust even in the presence of strongly curved fibers and image noise. Moreover, the algorithm is also able to handle tightly packed fiber systems.

Acknowledgement

This research has been supported by the German Federal Ministry of Education and Research (BMBF) in the framework of the priority program 'Mathematics for Innovations in Industry and Services'.

References

1. Burger, W. and Burge, M.J. (2007). *Digital Image Processing: An Algorithmic Introduction Using Java*. Berlin: Springer.

2. Gaiselmann, G., Thiedmann, R., Manke, I., Lehnert, W. and Schmidt, V. (2012). Stochastic 3D modeling of fiber-based materials. *Computational Materials Science*, **59**, 75-86.

3. Gaiselmann, G., Froning, D., Tötzke, C., Quick, C., Manke, I., Lehnert, W. and Schmidt, V. (2012). Stochastic 3D modeling of non-woven materials with wet-proofing agent. Preprint (submitted).

4. Hartnig, C., Jörissen, L., Kerres, J., Lehnert, W. and Scholta, J. (2008). Polymer electrolyte membrane fuel cells (PEMFC). In: M. Gasik (ed.), *Materials for Fuel Cells*. Cambridge: Woodhead Publishing, 101–184.

5. Hoshen, J. and Kopelman, R. (1976). Percolation and cluster distribution. I. Cluster multiple labeling technique and critical concentration algorithm. *Physical Review B*, **14**, 3438–3445.

6. Mathias, M.F., Roth, J., Fleming, J. and Lehnert, W. (2003). Diffusion Media materials and characterisation. In: W. Vielstich, A. Lamm and H. Gasteiger (eds.), *Handbook of Fuel Cells*. London: J. Wiley & Sons, 517-537.

7. Soille, P. (2003). *Morphological Image Analysis: Principles and Applications*. 2nd ed., Berlin: Springer.

8. Teßmann, M., Mohr, S., Gayetsky, S., Hassler, U., Hanke, R. and Greiner, G. (2010). Automatic Determination of Fiber-Length Distribution in Composite Material Using 3D CT Data. *EURASIP Journal on Advances in Signal Processing*, **2010**, Article ID 545030.

9. Thiedmann, R., Fleischer, F., Lehnert, W. and Schmidt, V. (2008). Stochastic 3D modelling of the GDL structure in PEM fuel cells, based on thin section detection. *Journal of the Electrochemical Society*, **155**, B391–B399.

Effiziente probabilistische B-Spline-Oberflächenrekonstruktion durch Verwendung eines Informationsfilters

Christian Negara[1] und Masoud Roschani[2]

[1] Fraunhofer-Institut für Optronik, Systemtechnik und Bildauswertung
Fraunhoferstraße 1, D-76131 Karlsruhe
[2] Karlsruher Institut für Technologie, Lehrstuhl für Interaktive
Echtzeitsysteme, Adenauerring 4, D-76131 Karlsruhe

Zusammenfassung Eine Möglichkeit zur 3D-Rekonstruktion aus mehreren Kamerabildern ist die Berechnung einer B-Spline-Oberfläche als 3D-Modell eines beobachteten Objektes. Für diese Oberflächenrepräsentation existiert ein probabilistischer Algorithmus, der Sensorrauschen und Positionsungenauigkeiten explizit berücksichtigt. Dabei wird ein Kalman-Filter verwendet. Die Komplexität der rekonstruierbaren B-Spline-Oberflächen ist durch die notwendigen Speicher- und Rechenressourcen jedoch eingeschränkt. Das hier beschriebene Verfahren verwendet statt eines Kalman-Filters ein Informationsfilter mit dünnbesetzten Matrizen. Dadurch ist es möglich komplexere B-Spline-Oberflächen mit mehr Kontrollpunkten zu rekonstruieren.

1 Einleitung

Die 3D-Oberflächenrekonstruktion hat ein breites Anwendungsgebiet zum Beispiel in der Biomedizin, Unterhaltungsbranche, Archäologie, Geologie und in der Sichtprüfung - speziell im Automobilbau und in der Luftfahrtindustrie. Das in diesem Artikel behandelte Verfahren zur 3D-Oberflächenrekonstruktion kann verwendet werden, um aus heterogenen Sensordaten, wie z.B. 3D-Punkten, Oberflächengradienten oder Kamerabilder, ein 3D-Modell des beobachteten Objektes zu erstellen. Es wurde allerdings nur mit Kamerabildern getestet und es kamen keine aktiven Methoden, wie bspw. strukturiertes Licht, zum Einsatz. Die Validierung fand in einem Simulator statt.

In der Vergangenheit wurde eine Vielzahl an Verfahren für die 3D-Oberflächenrekonstruktion aus mehreren Kamerabildern entwickelt [1]. Es gibt aber relativ wenige Verfahren, die dieses Problem mit einem probabilistischen Ansatz lösen[3]. Das hier verwendete probabilistische Verfahren baut auf Arbeiten aus [2] und [3] auf. Die 3D-Rekonstruktion wird iterativ mit einem Kalman-Filter durchgeführt, wobei in jedem Iterationsschritt die gemessenen Daten in die aktuelle Schätzung integriert werden. Der Artikel ist wie folgt gegliedert: In Abschnitt 2 wird das bisher übliche Verfahren und die einzelnen Verarbeitungsschritte erklärt. Die theoretischen Grundlagen zur effizienteren Berechnung des Filterschrittes werden in Abschnitt 3 erläutert. In Abschnitt 4 werden die Ergebnisse einer Rekonstruktion mit diesem Verfahren präsentiert. Der Artikel endet mit einer Zusammenfassung in Abschnitt 5.

2 Überblick des Verfahrens

Für die Repräsentation des beobachteten Objektes wird als Modell eine parametrische Freiformfläche in Form einer B-Spline-Oberfläche gewählt. B-Spline-Oberflächen sind eine Untermenge von NURBS-Oberflächen. Diese sind in CAD-Programmen die Standardrepräsentation von Freiformflächen. Bei B-Spline-Oberflächen wird ein zweidimensionaler Parameterraum $U \times V$, in diesem Fall $[0,1]^2$, auf eine dreidimensionale Freiformfläche abgebildet (siehe Abb. 12.1). Die Abbildungsfunktion hat die Form:

$$\boldsymbol{S}(u,v) = \sum_{k,l} N_{k,l}(u,v)\boldsymbol{p}_{k,l} = \sum_{k=0}^{n^u}\sum_{l=0}^{n^v} N_k^u(u)N_l^v(v)\boldsymbol{p}_{k,l} \qquad (12.1)$$

Hierbei sind $N_{k,l}(u,v)$ bivariate B-Spline-Basisfunktionen und $\boldsymbol{p}_{k,l}$ sind die Kontrollpunkte. Die Basisfunktionen $N_{k,l}$ sind das Produkt von univariaten B-Spline-Basisfunktionen N_k^u und N_l^v. Eine detaillierte Behandlung von B-Spline-Oberflächen und deren Eigenschaften findet sich in [4]. B-Spline-Basisfunktionen werden nach einer rekursiven Formel berechnet, wobei es es zwei Freiheitsgrade gibt: Der Grad der Splines und die Unterteilung des Parameterraums U bzw. V entsprechend von zwei Knotenvektoren k^u bzw. k^v. Um diese Freiheitsgrade zu schließen, wurde der

---

[3] Eine Übersicht von „State-of-the-art"-Verfahren ist erhältlich unter
  `http://vision.middlebury.edu/mview/eval/referenceTable.php`

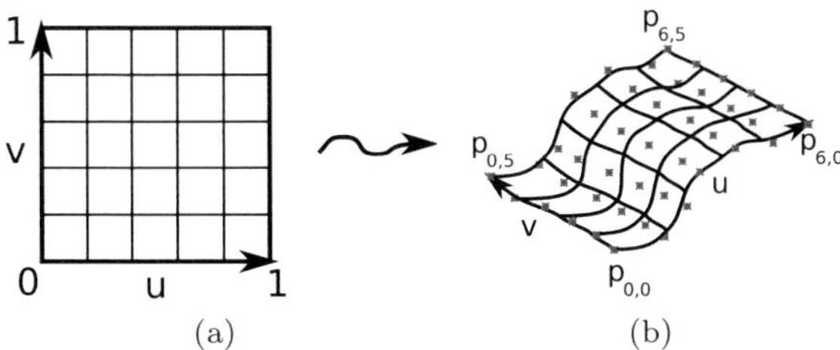

Abbildung 12.1: In Bild (a) ist der UV-Raum entsprechend der Unterteilung anhand des Knotenvektors dargestellt. Durch die Festlegung der Kontrollpunkte kann eine beliebig geformte Fläche modelliert werden (b).

Grad $g = 2$ festgelegt und U bzw. V wurden gleichmäßig in $n^u - g + 1$ bzw. $n^v - g + 1$ Abschnitte unterteilt. Die Berechnung von $\boldsymbol{S}(u,v)$ erfordert daher nur einen konstanten Aufwand, unabhängig von der Anzahl der Kontrollpunkte. Falls ein gemessener 3D-Punkt $\boldsymbol{P}_i$ gegeben ist und für $\boldsymbol{P}_i$ ein Parameter (u_i, v_i) spezifiziert wird, der die Lage von $\boldsymbol{P}_i$ im Parameterraum festlegt, kann entsprechend der Gleichung (12.1) eine lineare Messabbildung zwischen $\boldsymbol{P}_i$ und den Kontrollpunkten $\boldsymbol{p}_{k,l}$ aufgestellt werden, indem die Kontrollpunkte zu einem Vektor $\boldsymbol{p}$ zusammengefasst werden:

$$\boldsymbol{P}_i = \mathbf{H}_i(u_i, v_i) \cdot \begin{pmatrix} \boldsymbol{p}_{0,0} \\ \vdots \\ \boldsymbol{p}_{n^u,n^v} \end{pmatrix} + \boldsymbol{v}_i \tag{12.2}$$

$\boldsymbol{v}_i$ ist ein additiver Rauschterm. Mit der abgekürzten Notation $\mathbf{H}_i$ bzw. $N_{k,l}$ hat die Messmatrix die folgende Form:

$$\mathbf{H}_i = \begin{pmatrix} N_{0,0} & 0 & 0 & N_{1,0} & 0 & 0 & \dots & N_{n^u,n^v} & 0 & 0 \\ 0 & N_{0,0} & 0 & 0 & N_{1,0} & 0 & \dots & 0 & N_{n^u,n^v} & 0 \\ 0 & 0 & N_{0,0} & 0 & 0 & N_{1,0} & \dots & 0 & 0 & N_{n^u,n^v} \end{pmatrix} \tag{12.3}$$

Ein wesentlicher Vorteil von B-Splines gegenüber z.B. Bézier-Kurven ist, dass für einen gegebenen Parameter (u,v) nur wenige Basisfunktionen einen Wert größer null haben. Es gilt die Lokalitätseigenschaft:

$$(u,v) \in [k_i^u, k_{i+1}^u) \times [k_j^v, k_{j+1}^v) \Rightarrow$$
$$\forall (k,l) \notin \{i - g, \dots, i\} \times \{j - g, \dots, j\} : N_{k,l}(u,v) = 0 \tag{12.4}$$

Daher haben in $\mathbf{H}_i$ nur maximal $3(g+1)^2$ Einträge einen Wert ungleich null. Ist eine ganze Punktwolke $\{\boldsymbol{P}_1, \ldots, \boldsymbol{P}_m\}$ mit m Messungen gegeben und wird dafür eine Parametrierung berechnet, also jedem $\boldsymbol{P}_i$ ein Parameter (u_i, v_i) zugewiesen, so hat die Messabbildung die Form:

$$\begin{pmatrix} \boldsymbol{P}_1 \\ \vdots \\ \boldsymbol{P}_m \end{pmatrix} = \begin{pmatrix} \mathbf{H}_1 \\ \vdots \\ \mathbf{H}_m \end{pmatrix} \cdot \boldsymbol{p} + \boldsymbol{v} \tag{12.5}$$

Die Messungen $\boldsymbol{P}_i$ werden zum Vektor $\boldsymbol{P}$ und die Messmatrizen $\mathbf{H}_i$ zur Matrix $\mathbf{H}$ zusammengefasst.

Die nun erhaltene lineare Messabbildung zwischen $\boldsymbol{P}$ und $\boldsymbol{p}$ kann verwendet werden, um mit einem Kalman-Filter die Form der Oberfläche zu schätzen. In der Terminologie des Kalman-Filters wird $\boldsymbol{P}$ als Messvektor oder Beobachtung und $\boldsymbol{p}$ als Zustandsvektor oder Systemzustand bezeichnet. Beim Kalman-Filter werden nur die Erwartungswerte $\hat{\boldsymbol{P}}$ bzw. $\hat{\boldsymbol{p}}$ und die Kovarianzmatrizen $\mathbf{C}^P$ bzw. $\mathbf{C}^p$ der Wahrscheinlichkeitsverteilungen $\boldsymbol{P}$ bzw. $\boldsymbol{p}$ betrachtet. Die gemessenen Datenpunkte werden als unabhängig angenommen, so dass $\mathbf{C}^P$ eine blockdiagonale Matrix mit 3×3-Blockmatrizen ist. Eine detaillierte Behandlung des Kalman-Filters und damit verwandte Filter, wie das Informationsfilter, findet sich in [5]. Der Filterschritt wird nach jeder Bildaufnahme, die aus einem Bildpaar besteht, durchgeführt. Als Datenvorverarbeitung wurde aus jedem Bildpaar eine Punktwolke mittels eines Stereokorrespondenzalgorithmus basierend auf einer globalen Optimierung durch Graph-Cuts berechnet [1]. Das Energieminimierungsverfahren über Graph-Cuts wird in [6–8] beschrieben. Für die so gemessene Punktwolke muss eine geeignete Parametrierung gefunden werden. Es liegt nahe, einem gemessenen 3D-Punkt den Parameter zuzuweisen, der dem nächsten Punkt auf der Oberfläche entspricht (Abb. 12.2(a)). Die Berechnung des Punktes auf der Oberfläche mit minimaler Distanz zu einem gemessenen 3D-Punkt wird auch Punktinversionsproblem genannt (ein Algorithmus dafür ist in [9] beschrieben). Im Filterschritt wird dann dieser Oberflächenpunkt entlang der Oberflächennormalen zum gemessenen Datenpunkt hingezogen (Abb. 12.2(b)). Eine Problematik, die hieraus resultiert ist, dass es sich sowohl bei der Messung als auch bei der Oberfläche um eine Wahrscheinlichkeitsverteilung handelt. Um trotzdem zu einer Messung den nächsten Oberflächenpunkt bestimmen zu können, wird dieses Pro-

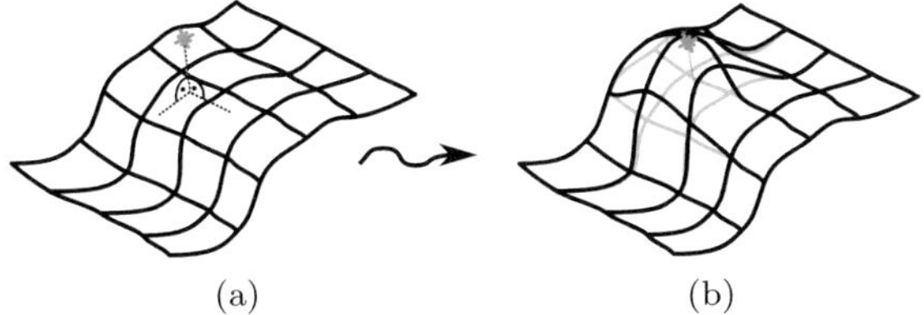

(a)   (b)

Abbildung 12.2: Ein Messwert (grün), der sich über der Oberfläche befindet „zieht" diese nach oben (b), wobei die Stärke von der Unsicherheit des Messwerts abhängig ist.

blem umgangen, indem die Erwartungswerte $\hat{\boldsymbol{P}}$ bzw. $\hat{\boldsymbol{p}}$ zur Berechnung der Parametrierung und der linearen Messabbildung entsprechend Gleichung (12.3) verwendet werden. Mit der berechneten Messmatrix, der Messung $\hat{\boldsymbol{P}}_k$ bzw. $\mathbf{C}_k^P$ zum Zeitpunkt k und der Schätzung der Oberfläche $\hat{\boldsymbol{p}}_{k-1}$ bzw. $\mathbf{C}_{k-1}^p$ kann die Filtergleichung des Kalman-Filters angegeben werden:

$$\hat{\boldsymbol{p}}_k = \hat{\boldsymbol{p}}_{k-1} + \mathbf{K}_k \left(\hat{\boldsymbol{P}}_k - \mathbf{H}_k \hat{\boldsymbol{p}}_{k-1} \right)$$

$$\mathbf{C}_k^p = \mathbf{C}_{k-1}^p - \mathbf{K}_k \mathbf{H}_k \mathbf{C}_{k-1}^p \tag{12.6}$$

$$\mathbf{K}_k = \mathbf{C}_{k-1}^p \mathbf{H}_k^T \left(\mathbf{C}_k^P + \mathbf{H}_k \mathbf{C}_{k-1}^p \mathbf{H}_k^T \right)^{-1}$$

Da das Kalman-Filter rekursiv definiert ist, ist eine Initialoberfläche notwendig. Die Wahl der Initialoberfläche ist kritisch, da durch eine schlechte Wahl die Rekonstruktion unbrauchbar wird. Normalerweise kann beim Kalman-Filter mit einer zunehmenden Anzahl an Messungen die Schätzung immer verbessert werden und die Wahl der Initialoberfläche hat nur in den ersten Iterationsschritten einen Einfluss auf das Rekonstruktionsergebnis. Da aber zur Berechnung der Messmatrix $\mathbf{H}_{k+1}$ der aktuelle bedingte Erwartungswert $\hat{\boldsymbol{p}}_k$ verwendet wird, darf über die gesamte Oberfläche zu keinem Zeitpunkt $\hat{\boldsymbol{p}}_k$ zu stark vom tatsächlichen Wert abweichen. Deshalb ist eine Eliminierung der Ausreißer der gemessenen Datenpunkte, wie sie z.B. bei der Stereokorrespondenz durch Verdeckungen zwangsläufig entstehen, notwendig.

3 Verwendung eines Informationsfilters

In diesem Abschnitt wird die Performanz eines Kalman-Filters und eines für diese Anwendung angepassten Informationsfilters verglichen. Im Gegensatz zum Kalman-Filter, der mit dem Erwartungswert $\hat{\boldsymbol{p}}$ und der Kovarianzmatrix $\mathbf{C}^p$ des Systemzustands arbeitet, wird beim Informationsfilter die kanonische Form der Normalverteilung gegeben durch $\hat{\boldsymbol{b}}$ und der Präzisionsmatrix $\mathbf{Q}$ verwendet. Dabei gilt $\mathbf{Q}^p = (\mathbf{C}^p)^{-1}$ und $\hat{\boldsymbol{b}} = \mathbf{Q}^p\hat{\boldsymbol{p}}$. Die Filtergleichungen lauten:

$$\hat{\boldsymbol{b}}_k = \hat{\boldsymbol{b}}_{k-1} + \mathbf{H}_k^T(\mathbf{C}_k^P)^{-1}\hat{\boldsymbol{P}}_k$$
$$\mathbf{Q}_k = \mathbf{Q}_{k-1} + \mathbf{H}_k^T(\mathbf{C}_k^P)^{-1}\mathbf{H}_k \tag{12.7}$$

Im Folgenden sei m die Größe des Messvektors $\boldsymbol{P}$ und n die Größe des Zustandsvektors $\boldsymbol{p}$. Aus Gleichung (12.6) kann der Speicher- und Rechenaufwand des Kalman-Filters berechnet werden. Diese seien $s(m,n)$ und $r(m,n)$. In [3] wird die Laufzeit für zwei Fälle separat betrachtet. Werden alle Messwerte einzeln in die Schätzung integriert, auch sequentieller Modus genannt, gilt $r(m,n) = \mathcal{O}(mn^2)$. Falls alle Messwerte auf einmal verarbeitet werden, auch Batch-Modus genannt, gilt $r(m,n) = \mathcal{O}(m + n^3)$. Im sequentiellen Modus wurde ein Kalman-Filter verwendet und im Batch-Modus ein Informationsfilter. In beiden Fällen wurde die dünnbesetzte Struktur von $\mathbf{H}$ bei der Matrizenmultiplikation ausgenutzt. Im Batch-Modus wurde der Erwartungswert $\hat{\boldsymbol{p}}_k$, der zur Berechnung von $\mathbf{H}_{k+1}$ für den nächsten Zeitschritt notwendig ist, und die Kovarianzmatrix $\mathbf{C}_k^p$ nach jedem Filterschritt über die Matrixinversion von $\mathbf{Q}_k$ berechnet. Für diese teure Operation sind $\mathcal{O}(n^3)$ Rechenschritte notwendig. Der Speicheraufwand beträgt sowohl im sequentiellen als auch im Batch-Modus $\mathcal{O}(n^2)$. Dieser richtet sich nach der Größe der Kovarianzmatrix des Systemzustands $\mathbf{C}^p$.

Es kann gezeigt werden, dass eine Matrixinversion nicht notwendig ist und mit der kanonischen Form der Normalverteilung gerechnet werden kann. Allerdings ist die Berechnung des Erwartungswerts $\hat{\boldsymbol{p}}$ trotzdem nach jedem Filterschritt notwendig. Dazu muss das Gleichungssystem $\mathbf{Q}^p\hat{\boldsymbol{p}} = \hat{\boldsymbol{b}}$ gelöst werden. Ist $\left|\mathbf{C}_0^p\right| > 0$ und $\left|\mathbf{C}_k^P\right| > 0$ für alle k, so sind alle $\mathbf{C}_k^p = (Q_k^p)^{-1}$ invertierbar und somit positiv definit und symmetrisch. Es lässt sich also eine Cholesky-Zerlegung $\mathbf{Q}^p = \mathbf{L}\mathbf{L}^T$ angeben. $\hat{\boldsymbol{p}}$ lässt sich durch Rückwärtssubstitution beim Lösen der Gleichungen $\mathbf{L}^T\tilde{\boldsymbol{b}} = \boldsymbol{b}$ und

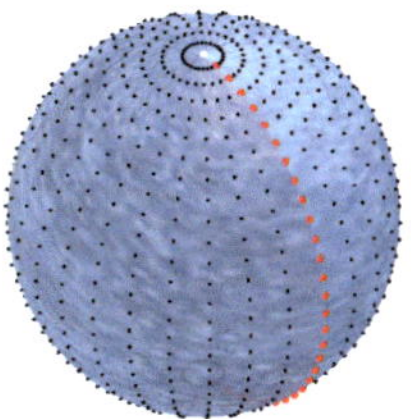

Abbildung 12.3: Geschlossene Oberflächen werden ähnlich wie diese Kugel mit zwei singulären Punkten (weiß) und einer Nahtstelle (rot) modelliert, die mehrere Kontrollpunkte enthalten.

$\mathbf{L}\hat{\boldsymbol{p}} = \tilde{\boldsymbol{b}}$ effizient berechnen. Die Cholesky-Zerlegung hat im allgemeinen Fall allerdings eine Laufzeit von $\mathcal{O}(n^3)$.

Durch die spezielle Struktur von $\mathbf{Q}^p$ ist aber eine schnellere Berechnung möglich. Zur Vereinfachung wird eine „quadratische" Oberfläche mit $n^u = n^v$ und $(n^u + 1)(n^v + 1) = n/3$ Kontrollpunkten angenommen. Es werden zwei Fälle von B-Spline-Oberflächen untersucht: Eine offene, wie in Abb. 12.1(b) und eine geschlossene wie z.B. eine Kugel oder topologisch äquivalente Körper bei der zwei oder mehr Kontrollpunkte auf dem Rand des UV-Raums zu einem Kontrollpunkt zusammengefasst werden (vgl. Abb. 12.3). Bei offenen Oberflächen gilt wegen der Lokalitätseigenschaft von B-Splines aus Gleichung (12.4):
$N_{i,j} > 0 \wedge N_{k,l} > 0 \Rightarrow |i - k| \leq g \wedge |j - l| \leq g.$
Anders ausgedrückt: Hat ein Kontrollpunkt in der Messabbildung einen Koeffizienten größer null, so gilt dies in einer gewissen Umgebung auch für die benachbarten Kontrollpunkte. Alle anderen Koeffizienten haben den Wert null. Eine Veranschaulichung, wann zwei Basisfunktionen gleichzeitig einen Wert größer null haben können, gibt Abb. 12.4(a) wieder. Darin sind $2g + 1 = 5$ Bündel von Diagonalen erkennbar. Die Bündel stellen die Verbindung eines Kontrollpunktes zu den oberen und unteren Kontrollpunkten dar. Jeder Bündel besteht wiederum aus $2g + 1$ Diagonalen. Diese stellen die Verbindung zu den rechten und linken Kontrollpunkten dar (die Richtungsangaben beziehen sich auf den UV-Raum aus Abb. 12.1(a)).

Nachdem anschaulich dargestellt wurde, welche Elemente der Messmatrix $\mathbf{H}$ aus Gleichung (12.3) gleichzeitig einen Wert größer null haben

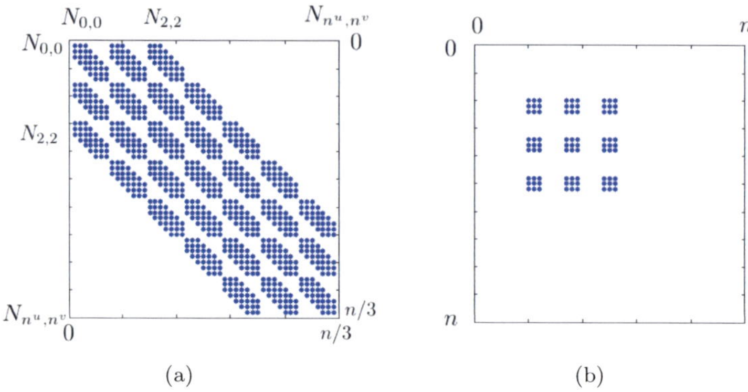

Abbildung 12.4: In (a) sind alle Kombinationen von B-Spline-Oberflächen eingetragen, die gleichzeitig einen Wert größer null annehmen können. In (b) ist die Besetzungsstruktur von $\mathbf{H}_k^T(\mathbf{C}_k^P)^{-1}\mathbf{H}_k$ für einen Parameter (u,v) zu sehen.

können, kann mithilfe der Filtergleichung (12.7) etwas über die Struktur von $\mathbf{H}_k^T(\mathbf{C}_k^P)^{-1}\mathbf{H}_k$ ausgesagt werden. Diese ist in Abb. 12.4(b) dargestellt. Die Addition solcher Matrizen bei der Berechnung von $\mathbf{Q}$ bewirkt eine Veroderung der Menge der Nicht-Null-Einträge, wodurch wieder eine Besetzungsmatrix wie in Abb. 12.4(a) entsteht, wobei jeder Eintrag einer 3×3-Matrix in $\mathbf{Q}$ entspricht (für die x-/y- und z-Werte).

Insgesamt kann also festgehalten werden, dass $\mathbf{Q}$ eine Bandmatrix mit unterer Bandbreite $b = 6\sqrt{n/3} + 6$ ist. Die Cholesky-Zerlegung einer positiv definiten Bandmatrix ergibt eine Dreiecksmatrix mit Bandbreite b. Der Rechenaufwand beträgt in diesem Fall $\mathcal{O}(nb^2)$ [10]. Der Speicheraufwand richtet sich nach der Bandmatrix und beträgt $\mathcal{O}(nb)$. Der Aufwand zur Berechnung der dünnbesetzten Matrix $\mathbf{H}_k^T(\mathbf{C}_k^P)^{-1}\mathbf{H}_k$ beträgt $\mathcal{O}(1)$ und von $\mathbf{Q}_{k+1}$ $\mathcal{O}(m)$. Mit $b = 6\sqrt{n/3} + 6$ ergibt sich $r(m,n) = \mathcal{O}(n^2 + m)$ und $s(m,n) = \mathcal{O}(n^{\frac{3}{2}})$. Die Berechnung von $\boldsymbol{p}$ durch Rückwärtssubstitution benötigt keinen höheren Aufwand. Es sei angemerkt, dass $\mathbf{C}^p$ nicht wie $\mathbf{Q}$ als dünnbesetzte Matrix abgespeichert werden kann, da $\mathbf{C}^p$ mit zunehmenden Iterationsschritten zu einer vollen Matrix wird. Dies macht sich besonders bei großen Netzen bemerkbar. Bei 100×100 Kontrollpunkten mit doppelter Genauigkeit hat $\mathbf{C}^p$ eine

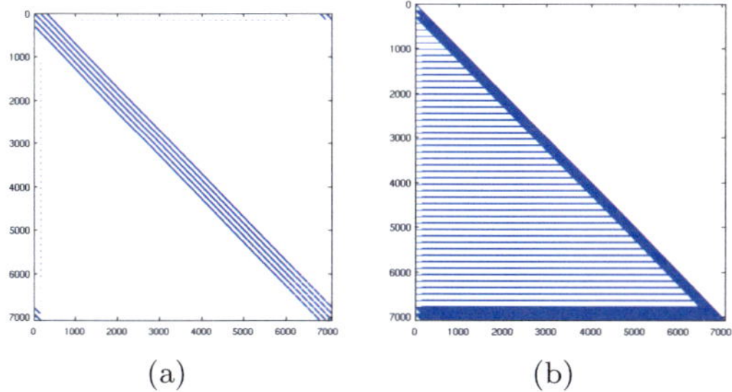

(a)   (b)

Abbildung 12.5: In (a) ist die Besetzungsstruktur von $\mathbf{Q}$ einer geschlossenen Oberfläche und in (b) die der Cholesky-Zerlegung abgebildet.

Größe von 7.2GB. $\mathbf{Q}^p$ benötigt nur ca. 2MB, aber für die Lösung von $\hat{\boldsymbol{p}}$ werden ca. 290MB benötigt. Die Performance wurde mit Matlab auf einem 2.2Ghz Dual Core Rechner verglichen. Bei einer offenen Oberfläche mit 50×50 Kontrollpunkten ($n = 3 \cdot 2500$) und $m = n$ Messwerten dauert die Berechnung von $\mathbf{Q}$ 12s, die anschließende Berechnung des Erwartungswerts mit Matrixinversion 158s und mit Cholesky-Zerlegung 0.5s. Die auffallend hohe Anzahl an Rechenoperationen zur Berechnung von $\mathbf{Q}$ im Vergleich zur Cholesky-Zerlegung hängt vor allem mit der für diesen Fall ungünstigen Darstellung der dünnbesetzten Matrizen in Matlab zusammen. Ein Arrayzugriff dauert daher nicht $\mathcal{O}(1)$ sondern ist von der Reihenfolge der Zugriffe und der Größe der Matrix abhängig. Eine kompakte Speicherung der unteren Bandmatrix durch eine $n \times (b+1)$-Matrix wäre eine bessere Wahl, da ein Arrayzugriff und die Berechnung von $\mathbf{H}_k^T (\mathbf{C}_k^P)^{-1} \mathbf{H}_k$ in diesem Fall $\mathcal{O}(1)$ dauert. Es sei noch angemerkt, dass aus der Cholesky-Zerlegung eine volle bandbegrenzte Dreiecksmatrix mit Bandbreite b resultiert. Die Rekontruktion einer Oberfläche mit 25×25 Kontrollpunkten dauert mit dem gewöhnlichen Kalman-Filter 245s.

Bei geschlossenen Oberflächen ist $\mathbf{Q}$ zwar immer noch dünn besetzt, aber keine Bandmatrix mehr. Abb. 12.5 zeigt die Besetzungsstruktur von $\mathbf{Q}$ sowie der Cholesky-Zerlegung für 50×50 Kontrollpunkte. Letztere ist eine dünnbesetzte, aber nicht bandbegrenzte Dreiecksmatrix. Auch hier gibt es einen deutlichen Performancevorteil der Cholesky-Zerlegung (2.7s) gegenüber der Matrixinversion (134.5s). Es kann zwar nicht die Cholesky-Zerlegung für Bandmatrizen verwendet werden, aber der Algo-

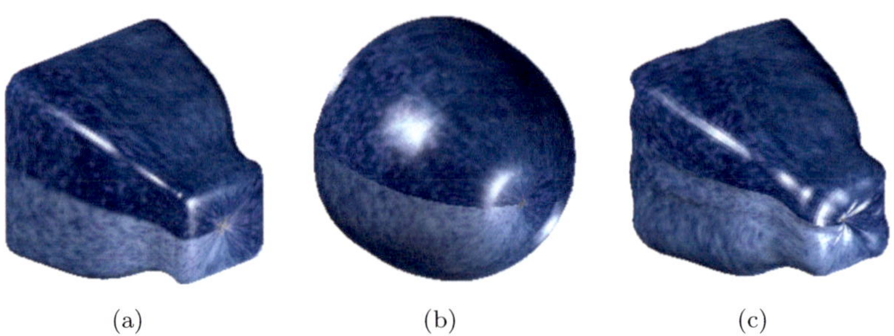

(a)　　　　　　　　　(b)　　　　　　　　　(c)

Abbildung 12.6: Bild (a) zeigt das beobachtete Objekt, Bild (b) die Initialoberfläche und Bild (c) das rekonstruierte Objekt nach 40 Iterationen. Die
aufgenommenen Bilder hatten nur diffuse Reflexion.

rithmus aus Matlab ist allgemein für dünnbesetzte Matrizen optimiert.

Eine noch zu klärende Frage ist, ob die Berechnung der Kovarianzmatrix in einigen Anwendungsfällen notwendig ist. Oft wird bei Planungs-
algorithmen die Kovarianzmatrix verwendet, um z.B. die nächstbeste
Kameraposition zu bestimmen, die die Unsicherheit über die Oberfläche
minimiert. In [11] werden drei Kriterien für die nächstbeste Kameraposition genannt. Das D- und E-Optimalitätskriterium wird anhand der
Eigenwerte der Kovarianzmatrix bestimmt. Diese können aber auch über
die Präzisionsmatrix berechnet werden, denn die Eigenwerte der beiden
Matrizen verhalten sich umgekehrt proportional zueinander. Lediglich
das T-Optimalitätskriterium, die Spur der Kovarianzmatrix, kann nicht
direkt aus der Präzisionsmatrix berechnet werden.

4 Simulationsergebnisse

Der Algorithmus wurde in einem Simulator getestet. Ein künstliches Objekt wurde aus 40 Stereobildpaaren, die auf einer umgebenden Sphäre
aufgenommen wurden, rekonstruiert. Als 3D-Modell wurde eine relativ
kleine, geschlossene B-Spline-Oberfläche mit 25×20 Kontrollpunkten
gewählt, die für das beobachtete Objekt (Abb. 12.6(a)) ausreichend war.
Der initiale Erwartungswert der Oberfläche ist in Abb. 12.6(b) dargestellt
und das Rekonstruktionsergebnis nach 40 Kamerabildern in Abb. 12.6(c).
Die gerenderten Bilder hatten eine Auflösung von 300×300 Pixeln. Pro

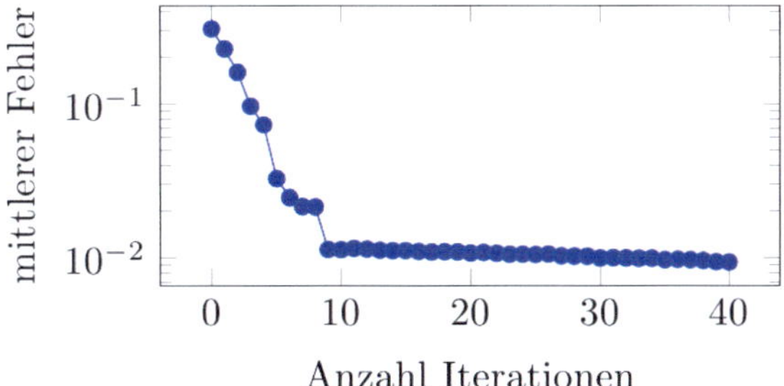

Abbildung 12.7: Mittlere Abweichung zwischen beobachteter und rekonstruierter Oberfläche auf einer logarithmischen Skala.

Iteration entfielen 52s auf die Stereokorrespondenzsuche, 27s auf die Berechnung der Parametrierung (bei 17000 Messwerten) und 19,9s auf die Kalman-Filterung. Hinzu kam noch die Zeit für das Rendering und restliche Verarbeitungsschritte, wie z.B. die Ausreißererkennung von Messwerten. Eine detaillierte Beschreibung der zusätzlich notwendigen Verarbeitungsschritte findet sich in [9]. In Abb. 12.7 ist die Entwicklung des mittleren Fehlers über die Zeit aufgetragen. Ab dem 10 Iterationsschritt nimmt die Genauigkeit nur noch langsam zu. Diese könnte vermutlich durch eine Umstrukturierung des Netzes, z.B. durch Verdopplung der Kontrollpunkte, weiter erhöht werden.

5 Zusammenfassung

In diesem Artikel wurde gezeigt, wie die Performance eines existierenden probabilistischen 3D-Rekonstruktionsalgorithmus basierend auf einem Kalman-Filter verbessert werden kann, indem stattdessen ein Informationsfilter verwendet wird. Anstelle der Kovarianzmatrix wird nur mit der Präzisionsmatrix gerechnet, da diese eine dünnbesetzte Struktur aufweist. Der Grad der polynomiellen asymptotischen Laufzeit und des Speicherplatzverbrauchs kann dadurch reduziert werden und die Komplexität der in akzeptabler Zeit berechenbaren B-Spline-Oberflächen erhöht werden. Als Anwendungsfall wurde beispielhaft die Rekonstruktion eines künstlichen Objektes in einem Simulator demonstriert.

Literatur

1. R. Szeliski, *Computer Vision: Algorithms and Applications*, 1. Aufl. New York, NY, USA: Springer-Verlag New York, Inc., 2010.

2. Y. F. Wang und J. fang Wang, „On 3d model construction by fusing heterogeneous sensor data“, *CVGIP-Image Understanding*, Vol. 60, 1994.

3. Y. Huang und X. Qian, „Dynamic b-spline surface reconstruction: Closing the sensing-and-modeling loop in 3d digitization“, *Computer-Aided Design*, Vol. 39, Nr. 11, S. 987 – 1002, 2007.

4. W. Piegl, Les A. ; Tiller, *The NURBS book*, 2. Aufl., Ser. Monographs in visual communications. Berlin: Springer, 1997, literaturverz. S. 629 - 638.

5. D. Simon, *Optimal state estimation : Kalman, H_∞ and nonlinear approaches*. Hoboken, NJ: Wiley-Interscience, 2006.

6. Y. Boykov, O. Veksler und R. Zabih, „Fast approximate energy minimization via graph cuts“, *IEEE Transactions on Pattern Analysis and Machine Intelligence*, Vol. 20, Nr. 11, S. 1222–1239, 2001.

7. V. Kolmogorov und R. Zabih, „What energy functions can be minimized via graph cuts?“ *IEEE Transactions on Pattern Analysis and Machine Intelligence*, Vol. 26, S. 147–159, 2004.

8. Y. Boykov und V. Kolmogorov, „An experimental comparison of min-cut/max- flow algorithms for energy minimization in vision“, *Pattern Analysis and Machine Intelligence, IEEE Transactions on*, Vol. 26, Nr. 9, S. 1124 –1137, sept. 2004.

9. C. Negara, „Probabilistische Oberflächenrekonstruktion durch Planungsbasierte Kameraaufnahmen“, Diplomarbeit, Karlsruher Institut für Technologie (KIT), 2011.

10. H. Rue und L. Held, *Gaussian Markov Random Fields: Theory and Applications*, Ser. Monographs on Statistics and Applied Probability. London: Chapman & Hall, 2005, Vol. 104.

11. S. Wenhardt, B. Deutsch, E. Angelopoulou und H. Niemann, „Active visual object reconstruction using d-, e-, and t-optimal next best views“, in *Computer Vision and Pattern Recognition, 2007. CVPR '07. IEEE Conference on*, june 2007, S. 1 –7.

Materialbasierte Entmischung von Bildsignalen unterschiedlicher spektraler und räumlicher Auflösung

Matthias Michelsburg und Fernando Puente León

Institut für Industrielle Informationstechnik (IIIT),
Karlsruher Institut für Technologie (KIT),
Hertzstr. 16, Geb. 06.35, 76187 Karlsruhe

Zusammenfassung Hyperspektrale Aufnahmen im Nahinfrarotbereich finden immer größeren Einsatz in der Automatisierungstechnik, da mit ihnen Materialien identifiziert werden können. Allerdings sind ihre Anwendungsmöglichkeiten durch die geringe räumliche Auflösung und Aufnahmegeschwindigkeit begrenzt. Durch Hinzunahme einer weiteren multispektralen Aufnahme mit höherer räumlicher Auflösung kann die fehlende Ortsinformation gewonnen werden. In dieser Arbeit wird ein Verfahren vorgestellt, welches die Fusion von hyperspektralen und multispektralen Aufnahmen ermöglicht und gleichzeitig eine Entmischung der Bildsignale vornimmt. Dafür wird ein lineares Mischmodell um die Mischung von Bildsignalen verschiedener Orte erweitert. Das erweiterte Modell lässt sich auf bekannte Problemstellungen aus dem Bereich der spektralen Entmischung zurückführen und mit verschiedenen Algorithmen lösen. Der Nutzen der Hinzunahme eines weiteren Sensors und der Entmischung durch das vorgestellte Modell wird untersucht. Dabei wird auch der Einfluss des Lösungsalgorithmen dargestellt. Es zeigt sich, dass durch den Einsatz des erweiterten Mischmodells eine Verbesserung der Entmischung erreicht werden kann.

1 Einleitung

Die Erkennung und sichere Klassifikation von Objekten, die sich aus unterschiedlichen Materialien zusammensetzen, ist eine wichtige Aufgabenstellung in der Sichtprüfung, wie z. B. bei der Klassifikation von Mineralen in automatischen Sortieranlagen. Dazu werden in der Regel Farb- und

Graubildkameras eingesetzt. Für Anwendungen, bei denen eine genaue Unterscheidung zwischen verschiedenen Materialien notwendig ist, sind hyperspektrale Aufnahmen, die für jeden Bildpunkt ein eng abgetastetes Spektrum im Nahinfrarotbereich liefern, von großer Bedeutung, da in diesem Spektralbereich Oberschwingungen von Molekülschwingungen liegen und die Aufnahmen so Aufschluss über die materielle Zusammensetzung der untersuchten Objekte geben können.

Die im Vergleich zu Farb- oder Graubildkameras geringe räumliche Auflösung und niedrige Bildrate von hyperspektralen Kamerasystemen begrenzen allerdings deren Einsatzmöglichkeiten in der Sichtprüfung, da es durch sie zu einer Mischung des von verschiedenen Objekten reflektierten Lichts kommt. Für eine zufriedenstellende Materialklassifikation reicht dieses Bildsignal daher meist nicht aus.

Durch Hinzunahme einer multispektralen oder Graubild-Kamera, welche die Anforderungen an Auflösung und Aufnahmegeschwindigkeit erfüllt, kann die gewünschte räumliche Information gewonnen werden. Durch Fusion der zusätzlichen Aufnahme mit der hyperspektralen Aufnahme kann eine Klassifikation mit hoher räumlicher Auflösung erreicht werden, wobei hierfür verschiedene Ansätze existieren. Wenn es sich bei dem zusätzlichen Bild um ein Graubild handelt, werden diese Verfahren als *Pansharpening*-Methoden bezeichnet [1]. Häufige Verwendung findet dabei das Ersetzen von Hauptkomponenten. Andere Verfahren beruhen auf der Addition hochfrequenter Signalanteile aus dem Graubild zu dem hyperspektralen Bildsignal. Dieser Ansatz lässt sich auch auf multispektrale Aufnahmen erweitern.

In dieser Arbeit wird ein Verfahren vorgestellt, welches die Aufnahmen unterschiedlicher spektraler und räumlicher Auflösung fusioniert, indem ein Modell angenommen wird, welches die Bildsignale als Mischung verschiedener materialspezifischer Signaturen auffasst. Diese Problemstellung ist aus dem Bereich der Fernerkundung als spektrale Entmischung bekannt [2]. Dabei werden jedem Pixel einer hyperspektralen Aufnahme Mischungskoeffizienten zugeordnet, welche den Anteil der verschiedenen Materialien widerspiegeln. Die Mischung der Signale, die bei der herkömmlichen spektralen Entmischung nur innerhalb eines Pixels stattfindet, wird in dieser Arbeit durch eine örtliche Mischung erweitert. Dadurch können Aufnahmen mit unterschiedlicher räumlicher Auflösung fusioniert werden. Ziel des Verfahrens ist dabei nicht die eigentliche Fusion zu einem Bild, sondern lediglich die Bestimmung der Mischkoeffizienten.

Anhand dieser kann dann eine Klassifikation durchgeführt werden.

Dieser Beitrag ist wie folgt aufgebaut. Im nächsten Abschnitt wird zunächst in die Problemstellung der spektralen Entmischung eingeführt. Anschließend wird ein Ansatz vorgestellt, der die spektrale Entmischung auf mehrere Aufnahmen unterschiedlicher Kameras erweitert und so eine kombinierte Entmischung der Bilder ermöglicht. Die Eigenschaften der vorgeschlagenen Methode werden dann an verschiedenen Beispielsignalen untersucht.

2 Spektrale Entmischung

Die spektrale Entmischung beruht auf der Annahme, dass sich das reflektierte Spektrum eines Bildpunkts aus einer Mischung von Signalen einzelner Endglieder zusammensetzt. Die Entmischung von hyperspektralen Bildsignalen, d. h. die Bestimmung der Mischungsverhältnisse der Endglieder, ist Aufgabe der spektralen Entmischung, welche überwacht oder unüberwacht erfolgen kann. Bei der überwachten Entmischung sind die spektralen Signaturen der Endglieder a priori bekannt, wohingegen bei unüberwachten Methoden diese zunächst aus einer hyperspektralen Aufnahme geschätzt werden oder für eine Entmischung überhaupt nicht benötigt werden. Zur Bestimmung von Endgliedern können Maße wie die Reinheit eines Pixels oder das Volumen des durch die Endgliederspektren aufgespannten Simplex genutzt werden. Eine Gegenüberstellung unterschiedlicher Methoden zur Extraktion von Endgliedern findet sich in [3]. Die Anzahl an Endgliedern in einer Aufnahme muss von vornherein bekannt sein oder kann durch andere Methoden wie beispielsweise mit der *Virtual Dimensionality* geschätzt werden [4].

Die spektrale Entmischung findet häufig Anwendung in der Fernerkundung zur Untersuchung der geologischen Zusammensetzung der Erdoberfläche, deren Bebauung und deren Vegetation. Durch den großen Abstand des Kamerasystems in einem Flugzeug oder Satelliten zu den beobachteten Objekten, kann der Abstand zwischen benachbarten hyperspektralen Bildpunkten mehrere Meter betragen. Im Sichtfeld eines Bildpunkts liegen somit typischerweise unterschiedliche Objekte und Materialien. Bei der Verwendung von hyperspektralen Aufnahmen in der Automatisierungstechnik, wie beispielsweise in der Schüttgutsortierung, kommt es zu ähnlichen Effekten. Durch die hohe Geschwindigkeit der

Objekte und die geringe Aufnahmerate der Kamera kommt es hier ebenfalls zur Mischung von Signalanteilen. Durch die spektrale Entmischung wird versucht, diese Mischung zu invertieren und den relativen Beitrag der einzelnen Materialien zu bestimmen.

Der Entmischung können unterschiedliche Modellannahmen zugrunde liegen. Das einfachste und am weitesten verbreitete Modell ist das lineare Mischmodell. Es geht von einer rein additiven Mischung der Signalanteile aus und wird im nächsten Abschnitt vorgestellt. Andere Mischmodelle berücksichtigen komplexere Mischungen durch Streuung oder weitere Effekte innerhalb des Materials. Ein Beispiel hierfür ist das bilineare Mischmodell [5].

2.1 Lineares Mischmodell

Für die mathematische Beschreibung werden alle Signale als diskrete Größen aufgefasst, wodurch sie sich in Matrixschreibweise darstellen lassen. Im linearen Mischmodell gilt für das Signal $\mathbf{y}$ eines Bildpunkts

$$\mathbf{y} = \mathbf{X} \cdot \mathbf{a} + \mathbf{n}, \tag{13.1}$$

wobei $\mathbf{X}$ eine $N \times M$-Matrix ist und deren Spalten $\mathbf{x}_i$ die Spektren der M Endglieder darstellen. N beschreibt die Anzahl der Kanäle des Sensors, $\mathbf{n}$ steht für einen Fehlerterm, in dem Modellfehler und Rauschprozesse zusammengefasst werden. Der Vektor $\mathbf{a}$ beinhaltet die Mischkoeffizienten, für die zwei Annahmen getroffen werden. Die einzelnen Mischkoeffizienten können nur nichtnegative Werte annehmen:

$$a_i \geq 0 \qquad \text{für} \qquad i = 1, \ldots, M, \tag{13.2}$$

und die Summe aller Mischkoeffizienten eines Bildpunkts sei eins:

$$\sum_{i=1}^{M} a_i = 1. \tag{13.3}$$

Die erste Annahme beschreibt, dass Endglieder mit ihren Signalen nur additiv zum resultierenden Signal beitragen können, die zweite Eigenschaft, dass das Mischsignal vollständig durch die Endglieder beschrieben werden kann. Aus den Annahmen folgt

$$a_i \leq 1 \qquad \text{für} \qquad i = 1, \ldots, M. \tag{13.4}$$

Die möglichen Kombinationen von Mischkoeffizienten befinden sich also innerhalb eines M-dimensionalen Simplex der Kantenlänge eins.

2.2 Lösungsalgorithmen

Zur Invertierung des Mischproblems, d. h. zur Bestimmung der Mischkoeffizienten $\hat{\mathbf{a}}$, gibt es verschiedene Ansätze. Weit verbreitet sind Methoden, die den Rekonstruktionsfehler

$$e(\hat{\mathbf{a}}) = \|\mathbf{y} - \mathbf{X}\,\hat{\mathbf{a}}\|^2 \tag{13.5}$$

minimieren. Hierzu zählt die *Least-Squares*-Methode, welche sich so erweitern lässt, dass die Schätzwerte die geforderten Nebenbedingungen aus Gl. (13.2) und (13.3) erfüllen. Die Nichtnegativität der Mischkoeffizienten garantiert der *Nonnegativity-constrained-least-squares*-Algorithmus (NNLS) [6], die Normierung wird beim *Sum-to-one-constrained-least-squares*-Algorithmus (SCLS) [7] berücksichtigt. Beide Nebenbedingungen erfüllt die *Fully-constrained-least-squares*-Methode (FCLS), welche eine Kombination der beiden vorher genannten Algorithmen darstellt [8].

Neben den *Least-Squares*-Ansätzen gibt es wahrscheinlichkeitstheoretische Methoden, die das Entmischungsproblem beispielsweise auf einen *Maximum-Likelihood*-Schätzer zurückführen oder mit hierarchischen Bayes'schen Modellen lösen [9]. Ein Vertreter der Lösungsalgorithmen, die keine bekannten Endglieder voraussetzen, ist die Nichtnegative-Matrix-Faktorisierung (NMF) [10].

3 Erweitertes Signalmodell

Für die Erweiterung des linearen Signalmodells um eine örtliche Mischung, wird das Modell zunächst für ein gesamtes Bild anstelle eines einzelnen Pixels definiert. Es wird für alle Pixel eines Bildes angenommen, dass das lineare Mischmodell nach Gl. (13.1) gilt. Durch Zusammenfügen der Messsignale $\mathbf{y}$ und Mischkoeffizienten $\mathbf{a}$ ergibt sich

$$\mathbf{Y} = \mathbf{X}\,\mathbf{A}\,, \tag{13.6}$$

wobei die Spalten von $\mathbf{Y}$ und $\mathbf{A}$ den Messsignalen bzw. Mischkoeffizienten der einzelnen Pixel einer Aufnahme entsprechen. Auf die Nennung des Rauschens wird hier und im Folgenden verzichtet.

Die verschiedenen Aufnahmen haben unterschiedliche spektrale und örtliche Auflösungen. Diese werden in ein gemeinsames Modell aufgenommen und als spektrale und örtliche Mischung modelliert.

Spektrale Mischung Mit der spektralen Auflösung eines Sensors wird die spektrale Sensitivität der einzelnen Sensorkanäle beschrieben. Diese wird hier auf eine spektrale Grundauflösung zurückgeführt. Der Einfachheit halber können hierfür die Kanäle des hyperspektralen Bildsensors gewählt werden. Es sei $\mathbf{X}$ die Matrix der spektralen Endgliedersignaturen in der spektralen Grundauflösung. Eine Kamera hat eine bestimmte spektrale Sensitivität pro Kanal, die sich nun als Linearkombination der Kanäle in $\mathbf{X}$ zusammensetzt. Es ergibt sich daraus die angepasste Matrix mit Endgliedersignaturen zu

$$\mathbf{X}_i = \mathbf{C}_i \cdot \mathbf{X}. \tag{13.7}$$

Die Matrix $\mathbf{C}_i$ beinhaltet dabei die relativen spektralen Sensitivitäten der Kamera i.

Räumliche Mischung Die örtliche Auflösung eines Sensors wird durch den Bereich, aus dem sich das Signal eines Bildpunkts zusammensetzt, bestimmt. Dieser kann durch die Impulsantwort des Sensors beschrieben werden. Das Signal eines Bildpunkts kann auf eine Linearkombination des Signals in einer ausreichend hohen räumlichen Grundauflösung zurückgeführt werden. Im linearen Mischmodell kann die Linearkombination auf den Mischkoeffizienten $\mathbf{A}$ ausgeführt werden und man erhält für die Koeffizienten in einer niedrigeren örtlichen Auflösung

$$\mathbf{A}_i = \mathbf{A} \cdot \mathbf{B}_i. \tag{13.8}$$

Die Matrix $\mathbf{B}_i$ beschreibt dabei die Mischung der Signale von verschiedenen Orten und kann auf die Impulsantwort des Sensors zurückgeführt werden.

3.1 Kombination der räumlichen und spektralen Mischungen

Für jeden Sensor gilt mit den gezeigten spektralen und räumlichen Mischungen

$$\mathbf{Y}_i = \mathbf{X}_i \mathbf{A}_i = \mathbf{C}_i \cdot \mathbf{X} \cdot \mathbf{A} \cdot \mathbf{B}_i, \tag{13.9}$$

was sich mithilfe des Kronecker-Produkts umstellen lässt zu

$$\mathrm{vec}\{\mathbf{Y}_i\} = \left(\mathbf{B}_i^{\mathrm{T}} \otimes \mathbf{C}_i\mathbf{X}\right) \cdot \mathrm{vec}\{\mathbf{A}_i\}. \tag{13.10}$$

Der Operator $\mathrm{vec}\{\mathbf{Z}\}$ bezeichnet dabei die Umwandlung der Matrix $\mathbf{Z}$ in einen Spaltenvektor durch Aneinanderreihung deren Spalten, das Zeichen $\otimes$ steht für das Kronecker-Produkt.

In dieser Schreibweise lassen sich nun die Signale zweier Sensoren zusammenfassen, indem sie in den Vektoren und Matrizen übereinander geschrieben werden:

$$\underbrace{\begin{bmatrix} \mathrm{vec}\{\mathbf{Y}_1\} \\ \mathrm{vec}\{\mathbf{Y}_2\} \end{bmatrix}}_{\bar{\mathbf{y}}} = \underbrace{\begin{bmatrix} \mathbf{B}_1^{\mathrm{T}} \otimes \mathbf{C}_1\mathbf{X} \\ \mathbf{B}_2^{\mathrm{T}} \otimes \mathbf{C}_2\mathbf{X} \end{bmatrix}}_{\bar{\mathbf{X}}} \cdot \underbrace{\mathrm{vec}\{\mathbf{A}_i\}}_{\bar{\mathbf{a}}}. \tag{13.11}$$

Dadurch lässt sich ein gemeinsames lineares Modell

$$\bar{\mathbf{y}} = \bar{\mathbf{X}}\,\bar{\mathbf{a}} \tag{13.12}$$

definieren, dass nun gelöst werden muss. Da das Problem dieselbe Struktur wie das lineare Mischmodell hat, können Lösungsansätze aus der spektralen Entmischung verwendet werden.

4 Untersuchungen

Die vorgeschlagene Methode zur Fusion verschiedener Aufnahmen soll an einem Beispiel verdeutlicht und evaluiert werden. Dazu werden Aufnahmen in unterschiedlicher räumlicher und spektraler Auflösung erstellt.

4.1 Beispieldaten

Es werden fünf Materialien mit einem Spektrum wie in Abbildung 13.1 herangezogen. Diese Spektren wurden aus einer hyperspektralen Aufnahme von Mineralen extrahiert. Zur Untersuchung wird eine simulierte Aufnahme herangezogen, welche in der höchsten räumlichen Auflösung aus 100×100 Bildpunkten besteht. Die verwendeten Verläufe der fünf Mischkoeffizienten zeigt Abbildung 13.2 und wurden in Anlehnung an die Untersuchungen in [3] gewählt. Je heller ein Bildpunkt ist, desto höher ist der Beitrag des Endglieds zum Signal des Pixels. Jedes Material ist mit

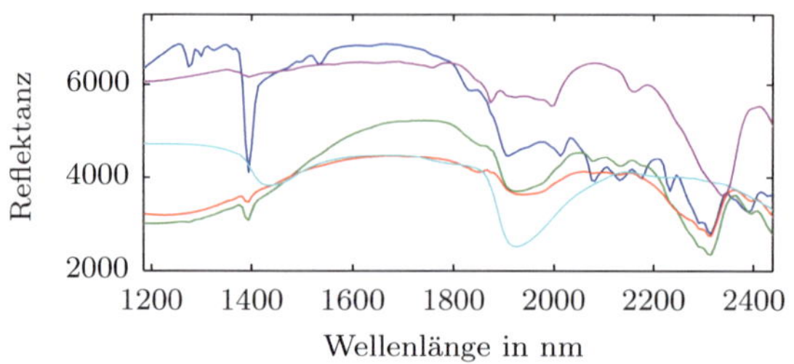

Abbildung 13.1: Spektren der Endglieder.

einem Pixel vertreten, indem es rein vorkommt. Die anderen Pixel sind Mischungen von mehreren Materialien. Die Mischkoeffizienten erfüllen die Annahmen aus Gl. (13.2) und (13.3).

Mit den Spektren aus Abbildung 13.1 und den Mischkoeffizienten aus Abbildung 13.2 können Messdaten simuliert werden, wobei ein additives weißes Gauß'sches Rauschen hinzugefügt wird. Dieses wird mit einem Signal-zu-Rausch-Verhältnis (SNR) angegeben, welches das Verhältnis des halben mittleren Signalwerts und der Standardabweichung des Rauschprozesses darstellt (vgl. [3]). Wenn nicht anders angegeben, ist das SNR 50 : 1.

4.2 Evaluation

Es gibt verschiedene Möglichkeiten, die Ergebnisse einer spektralen Entmischung zu vergleichen. Da hier simulierte Daten verwendet wurden, können Gütemaße sowohl auf den geschätzten Mischkoeffizienten als auch auf rekonstruierten Messdaten bestimmt werden. Als Gütemaße eignen sich der *Root-mean-square*-Wert der Abweichung der geschätzten Misch-

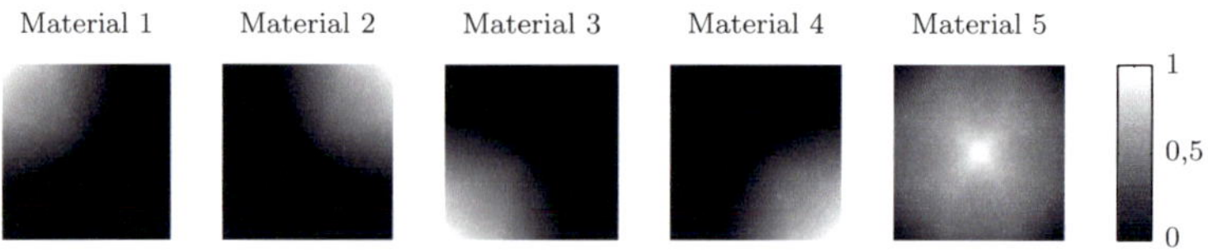

Abbildung 13.2: Verteilung der Mischkoeffizienten für die einzelnen Materialien.

koeffizienten von den richtigen Koeffizienten. Ein weiteres Fehlermaß, welches die Fusion von zwei Aufnahmen unterschiedlicher räumlicher und spektraler Auflösung bewertet, ist der ERGAS-Index [11]:

$$\text{ERGAS} = 100 \cdot \frac{h}{l} \cdot \sqrt{\frac{1}{K} \sum_{k=1}^{K} \frac{\text{RMSE}(Y_k))^2}{\bar{Y}_k^2}} \,. \tag{13.13}$$

Dabei ist h die Auflösung des hochaufgelösten Bilds und l die des niedrig-aufgelösten Bilds. RMSE(Y_k) bezeichnet den RMS-Rekonstruktionsfehler des k-ten Kanals des fusionierten Bilds, $\bar{Y}_k$ den Mittelwert des Kanals. Im Gegensatz zum RMS-Fehler der Mischkoeffzienten bezieht sich der ERGAS-Index auf das rekonstruierte Bild und nicht auf die Mischkoef-fizienten selbst. Je niedrigere Werte der ERGAS-Index annimmt, desto besser ist die Fusion der beiden Aufnahmen.

4.3 Einfluss der Auflösung

Es wird ein Szenario mit einer hyperspektralen und einer multispektra-len Kamera untersucht. Die hyperspektrale Kamera habe volle spektrale Auflösung, d. h. in diesem Fall 200 spektrale Kanäle, aber eine reduzierte räumliche Auflösung. Ein Bildpunkt setzt sich aus dem Signal im Bereich von 6×6 Pixeln der Grundauflösung zusammen. Die Anzahl der Kanäle der multispektralen Kamera und deren Auflösung werden variiert. Zur Analyse werden die Verteilungen der Mischungskoeffizienten örtlich ran-domisiert. Dadurch wird die örtliche Korrelation der zu schätzenden Mischungskoeffizienten minimiert. Abbildung 13.3 zeigt den Verlauf des RMS-Fehlers der Mischkoeffizienten bei unterschiedlicher Auflösung des multispektralen Sensors und unterschiedlicher Anzahl an Kanälen. Es ist erkennbar, dass die zusätzliche Aufnahme umso größeren Nutzen mit sich bringt, je feiner deren Auflösung ist. Der RMS-Fehler ist dabei stets geringer als bei der Verwendung von nur einem hyperspektralen Sensor. Mit steigender Anzahl an multispektralen Kanälen sinkt der Fehler.

4.4 Einfluss der Lösungsalgorithmen

Für die Unterscheidung verschiedener Lösungsalgorithmen wird ein Sze-nario aus einem hyperspektralen Bild mit 200 Kanälen und einer multi-spektralen Aufnahme mit 3 Kanälen gewählt. Das hyperspektrale Bild

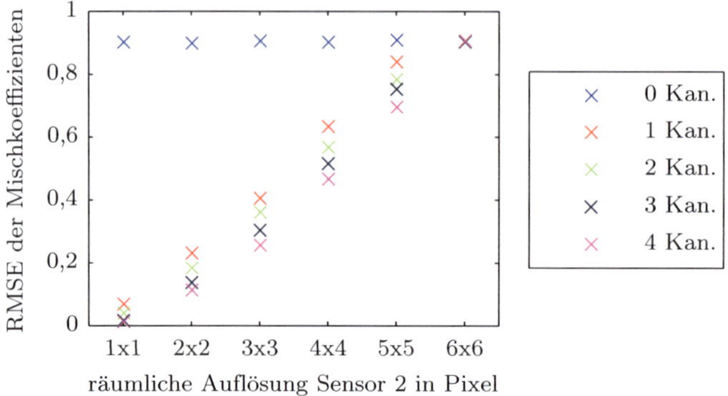

Abbildung 13.3: Abhängigkeit des RMSE von der räumlichen Auflösung des multispektralen Sensors und dessen Anzahl an spektralen Kanälen bei der Kombination mit einem hyperspektralen Sensor der Auflösung 6×6.

hat die Auflösung 3×3, das multispektrale die Grundauflösung 1×1. Es werden vier Lösungsalgorithmen verglichen. Der normale *Least-Squares*-Algorithmus (UCLS), welcher keine Nebenbedingungen erfüllt, sowie der NNLS und der FCLS, welche die Nebenbedingungen zum Teil bzw. ganz erfüllen. Des Weiteren wird ein sukzessiver Algorithmus (sFCLS) verwendet, welcher zunächst das hyperspektrale Bild in der groben Auflösung mit dem FCLS-Algorithmus entmischt und anschließend dieses Ergebnis als Nebenbedingung für die Entmischung des multispektralen Bilds verwendet. Die Ergebnisse in Form von RMS-Fehler und ERGAS-Index sind in Tabelle 13.1 zusammengefasst. Die Ergebnisse mit UCLS und NNLS

	UCLS	NNLS	FCLS	sFCLS
ERGAS	1,13	1,12	0,81	0,81
RMSE	0,16	0,16	0,11	0,11

Tabelle 13.1: ERGAS bei der Kombination von einer hyperspektralen Aufnahme mit Auflösung 3×3 und einer multispektralen Aufnahme mit 3 Kanälen und einer räumlichen Auflösung von 1×1 nach der Entmischung mit unterschiedlichen Lösungsalgorithmen.

ähneln sich, ebenso wie die von FCLS und sFCLS. Eine bessere Entmischung wird mit den FCLS-Algorithmen erreicht. Dies ist verständlich, da hier die geforderten Randbedingungen berücksichtigt werden. Einen Unterschied zwischen der kombinierten und der sukzessiven Lösung mit dem FCLS-Algorithmus ist nicht zu erkennen. Die kombinierte Methode hat jedoch den Vorteil, dass sie sich auf beliebig viele Aufnahmen erweitern lässt.

5 Zusammenfassung

Basierend auf dem linearen Mischmodell und der spektralen Entmischung wurde ein erweitertes Mischmodell vorgestellt, welches es ermöglicht, Bildsignale unterschiedlicher räumlicher und spektraler Auflösung gemeinsam zu entmischen. Dadurch kann in Anwendungen, in denen ein hyperspektrales Bild zwar ausreichende spektrale Information enthält, aber eine zu geringe räumliche Auflösung besitzt, um eine Materialklassifikation durchzuführen, eine Verbesserung der Entmischung erreicht werden. Der Vorteil des vorgestellten Verfahrens liegt darin, dass es vollständig auf dem Mischmodell beruht, welches sich in der Fernerkundung als hilfreiches Mittel zur Klassifikation von Objekten erwiesen hat. Dies lässt sich mit dem vorgestellten Ansatz auf die Analyse von Materialzusammensetzungen in der Sichtprüfung übertragen.

Das vorgestellte Sensormodell lässt sich auf beliebig viele Sensoren erweitern. Außerdem ist eine Erweiterung des Modells beispielsweise um die Bildregistrierung oder die Umrechnung von verschiedenen Koordinatensystemen möglich. Ebenso lässt sich unterschiedlich starkes Sensorrauschen bei der Lösung der Modelle berücksichtigen. Inwiefern die vorgestellte Fusion auf nichtlineare Mischmodelle, welche komplexere Effekte bei der Signalmischung berücksichtigen, übertragen werden kann, ist Gegenstand weiterer Untersuchungen.

Literatur

1. I. Amro, J. Mateos, M. Vega, R. Molina, and A. K. Katsaggelos, "A survey of classical methods and new trends in pansharpening of multispectral images," *EURASIP Journal on Advances in Signal Processing*, vol. 1, no. 79, pp. 1–22, 2011.

2. N. Keshava, "A survey of spectral unmixing algorithms," *Lincoln Laboratory Journal*, vol. 14, no. 1, pp. 55–78, 2003.

3. A. Plaza, P. Martínez, R. Pérez, and J. Plaza, "A quantitative and comparative analysis of endmember extraction algorithms from hyperspectral data," *IEEE Transactions on Geoscience and Remote Sensing*, vol. 42, no. 3, pp. 650–663, Mar. 2004.

4. C.-I. C.-I. Chang and Q. Du, "Estimation of number of spectrally distinct signal sources in hyperspectral imagery," *IEEE Transactions on Geoscience and Remote Sensing*, vol. 42, no. 3, pp. 608–619, Mar. 2004.

5. A. Halimi, Y. Altmann, N. Dobigeon, and J.-Y. Tourneret, "Nonlinear unmixing of hyperspectral images using a generalized bilinear model," *IEEE Transactions on Geoscience and Remote Sensing*, vol. 49, no. 11, pp. 4153–4162, Nov. 2011.

6. R. Bro and S. De Jong, "A fast non-negativity-constrained least squares algorithm," *Journal of Chemometrics*, vol. 11, no. 5, pp. 393–401, Sep. 1997.

7. E. Ashton and A. Schaum, "Algorithms for the detection of sub-pixel targets in multispectral imagery," *Photogrammetric Engineering & Remote Sensing*, vol. 64, no. 7, pp. 723–731, 1998.

8. D. C. Heinz and C.-I. Chang, "Fully constrained least squares linear spectral mixture analysis method for material quantification in hyperspectral imagery," *IEEE Transactions on Geoscience and Remote Sensing*, vol. 39, no. 3, pp. 529–545, 2001.

9. N. Dobigeon, J.-Y. Tourneret, and C.-I. Chang, "Semi-supervised linear spectral unmixing using a hierarchical Bayesian model for hyperspectral imagery," *Signal Processing, IEEE Transactions on*, vol. 56, no. 7, pp. 2684–2695, 2008.

10. V. P. Pauca, J. Piper, and R. J. Plemmons, "Nonnegative matrix factorization for spectral data analysis," *Linear Algebra and its Applications*, vol. 416, no. 1, pp. 29–47, Jul. 2006.

11. L. Wald, "Quality of high resolution synthesised images: Is there a simple criterion?" in *Proceedings of the third conference "Fusion of Earth data: merging point measurements, raster maps and remotely sensed images"*, T. Ranchin and L. Wald, Eds., 2000, pp. 99–103.

Intelligente software-basierte Objekttrennung in der Schüttgutsortierung

Bettina Otten, Wolfgang Melchert und Thomas Längle

Fraunhofer Institut für Optronik, Systemtechnik und Bildauswertung IOSB, Fraunhoferstr. 1, D-76131 Karlsruhe

Zusammenfassung Bei der Sortierung von Schüttgütern ist die Qualität des Sortierergebnisses stark davon abhängig, wie gut das Ausgangsmaterial vor der Aufnahme vereinzelt wurde. Dies wird zum Beispiel durch die Verwendung von Rüttlern erreicht. Eine mechanische Vereinzelung von Objekten in einem Materialstrom stößt allerdings an ihre Grenzen, wenn der Durchsatz des zu prüfenden Materials erhöht wird. Je mehr Material pro Zeiteinheit geprüft werden soll, desto schwieriger wird es, die Objekte als Einzelobjekte zu erfassen. Um eine Verbesserung des Ergebnisses zu erzielen, muss dann oftmals das ausgeschleuste Material in einem zweiten Durchlauf nachsortiert werden, was den Nutzen der Prüfung mit hohem Durchsatz wiederum reduziert. Die mechanische Vereinzelung wird in der Regel durch eine Software-Lösung ergänzt, die vor der Klassifikation die Trennung der bei der Bildaufnahme noch zusammenhängenden Objekte berechnet. Zwei Verfahren zur Objekttrennung werden in dieser Arbeit vorgestellt und verglichen.

1 Einleitung

Nach einem kurzen Überblick über aktuelle Objekttrennungsverfahren werden zwei Ansätze vorgestellt. Der erste basiert auf der Distanztransformation während der zweite die Ergebnisse einer Skeletonberechnung als Basis verwendet. Die Objekttrennung erfolgt ausschließlich auf Binärbildern, d.h. Farbinformationen aus den ursprünglichen RGB-Bildern werden nicht verwendet. Anschließend werden die mit diesen Verfahren generierten Ergebnisse erläutert. Als Materialien für die Aufnahmen werden Getreidekörner (wie oft in der Literatur beschrieben) und

Glasscherben verwendet. Letzteres, um die Qualität der Objekttrennung auch bei nicht homogenen Materialien, d.h. Materialien bei denen sich die Einzelobjekte in ihrer Form wesentlich unterscheiden können, beurteilen zu können.

2 Stand der Technik

Ein klassischer morphologischer Ansatz für die Trennung von zusammenhängenden Objekten in Binärbildern ist die Berechnung von Wasserscheiden auf dem Ergebnis einer Distanztransformation [1]. Die ermittelten Wasserscheiden entsprechend den Trennlinien zwischen den Einzelobjekten. Dieses Verfahren liefert gute Ergebnisse für runde Objekte, d.h. für Objekte, deren gemeinsame Kontur bei Berührung sehr kurz ist. Wang et al. [2] verwenden diesen Ansatz für Getreidekörner. Auftretende Übersegmentierungen werden korrigiert mit Hilfe von aus der Distanztransformation und dem Originalbild ermittelten Markerpunkten. Dieses Verfahren zeigt jedoch Schwächen bei Verdeckungen, sowie wenn zwei oder mehr zusammenhängende Objekte eine lange gemeinsame Kontur besitzen.

Zhang et al. [3] beschreiben einen Ansatz zur Trennung von Getreidekörnern mittels Ellipsen-Anpassung. Ausgehend von der annähernd elliptischen, konvexen Form von Getreidekörnern bietet sich die Ellipsen-Anpassung zum Auffinden einzelner Objekte an. Dabei werden in Abhängigkeit von jeweils sechs zufällig gewählten Konturpunkten Ellipsen generiert und anhand bestimmter Kriterien die passenden ausgewählt. Die Pixel zwischen den Ellipsen, die keiner der Ellipsen zugeordnet wurden, bilden dann den Trennbereich. Diese Vorgehensweise ist allerdings sehr rechenintensiv und eignet sich lediglich für die Trennung von bis zu drei zusammenhängenden Objekten. Eine Kombination der Ellipsen-Anpassung mit einer Konturzerlegung [4] anhand von konkaven Konturpunkten verbessert die Ergebnisse und erlaubt auch die Trennung von größeren Objektgruppen. Die Ellipsen werden dabei aus den Konturabschnitten ermittelt, die zuvor mit Hilfe eines Abstandsmaßes ausgewählt wurden. Beide Verfahren setzen voraus, dass die zu trennenden Objekte Ellipsen-förmig sind. Bei nicht elliptischen Objekten kommt es zu fehlerhaften Trennungen.

Bei sich berührenden Objekten weisen Einschnürungen oder konkave Bereiche in der Kontur oft auf die Berührstellen hin. Die Betrachtung der Krümmungen der Objektkontur ist daher ein verbreiteter Ansatz für die Bestimmung dieser konkaven Konturpunkte, d.h. den Punkten auf der Kontur, in denen die Krümmung der Kontur minimal ist. Jeweils zwei zueinander passende konkave Punkte können kombiniert werden, um eine Trennlinie zu bilden. Die Paarungen werden z.B. durch ein Nearest-Neighbor-Kriterium ermittelt. Visen et al. [5] wenden dieses Verfahren auf Gersten-, Weizen- und Roggenkörner an. Dabei wird die Krümmung jedes einzelnen Konturpunktes ermittelt. Jeder Punkt, dessen Krümmung kleiner als ein ermittelter Grenzwert ist, wird als Knotenpunkt betrachtet und für die Paarbildung zur Trennlinien-Bestimmung herangezogen. In [6] wird das Verfahren um eine Fourier-basierte Glättung sowie um eine Verbesserung der Paarungen der Knotenpunkte durch ein verbessertes Distanzmaß ergänzt. Die Glättung verhindert das Auftreten von Pseudo-Knotenpunkten. Fehler oder Störungen, die bei der Bildaufnahme entstehen können und lokale Minima in den Krümmungen verursachen können, werden auf diese Weise vor der Berechnung der Krümmungen entfernt. Ein alternatives Verfahren verwendet als Grundlage das Skelett des Hintergrundes [7], um die konkaven Konturpunkte zwischen sich berührenden Reiskörnern zu ermitteln. Die Endpunkte der offenen Skeletonlinien entsprechen dabei diesen Berührpunkten. Die Linien werden ausgehend von diesen Punkten verlängert. Mit einem passenden Endpunkt verbunden bilden sie die Trennlinien zwischen den Körnern. Die Berechnung des Hintegrund-Skeletons eines Bildes ist sehr schnell im Vergleich zur Abtastung der gesamten Objektkontur von allen im Bild enthaltenen Objektgruppen. Für alle genannten Verfahren werden gute Ergebnisse angegeben. Was offen bleibt, ist die Frage, ob und wie gut Trenn-Ergebnisse auch bei hohem Materialdurchsatz in Echtzeit erreicht werden können. Auch die Frage, wie gut die Trennung funktioniert, wenn gleichzeitig Schlechtmaterial ausgeschleust werden soll, also in den Objektclustern auch unbekannte Objekte (unbekannter Form) vorhanden sind, wird nicht behandelt.

3 Verfahren zur Trennlinienbestimmung

Für eine vergleichende Untersuchung von Qualität und Leistungsfähigkeit wurden zwei verschiedene Verfahren zur Objekttrennung realisiert.

3.1 Distanzbasiertes Verfahren

Dieses Verfahren basiert wie die klassischen morphologischen Verfahren auf der Distanztransformation. Allerdings werden hier die Informationen der Distanztransformation direkt weiterverwendet und nicht als Grundlage für eine Wasserscheidentransformation verwendet.

Bei der Distanztransformation wird jedem Pixel einer Region sein Abstand zum nächsten Hintergrundpixel als Grauwert zugewiesen. Je größer der Abstand zum Rand, desto heller der Grauwert im Ergebnisbild (vgl. Abb. 14.1). Interpretiert man die Grauwerte des Distanzbildes als Höhenwerte, kann man die Punkte mit der größten Distanz, also lokale Maxima, als Gipfel auffassen.

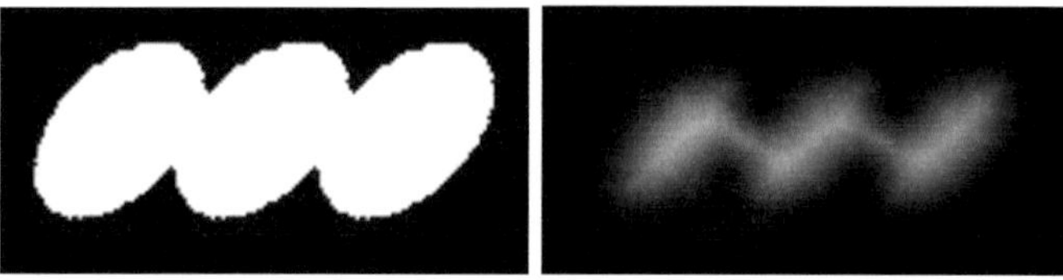

Abbildung 14.1: Ergebnis der Distanztransformation (links: Original, rechts: Distanztransformation).

Diese Gipfel werden mit Hilfe eines Maximum-Filters ermittelt. Da abhängig von der Form der ursprünglichen Region mehrere Maxima auftreten können und diese z.B. in Bereichen konstanter Höhe Ketten bilden können, ist eine weitere Reduzierung der Anzahl der Gipfelpunkte notwendig (vgl. Abb. 14.2). Ziel ist es, je Einzelobjekt einen Gipfelpunkt zu ermitteln, der dieses Objekt am besten repräsentiert.

Abbildung 14.2: Bestimmung der Gipfelpunkte (links: alle lokalen Maxima, rechts: nach Vereinzelung).

Darauf basierend können anschließend die Trennlinien bestimmt werden. Dafür werden ausgehend vom zugehörigen Gipfelpunkt die Grauwerte aus der Distanztransformation entlang einer Verbindungslinie zu jedem anderen Gipfelpunkt betrachtet (vgl. Abb. 14.3).

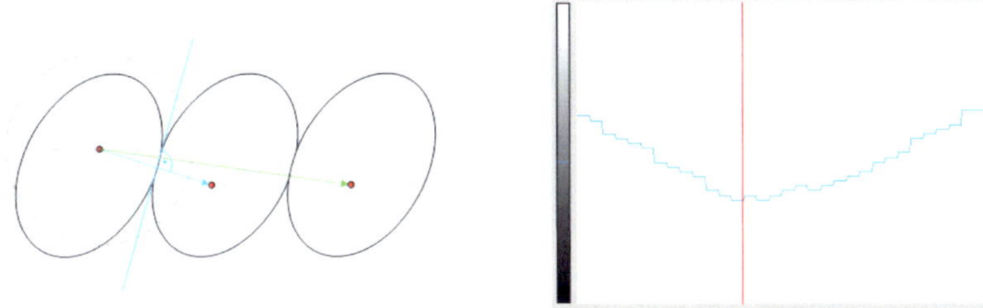

Abbildung 14.3: Trennlinienbestimmung für das linke Einzelobjekt: Der Gipfelpunkt des mittleren Objekts befindet sich außerhalb des Radius r. Entsprechen die Grauwerte entlang der Verbindungslinie den erlaubten Parametern, kann hier getrennt werden (links: Paarbildung, rechts: Grauwertplot entlang der Verbindungslinie zwischen linkem und mittlerem Einzelobjekt mit Position der Trennlinie (rot)).

Ein Schnitt zwischen zwei Gipfeln ist möglich, wenn der Abstand zwischen ihnen außerhalb eines bestimmten Radius (durchschnittliche Objektgröße) liegt und wenn das Tal zwischen den beiden Gipfeln tief genug ist (relativ zur mittleren Höhe der beiden Gipfel). Die Trennlinie verläuft dann rechtwinklig zur Verbindungslinie und ihre genaue Position wird bestimmt durch die tiefste Stelle entlang der Verbindungslinie.

3.2 Skeletonbasiertes Verfahren

Das Skelett einer Region ist eine Repräsentation der ursprünglichen Region durch die Menge der Mittelpunkte maximal großer Innenkreise und der dazugehörigen Radien. Das bedeutet, es wird für jedes Randpixel der Region unter allen es berührenden Kreisen derjenige mit dem größten Radius gesucht, der sich noch innerhalb der Region befindet. Die Vereinigung der Mittelpunkte der so ermittelten Kreise bildet ein Zusammenhangsobjekt, das auch als Skelett einer Region bezeichnet wird. Die entstehenden Skelette zeichnen sich unter anderem dadurch aus, dass sie Äste ausbilden, die zu den Ecken der Ursprungsregion „hinwachsen" (vgl. Abb. 14.4).

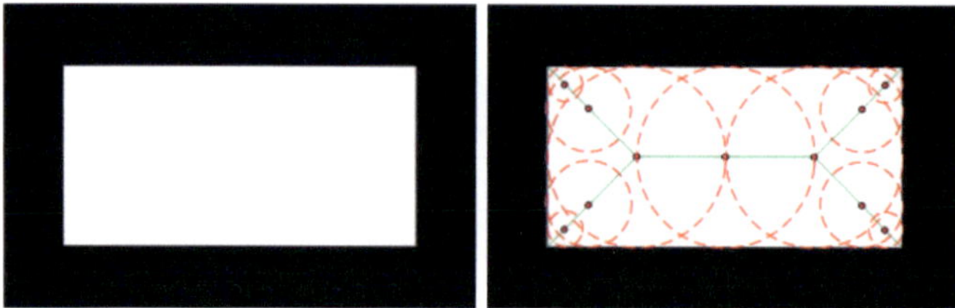

Abbildung 14.4: Skeletonberechnung für ein Rechteck (links: Original, rechts: einige Innenkreise (rot) und resultierende Skelettlinien (grün)).

Für das hier beschriebene Trennverfahren wird die Skeletonberechnung nicht auf die Region zusammenhängender Objekte angewandt, sondern auf die Hintergrundregion, die diese umschließt. Das Ergebnis ist ein Skelett, dessen Äste auf die konkaven Punkte der Objektregion „zeigen", die von der Skelettregion umschlossen wird.

Typischerweise folgen die Skelettlinien der Außenkontur der Objektregion und bilden einen Rahmen um das eigentliche Objekt. In Bereichen, in denen das Objekt Einkerbungen aufweist, entwickeln sich die bereits erwähnten Äste zum Objekt hin (vgl. Abb. 14.5).

Abbildung 14.5: Typische Form eines Hintergrundskeletts (links: Original, rechts: Hintergrundskelett (grün)).

Für eine einfache Trennlinienbestimmung können die Endpunkte der offenen Skelett-Äste paarweise verbunden werden. Dabei werden jeweils die zwei Endpunkte mit minimaler Distanz verbunden. Dieser Ansatz führt allerdings zu Problemen, wenn nicht für jeden Endpunkt ein passender Partner vorhanden ist. Unter Berücksichtigung einer maximalen Distanz zwischen den Endpunkten könnte dann eine Trennlinie vollständig fehlen, wenn innerhalb der erlaubten Reichweite kein weiterer Endpunkt verfügbar wäre. Eine Verbindung mit einem in der Nähe gelegenen aber aufgrund der Schnittrichtung ungeeigneten Endpunkt könnte zu inkorrekten Schnitten führen, die ein Objekt durchteilen.

Aus diesem Grund soll hier zusätzlich zu den Endpunkten der offenen Skelett-Äste auch ihre Ausrichtung berücksichtigt werden. Auf diese Weise wird die Wahrscheinlichkeit für fehlerhafte Schnitte reduziert. Außerdem können mit Hilfe dieser zusätzlichen Informationen auch Trennlinien ermittelt werden, wenn für einen Endpunkt kein Partner gefunden wurde.

Für die weitere Berechnung sind nur die Teile des Hintergrundskeletts relevant, die nicht den äußeren Rand des Skeletts bilden. Mit Hilfe einer Zerlegung des Skeletts an den enthaltenen Kreuzungspunkten können die relevanten Äste ermittelt werden (vgl. Abb. 14.6 links).

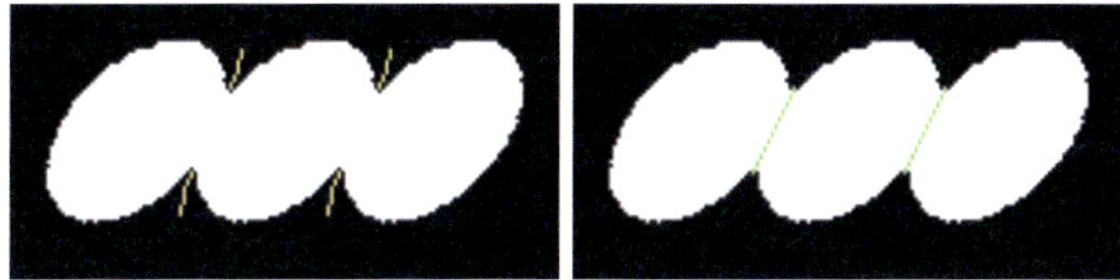

Abbildung 14.6: Für die Objekttrennung relevante Äste des Skeletts (gelb, links), ermittelte Trennlinien (grün, rechts).

Zur Bildung von Endpunkte-Paaren wird ausgehend von dem Endpunkt eines offenen Skelett-Astes innerhalb eines maximalen Radius nach weiteren Endpunkten gesucht (vgl. Abb. 14.7). Für jeden dieser Endpunkte wird anschließend der Winkel zwischen dem Ausgangs-Ast, bzw. der Strecke zwischen Start- und Endpunkt des Astes, und der potentiellen Trennlinie zwischen den beiden Endpunkten berechnet. Liegt dieser Winkel innerhalb eines zulässigen Bereichs, wird die Trennlinie akzeptiert.

Kann für einen Endpunkt kein passender Partner gefunden werden, wird der entsprechende Ast über den Endpunkt hinaus verlängert und bildet somit selbst eine Trennlinie.

4 Ergebnisse

Die vorgestellten Verfahren wurden sowohl mit synthetischen als auch mit realen Daten getestet. Bei letzteren handelt es sich um Bilder von

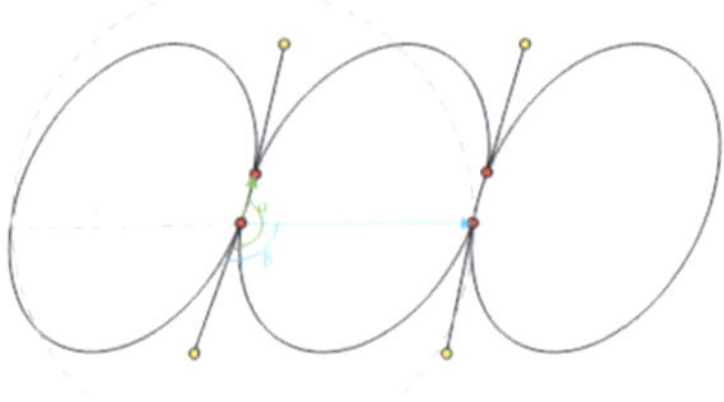

Abbildung 14.7: Trennlinienbestimmung: Paarweise Zuordnung von End-punkten (rot) unter Berücksichtigung von Abstand und Winkel.

Getreidekörnern und Glasscherben, die mit einer RGB-Zeilenkamera aufgenommen wurden. Die synthetischen Daten bestehen aus 21 Bildern von 2 bis 7 Ellipsen, die in unterschiedlicher Anzahl und Position angeordnet sind. Bei den Getreidekörnern wurden Gruppierungen von 2 bis 9 Körnern in 210 Bildern getestet, bei den Glasscherben 70 Zusammenhangsregionen aus bis zu 7 Objekten. Beispiele für eine erfolgreiche Objekttrennung sind in Abb. 14.8 dargestellt.

Zusammenfassend lässt sich anhand der Klassifikationsergebnisse (vgl. Tabellen 14.1 und 14.2) feststellen, dass das distanzbasierte Verfahren im Vergleich zum skeletonbasierten Verfahren bessere Ergebnisse bei großen Objektzusammenhängen liefert, wohingegen letzteres vor allem bei kleineren Gruppen von z.B. 2 Objekten hervorsticht. Bei größeren Gruppen wird die Trennung generell schwieriger, da je nach Anordnung im Verhältnis zur Objektanzahl sehr wenig Kontur vorhanden ist. Innere Konturen von Löchern zwischen Objekten können bei größeren Berührstellen fehlen oder sehr kurz sein. Dies erweist sich vor allem für das skeletonbasierte Verfahren als problematisch, da für die Trennlinienbestimmung notwendige Skelett-Zweige möglicherweise gar nicht ausgebildet werden.

	Ellipsen	Getreide	Glas
Distanzbasiertes Verfahren	92%	78%	58%
Skeletonbasiertes Verfahren	96%	73%	82%

Tabelle 14.1: Gesamtergebnis: Anteil korrekt klassifizierter Einzelobjekte nach der Objekttrennung.

	Ellipsen	Getreide	Glas
Distanzbasiertes Verfahren	92%	81%	58%
Skeletonbasiertes Verfahren	100%	84%	85%

Tabelle 14.2: Ergebnis für 2-Objekt-Gruppen: Anteil korrekt klassifizierter Einzelobjekte nach der Objekttrennung.

Bei konvexen Einzelobjekten mit relativ einheitlicher Größe wie den Getreidekörnern schneidet das distanzbasierte Verfahren besser ab als bei heterogenem Material wie Glas. Die Glasscherben weisen im Vergleich zu Getreidekörnern keine einheitliche Größe auf, was es schwieriger macht, eine geeignete Maskengröße zu wählen, die bei der Ermittlung der Gipfelpunkte verwendet wird. Dies führt dazu, dass große, langgezogene Scherben geteilt werden, während kleine Glasfragmente als zu anderen Objekten zugehörig eingestuft werden. Darüber hinaus kommt es bei den Glasscherben häufiger zu Überdeckungen, so dass eine akkurate Trennung nicht mehr möglich ist. Auch das skeletonbasierte Verfahren kann keine Überdeckungen erkennen, allerdings profitiert es von der kantigen Form der Glasscherben. Die durch Brüche oftmals geraden Kanten der Glasscherben führen zu ausgeprägteren konkaven Bereichen in der Objektkontur. Das erzeugte Skelett enthält robustere Zweige, die für die Trennung verwendet werden können.

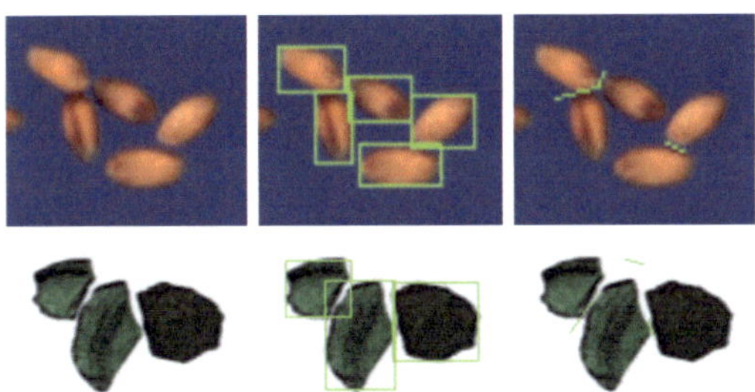

Abbildung 14.8: Erfolgreiche Objekttrennung bei Getreidekörnern(oben) und Glasscherben (unten)((v.l.n.r.) Original, Klassifikation nach distanzbasierter Trennung (BoundingBox um resultierende Einzelobjekte (grün)), Trennlinien durch skeletonbasiertes Verfahren ermittelt (grün)).

Viele Fehlklassifikationen beim distanzbasierten Verfahren resultieren daraus, dass die Schnitte senkrecht zur jeweiligen Verbindungslinie zwischen den Gipfeln erfolgen. Dadurch kann es je nach Lage der Einzelobjekte dazu kommen, dass die Objekte nicht ausschließlich an ihrer Berührstelle getrennt werden, sondern dass der Schnitt eines der Objekte zerteilt.

Schwächen der Objekttrennungsverfahren

Bei größeren Berührbereichen, z.B. wenn die gemeinsame Kontur länger ist als die minimale Objektbreite oder -länge, bildet die Distanztransformation ein Maximum in der Nähe der Berührstelle aus, anstatt zwei Maxima auf jeweils einer Seite davon. Dadurch steht nicht für jedes Einzelobjekt ein Gipfelpunkt zur Verfügung und die Objekte können nicht richtig getrennt werden (vgl. Abb. 14.9, links). Die optimale Postion eines Gipfelpunktes ist der Schwerpunkt der Region des jeweiligen Einzelobjekts. Bei sich berührenden Objekten verschieben sich die Maxima allerdings in Richtung der Berührstellen. Die Auswahl des geeigneten Gipfelpunktes innerhalb einer Kette von Maxima führt möglicherweise nicht zur optimalen Position, d.h. zu dem Gipfelpunkt, der dem Schwerpunkt am nächsten liegt, da unter Umständen das letzte Pixel in der Reihe von Gipfelpositionen ausgewählt wird.

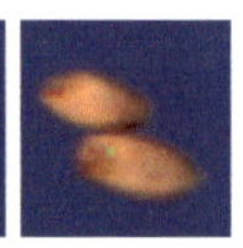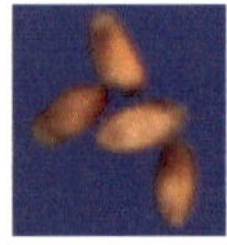

Abbildung 14.9: Links: Fehlgeschlagene Objekttrennung bei großem Berührbereich (links: Original, rechts: ermittelte Gipfelpunkte für das distanzbasierte Verfahren (grün))), rechts: Fehlerhafte Objekttrennung aufgrund fehlender Skelettzweige (links: Orignal, rechts: Trennlinien durch skeletonbasiertes Verfahren ermittelt (grün)).

Des Weiteren ist bei der Suche nach den Gipfeln die verwendete Maskengröße entscheidend dafür, ob zu viele Gipfel ausgewählt werden oder ob relevante Maxima verworfen werden.

Das skeletonbasierte Verfahren ist stark abhängig von der Qualität des erzeugten Skeletts. Dieses wiederum ist abhängig von der vorausgehenden Objektsegmentierung. Die konkaven Bereiche der Regionen sind nicht immer spitz zulaufend, sondern entstehen oft durch eine Rundung der Kontur. Dies hat zur Folge, dass die Skelettlinien entweder nicht bis an das Objekt heranreichen oder gar nicht ausgebildet werden. Kommt bei der Objektsegmentierung ein Randabtrag zum Einsatz, der z.B. Artefakte und Farbsäume vor der Klassifizierung entfernen soll, kann dies dazu führen, dass die konkaven Konturbereiche „abgerundet" werden und die Ergebnisse der Skeleton-Berechnung verschlechtern. Abhängig von der Form der zu trennenden Objekte kann es außerdem vorkommen, dass die Kontur eines Objektes in die Kontur eines anderen Objektes übergeht, ohne dass dabei eine Einkerbung entsteht. Ein Skelettzweig als Indikator für diesen zu trennenden Bereich kann dann nicht entstehen (vgl. Abb. 14.9, rechts). Die Skeleton-Berechnung reagiert außerdem sehr empfindlich auf Bildrauschen. Sind die Objektkonturen nicht glatt, sondern enthalten Unregelmäßigkeiten, kann dies zur Ausbildung zusätzlicher jedoch unerwünschter Skelettlinien führen.

5 Fazit

Beide vorgestellten Verfahren liefern recht gute Ergebnisse, die Qualität der Trennung erreicht allerdings bei realen Daten maximal 85%. Um hier eine Steigerung zu erreichen, müssen beide Verfahren verbessert werden.

Das distanzbasierte Objekttrennungsverfahren kann durch eine Optimierung der Vereinzelung bei der Gipfelbestimmung sowie durch eine objektbezogenen Ausrichtung der Schnittlinien bereits verbessert werden. Beim skeletonbasierten Verfahren erfolgt die Verlängerung der Skelettzweige, für die kein Partner gefunden wurde, in Richtung des Zweiges (bestimmt aus Start- und Endpunkt) und verläuft über das gesamte Objekt. Das kann dazu führen, dass mehr als nur die zwei am Endpunkt anliegenden Einzelobjekte geschnitten werden, was in einer regelrechten „Zerstückelung" anderer Einzelobjekte resultieren kann. Eine Verlängerung muss nach dem Schnitt mit den beiden anliegenden Einzelobjekten enden. Um zuverlässig gute Resultate mit diesem Verfahren zu ereichen, muss sichergestellt werden, dass das Hintergrundskelett immer Zweige zu den konkaven Stellen ausbildet. Hier könnten zusätzliche Information z.B. aus der konkaven Hülle herangezogen werden, um diese Bereiche zu identifizieren.

In einem nächsten Schritt werden die beiden vorgestellten Verfahren im realen Einsatz unter Echtzeitbedingungen evaluiert werden.

Literatur

1. C. Lantuéjoul, "Skeletonization in quantitative metallography," *Issues of Digital Image Processing*, vol. 34, pp. 107–135, 1980.

2. W. Wang and J. Paliwal, "Separation and identification of touching kernels and dockage components in digital images," *Candian Biosystems Engineering*, vol. 48, pp. 7.1 – 7.7, 2006.

3. G. Zhang, D. S. Jayas, and N. D. G. White, "Separation of touching grain kernels in an image by ellipse fitting algorithm," *Biosystems Engineering*, vol. 92, no. 2, pp. 135–142, 2005.

4. L. Yan, C.-W. Park, S.-R. Lee, and C.-Y. Lee, "New separation algorithm for touching grain kernels based on contour segments and ellipse fitting," *Journal of Zhejian University Science C (Computers and Electronics)*, vol. 12, no. 1, pp. 54–61, 2011.

5. N. S. Visen, N. S. Shashidhar, J. Paliwal, and D. S. Jayas, "Identification and segmentation of occluding groups of grain kernels in a grain sample image," *Journal of Agricultural Engineering Research*, vol. 79, no. 2, pp. 159–166, 2001.

6. H. K. Mebatsion and J. Paliwal, "A fourier analysis based algorithm to separate touching kernels in digital images," *Biosystems Engineering*, vol. 108, no. 1, pp. 66–74, 2011.

7. M. Faessel and F. Courtois, "Touching grain kernels separation by gap-filling," *Image Analysis and Stereology*, vol. 28, no. 3, pp. 195–203, 2009.

Inspektion spiegelnder Oberflächen mit Wavelet-basierten Verfahren

Mathias Ziebarth[1], Tan-Toan Le[2],
Thomas Greiner[2] und Michael Heizmann[3]

[1] Karlsruher Institut für Technologie, Institut für Anthropomatik,
Lehrstuhl für Interaktive Echtzeitsysteme,
Adenauerring 4, D-76131 Karlsruhe
[2] Hochschule Pforzheim, Institut für Angewandte Forschung,
Tiefenbronner Straße 65, D-75175 Pforzheim
[3] Fraunhofer-Institut für Optronik, Systemtechnik und Bildauswertung,
Fraunhoferstraße 1, D-76131 Karlsruhe

Zusammenfassung Es werden Methoden zur Inspektion spiegelnder Oberflächen vorgestellt, die auf deflektometrischen Verfahren und der Wavelet-Theorie aufbauen. Mit diesen Methoden lassen sich Defekte lokalisieren und mit einem Bayes'schen Ansatz in unterschiedliche Klassen einteilen. Unser Wavelet-basierter Entwurf bietet eine Reihe von Vorteilen: Erstens ist die Klassifikation und Detektion von Defekten im Skalenraum sehr vereinfacht, da sich die relevanten Informationen über die Oberflächeneigenschaften auf relativ wenige große Koeffizienten verteilen. Zweitens ist dank der multiskaligen Verarbeitung die gleichzeitige Detektion von großen und kleinen Eigenschaften möglich. Und drittens ist es durch die Auswahl von passenden Wavelets möglich, unerwünschte Eigenschaften (wie die Gestalt der zugrunde liegenden Oberfläche) bereits in der Transformation statt erst in der Klassifikation zu unterdrücken. Anhand von experimentellen Ergebnissen zeigen wir die Eignung der Methoden, um lackierte Oberflächen zu beurteilen und relevante Klassen von Oberflächendefekten zu unterscheiden.

1 Einleitung

Die Eigenschaften von Oberflächen als auch von Defekten können stark variieren. Eigenschaften von Defekten reichen von großen Ausdehnungen mit kleinen Höhenunterschieden bei Beulen bis hin zu punktförmigen Defekten und relativ großen Höhenunterschieden bei Lackpickeln. Um eine umfassende Qualitätsinspektion einer technischen Oberfläche zu erreichen, müssen zwei Voraussetzungen erfüllt sein: ein Messsystem, das alle relevanten geometrischen Eigenschaften der Oberfläche erfasst und eine Auswertung, die zwischen zulässigen Oberflächeneigenschaften und Defekten auf der erfassten Oberfläche unterscheidet. Wir stellen Methoden vor, die unter Verwendung deflektometrischer Verfahren und der mathematischen Wavelet-Theorie dieses Problem probabilistisch im Bayes'schen Sinne angehen.

Die Oberfläche wird mithilfe deflektometrischer Methoden erfasst [1]. Die entstandenen Daten können als nicht-metrische Daten zur Beurteilung der Oberfläche und zur Erkennung von Defekten verwendet werden, da aus ihnen das Normalenfeld der spiegelnden Oberfläche abgeleitet werden kann und sie somit der menschlichen Wahrnehmung der Oberfläche entsprechen. Mit den deflektometrischen Daten erfolgt eine Bewertung der Oberfläche, indem Abweichungen zu einer erwünschten Oberfläche detektiert und klassifiziert werden. Die Bewertungsverfahren lassen sich auch für die Bewertung aufgrund metrischer Oberflächendaten verwenden. Im Gegensatz zu bisherigen Ansätzen zur Oberflächenbeurteilung, die eine Detektion und Klassifikation im Ortsraum der Messdaten (wie z.B. die Normalenauslenkung von Abweichungen der Oberfläche zu einer Referenzoberfläche [1] oder die Auswertung der Bildaufname mit lokalen Operatoren [2]) vornehmen, erlaubt die Wavelet-Transformation eine multiskalige Bewertung. Für die Defektdetektion u.a. auf spiegelnden Oberflächen gibt es bereits Ansätze [3], die den Skalenraum der Wavelet-Transformation untersuchen. In dieser Arbeit werden darüber hinaus weitere Möglichkeiten der Wavelet-Transformation ausgeschöpft. Dafür werden zunächst passende Wavelet-Basen identifiziert, deren Eigenschaften für die Defektdetektion geeignet sind. Nach Einführung der verwendeten Wavelet-Transformation und der identifizierten Wavelet-Basen werden Bayes'sche Ansätze vorgestellt, mit denen die erhaltenen Wavelet-Koeffizienten ausgewertet werden.

Im Bereich der wissenschaftlichen Arbeiten zu Wavelets zielen viele Ansätze des vergangenen Jahrhunderts auf die Kompression und Rauschunterdrückung von Bildern bzw. Signalen im Skalenraum. Dabei macht man sich zunutze, dass Rauschen hauptsächlich in den Koeffizienten mit Werten nahe 0, sowie in den kleinen Skalen (entspricht hochfrequenten

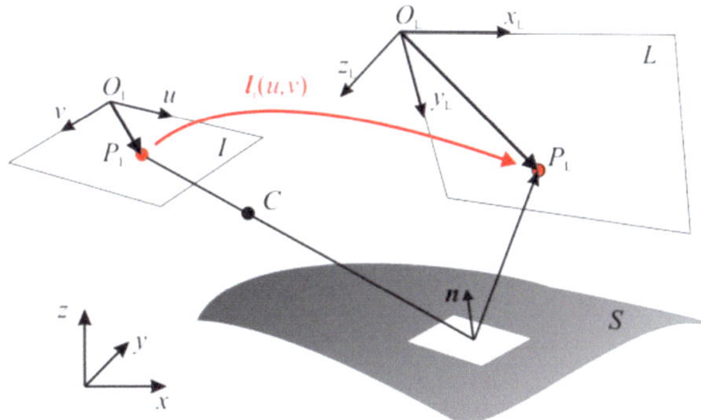

Abbildung 15.1: Prinzip der deflektometrischen Registrierung aus [1].

Anteilen im Signal) sichtbar wird. Kennt man die Verteilung des Rauschens in den Koeffizienten, so können die Koeffizienten entsprechend reduziert werden (Wavelet Shrinkage). Hier sei ein Bayes'scher Ansatz [4] genannt, bei der eine Gauß-Mischdichte für die priore Wahrscheinlichkeit der Koeffizienten verwendet wird und der dem hier vorgestellten Ansatz ähnelt. Eine andere Interpretation der Koeffizienten, ausgehend von einer Idee von Mallat [5], wird zur Kantendetektion verwendet [6, 7]. Hier wird ein Wavelet verwendet, das die Eigenschaft eines Differenzoperators besitzt und damit Kanten im Bild multiskalig beschreibt.

2 Deflektometrie

Bei der Inspektion von spiegelnden Oberflächen treten im Vergleich zur Inspektion von matten Oberflächen andere Problemstellungen auf. Zunächst lassen sich keine Messverfahren anwenden, die Muster auf die Oberfläche projizieren und die Oberfläche direkt beobachten. Hier finden deflektometrische Verfahren [1] ihre Anwendung. Zudem ist auch die Zielsetzung bei der Inspektion spiegelnder Oberflächen häufig eine andere. Sollen Defekte gefunden werden, die ein menschlicher Beobachter als störend empfindet, so muss dessen Wahrnehmung berücksichtigt werden. Da die Oberfläche selbst nur über die Spiegelung der Umwelt in der Oberfläche sichtbar wird, rücken die Abbildungseffekte der Oberfläche in den Vordergrund. Diese werden zwar

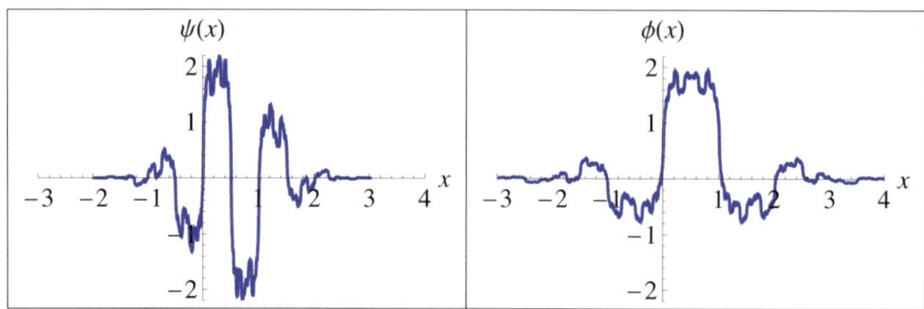

Abbildung 15.2: Verwendetes Analysewavelet und zugehörige Skalierungsfunktion.

durch die Form der Oberfläche vorgegeben, vielmehr jedoch durch ihre Krümmung, also die Richtungsänderungen der Oberfläche, beschrieben. Diese Krümmungsinformationen sind im Normalenfeld der Oberfläche enthalten.

Dazu wird ein Messaufbau wie in Abbildung 15.1 dargestellt, bestehend aus einer Kamera mit der Bildebene I, spiegelnder Oberfläche S als Prüfobjekt und Schirm L verwendet. Auf den Schirm werden sinusförmige Streifenmuster in horizontaler und vertikaler Richtung projiziert. Die Kamera ist so positioniert, dass die Muster auf dem Schirm über die spiegelnde Oberfläche beobachtet werden können. Durch die Abbildung über die Oberfläche werden die dargestellten Muster verzerrt. Anhand der Beobachtung einer ganzen Mustersequenz können die Schirmpunkte eindeutig den Kamerasichtstrahlen zugeordnet werden:

$$l : P_I \rightarrow P_L, \ l[u, v] = (x_L, y_L).$$

Diese Abbildung wird als deflektometrische Registrierung bezeichnet. Sie enthält bereits wesentliche Informationen über die Oberfläche, die als abbildendes Element im Strahlengang liegt. Ohne Kenntnis der genauen Lage der Oberfläche lässt sich jedoch keine eindeutige Rekonstruktion der Oberfläche angeben [8].

3 Wavelet-Transformation

Die Wavelet-Transformation stellt ebenso wie die Fourier-Transformation Signale im Frequenzraum dar. Dabei ist die Fourier-Transformation eine globale Transformation. Die Lokalisierung einer Signaländerung ist nur durch Betrachtung der gesamten Transformierten möglich, da die Fourier-Transformation periodisch schwingende und somit unendlich ausgedehnte Winkelfunktionen als Basisfunktionen verwendet. Bei der Wavelet-Transformation hingegen werden kleine „Wellchen" verwendet, die nur in einem endlichen Bereich Koeffizienten ungleich Null besitzen und somit eine Lokalisierung sowohl im Orts- als auch im Frequenzraum ermöglichen [5]. Ähnliches lässt sich bei der Fourier-Transformation durch eine Fensterung der Basisfunktionen erreicht (Short Time Fourier Transform). Da diese Fensterung jedoch unabhängig von Ort und Frequenz ist, werden für kleine Fenster tiefe Frequenzen schlecht erkannt, während für große Fenster die Lokalisierung im Ortsraum schlecht ist. Im Gegensatz dazu besitzen Wavelets abhängig von der Lokalisierung im Ortsraum eine entsprechende Lokalisierung im Frequenzraum. Besonders anschaulich ist die kontinuierliche Wavelet-Transformation (CWT), die das Skalarprodukt eines Signals $f(x)$ mit allen möglichen Skalierungen s und Verschiebungen u des Wavelets ψ berechnet:

$$F(s,u) := W\left\{f(x)\right\} = \,<f, \psi_{s,u}>\,, \text{ wobei } \psi_{s,u}(x) = \frac{1}{\sqrt{s}}\left(\frac{x-u}{s}\right).$$

Zur Anwendung der Wavelet-Transformation wird meist die diskrete Wavelet-Transformation (DWT) verwendet. Zusätzliche Anforderungen an die Waveletfunktion stellen sicher, dass nur dyadische Skalierungen und ganzzahlige Verschiebungen betrachtet werden müssen. Durch die Einführung einer Skalierungsfunktion ϕ, lässt sich das Signal $f(x)$ in unterschiedlichen Approximationen a darstellen:

$$a_s[u] = \int_{-\infty}^{\infty} f(x)\frac{1}{\sqrt{2^s}}\phi\left(\frac{x-2^s u}{2^s}\right)dx, \, (s,u) \in \mathbb{Z}^2.$$

Die Skalierungsfunktion hat hierbei Tiefpasseigenschaft, so dass mit zunehmender Skala immer mehr hochfrequente Anteile des Signals $f(x)$ verloren gehen. Weiterhin ist die Orthogonalität von Skalierungsfunktion und Waveletfunktion zueinander gefordert, was eine Multiskalenanalyse ermöglicht. Die Waveletfunktion kodiert als Bandpass jeweils die Details, also die hochfrequenten Anteile, die von einer dyadischen Approximation zur nächsten verschwinden. Für die effiziente Berechnung der Approximationen und der Details werden statt der Skalierungs- und Waveletfunktion

Filterbänke verwendet. Ausgehend von einer Approximation des Signals in der Skala s (Wavelet Crime $a_0[x] := f[x]$) wird die nächstgröbere Approximation mit dem Tiefpassfilter h berechnet. Die Details werden mithilfe des Filters g berechnet, welches Hochpasseigenschaften besitzt. Für mehrdimensionale Funktionen wird die Wavelet-Transformation in jede Richtung separat berechnet, so dass bei einem zweidimensionalen Signal $f(x, y)$ ein Approximationsraum und drei Detailräume entstehen:

$$a_{s+1}[u, v] = \sum_{m=-\infty}^{\infty} h[m - 2u] \sum_{n=-\infty}^{\infty} h[n - 2v]a_s[m, n],$$

$$d_{s+1,1}[u, v] = \sum_{m=-\infty}^{\infty} h[m - 2u] \sum_{n=-\infty}^{\infty} g[n - 2v]a_s[m, n],$$

$$d_{s+1,2}[u, v] = \sum_{m=-\infty}^{\infty} g[m - 2u] \sum_{n=-\infty}^{\infty} h[n - 2v]a_s[m, n],$$

$$d_{s+1,3}[u, v] = \sum_{m=-\infty}^{\infty} g[m - 2u] \sum_{n=-\infty}^{\infty} g[n - 2v]a_s[m, n].$$

Ein weiterer Unterschied der Wavelet-Transformation zur Fourier-Transformation ist die freie Wahl der Basisfunktionen. Wir verwenden biorthogonale Wavelets, die statt einer Wavelet- und Skalierungsfunktion jeweils zwei verwenden. Durch diese Trennung in Analyse- und Synthesewavelet wird die strenge Orthogonalitätsbedingung durch eine Biorthogonalitätsbedingung abgeschwächt, was weitere Designfreiheitsgrade eröffnet. Die Biorthogonalitätsbedingung $< \psi_{s,u}, \tilde{\psi}_{s',u'} >= \delta_{s,s'}\delta_{u,u'}$ stellt sicher, dass die perfekte Rekonstruktion bei Verwendung von Analysewavelet ψ und Synthesewavelet $\tilde{\psi}$ erfüllt wird:

$$f = \sum_{s,u} < f, \psi_{s,u} > \psi_{s',u'} = \sum_{s,u} < f, \psi_{s',u'} > \psi_{s,u}.$$

Das zur Analyse verwendete biorthogonale Spline-Wavelet und die zugehörige Skalierungsfunktion sind in Abbildung 15.2 zu sehen. Es ist symmetrisch um 0.5 und somit im Ortsraum gut lokalisiert. Die Analysefunktion besitzt fünf verschwindende Momente und ist somit orthogonal zu Polynomen bis zur vierten Ordnung. Das hat den Vorteil, dass Kurven bzw. Flächen im Signal, die sich durch Polynome vierten Grades darstellen lassen, nicht im Detailraum auftauchen. Der Tiefpass hat einen Träger (die Anzahl nicht verschwindender Filterkoeffizienten) der Länge 12, der Bandpass hat einen Träger der Länge 4.

Sei $\mathbf{V}_s$ der Approximations- und $\mathbf{W}_s$ der Detailraum in der Skala s aufgespannt durch die Wavelet- bzw. Skalierungsfunktion. Aus der Orthogonalität der Skalierungs- und Waveletfunktion folgt, dass der Detailraum orthogonal zum Approximationsraum ist[4]:

$$\mathbf{V}_{s-1} = \mathbf{W}_s \oplus \mathbf{V}_s.$$

Daraus folgt auch die Orthogonalität von zwei Detailräumen unterschiedlicher Skalen. Zusätzlich lässt sich jede über den reellen Zahlen quadratisch integrierbare Funktion durch die Detailräume bis zur Skala S und zusätzlich den Approximationsraum in der Skala S vollständig beschreiben:

$$\mathbf{L}^2(\mathbb{R}) = \mathbf{V}_S \oplus \sum_{s=-\infty}^{S} \mathbf{W}_s.$$

Ein Problem der DWT ist ihre fehlende Translationsinvarianz. Wird das Signal im Ortsraum verschoben, so führt dies meist zu einer Änderung der Wavelet-Transformierten. Stattdessen kann die stationäre Wavelet-Transformation (SWT) verwendet werden. Sie ist translationsinvariant, hat dafür jedoch einen höheren Rechen- und Speicheraufwand.

4 Auswahl der Merkmale

Für die Detektion und Klassifikation von Defekten werden geeignete Merkmale benötigt, die invariant gegen Skalierung, gegen leichte Krümmungen der Oberfläche und gegen Translationen sind. All diese Eigenschaften werden erfüllt, wenn die Detailkoeffizienten des oben beschriebenen Wavelets verwendet werden und die stationäre Wavelet-Transformation verwendet wird. Zudem sollten Merkmale möglichst anisotrop sein, um gerichtete Strukturen wie beispielsweise Kratzer zu erkennen. Mit der vorgestellten Wavelet-Transformation werden drei Richtungen betrachtet, was für viele Fälle ausreicht. Das Merkmal wird für jeden Bildpunkt in deflektometrischen Registrierung berechnet. Dazu wird die Wavelet-Transformierte der horizontalen und vertikalen Registrierung

---

[4] Der Operator $\oplus$ wird als direkte Summe bezeichnet.

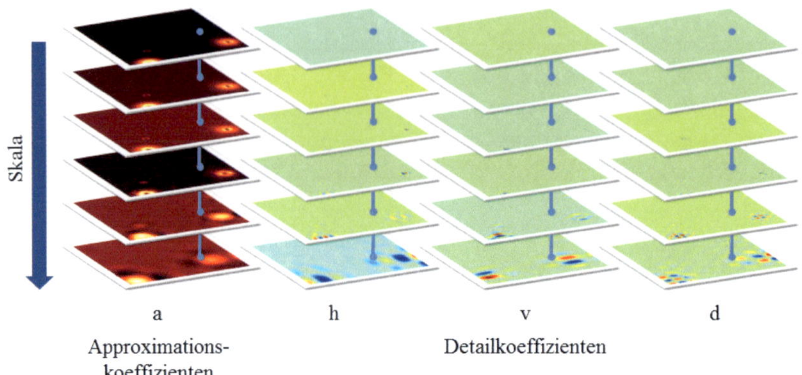

Abbildung 15.3: Der Merkmalsvektor für einen Punkt besteht aus den Detailkoeffizienten (horizontal, vertikal und diagonal) der stationären Wavelet-Transformation in mehreren Skalen.

$r_1 = 1, 2$ bis zur 5. Skala berechnet und anschließend die Detailkoeffizienten in horizontaler, vertikaler und diagonaler Richtung $r_2 = 1, 2, 3$ ausgewählt (siehe Abbildung 15.3). Für jeden Punkt (u, v) resultiert damit ein Merkmalsvektor $\mathbf{d}[u, v]$ mit $r_1 * s * r_2$ Einträgen:

$$\mathbf{d} = \left(\mathbf{d}^1 \mathbf{d}^2\right)^T, \ \mathbf{d}^{r_1} = \left(d_{1,1}^{r_1} d_{1,2}^{r_1} d_{1,3}^{r_1} \ldots d_{5,1}^{r_1} d_{5,2}^{r_1} d_{5,3}^{r_1}\right).$$

5 Klassifikation

5.1 Defektdetektion ohne Trainingsdaten

Eine Möglichkeit, Defekte jeder Art in den Daten der deflektometrischen Registrierung zu finden, besteht darin, Abweichungen direkt in einer Aufnahme zu detektieren. Zunächst kann angenommen werden, dass Defekte sich im Detailraum der Wavelet-Transformation durch große Koeffizienten in mindestens einer Skala auszeichnen:

$$d_{s,r_2}^{r_1}[u, v] \approx 0, \ \text{für } f[u, v] \text{ defektfrei und alle } s, r_1, r_2.$$

Außerdem wird dafür angenommen, dass sich auf einer beliebigen Oberfläche verhältnismäßig wenige defekte Bereiche befinden. Die priore

Wahrscheinlichkeit für das Ereignis $\bar{D} = $ „fehlerfrei" ist demnach

$$p(\bar{D}) \approx 1.$$

Die klassenbedingte Wahrscheinlichkeit für die Rückweisungsklasse „fehlerfrei" wird bestimmt, indem die Abweichung von Null als normalverteilt angenommen wird:

$$p(\mathbf{d} \mid \bar{D}) \sim \mathcal{N}(\mathbf{d}, \mathbf{0}, \mathbf{\Sigma}).$$

Solange Koeffizienten mit großer Abweichung selten sind, werden diese bei der Schätzung der Varianz vernachlässigt. Sie erhalten daher eine sehr kleine klassenbedingte Wahrscheinlichkeit für „fehlerfrei". Die Klassifikation erfolgt nach dem Theorem von Bayes mit dem Ereignis $D = $ „Defekt":

$$p(D \mid \mathbf{d}) = \frac{p(\mathbf{d} \mid D)p(D)}{p(\mathbf{d})} = 1 - \frac{p(\mathbf{d} \mid \bar{D})p(\bar{D})}{p(\mathbf{d})}.$$

5.2 Defektdetektion mit Trainingsdaten

Univariate Defektklassifikation   Für die Unterscheidung von Defekttypen wird zunächst ein Training benötigt. Zunächst werden die prioren und die klassenbedingten Wahrscheinlichkeiten geschätzt. Dabei wird angenommen, dass die Merkmale bedingt statistisch unabhängig voneinander sind. Für orthogonale Wavelets lässt sich die Unabhängigkeit der Skalen und Richtungen mathematisch zeigen[5]:

$$\mathbf{V}_s = \mathbf{V}_{s+1} \oplus \mathbf{W}_{s+1}, \ \mathbf{W}_s \perp \mathbf{V}_s \implies \mathbf{W}_s \perp \mathbf{W}_{s+1},$$
$$\mathbf{W}_{s+1}^2 = (\mathbf{V}_s \otimes \mathbf{W}_s) \oplus (\mathbf{W}_s \otimes \mathbf{V}_s) \oplus (\mathbf{V}_s \otimes \mathbf{V}_s) \oplus (\mathbf{W}_s \otimes \mathbf{W}_s)$$
$$\implies \mathbf{W}_{s,1} \perp \mathbf{W}_{s,2} \perp \mathbf{W}_{s,3}.$$

Im vorliegenden Fall werden drei Klassen $\mathcal{K} = \{F, B, L\}$ geschätzt: $F = $ „fehlerfrei", $B = $ „Beule" und $L = $ „Lackpickel". Die posteriore Wahrscheinlichkeit für eine Klasse kann für jeden Merkmalsvektor $\mathbf{d}$ berechnet werden als

$$p(K \mid \mathbf{d}) = \frac{\prod_{r_1=1}^{2} \prod_{r_2=1}^{3} \prod_{s=1}^{5} p\left(d_{s,r_2}^{r_1} \mid K\right) p(K)}{\prod_{r_1=1}^{2} \prod_{r_2=1}^{3} \prod_{s=1}^{5} p\left(d_{s,r_2}^{r_1}\right)}, \ K \in \mathcal{K}.$$

---

[5] Der Operator $\otimes$ wird als Tensorprodukt bezeichnet.

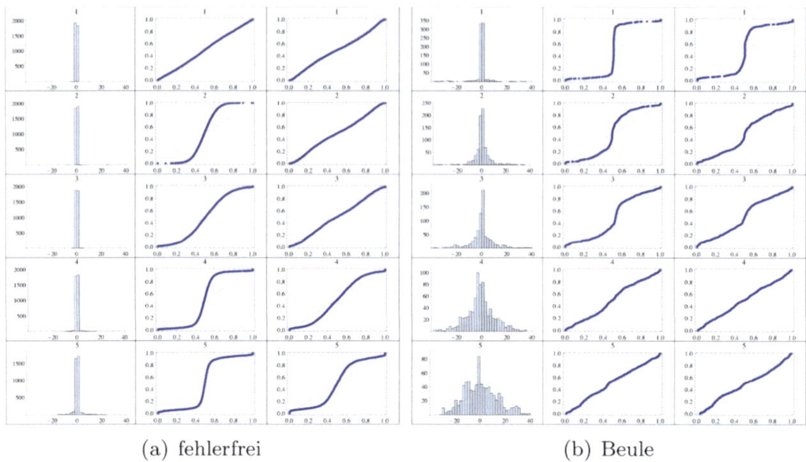

(a) fehlerfrei   (b) Beule

Abbildung 15.4: Histogramm der Detailkoeffizienten in diagonaler Richtung und Vergleich mit Normal- und Laplaceverteilung für die Skalen 1 bis 5 (von oben nach unten). Bei Übereinstimmung der Verteilungsfunktionen liegen die Werte auf einer Diagonalen.

Multivariate Defektklassifikation Die obige Unabhängigkeitsannahme muss für biorthogonale Wavelets nicht erfüllt sein. Verwendet man eine Verbundwahrscheinlichkeitsdichte für den gesamten Merkmalsvektor, so umgeht man diese Annahme:

$$p\left(K \mid \mathbf{d}\right) = \frac{p\left(\mathbf{d} \mid K\right) p(K)}{p\left(\mathbf{d}\right)}, \ K \in \mathcal{K}.$$

Der Nachteil dieses Ansatzes ist, dass eine sehr hochdimensionale Dichte gelernt werden muss.

Verteilungsannahme für klassenbedingte Wahrscheinlichkeit Im Folgenden werden drei Verteilungsannahmen für die Koeffizienten betrachtet. Erstens ist es möglich mit der durch das Histogramm geschätzten Wahrscheinlichkeitsdichte zu arbeiten:

$$\hat{p}\left(d_{s,r_2}^{r_1} \mid k\right) := \frac{\text{hist}(d_{s,r_2}^{r_1} \mid k)}{\sum_{k' \in \mathcal{K}} \text{hist}(d_{s,r_2}^{r_1} \mid k')}, \ k \in \mathcal{K}.$$

Der Vorteil hierbei ist, dass keine Annahme bezüglich einer Verteilung getroffen werden muss. Problematisch ist zum einen die Wahl der Intervallgröße (bins), in welchen die Werte quantisiert werden. Zum anderen muss die Lernstichprobe relativ groß sein, um Overfitting zu vermeiden. Daher wurde diese Möglichkeit hier nicht weiter untersucht.

Zweitens kann geprüft werden, ob den Daten eine Normalverteilung zugrunde liegt. Die univariate Dichtefunktion mit dem Mittelwert μ und der Varianz σ lautet:

$$\hat{p}\left(d_{s,r_2}^{r_1} \mid K\right) \sim \frac{1}{\sqrt{2\pi}\sigma} e^{-\frac{(x-\mu)^2}{2\sigma^2}}, \ K \in \mathcal{K}.$$

Drittens können die Daten auf eine Laplaceverteilung untersucht werden. Die Laplaceverteilung ist wie die Normalverteilung symmetrisch, hat allerdings steilere Flanken und stellt die sehr häufigen Koeffizientenwerte nahe Null besser dar:

$$\hat{p}\left(d_{s,r_2}^{r_1} \mid K\right) \sim \frac{1}{2\sigma} e^{-\frac{|x-\mu|}{\sigma}}, \ K \in \mathcal{K}.$$

In Abbildung 15.4 (a und b, jeweils linke Spalte) sind die Werte der diagonalen Wavelet-Koeffizienten $d_{s,3}$ für die Klassen „fehlerfrei“ (3776 Merkmalsvektoren) und „Beule“ (797 Merkmalsvektoren) entsprechend ihrer Häufigkeiten im Intervall $[-40, 40)$ in den Skalen eins bis fünf in einem Histogramm abgebildet. Für den Vergleich mit einer Normal- bzw. Laplaceverteilung wurde die jeweilige Dichte mit einem Maximum-Likelihood-Schätzer an die Daten angepasst und anschließend mit der Verteilungsfunktion der jeweiligen Dichte verglichen. Bei Übereinstimmung der Quantile liegen die Werte auf einer Diagonalen. Es zeigt sich, dass die Laplaceverteilung besser zu den Daten passt.

6 Ergebnisse

Die vorgestellten Methoden wurden auf lackierten Oberflächen getestet. Zum Teil besitzen die Oberflächen eine unebene Gestalt. Alle erfassten Oberflächen besitzen eine mehr oder weniger stark ausgeprägte Orangenhaut, also eine ungerichtete Welligkeit im Lack. Diese Welligkeit soll ebenso wie die unebene Gestalt der Oberfläche nicht als Defekt erkannt werden. Daneben sind diverse Defekte auf den Oberflächen zu finden, am häufigsten Lackpickel und Beulen. Außerdem gibt es im Bereich von Kanten Kratzer, Schleifstellen und Verzüge. In Abbildung 15.5 sind die Daten der deflektometrischen Registrierung und die Defektdetektion bzw. -klassifikation für drei Beispiele zu sehen. Hier wurde eine große Busklappe, ein stark gekrümmter Bereich auf einer Autotür und ein Testblech mit sehr vielen Defekten betrachtet. Für das Training wurden 797 und 3776 Merkmalsvektoren (defekt, fehlerfrei) für die Busklappe, 324 und 2883 Merkmalsvektoren (defekt, fehlerfrei) für die Autotür sowie 243, 1896 und 5233 Merkmalsvektoren (Lackpickel, Beule, fehlerfrei) für das Testblech ausgewählt. Es hat sich gezeigt, dass die Detektion sowohl mit, als auch ohne Trainingsdaten sehr gut funktioniert. Die Klassifikation wurde jeweils unter Annahme einer Normalverteilung und einer Laplaceverteilung ohne priore Informationen durch einen Maximum-Likelihood-Schätzer durchgeführt. Unter Annahme einer Laplaceverteilung werden mehr defekte Bereiche gefunden, auch wenn diese schlechter lokalisiert sind. Bei der Klassifikation werden noch einige Fehlklassifikationen gemacht, da viele Lackpickel als Beule klassifiziert werden. Das kann zum Teil an zu wenigen Trainingsdaten liegen. Zum großen Teil liegt es aber daran, dass das verwendete Wavelet die einzelnen Defektklassen nur schlecht voneinander trennt. Außerdem ist die Annahme der statistischen Unabhängigkeit der einzelnen Skalen verletzt. Für eine multivariate Klassifikation ist der Merkmalsraum jedoch zu groß.

7 Zusammenfassung

Es wurde ein neuartiges Verfahren zur multiskaligen Detektion und Klassifikation von Defekten auf spiegelnden Oberflächen vorgestellt. Die Ergebnisse zeigen eine robuste und einfach zu parametrisierende Methodik, die für eine Detektion bereits gute Ergebnisse liefert.

Verbesserungswürdig sind die Dichteannahme (z.B. eine Gauß-Mischdichte wie in [4] vorgeschlagen), die Schätzung einer multivariaten Wahrscheinlichkeitsdichte, indem der Merkmalsraum weiter reduziert wird, sowie das verwendete Wavelet.

Danksagung Diese Veröffentlichung ist im Rahmen des Projekts MID-Wave entstanden, das im Auftrag der Baden-Württemberg Stiftung durchgeführt wird.

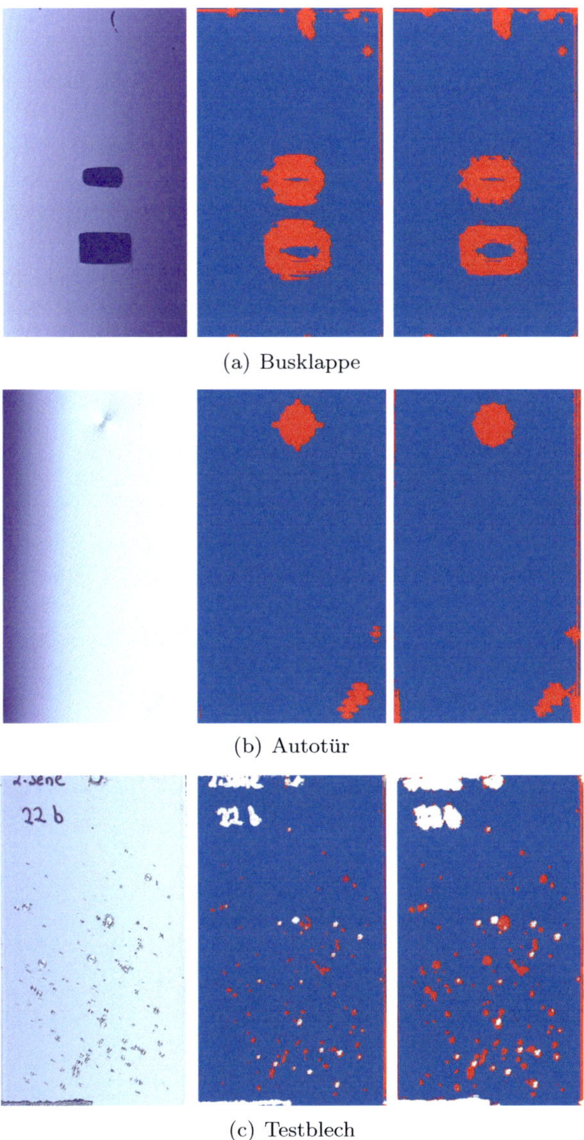

(a) Busklappe

(b) Autotür

(c) Testblech

Abbildung 15.5: Beispiele für deflektometrische Registrierung (links) und Maximum-Likelihood Klassifikation mit Annahme einer Normal- (mittig) und einer Laplaceverteilung (rechts) mit zwei bzw. drei Fehlerklassen (blau = defektfrei, weiß = Lackpickel, rot = Beule).

Literatur

1. S. Werling, „Deflektometrie zur automatischen Sichtprüfung und Rekonstruktion spiegelnder Oberflächen", Dissertation, Karlsruher Institut für Technologie, 2011.

2. N. Bonnot, R. Seulin und F. Merienne, „Machine vision system for surface inspection on brushed industrial parts", in *Machine Vision Applications in Industrial Inspection XII*, 2004.

3. L. Rosenboom, T. Kreis und W. Jüptner, „Surface description and defect detection by wavelet analysis", *Measurement Science and Technology*, Vol. 22, 2011.

4. H. A. Chipman, E. D. Kolaczyk und R. E. McCulloch, „Adaptive bayesian wavelet shrinkage", *Journal of the American Statistical Association*, Vol. 92, 1997.

5. S. Mallat, *A wavelet tour of signal processing: the sparse way.* Academic Press, 2009.

6. D. Heric und D. Zazula, „Combined edge detection using wavelet transform and signal registration", *Image and Vision Computing*, Vol. 25, S. 652–662, 2007.

7. C. Ducottet, T. Fournel und C. Barat, „Scale-adaptive detection and local characterization of edges based on wavelet transform", *Signal Processing*, Vol. 84, S. 2115–2137, 2004.

8. J. Balzer, „Regularisierung des Deflektometrieproblems – Grundlagen und Anwendung", Dissertation, Universität Karlsruhe (TH), Universitätsverlag Karlsruhe, 2008.

On automatic segmentation of FIB-SEM images

Martin Salzer[1], Simon Thiele[2], Roland Zengerle[2] and Volker Schmidt[1]

[1] Ulm University, Institute for Stochastics,
Helmholtzstr. 18, D-89069 Ulm
[2] Laboratory for MEMS Applications, IMTEK – Department of
Microsystems Engineering,
University of Freiburg, Georges-Koehler-Allee 103, 79110 Freiburg, Germany

Abstract We present a new algorithmic approach to segmentation of highly porous 3D image data gained by FIB-SEM tomography (SEMt). The SEMt technique has shown to be useful in more and more fields of research, in particular for the development of new functional materials. However, algorithmic segmentation of SEMt images is a challenging problem for highly porous materials if filling the pore phase, e.g. with epoxy resin, is difficult. The grey intensities of individual voxels are not sufficient to determine the phase represented by them and usual thresholding methods are not applicable. We thus propose a new approach to segmentation of SEMt images. It consists in detecting the first and last occurrences of individual substructures by analysing the variation of grey intensities in z-direction. As an application, the segmentation of SEMt images for a cathode material used in polymer electrolyte membrane fuel cells is discussed.

In the next decades humanity has to face the problem of global climate change which is linked to our societies present and future energy consumption. Replacing fossil fuels and internal combustion engines by hydrogen and fuel cells is regarded as a key solution for future sustainable energy supply [1]. In particular, polymer electrolyte membrane fuel cells (PEMFC) are important energy converters delivering electric energy from chemical energy. In the PEMFC reaction, hydrogen and oxygen are converted to water. For a controlled performance of this reaction a high level of technological know-how especially in the membrane electrode assembly (MEA) is mandatory [2]. This approximately 40 μm thick structure consists of an anode catalyst layer, a polymer electrolyte membrane (PEM) and a cathode catalyst layer (CCL). In the anode catalyst layer hydrogen molecules are catalytically split into electrons and protons. The PEM conducts protons to the anode but does not conduct electrons. The electrons can be conducted to the CCL via an electric circuit thereby providing electric energy. Finally, in the CCL, the protons, electrons and oxygen have to be transported to platinum catalyst sites where the crucial oxygen reduction reaction takes place.

There is no doubt that the 3D CCL morphology has a large impact on the performance of PEMFCs [3]. To better understand the influence of CCL morphology on rate limiting processes, several approaches have been developed to create artificial CCL morphologies [4]. However, since the CCL morphology is considerably influencing the transport processes within PEMFC, methods are required for the correct reconstruction of real CCL morphologies in 3D. The method which is currently best suited for this purpose is Focused Ion Beam (FIB) / Scanning Electron Microscope (SEM) tomography (shortly called SEMt in this paper). Note that SEMt is an advanced imaging technique which has successfully been used in materials science, e.g. for ceramics [5, 6], batteries [7, 8] and PEMFC cathodes [9, 10]. But algorithmic segmentation of SEMt images is a challenging problem for highly porous materials especially if it is difficult to fill the pore phase, e.g. with epoxy resin. In this case the grey intensities of individual voxels are not sufficient to determine the phase represented by them and usual thresholding methods are not applicable. We thus propose a different approach to segmentation of SEMt images, which is an extension of an algorithm recently introduced in [11] for the segmentation of SEMt images of another type of porous material.

In the present paper, our algorithm is applied to SEMt images for CCL material, where we detect the first and last occurrences of individual substructures by analysing the variation of grey intensities in z-direction. The algorithm is validated by comparing its segmentation results with those obtained by thresholding methods and by a manual segmentation approach [10], which is both subjective and time consuming.

The paper is organized as follows. In Section 1, we describe the material and image data that is used as an example of application of our approach. Then, in Section 2, we introduce our method of automatic image segmentation. Section 3 discusses the obtained segmentation results and compares them to those which have been received by global thresholding and manual segmentation, respectively. Finally, Section 4 concludes and gives an outlook to possible future research.

1 Preliminaries

1.1 Description of material and imaging technique

A pristine commercial Gore PRIMEA A510.1 M710.18 C510.4 PEMFC membrane electrode assembly was used to carry out all tomographic experiments, see Fig. 16.1 a. For this material, water modeling and imaging techniques complementary to SEMt have been studied e.g. in [7, 12] but without establishing any automatic image segmentation.

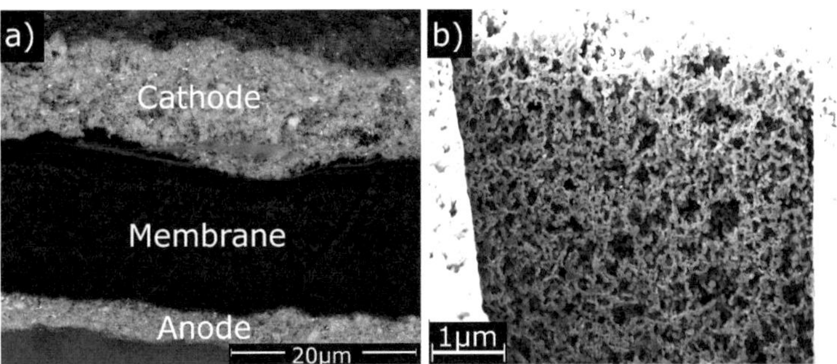

Figure 16.1: Membrane electrode assembly with cathode, anode and membrane (a); cavity in the cathode opened by FIB (b).

The loading which is mass of Pt per surface area was 0.1 mg/cm^2 at the anode and 0.4 mg/cm^2 at the cathode. The CCL has a thickness of about 11 μm while the thickness of the anode catalyst layer is about 3.5 μm.

For SEMt a FIB for cutting and an SEM for the imaging are positioned in an angle of 50°–54°. With the FIB, gallium ions are accelerated towards the surface of the investigated sample provoking a very local sputtering process with spot sizes of 10 nm and less. The FIB thereby enables to remove slices from the sample, see Fig. 16.1 b. Successive slicing by FIB and image acquisition by SEM produces a stack of 2D images.

1.2 Preprocessing

Due to the different angles of the FIB and the SEM the obtained images contain a significant drift in y-direction that increases in z-direction. Correcting this drift is essential, as the algorithm described in Section 2 strongly relies on correct alignment.

To accomplish this, we used a modified version of the least-square difference algorithm described in [13]. The algorithm determines the vector that leads to the smallest difference between two images when they are shifted in the direction of the vector. We modify this approach by only accounting voxels below a certain threshold ($\tau_{\text{shift}} = 75$). This guarantees that the alignment is computed based on the background structures we try to detect later on. Additionally, we use linear interpolation to estimate grey intensities for values of non-integral coordinates. The drift is then determined by computing the difference between slice z and its successor $z+1$ for all shift vectors $(s_x, s_y) \in \{-10, -9.5, -9, \dots, 9.5, 10\}^2$ where we determine the shift vector that leads to the minimal difference. Finally, we apply a 2D mean value filter with radius $r = 1.0$ to the image.

1.3 Basic notation

We denote by I the preprocessed image obtained by SEMt as described in Sections 1.1 and 1.2, where I is a function that maps each voxel location (x, y, z) to its corresponding grey intensity $I(x, y, z)$, also denoted by $I_{xy}(z)$ in the following.

2 Automatic image segmentation

In this section we present a new approach to segmentation of SEMt images. This approach extends the key-principle of local threshold backpropagation described in [11]. There, we detected sudden drops in grey intensity for given x and y coordinates and stepwise increasing z-values. We then used the last grey intensity before the drop to estimate a reasonable threshold that was used to detect the beginning of the currently visible structure. This idea, however, was based on the assumption that grey intensities remain the same within each substructure (while different substructures may have different grey values). However, this assumption does not hold for all datasets in particular not for the currently analyzed one: For many substructures we find a huge variation of the grey intensity. This is caused by various properties of the material that have an impact on the grey intensity. For example rough surfaces lead to higher grey intensities than surfaces with similar properties that are smoothed by the sputtering effect of the FIB. Additionally, some of the electrons that enter the specimen vanish in the material instead of being reflected by it. These electrons can not be detected by the sensor which leads to a lower grey value intensity. The sum of these influenceal properties result in a dataset where neither global nor common local thresholding schemes lead to sufficiently good results. Even more advanced techniques like the approach presented in [11] are not able to cover the complexity of the given data. Therefore we developed a new approach the basic idea of which is given below.

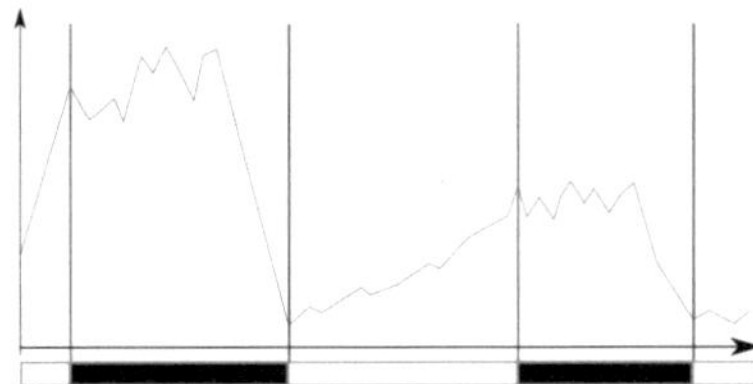

Figure 16.2: Schematic 1D example for the detection of local maxima (red) and minima (blue). The bar below shows the binarised image.

2.1 Segmentation principle

For any given pair (x, y) we consider the 1D restriction I_{xy} of the image I. Within this image we detect both phase shifts, i.e. the first and the last occurrence of a substructure, by looking for local maxima and minima, respectively. This is based on the following heuristic principle: When a substructure is visible but still located in the background its grey intensity at this point is still relatively low. With each layer the FIB cuts off the structure gets closer to the sensor and the corresponding grey intensity increases. This continues until the substructure reaches the active slice. Therefore, we assume the grey intensity to reach a local maximum at the substructure's first occurrence, see Figure 16.2. For the last occurrence of a substructure an analogous assumption is made. When a structure is being cut off by the FIB the pore space behind becomes visible. Due to the greater distance of the following substructure that is separated by the just recently revealed pore space, the corresponding grey intensity is supposed to be significantly lower. Thus, we assume to reach a local minimum after the last occurrence of a substructure.

2.2 Detecting local extrema

We attempt to detect local minima and maxima within a 1D image I_{xy}, which we assume to be the last and first occurrence of a substructure, respectively. Due to the above described variations in grey intensity, we need to distinguish local extrema that represent the first or last occurrence of substructures from those that are based on variations on grey intensities within substructures. Therefore we introduce the following definitions for local extrema. We define that $I_{xy}(z)$ represents a *local minimum* if both of the following two criteria are met: 1) $I_{xy}(z) < I_{xy}(z+\Delta)$ for each $\Delta \in \{-1, 1\}$, and 2) $I_{xy}(z') - I_{xy}(z) > \tau_{\min}$, where z' denotes the location of the last *weak* maximum defined by

$$z' = \max\{z' < z : I_{xy}(z) > \max\{I_{xy}(z-1), I_{xy}(z+1)\}\}.$$

Furthermore, we say that $I_{xy}(z)$ represents a *local maximum* if both of the following two criteria are met: 1) $I_{xy}(z) > I_{xy}(z + \Delta)$ for each $\Delta \in \{-1, 1, 2\}$, and 2) $I_{xy}(z) - I_{xy}(z^*) > \tau_{\max}$, where z^* now denotes the location of the last minimum as defined above.

Note that these definitions are not fully symmetric, but there are two major differences. First, the grey intensity at voxel z is not only tested against the intensity at $z \pm 1$ but also against $z + 2$. This is to compensate for the fact that the speed the grey intensity increases is significantly slower than the decrease we try to detect. Therefore, smaller measurement errors, e.g. induced by false alignment, can lead to premature local maxima. Testing it against one additional grey intensity prevents the detection of some of these artificial local maxima. The difference in the characterization of local minima and local maxima is also the reason why we use two different thresholds ($\tau_{\min}$ and $\tau_{\max}$) to check for significance. When detecting local minima it is useful to use a higher value for $\tau_{\min}$ to prevent within-structural variations from being classified as last occurrences. Local maxima, on the other hand, are ignored when they appear within a structure and therefore lower values for τ_{max} can be used.

Second, the grey intensity of a local minimum is not compared to the last local maximum but instead to the last *weak* local maximum. As the grey intensity of a substructure may change during time its grey intensity at the first occurrence is not a reasonable point of reference. The last *weak* maximum is closer to the currently tested local minimum and therefore more likely to provide a reasonable grey intensity.

2.3 Description of the algorithm

We now employ the concepts stated above to give a complete description of the algorithm. For every pair (x, y) perform the following steps:

1. Denote the first local minimum by b_{xy}^0.
2. Set k to 1.
3. Compute $a_{xy}^k = \min\{z > b_{xy}^{k-1} : z \text{ local maximum}\}$.
4. Compute $b_{xy}^k = \min\{z > a_{xy}^k : z \text{ local minimum}\}$. If no local minima are left set a_{xy}^k to the highest possible z value.
5. If there are local maxima left, increase k by 1 and continue with step 3.

Every interval $[a_{xy}^k, b_{xy}^k - 1]$ now represents the estimated life span of a substructure and the resulting binary image is given by

$$B_{\mathrm{extrema}}(x, y, z) = \begin{cases} 255, & \text{if } z \in \bigcup_{k=1}^{k_{xy}^{\mathrm{max}}} [a_{xy}^k, b_{xy}^k - 1], \\ 0, & \text{otherwise.} \end{cases}$$

2.4 Postprocessing

Due to the complex nature of SEMt images the approach described above is not able to classify every voxel correctly. However, most of the occurring problems can be removed by appropriate postprocessing. First, we set $B_{\mathrm{extrema}}^*(x, y, z) = 0$ if $I(x, y, z) < \tau$, where τ is a manually chosen threshold. Then we remove small isolated clusters of foreground voxels by applying two 2D range filters (in our case with $r_1 = 2, \alpha_1 = 0.5$ and $r_2 = 10, \alpha_2 = 0.15$). Finally, we perform a dilation with radius $r_{\mathrm{dil}} = 4.5$, which is limited to voxel with a grey intensity in the original image I above the previously chosen threshold τ. This dilation connects otherwise separated voxel to a large set of connected regions and provides the final outcome of our approach. Figure 16.3 provides an illustration for all postprocessing steps.

In the first two steps, the parameter τ and the corresponding radii $r_{1/2}$ and quantiles $\alpha_{1/2}$ for the range filters are chosen to provide a good optical fit. The parameter r_{dil} for the dilation, which is the most influencual step, is chosen to match the original volume fraction of the material, which is a commonly known property of most specimen.

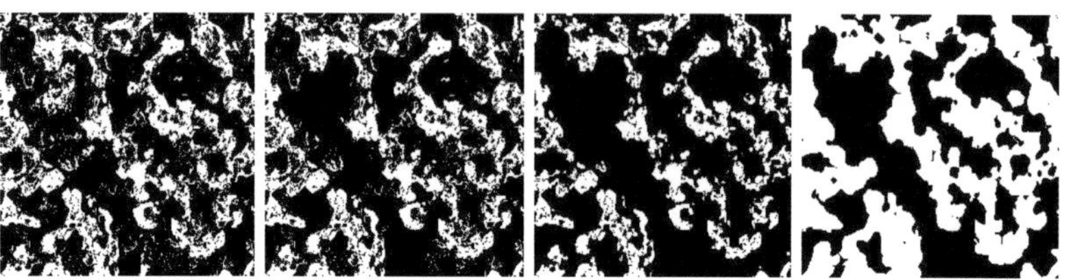

Figure 16.3: From left to right: before postprocessing; after thresholding; isolated clusters removed; dilation and final result.

3 Results

We now present the segmentation results, which have been obtained by our algorithm, and compare them to those of a global thresholding and a manual segmentation. The manual segmentation was performed by first applying a certain global threshold and then manually correcting the images using the software gimp [10]. Furthermore, a local thresholding approach has been tested. However the best results were obtained for a window size equal to the dimension of the image, i.e., it turned out that the best local thresholding is identical with global thresholding.

3.1 Visual comparision of segmented images

A visual comparison of 2D slices (see Figure 16.4) indicates a significant improvement which has been achieved by the automatic segmentation algorithm proposed in Section 2. This is also reflected by the rate of errounously classified voxels, which was reduced to 16.7% (thresholding 22.5%), supposing that the manual segmentation is correct. Both

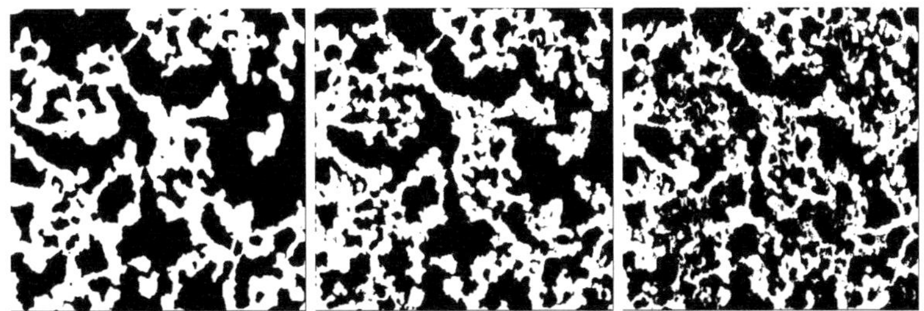

Figure 16.4: From left to right: manual segmentation; automatic segmentation as stated in Section 2; global thresholding.

phases are now being detected by a probability above 80%, with background voxel being detected more often (85.7%) than foreground voxel (80.7%). Visual inspection shows that some of the missing foreground voxel are false positives in the manual segmentation, which is, due to the huge time consumption, always limited in detail. For more information, see Table 16.1, where the rates for correct and wrong classification of foreground and background voxel, respectively, are given, comparing the results of manual segmentation with those of automatic segmentation as proposed in Section 2. In brackets the corresponding rates are given for the comparision of manual segmentation and global thresholding.

Although the rates given in Table 16.1 show a clear advantage of the segmentation approach proposed in Section 2 relative to global thresholding, they do not fully capture the improvement which has been achieved with respect to correct reconstruction of the 3D morphology. This will be discussed in Section 3.2 below.

classified as	FG manually	BG manually
FG automatic (thresholding)	80.7% (71.5%)	14.3% (18.2%)
BG automatic (thresholding	19.3% (28.5%)	85.7% (81.8%)

Table 16.1: Detection rates for foreground (FG) and background (BG) voxel.

3.2 Spherical contact distribution function

The spherical contact distribution function (SCDF) is a common tool in stochastic geometry to compare the 3D morphologies of random sets [14]. For binary image data, the empirical SCDF is given by the cumulative distribution function of the distances of all background (foreground) voxel to their nearest foreground (background) voxel, respectively. Figure 16.5 shows the empirical SCDF of both background and foreground for the three segmentation approaches considered in this paper. In both cases the result provided by the automatic segmentation algorithm proposed in Section 2 is significantly closer to the empirical SCDF of the manual segmentation than that corresponding to thresholding.

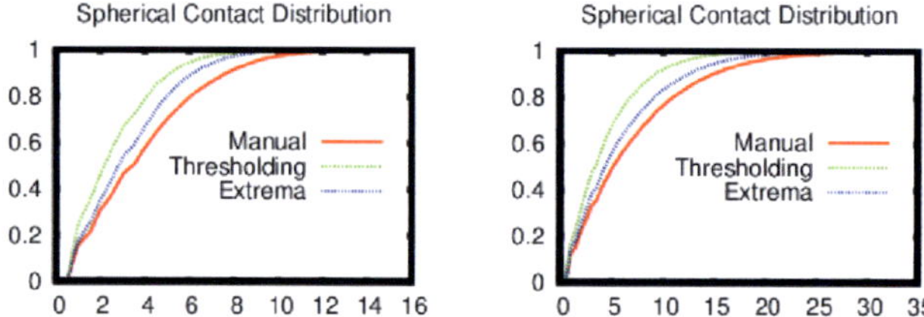

Figure 16.5: Empirical SCDF for foreground (left) and background (right).

Furthermore, two difference images have been analysed which were constructed by voxel-wise comparison of the manually segmented image with the automatically segmented image and the image obtained by global thresholding, respectively. The empirical SCDF of these two difference images are visualized in Figure 16.6. They show that in the automatically segmented image more than half of the misclassified voxels have a correctly classified neighbour and, therefore, are presumed not to have a larger impact on the morphological properties of the image. The main difference between the binarisation obtained by the new approach proposed in Section 2 and global thresholding occurs for greater radii between 2 and 6. This suggests that the new approach preserves significantly more features of the original 3D morphology.

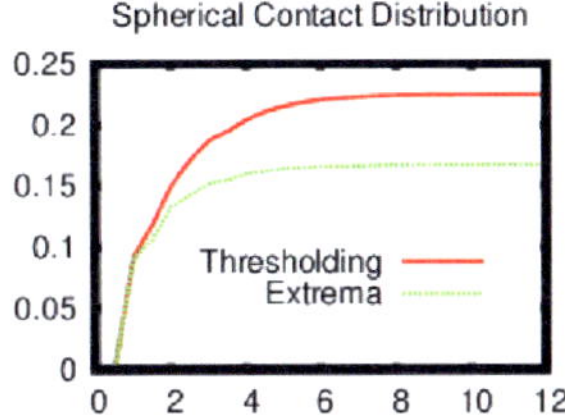

Figure 16.6: Empirical SCDF for difference images describing sets of misclassified voxels.

4 Summary and discussion

We have proposed a new approach to automatic segmentation of SEMt images. This approach was developed by following the key-principle of analysing the variation of grey intensities in z-direction which has recently been developed in [11]. Therefore, we introduced the notions of error-tolerant local maxima and minima and introduced threshold criteria to distinguish them from (smaller) extrema with substructures. These local maxima and minima then are used as an indicator for the beginning and end of substructures, respectively. From this preliminary segmentation we derived a final binarisation by some postprocessing which consists of a thresholding, cluster-detection and dilation. The final result was then analysed and compared with those obtained by manual segmentation and global thresholding. It turned out that the segmented image, which has been obtained by the new approach considered in this paper, preserves significantly more features of the original 3D morphology than this is possible by global thresholding.

References

1. S. Dunn, "Hydrogen futures: toward a sustainable energy system* 1," *International journal of hydrogen energy*, vol. 27, no. 3, pp. 235–264, 2002.

2. Y. Shao, J. Liu, Y. Wang, and Y. Lin, "Novel catalyst support materials for pem fuel cells: current status and future prospects," *J. Mater. Chem.*, vol. 19, no. 1, pp. 46–59, 2008.

3. M. Mezedur, M. Kaviany, and W. Moore, "Effect of pore structure, ran-

domness and size on effective mass diffusivity," *AIChE journal*, vol. 48, no. 1, pp. 15–24, 2002.

4. N. Siddique and F. Liu, "Process based reconstruction and simulation of a three-dimensional fuel cell catalyst layer," *Electrochimica Acta*, vol. 55, no. 19, pp. 5357–5366, 2010.

5. L. Holzer, F. Indutnyi, P. Gasser, B. Munch, and M. Wegmann, "Three-dimensional analysis of porous BaTiO3 ceramics using FIB nanotomography," *Journal of Microscopy*, vol. 216, no. 1, p. 84, 2004.

6. G. Gaiselmann, M. Neumann, L. Holzer, M. Prestat, and V. Schmidt, "Stochastic 3d modeling of lsc cathodes based on structural segmentation of fib-sem images," *in print at Computational Materials Science*, 2012.

7. T. Hutzenlaub, S. Thiele, R. Zengerle, and C. Ziegler, "Three-dimensional reconstruction of a licoo2 li-ion battery cathode," *Electrochemical and Solid-State Letters*, vol. 15, p. A33, 2012.

8. O. Stenzel, D. Westhoff, L. J. A. Koster, R. Thiedmann, S. D. Oosterhout, R. A. J. Janssen, and V. Schmidt, "Graph-based simulated annealing: A hybrid approach to stochastic modeling of complex microstructures," *submitted at Modelling and Simulation in Materials Science and Engineering*, 2012.

9. C. Ziegler, S. Thiele, and R. Zengerle, "Direct three-dimensional reconstruction of a nanoporous catalyst layer for a polymer electrolyte fuel cell," *Journal of Power Sources*, 2010.

10. S. Thiele, R. Zengerle, and C. Ziegler, "Nano-morphology of a polymer electrolyte fuel cell catalyst layer–imaging, reconstruction and analysis," *Nano Research*, pp. 1–12, 2012.

11. M. Salzer, A. Spettl, O. Stenzel, J.-H. Smått, M. Lindén, I. Manke, and V. Schmidt, "A two-stage approach to the segmentation of fib-sem images of highly porous materials," *Materials Characterization*, vol. 69, no. 0, pp. 115–126, 2012.

12. S. Thiele, T. Fürstenhaupt, D. Banham, T. Hutzenlaub, V. Birss, C. Ziegler, and R. Zengerle, "Multiscale tomography of nanoporous carbon-supported noble metal catalyst layers," *submitted at Journal of Power Sources*, 2012.

13. T. Sarjakoski and J. Lammi, "Least square matching by search," *Proceedings of the XVIII isprsCongress Vienna Austria*, vol. XXXI, pp. 724–728, 1996.

14. D. Stoyan, W. S. Kendall, and J. Mecke, *Stochastic geometry and its applications*. Chichester York: Wiley, 1995.

Beurteilung textiler Flächenhalbzeuge mittels variabler Beleuchtung

Markus Vogelbacher[1], Stefan Werling[2] und Mathias Ziebarth[1]

[1] Karlsruher Institut für Technologie, Institut für Anthropomatik,
Lehrstuhl für Interaktive Echtzeitsysteme,
Adenauerring 4, D-76131 Karlsruhe
[2] Fraunhofer Institut für Optronik, Systemtechnik und Bildauswertung,
Fraunhoferstraße 1, D-76131 Karlsruhe

Zusammenfassung In diesem Beitrag wird eine Bildaufnahme unter Verwendung einer variablen Beleuchtung vorgestellt, die es ermöglicht die Qualität von Webstrukturen zu beurteilen. Dazu betrachtet eine Kamera das Gewebe, welches aus unterschiedlichen Raumrichtungen mit parallelem Licht beleuchtet wird, von oben. Die Reflektanz der Fäden führt dazu, dass Fäden, die parallel zur Beleuchtungsrichtung verlaufen, wenig Licht in die Kamera reflektieren und Fäden, die senkrecht zur Beleuchtungsrichtung verlaufen, ausgeprägte Glanzeffekte zeigen. In einer Bildserie von unterschiedlichen Beleuchtungswinkeln werden die auftretenden Intensitäten in den Einzelbildern ausgewertet. Damit ist es möglich, die Fadenrichtungen des Gewebes zu bestimmen und dadurch grundlegende Gewebeeigenschaften abzuleiten. Durch die lokale Auswertung der Bildserie, ist es unter Verwendung der global bestimmten Vorzugsrichtungen möglich, Gewebebeschädigungen zu detektieren. Zusätzlich können mit Hilfe einer Durchlichtaufnahme weitere Eigenschaften bestimmt werden. Die farbliche Kodierung der Hauptrichtungen der Fäden, in zum Beispiel einem RGB-Bild, ermöglicht außerdem die Informationsgewinnung mit einer Bildaufnahme, was eine effiziente Inline-Texturanalyse von Endlosmaterial ermöglicht. Anhand realer Messungen wird demonstriert, wie mit Hilfe dieser Vorgehensweise die Qualität einer Webstruktur, unter Verwendung unterschiedlich abgeleiteter Gewebeeigenschaften, überprüft werden kann.

1 Einleitung

Einen wichtigen Teilbereich der Texturanalyse stellt die optische Inspektion von Textilien dar. Dabei sind zum einen unterschiedliche Gewebeeigenschaften von Interesse, die zur Beurteilung der Qualität der Webstruktur herangezogen werden können. Zu diesen Eigenschaften zählen zum Beispiel die Gewebefeinheit, welche die Anzahl der Fäden in einem bestimmten Flächenbereich beschreibt, die Verteilung von Fadenabständen und -dicken und die Gewebedichte, welche das Auftreten von Faserzwischenräumen beinhaltet. Zum anderen ist natürlich auch die Detektion von Fehlern, wie Web- und Fadenfehler, Gewebebeschädigungen, -verunreinigungen und -verzüge, ein wichtiges Gebiet das durch unterschiedliche Verfahren abgedeckt werden kann.

Gerade im Bereich der Extraktion von Merkmalen von Webstrukturen, die unter anderem zur Fehlerdetektion herangeführt werden können, existieren vielfältige Lösungen, die verschiedene bekannte Verfahren aus der Texturanalyse verwenden. So können zum Beispiel Merkmale aus Grauwertübergangsmatrizen [1], dem Mittelwert und der Standardabweichung der Grauwerte in Ausschnitten einer Textur und durch Anwendung von morphologischen Operatoren [2], durch Bestimmung der fraktalen Dimension [3] oder mit Hilfe von Gaborfiltern [4] gewonnen werden. Auch durch die Verwendung verschiedener Transformationen können Merkmale extrahiert bzw. Fehler detektiert werden. Als Anwendungsbeispiele seien hier die Fourier- [5–7] und Wavelettransformation [8, 9] genannt. Die Parameter eines Modells, wie das Gaussian Markov Random Field (GMRF) Modell [10], können ebenso zur Klassifizierung der Webstruktur herangezogen werden. Diese kurze Zusammenfassung soll nur einen kleinen Überblick über die Vielfältigkeit der vorhandenen Methoden liefern und hat somit keinen Anspruch auf Vollständigkeit.

Der hier vorgestellte Ansatz soll sowohl eine qualitative Aussage über die Webstruktur als auch eine Fehlererkennung ermöglichen und geht dabei einen anderen Weg, indem er schon bei der Bildgewinnung ansetzt. Durch Wahl einer geeigneten Beleuchtungsstrategie lassen sich nachfolgende Schritte zur Beurteilung der Webstruktur oder der Erkennung von Fehlern auf die Beleuchtungsrichtung zurückführen und dadurch vereinfachen. Die Suche nach solch einer geeigneten Strategie ist Grundlage der Untersuchungen von Lindner, Arigita und Puente León [11,12]. Durch die Aufnahme einer Bildserie bei der die Beleuchtungsrichtung systematisch

Abbildung 17.1: Beispiel für untersuchte Webstruktur (schwarz: Kettfäden, grau: Schussfäden, weiß: Fadenzwischenräume).

variiert wird, kann jedem Oberflächenort eine Reflexionseigenschaft und damit auch eine Orientierung zugeordnet werden. Auf Basis dieser Ergebnisse kann im nächsten Schritt eine Segmentierung aufgebaut werden. Außerdem ist es möglich aus den Daten der Beleuchtungsserie rotationsinvariante Merkmale zu extrahieren [13]. Wird solch eine Beleuchtungsserie für den Fall von Webstrukturen angewendet, so können aus dieser aufgrund der Reflektanzeigenschaften der Fäden Informationen über die Fadenhauptrichtungen des Gewebes gewonnen werden. Diese Information ermöglicht es die Webstruktur in seine Bestandteile zu zerlegen, zu segmentieren und nach möglichen Fehlern in anderen Beleuchtungsrichtungen zu suchen. Auf Grundlage des Segmentierungsergebnisses lassen sich die gesuchten Gewebeeigenschaften bestimmen.

Die in dieser Arbeit untersuchten Webstrukturen bestehen aus vertikal und horizontal verlaufenden Fäden, die als Kett- bzw. Schussfäden bezeichnet werden. Je nach Güte des Gewebes können unterschiedlich große Fadenzwischenräume aufreten (Abbildung 17.1). Ein einzelner Faden setzt sich dabei aus einer großen Anzahl feiner Fasern zusammen.

2 Grundlagen

2.1 Reflexion von Webfäden

Je nach Beschaffenheit einer Oberfläche können unterschiedliche Ausprägungen von Reflexionen auftreten. Wird zum Beispiel eine glatte lackierte Oberfläche betrachtet so kann diese als eine Art Spiegel betrachtet werden, an der eine gerichtete Reflexion stattfindet (Abbildung 17.2(a)). Rauere Oberflächen, wie etwa eine Gipsplatte, streuen im Gegensatz dazu einfallendes Licht diffus (Abbildung 17.2(b)).

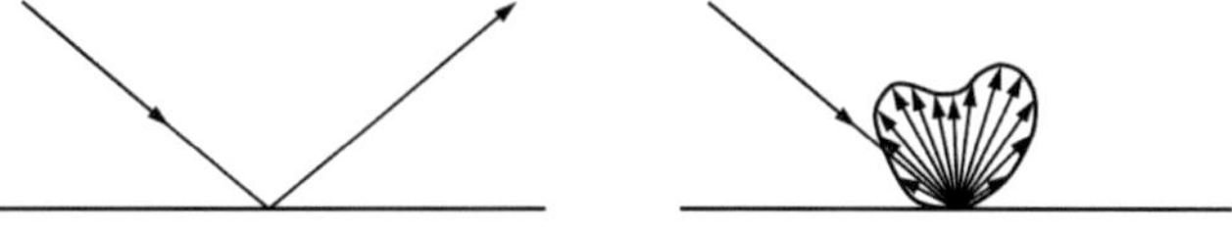

(a) Gerichtete Reflexion an glatten Oberflächen

(b) Diffuse Streuung an rauen Oberflächen

Abbildung 17.2: Ausprägungen von Reflexionen.

Diese Eigenschaften können auch bei den vorliegenden Webstrukturen beobachtet werden. Je nach Beleuchtungskonstellation ergeben sich dabei für die horizontal und vertikal verlaufenden Fäden verschiedene Oberflächeneigenschaften. Stimmt die Beleuchtungsrichtung mit der Fadenrichtung überein, so weist die Oberfläche entlang der Fasern eine geringe Rauheit auf. Beleuchtung parallel zur Fadenrichtung bewirkt demnach eine nahezu gerichtete Reflexion (Abbildung 17.2(a)). Bei einer Beleuchtung senkrecht zur Fadenrichtung wirken die nebeneinander angeordneten Fasern eines Fadens als raue Oberfläche und es tritt eine Mischung aus unvollkommener und vollkommener/diffuser Streuung (Abbildung 17.2(b)) auf. Da in der Webstruktur immer senkrecht zueinander liegende Fäden und damit unterschiedliche Reflexionseigenschaften vorliegen, kann durch eine geeignete Beleuchtung eine separate Betrachtung/Segmentierung durchgeführt werden.

2.2 Variable Beleuchtung

Die in Abschnitt 2.1 beschriebenen optischen Eigenschaften der Webstruktur, im Speziellen der einzelnen Fäden, werden durch eine geeignete Beleuchtungsstrategie ausgenutzt. Durch Aufnahme einer Bildserie mit unterschiedlichen Beleuchtungsrichtungen wird sowohl eine Segmentierung der Kett- und Schussfäden als auch eine Fehlerdetektion ermöglicht. Wird als Beleuchtungselement eine Punktlichtquelle verwendet, so können verschiedene Beleuchtungskonstellationen durch den Azimut φ und dem Elevationswinkel θ aufgestellt werden (Abbildung 17.3(a)) [11]. Für den Fall der Untersuchung von Webstrukturen ist eine separate Betrachtung des Elevationswinkels θ nicht nötig. Es wird ein Lichtfeld angenommen, dass unter dem Azimut φ alle Elevationswinkel

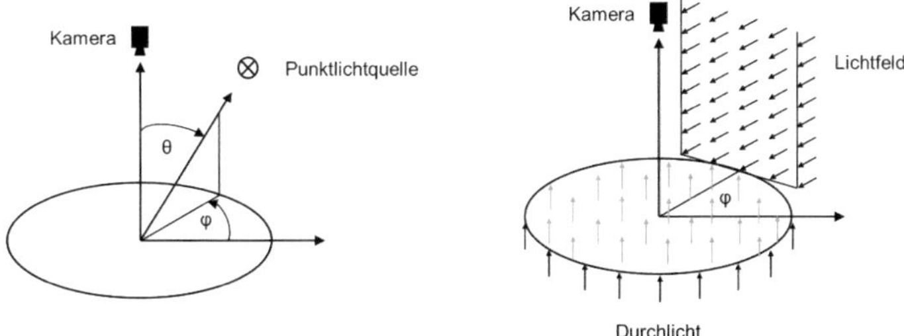

(a) Allgemeine Beleuchtungsstrategie mit einer Punktlichtquelle [11]

(b) Beleuchtungsstrategie zur Inspektion von Webstrukturen

Abbildung 17.3: Beleuchtungsstrategien.

θ beinhaltet. Jeder Punkt der Oberfläche wird demnach von einem Segment $\Delta\theta$ und $\Delta\varphi$ beleuchtet, wobei $\Delta\theta >> \Delta\varphi$. Zusätzlich zum Lichtfeld, wird auch eine Durchlichtbeleuchtung integriert, die die Detektion von Fadenzwischenräumen ermöglicht (Abbildung 17.3(b)). Ausgangspunkt für die im nächsten Schritt folgende Bildverarbeitung ist demnach eine Bildserie, mit verschiedenen Azimutwinkeln φ der Beleuchtung und einer Aufnahme unter Durchlicht.

2.3 Segmentierung von Kett- und Schussfäden

Durch Ausnutzung der Reflexionseigenschaften der Fäden (Abschnitt 2.1) kann mit Hilfe der Bildserie aus Abschnitt 2.2 eine Segmentierung von Kett- und Schussfäden vorgenommen werden. Dazu wird die Summe aller Intensitäten in einem Einzelbild der Serie abhängig vom Azimut φ aufgetragen. Ein Beispiel ist in Abbildung 17.4 zu sehen.

Die Intensitätsmaxima entsprechen den zwei Fadenhauptrichtungen der Webstruktur, wobei zwei Maxima, die um 180° versetzt zueinander liegen, zu einer Richtung zusammengefasst werden können. Abbildung 17.5 zeigt ausgewählte Aufnahmen unter verschiedenen Beleuchtungsrichtungen mit denen das Beispiel aus Abbildung 17.4 entstanden ist.

Für die Segmentierung werden im nächsten Schritt nur noch die Bilder mit maximaler Gesamtintensität und unter Durchlicht benötigt. Für diese Einzelbilder werden zusammenhängende Regionen hoher Intensitäten

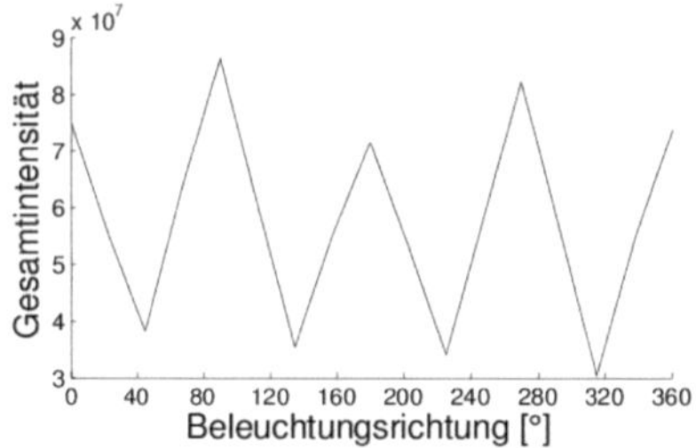

Abbildung 17.4: Summe der Intensitäten eines Einzelbildes innerhalb einer Bildserie (bei Änderung des Azimut φ in 22,5° Schritten).

schwellwertbasiert segmentiert und damit eine erste Segmentierung für Faserbündel von Kett- und Schussfäden und Fadenzwischenräume erreicht. Der Schwellwert wird dabei automatisch aus dem Mittelwert der auftretenden Maxima im Grauwerthistogramm gebildet. Kleine detektierte Bereiche, die aufgrund ihrer Größe kein Faserbündel darstellen, werden durch Anwendung des morphologischen Operators „Öffnen" beseitigt. Die Segmentierungsergebnisse aus den Bildern mit einer Beleuchtung unter dem Azimut φ und φ+180° werden fusioniert und mit den in der Durchlichtaufnahme detektierten Fadenzwischenräumen subtrahiert. Das Gesamtergebnis einer solchen Fusion zeigt Abbildung 17.6.

Des Weiteren ist zur Ableitung von Gewebeeigenschaften eine Zuordnung der segmentierten Faserbündel einer Hauptrichtung zu einzelnen Fäden notwendig. Dies kann durch Ausnutzung von Lagebeziehungen erreicht werden (Abbildung 17.7).

Die zugeordnete Segmentierung der Kett- und Schussfäden ist Ausgangspunkt für die Gewinnung von Qualitätsmerkmalen der Webstruktur (Abschnitt 3.2). Sind nur diese Qualitätsmerkmale ohne eine weitere Fehlerdetektion gefordert, so kann die Bildaufnahme auf Beobachtung der zwei Fadenhauptrichtungen und der Durchlichtbeleuchtung reduziert werden. Durch die farbliche Kodierung dieser Richtungen, in zum Beispiel einem RGB-Bild, wird die Bestimmung der Gewebeeigenschaften mit einer Aufnahme möglich und dadurch eine effiziente Inline-Texturanalyse von Endlosmaterial durchführbar.

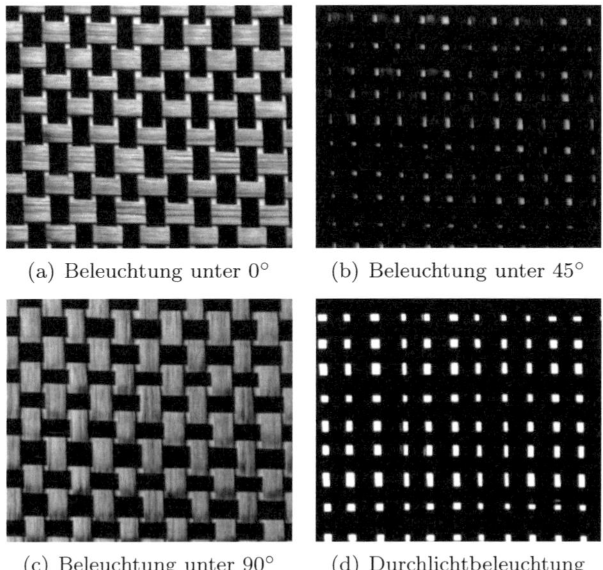

(a) Beleuchtung unter 0°   (b) Beleuchtung unter 45°

(c) Beleuchtung unter 90°   (d) Durchlichtbeleuchtung

Abbildung 17.5: Beispiele aus der Beleuchtungsserie von Abbildung 17.4.

3 Ableitung von Gewebeeigenschaften (Auswertung)

3.1 Belegungsgitter der Faserbündel

Aus dem reinen Segmentierungsergebnis der Faserbündel, lässt sich nicht nur eine Zuordnung zu einzelnen Fäden durchführen, sondern auch ein Belegungsgitter für Kett- und Schussfäden ableiten. Dazu werden die Schwerpunkte der einzelnen Faserbündel betrachtet (Abbildung 17.8).

In einer Merkmalsmatrix können außerdem unter jedem Schwerpunkt zusätzlich noch weitere Informationen, wie zum Beispiel die Höhe oder die Breite des jeweiligen Bündels (Rechteckmodell der Faserbündel), abgelegt werden. Diese Matrix kann als strukturell-statistische Beschreibung bzw. Modell der Webstruktur angesehen werden. Mit ihr ist auch eine Synthese möglich (Abbildung 17.9).

Das Belegungsgitter gibt dabei einen visuellen Eindruck über die Gewebedichte und ermöglicht eine qualitative Einschätzung der Webstruk-

Abbildung 17.6: Segmentierungsergebnis (grün: Faserbündel Schussfäden, rot: Faserbündel Kettfäden, blau: Fadenzwischenräume).

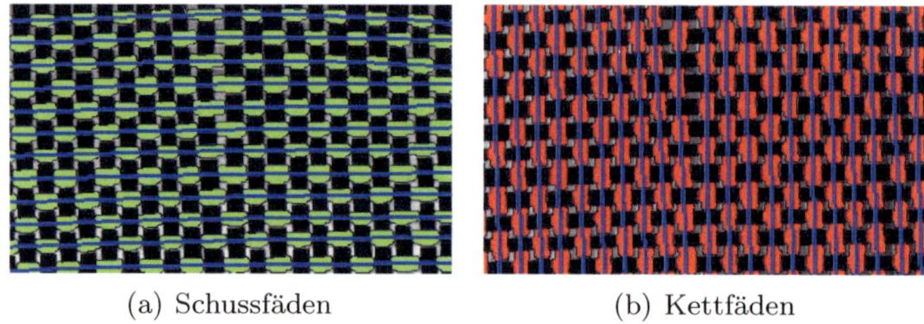

(a) Schussfäden   (b) Kettfäden

Abbildung 17.7: Fadenzuordnung einzeln segmentierter Faserbündel.

tur. Außerdem kann durch Beachtung der Lagebeziehung der einzelnen Faserbündel von Kett- und Schussfäden untereinander zusätzlich der Bindungstyp der Webstruktur festgestellt und auf Fehler untersucht werden.

3.2 Qualitätsmerkmale für Webstrukturen

Mit Hilfe der in Abschnitt 2.3 segmentierten Kett- und Schussfäden und den Fadenzwischenräumen lassen sich verschiedene Merkmale zur Beurteilung der Qualität der Webstruktur bestimmen.

- Gewebefeinheit: Anzahl der Kett-/Schussfäden pro Gewebebreite/-länge
- Gewebedichte: Abstände der Fäden untereinander und Anteil der Fadenzwischenräume an der Gewebegesamtfläche
- Fadenspreizung: Verteilung der Fadendicke über einen Faden und komplette Webstruktur (Abbildung 17.10)

Abbildung 17.8: Beispiel der Gitterbelegung für Schussfädenfaserbündel.

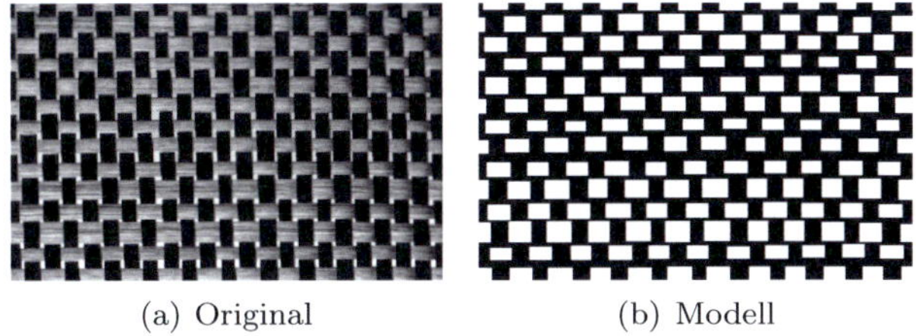

(a) Original   (b) Modell

Abbildung 17.9: Modellierung der Schussfäden mit Hilfe von Belegungsgitter und Rechteckmodell der Faserbündel.

Die Bestimmung der Gewebefeinheit beruht dabei rein auf dem Abzählen der segmentierten Fäden. Die Gewebedichte setzt zum einen die Fläche der segmentierten Fadenzwischenräume, die direkt aus dem Durchlichtbild entnommen werden kann, in Bezug zur Gesamtfläche und bestimmt zum anderen aus den Koordinaten der zu benachbarten Fäden zugeordneten Faserbündel (Abbildung 17.7) die jeweiligen Fadenabstände. So wird zum Beispiel bei der Bestimmung des Abstandes zweier Schussfäden der Mittelwert aller horizontalen Lagen der Faserbündel eines Fadens im Vergleich zum genauso bestimmten Mittelwert eines benachbarten Fadens betrachtet. Analog kann dies auch für die vertikalen Lagen der Faserbündel von Kettfäden durchgeführt werden. Die Bestimmung der Fadenspreizung erfordert die Messung des Breitenverlaufs der segmentierten Faserbündel eines Fadens. Dazu werden die Grenzen dieser Faserbündel senkrecht zur Fadenlaufrichtung gemessen. Abbildung 17.10 stellt ein Beispiel einer solchen Bestimmung der Fadenspreizung dar, mit deren Hilfe eine Beurteilung der Fadendicke möglich ist.

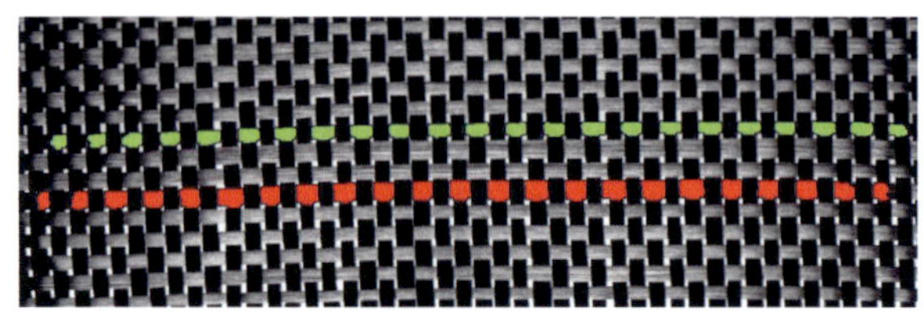

(a) Auswahl Fäden zur Bestimmung der Fadenspreizung

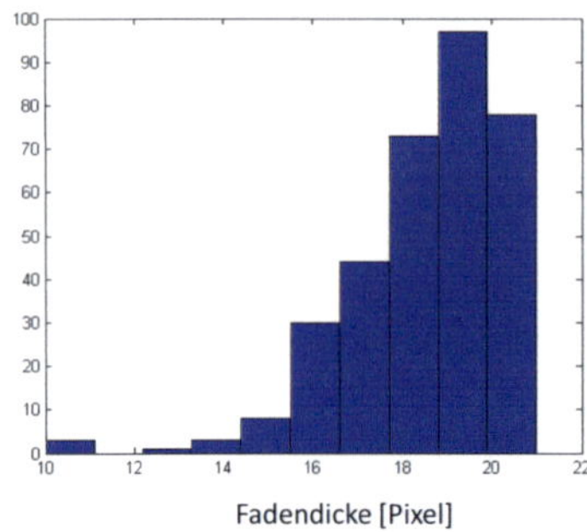

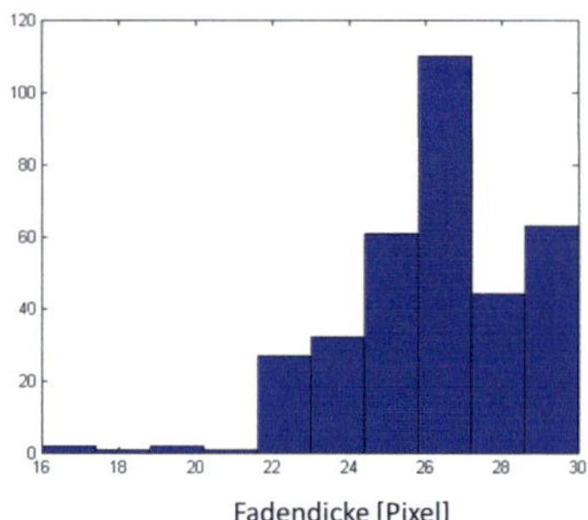

(b) Breitenhistogramm: Faden dünn (grün)

(c) Breitenhistogramm: Faden dick (rot)

Abbildung 17.10: Histogrammvergleich bei der Ermittlung der Fadenspreizung.

3.3 Fehlerdetektion

Zur Detektion von Fehlern können die Bilder der Beleuchtungsserie herangezogen werden, die nicht in Fadenhauptrichtung liegen. Analog zur Vorgehensweise bei der Segmentierung von Kett- und Schussfäden werden Orte an denen in diesen Bildern hohe Intensitäten auftreten als Fehler ausgegeben. Fehler, die durch diese Vorgehensweise detektiert werden können sind:

- Gewebeverzüge
- Gewebeverunreinigungen
- Gewebebeschädigungen

Abbildung 17.11 zeigt Ergebnisse dieses Detektionsverfahrens für unterschiedliche Fehlerbilder.

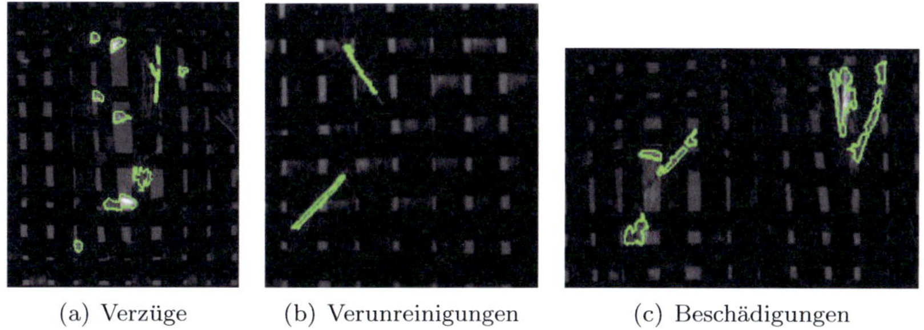

(a) Verzüge   (b) Verunreinigungen   (c) Beschädigungen

Abbildung 17.11: Fehlerdetektion mit Hilfe von Beleuchtungrichtungen ungleich der Fadenhauptrichtungen.

4 Zusammenfassung

Die vorgestellte Vorgehensweise ermöglicht eine komplette Untersuchung von textilen Flächenhalbzeugen. Durch Ausnutzung der Reflexionseigenschaften der Webstruktur wird auf Basis einer Bildserie eine Segmentierung der Kett- und Schussfäden und der Fadenzwischenräume durchgeführt. Dabei basiert die Segmentierung auf den Aufnahmen mit Beleuchtung in Fadenrichtung und Durchlicht, welche zur Vereinfachung des Beleuchtungsaufbaus auch farblich kodiert werden können. Auf Grundlage des Segmentierungsergebnisses kann ein Modell zur Beschreibung der Struktur angegeben und außerdem verschiedene Gewebeeigenschaften abgeleitet werden. Die übrigen Beleuchtungsrichtungen der Bildserie können zur Fehlerdetektion herangezogen werden. Durch Zusammenfassung aller untersuchten Eigenschaften wird eine qualitative und quantitative Bewertung der vorliegenden Webstruktur erreicht.

Literatur

1. J. Sobus, B. Pourdeyhimi, J. Gerde und Y. Ulcay, „Assessing changes in texture periodicity due to appearance loss in carpets: Gray level cooccurance analysis", *Textile Research Journal*, Vol. 61, S. 557–567, 1991.

2. Y. F. Zhang und R. R. Bresee, „Fabric defect detection and classification using image analysis", *Textile Research Journal*, Vol. 65, S. 1–9, 1995.

3. A. Conci und C. B. Proença, „A system for real-time fabric inspection and

industrial decision", in *Proceedings of the 14th international conference on Software engineering and knowledge engineering*, Ser. SEKE '02, 2002, S. 707–714.

4. A. Kumar und G. K. H. Pang, „Defect detection in textured materials using gabor filters", *IEEE Transactions on Industry Applications*, Vol. 38, S. 425–440, 2002.

5. E. J. Wood, „Applying fourier and associated transforms to pattern characterization in textiles", *Textile Research Journal*, Vol. 60, Nr. 4, S. 212–220, 1990.

6. S. A. Hosseini Ravandi und K. Toriumi, „Fourier transform analysis of plain weave fabric appearance", *Textile Research Journal*, Vol. 65, S. 676–683, 1995.

7. C.-H. Chan und G. K. H. Pang, „Fabric defect detection by fourier analysis", in *IEEE Transactions on Industry Applications*, Vol. 36, Nr. 5, 2000, S. 1267–1276.

8. X. Yang, G. K. Pang und N. Yung, „Fabric defect classification using wavelet frames and minimum classification error training", in *Conference Record - Ias Annual Meeting (IEEE Industry Applications Society)*, Vol. 1, 2002, S. 290–296.

9. A. Palmer und W. Hall, „Surface evaluation of carbon fibre composites using wavelet texture analysis", *Composites: Part B*, Vol. 43, S. 621–626, 2012.

10. F. S. Cohen, Z. Fan und Attali, „Automated inspection of textile fabrics using textural models", *IEEE Transactions on Pattern Analysis and Machine Intelligence*, Vol. 13, Nr. 8, S. 803–808, 1991.

11. C. Lindner, J. Arigita und F. Puente León, „Illumination-based segmentation of structured surfaces in automated visual inspection", in *Society of Photo-Optical Instrumentation Engineers (SPIE) Conference Series*, Vol. 5856, 2005, S. 99–108.

12. C. Lindner und F. Puente León, „Segmentierung strukturierter Oberflächen mittels variabler Beleuchtung", *Technisches Messen*, Vol. 73, S. 200–207, 2006.

13. L. Nachtigall, A. Pérez Grassi und F. Puente León, „Ein effizientes Verfahren zur Extraktion rotationsinvarianter Merkmale aus Beleuchtungsserien", *Forum Bildverarbeitung*, S. 301–312, 2010.

Superpixel benchmark and comparison

Peer Neubert and Peter Protzel

Chemnitz University of Technology
Department of Electrical Engineering and Information Technology

Abstract Superpixel segmentation showed to be a useful pre-processing step in many computer vision applications. This led to a variety of algorithms to compute superpixel segmentations, each with individual strengths and weaknesses. We discuss the need for a standardized evaluation scheme of such algorithms and propose a benchmark including data sets, error metrics, usage guidelines and an open source implementation of the benchmark in a Matlab toolbox. The benchmark evaluates the quality of the superpixel segmentation with respect to human ground truth segmentation and the segmentation robustness to affine image transformations, which is crucial for application on image sequences. To our knowledge, this is the first benchmark considering the segmentation robustness to such image transformations. To better consider the characteristics of an image oversegmentation, we provide a new formulation of the undersegmentation error. Using this benchmark, we evaluate eight algorithms with available open source implementations and discuss the results with respect to requirements of further applications and runtime.

1 Introduction

Image pixels are the base unit in most image processing tasks. However, they are a consequence of the discrete representation of images and not natural entities. Superpixels are the result of perceptual grouping of pixels, or seen the other way around, the results of an image oversegmentation. Superpixels carry more information than pixels and align better with image edges than rectangular image patches (see fig. 18.7). Superpixel can cause substantial speed-up of subsequent processing since

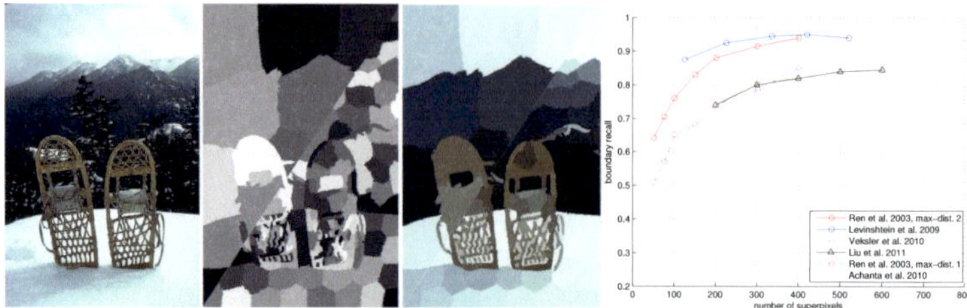

Figure 18.1: *(left)* Superpixels examples. The input image (left part) is segmented into 25 (middle part, top-left corner) and 250 (middle part, bottomright) superixels and shown with mean segment colors (right part). *(right)* The varying results on the established normalized cuts superpixel segmentation algorithm using the same implementation, data set and error metric, demonstrate the need for a standardized benchmark.

the number of superpixels of an image varies from 25 to 2500, in contrast to hundreds of thousands of pixels. A superpixel segmentation of an input image is illustrated in fig. 18.1. Superpixels are becoming increasingly popular in many computer vision applications. Their benefit is analyzed in [1] and shown in applications like object recognition [2], segmentation [3] and automatic photo pop-up [4]. Downsides of using superpixel segmentation as preprocessing step are the computational effort for the computation of superpixels and more importantly the risk of loosing meaningful image edges by placing them inside a superpixel. Depending on the application and the used superpixel algorithm, subsequent processing steps can struggle with a non lattice arrangement of the superpixels. Therefore, the careful choice of the superpixel algorithm and its parameters for the particular application are crucial. In this paper, we provide a benchmark framework for superpixel segmentation algorithms and compare various existing algorithms. We focus on algorithms with an open source implementation, that are ready for application on a variety of computer vision tasks. We consider both, the quality of the segmentation compared to human ground truth segmentations and the robustness to affine image transformations. The following section gives an overview of the state of the art in superpixel segmentation and figures out, why there is still a need for a comparison of the quality of these algorithms. Section 3 describes our evaluation scheme, followed by an overview of the compared algorithms in section 4. Comparison results are given in section 5.

2 Related work and why we need a new benchmark

There has been a lot of research on superpixels since the term has been established in [5]. In particular, various algorithms for superpixel segmentations have been proposed, e.g. [5–12] (these algorithms are compared in this work). Most of the existing work includes comparisons to a couple of established algorithms, supported by publicly available implementations. Due to its broad publicity and its free implementation, superpixel segmentation based on normalized cuts [5] is one of the commonly used algorithms for comparison. Together with the Berkeley Segmentation Data Set [13] and the two error metrics "boundary recall" and "undersegmentation error", this is a repetitive comparison framework in the literature. However, there are small variations in the usage of the dataset or implementation of the error metric that cause major differences in the benchmark results. This is illustrated in fig. 18.1 *(right)*. Each curve comes from a paper where the authors report to use the free implementation of the normalized cuts superpixel algorithm, together with the Berkeley Segmentation Data Set and the boundary recall error metric. Nevertheless, the results are apparently different. A closer look reveals small differences in the usage of the dataset (e.g. Is the full dataset used or just a part? How is dealt with multiple ground truth?) and the implementations of the error metrics (e.g. How are boundary recall and undersegmentation error implemented? What is the threshold on boundary recall?) Furthermore, to apply superpixel segmentation on image sequences or video, the stability of the segmentation under transformations of the image content is important. To our knowledge, there exists no benchmark considering such transformations.

3 The proposed superpixel benchmark

3.1 Error metrics

For evaluation of segmentation quality, we focus on two error metrics: boundary recall and undersegmentation error. Boundary recall is an established measurement to evaluate segmentation algorithms. However, using boundary recall alone, favors segments with long boundaries. E.g.

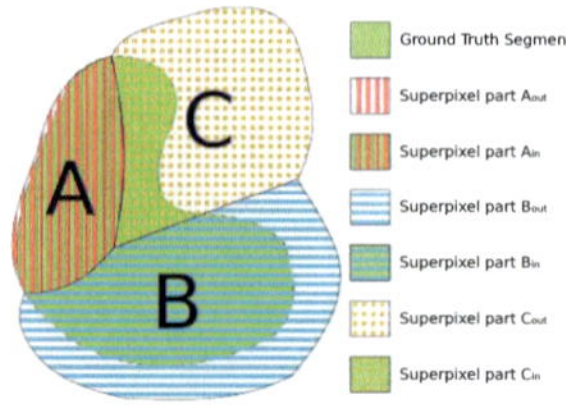

Figure 18.2: Illustration of undersegmentation error. A ground truth segment (green) is covered by three superpixels (A,B,C), that can flood over the ground truth segment border.

think of a segment with an anfractuous boundary that assigns each image pixel as boundary, this segment would achieve perfect boundary recall. Thus, in figure-ground segmentation, boundary recall is used together with boundary precision to take care of the length of boundaries. However, since for superpixel segmentation a low precision is inherent, undersegmentation error is more appropriate. Because there exist various implementations of these error metrics, we describe and discuss our choices in the following.

Boundary recall

is the fraction of ground truth edges that fall within a certain distance d of a least one superpixel boundary. We use $d = 2$. Given a ground truth boundary image G and the algorithms boundary image B, the computation of boundary recall is straight forward:

1. **True Positives (TP)** Number of boundary pixels in G for whose exist a boundary pixel in B in range d.
2. **False Negatives (FN)** Number of boundary pixels in G for whose does not exist a boundary pixel in B in range d.
3. **Boundary Recall** $R = \frac{TP}{TP+FN}$

Multiple ground truth boundary images are combined using OR operation. Thus, the resulting boundary map answers for each pixel the question: Is there a ground truth segmentation with a boundary at this pixel?

Undersegmentation error

compares segment areas to measure to what extend superpixels flood over the ground truth segment borders. A ground truth segment divides a superpixel P in an *in* and an *out* part. This is illustrated in fig. 18.2. There exist various implementations of undersegmentation error metrics. In [11], for each segment S it is summed over the out-parts of all superpixels P that overlap the segment:

$$Undersegmentation Error_{TP} = \sum_{S \in GT} \frac{\sum_{P:P \cap S \neq \emptyset} |P_{out}|}{|S|} \qquad (18.1)$$

For the example of fig. 18.2, this is: $\frac{|A_{out}|+|B_{out}|+|C_{out}|}{|S|}$ However, there is a serious penalty for large superpixels that have only a small overlap with the ground truth segment. Thus, [12] uses a similar model, but only superpixels with an overlap with the segment of at least 5% of the superpixel size are regarded. To overcome this free parameter, we propose a new formulation of the oversegmentation error and define the remaining error as the smaller error introduced by either appending the *out*-part to the segment or by omitting the *in*-part of the superpixel. Being N the total number of pixels, this results in:

$$Undersegmentation Error = \frac{1}{N} \left[\sum_{S \in GT} \left(\sum_{P:P \cap S \neq \emptyset} min(P_{in}, P_{out}) \right) \right] \qquad (18.2)$$

The inner sum is the error introduced by this specific combination of ground truth segment and superpixel. For the example of fig. 18.2, this is: $\frac{|A_{out}|+|B_{out}|+|C_{in}|}{|S|}$

Precision-recall on boundary images

For evaluation of robustness to affine image transformations, we compare boundary images of superpixel segmentations directly. The concrete usage is described in section 3.2. The evaluation metric is precision-recall represented by the F1-score. Computation of TP, FN and Recall follows computation of boundary recall, FP and Precision are computed as follows (d is set to 2 again):

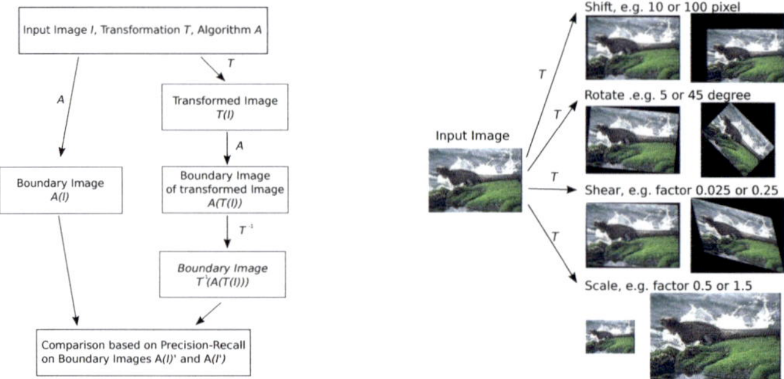

Figure 18.3: Image transformations *(left)* To evaluate the robustness to an image transformation T, we compute two boundary images, $A(I)$ and $T^{-1}(A(T(I)))$, and compare. For more details, see text. *(right)* Illustration of example transformations.

1. **False Positives (FP)** Number of boundary pixels in B for whose does not exist a boundary pixel in G in range d

2. **Boundary Precision** $P = \frac{TP}{TP+FP}$

3.2 Benchmarking robustness to affine transformations

For application of superpixel segmentation on image sequences or video, the stability of the segmentation under image changes is crucial. To evaluate the robustness of an algorithm A against an affine image transformation T, we compute two boundary images using this algorithm and compare. The first boundary image $A(I)$ is computed on the origin image directly. For the second boundary image, the image is first transformed by T to $T(I)$ using inverse mapping, followed by the computation of the boundary image $A(T(I))$. Back-transformation yields $T^{-1}(A(T(I)))$ which is compared to the boundary map $A(I)$ obtained from the segmentation of the origin image. The transformation scheme is illustrated in figure 18.3 together with some example transformations. The comparison of the boundary maps follows section 3.1 and yields an F-score for each transformation. Due to their non rectangular shape, a black border can appear at some transformed images $T(I)$. To minimize their effects on the segmentation, all origin images are padded with a black border at the very beginning.

3.3 Image data, usage guidelines and Matlab toolbox

The implementations of the error metrics are part of an open source Matlab toolbox that is available from our website[1]. The toolbox also provides functions for automatic benchmarking and evaluation of new superpixel algorithms, including easy parameter evaluation. The image data base is BSDS500 [14], the extended version of the established Berkeley Segmentation Data Set. To ensure comparable results, the usage of the partitions of the BSDS 500 dataset is intended as follows:

1. **Train** There are 200 images for learning purposes.
2. **Val** The cross-validation dataset contains 100 images for adjusting the parameters of an algorithm.
3. **Test** The 200 test set images are only meant for the final benchmark.

4 Algorithms

We compare various existing superpixel segmentation algorithms. Requirements for an algorithm to be presented here is an available open source implementation. The results are going to be presented on our web site, and thought to be extended with the results of newly available algorithms. Algorithms tested are Normalized Cuts (NC) [5][2], Felzenszwalb-Huttenlocher Segmentation (FH) [6][3], Edge Augmented Mean Shift (EAMS) [7, 15][4], Quickshift (QS) [9][5], Marker-Controlled Watershed Segmentation (WS) [10][6], Entropy Rate Superpixel Segmentation (ERS) [8][7], Turbopixel Segmentation (TP) [11][8] and two implementations of Simple Linear Iterative Clustering [12] (oriSLIC[9] and vl-SLIC[10]). The oriSLIC implementation does not strictly follow the de-

---

[1] http://www.tu-chemnitz.de/etit/proaut/forschung/superpixel.html
[2] http://www.timotheecour.com/software/ncut/ncut.html
[3] http://www.cs.brown.edu/~pff/segment/
[4] http://www.wisdom.weizmann.ac.il/~bagon/matlab.html
[5] http://www.vlfeat.org/
[6] We use the OpenCV implementation with uniformly distributed markers http://opencv.willowgarage.com/wiki/
[7] http://www.umiacs.umd.edu/~mingyliu/research.html#ers
[8] http://www.cs.toronto.edu/~babalex/turbopixels_supplementary.tar.gz
[9] http://ivrg.epfl.ch/supplementary_material/RK_SLICSuperpixels/index.html
[10] http://www.vlfeat.org/

scription in [12] but incorporates some simplifications for speedup. The baseline comparison algorithm (BOX) simply divides the image to a regular grid with the given number of segments. Resulting segmentations are shown in figure 18.7. Due to its runtime, the normalized cuts algorithm is often applied on resized images. Thus we include a "NC resized" algorithm in the benchmark, where the images are scaled to 160 pixel on the longer side before segmentation. We further want to point out, that we show results of Turbopixel segmentation, although the performance for small numbers of superpixels is much worse than in the origin paper [11]. Turbopixel segmentation is based on growing of initial small segments. For small numbers (e.g. 100 or 1000) of initial segments, these initial segments do not grow enough to cover the complete image. We consider this implementation as broken for small numbers of segments.

5 Comparison results

Segmentation quality

The properties of the resulting superpixel segmentations strongly depend on the algorithm. **ERS** produces similar sized superpixels, that carefully follow image gradients. Increasing the number of segments results in a refinement of the prior segmentation (i.e. only few superpixel borders get

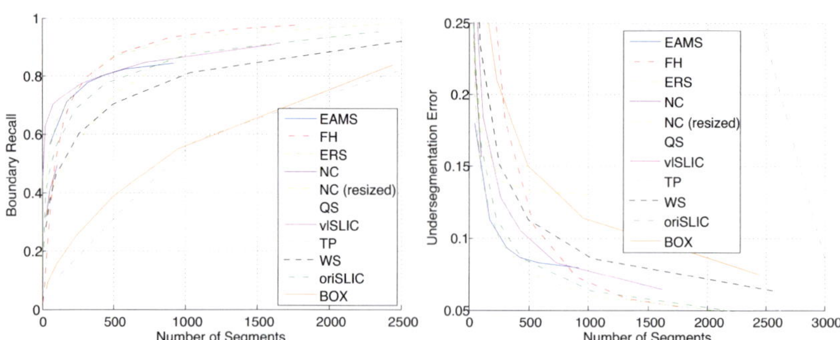

Figure 18.4: Results of segmentation algorithms on the proposed benchmark. At boundary recall top-left is better, at oversegmentation error, bottom left is better.

lost, but some superpixels are divided). Further, **ERS** allows to catch an exact number of segments. Superpixel borders of **FH** strictly follow image gradients. The resulting segments vary strongly in shape and size. Sometimes, long, thin segments occur along strong image gradients. There are problems with very small segment numbers (e.g. 30) on the regarded image size (481×321). **EAMS** segments also vary in size and shape, but are more regular than with **FH**. Further, increasing the number of segments gives a good refinement of the prior segmentation. **NC** does not give such an refinement, but the superpixels are regularly sized, shaped and distributed. The **resized NC** does not give the exact same results, but the segmentation has same properties, including an exactly controllable number of segments. **QS** produces more irregular shapes and there occur small artifact segments. The regularity of segment borders of **oriSLIC** and **vlSLIC** strongly depend on the compactness parameter. Tuning this parameter is crucial. Moreover both implementations handle the compactness parameter differently. Values that create comparable smooth results for large numbers of segments produce much smoother borders at **oriSLIC** for small segment numbers. However, the compactness parameter enables adjusting the regularity of the superpixels at the cost of loosing some object borders. At **WS** the initial marker distribution influences the segmentation result. On one hand it supports a regular distribution, on the other hand does it cause small artifact segments. The resulting segment size and shape are not regulated. The quantitative benchmark results on segmentation quality are shown in figure 18.4. On boundary recall, **vlSLIC** performs very well on small numbers of segments, however, for larger numbers, **FH** and **ERS** achieve higher recall. **oriSLIC** also performs worse on small numbers, but equally well for larger numbers. This also follows the intuition, that segmentations with more irregular, longer border achieve higher boundary recall. On undersegmentation error **ERS**, **EAMS** and **oriSLIC** perform best. On very small numbers of segments, **vlSLIC** performs comparable but gets higher errors on larger numbers. As expected **TP** performs badly on small numbers of superpixels and does not achieve the performance from the origin paper [11]. The visual inspection of **BOX** "segmentations" and its quantitative performance emphasizes the benefit of superpixel segmentations.

Runtime

The runtime comparison given in figure 18.5 was carried out on an Intel Core 2 Quad Q9400 (2.66 GHz) processor with 4 GB RAM. The measurements only show tendencies, since no special efforts were made to make exact runtime measurements. **WS** is by far the fastest algorithm followed by **FH** and **oriSLIC**. **oriSLIC** is faster than **vlSLIC** since the latter follows more closely the description in [12] while the former uses some simplifications for speedup. If runtime considerations play any role in the application of an superpixel algorithm, it is important to notice, that the range of runtimes of the different algorithms covers five orders of magnitudes.

Segmentation robustness

Figure 18.6 shows results of all algorithms on the affine transformations shifting, rotation, scaling and shearing. The number of segments is 250. **FH** and **EAMS** are invariant to image shifts, **QS** is at least robust to shifts. Results of **ERS** are inferior, but good-natured. **SLIC** is has problems with shifts, however, **vlSLIC** can better handle certain step widths. Due to the lattice arrangement of superpixels in NC, this algorithm also has serious problems with shifts. The same happens for **WS**, due to the regular distributed markers. On rotation a periodic behavior of the performance of most algorithms can be seen. Rotation of 90 or 180 degree are less hard than arbitrary rotations. EAMS performs best on rotations, followed by **FH** and **QS**. Again, the lattice initial segment

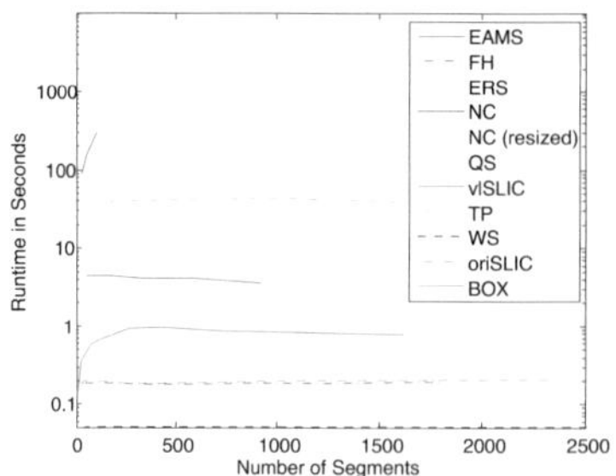

t in sec	n=50	n=100	n=500	n=1000
EAMS	4.4	4.4	4.1	4
FH	0.13	0.13	0.13	0.13
ERS	1.85	1.93	2.37	2.52
NC	150	295	-	-
NC (resized)	9.51	19.34	402.44	-
QS	9.25	5.86	3.05	2.71
VL SLIC	0.49	0.64	0.94	0.83
TP	-	38.7	41.10	43.71
WS	0.01	0.01	0.01	0.01
ori SLIC	0.19	0.20	0.19	0.20

Figure 18.5: *(left)* Runtime of segmentation algorithms (log-scale). *(right)* Runtime in seconds for different number of superpixels.

arrangements of **NC**, **WS** and **oriSLIC** cause problems. On changes
on scale, all algorithms perform comparable for small changes. As expected, there is an asymmetry in favor of enlarging the image content.
ERS deals best with decreasing image content, **oriSLIC** deals best with
enlarging. On shearing, the behavior of all algorithms is similar, **EAMS**
performs best.

6 Conclusions

We designed and applied a benchmark for superpixel segmentation algorithms. The implementation of all necessary functions to run the benchmark on new algorithms is available from our website[11]. We compared
open source implementations of state of the art algorithms regarding
quality and robustness of the segmentations. Left for future work is the

---

[11] http://www.tu-chemnitz.de/etit/proaut/forschung/superpixel.html

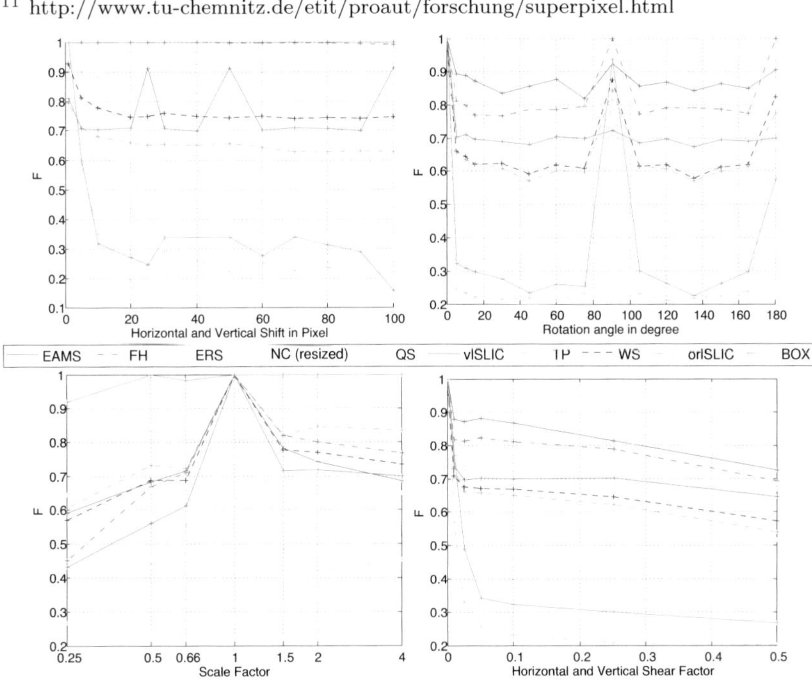

Figure 18.6: Robustness of algorithms towards shifting, rotation, scaling and
shearing.

evaluation of robustness with respect to variations of the intensity or color values. Algorithms that strongly depend on image data and not on a compactness constraints or lattice distribution of segments, showed to be more robust towards affine transformations. However, dependent on the application, compactness constraints or lattice distribution can be crucial. **WS** is the fastest algorithm, however, neither the segmentation quality nor the robustness is among the best. **FH** seems to be a good alternative if runtime plays a role, however, the resulting segments vary strongly in shape and size. **EAMS** showed to be the most robust against affine transformations, however, **EAMS** is inferior with respect to boundary recall. **QS** is faster than **EAMS** but yielded inferior segmentation results. **ERS** has good balanced results on segmentation properties, quality and robustness. If the runtime of 2s per image is not a problem, this could be an interesting base for many computer vision tasks. The two implementations of **SLIC** showed good, but diverging properties. Very recent, the authors of [12] announced a new zero-parameter version (SLIC0) on their website that overcomes the compactness parameter. Dependent on the application, using this parameter to adjust for more regular or more gradient aligned superpixel could be preferable. Further, on Windows machines, the closed source implementation of Lattice Cut [16] could be interesting. The implementation of **TP** seems to be broken, otherwise, this could have been a faster alternative for **NC**, which is too slow for many real world application. In general, there is a lack for faster superpixel algorithms with high segmentation quality and robustness.[12]

References

1. T. Malisiewicz and A. A. Efros, "Improving spatial support for objects via multiple segmentations," in *BMVC*, 2007.

2. C. Pantofaru, C. Schmid, and M. Hebert, "Object recognition by integrating multiple image segmentations," in *ECCV*, 2008.

3. P. Mehrani and O. Veksler, "Saliency segmentation based on learning and graph cut refinement," in *BMVC*, 2010.

---

[12] This work has been funded by the European Union with the European Social Fund (ESF) and by the state of Saxony.

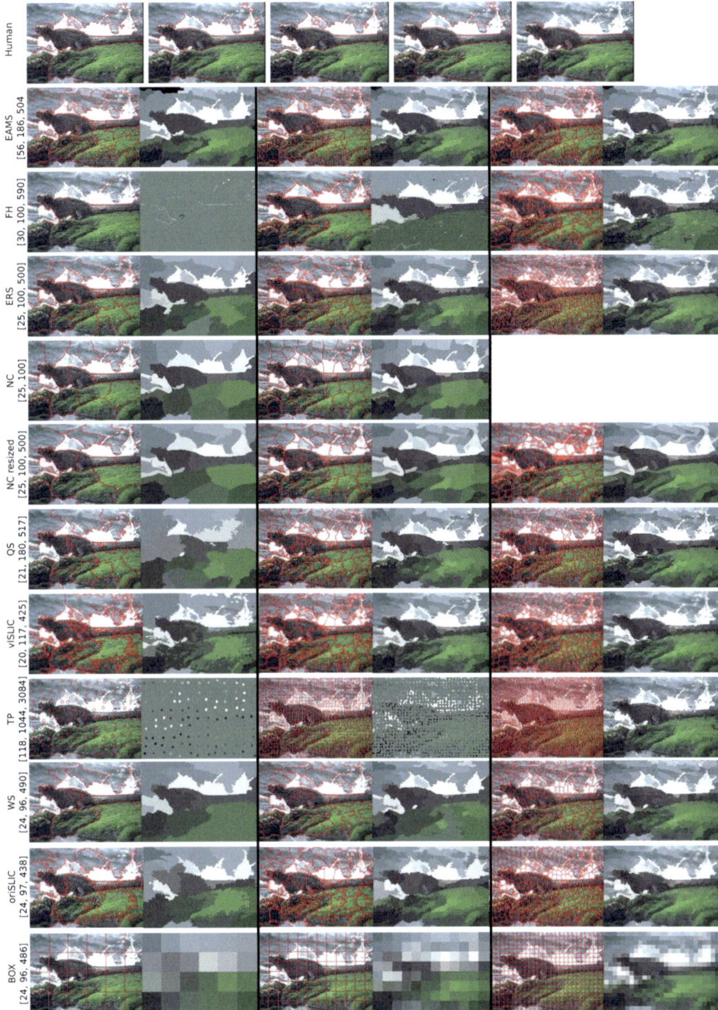

Figure 18.7: Superpixel segmentations. *(top-row)* Different segmentations by humans taken as ground truth. *(other rows)* Each row shows results of one algorithm and 3 parameter settings, visualized as overlayed boundary image and superpixels with average image colors. The algorithms parameters where chosen to produce about 25, 100 and 500 superpixels (except for TP and NC). The algorithm name and individual number of superpixels are given on the very left.

4. D. Hoiem, A. A. Efros, and M. Hebert, "Automatic photo pop-up," *ACM Trans. Graph.*, vol. 24, 2005.

5. X. Ren and J. Malik, "Learning a classification model for segmentation," in *ICCV*, 2003.

6. P. F. Felzenszwalb and D. P. Huttenlocher, "Efficiently computing a good segmentation," 1998.

7. D. Comaniciu and P. Meer, "Mean shift: A robust approach toward feature space analysis," *TPAMI*, vol. 24, 2002.

8. M.-Y. Liu, O. Tuzell, S. Ramalingam, and R. Chellappa, "Entropy rate superpixel segmentation." in *CVPR*, 2011.

9. A. Vedaldi and S. Soatto, "Quick shift and kernel methods for mode seeking," in *ECCV*, 2008.

10. F. Meyer, "Color image segmentation," in *ICIP92*, 1992.

11. A. Levinshtein, A. Stere, K. Kutulakos, D. Fleet, S. Dickinson, and K. Siddiqi, "Turbopixels: Fast superpixels using geometric flows," *TPAMI*, 2009.

12. R. Achanta, A. Shaji, K. Smith, A. Lucchi, P. Fua, and S. Süsstrunk, "SLIC Superpixels," Tech. Rep., 2010.

13. D. Martin, C. Fowlkes, D. Tal, and J. Malik, "A database of human segmented natural images and its application to evaluating segmentation algorithms and measuring ecological statistics," in *ICCV*, 2001.

14. P. Arbelaez, M. Maire, C. Fowlkes, and J. Malik, "Contour detection and hierarchical image segmentation," *TPAMI*, 2011.

15. P. Meer and B. Georgescu, "Edge detection with embedded confidence," *TPAMI*, vol. 23, 2001.

16. A. P. Moore, S. J. D. Prince, and J. Warrell, "Lattice cut - constructing superpixels using layer constraints," *CVPR*, 2010.

Modellgestützte Erzeugung von Belief-Funktionen zur Verbesserung maschineller Wahrnehmung

Mario Lietz, Felix Mauch und Fernando Puente León

Karlsruher Institut für Technologie,
Institut für Industrielle Informationstechnik,
Hertzstraße 16, Geb. 06.35, 76187 Karlsruhe

Zusammenfassung Es wird ein Verfahren zur Objektidentifikation auf Basis von Belief-Funktionen vorgestellt. Dazu werden deskriptive Objektmerkmale aus Bilddaten gewonnen, die unter Verwendung des generalisierten Bayes-Theorems eine Klassifikation ermöglichen. Welche Merkmale die Objekte aufweisen können, wird dabei ebenfalls durch Belief-Funktionen beschrieben. Das Verfahren ermöglicht, durch die Nutzung von Belief-Funktionen Vertrauen hinsichtlich beliebiger Teilmengen auszudrücken und gestattet damit, Informationen, die verschiedene Skalen aufweisen, unter Berücksichtigung von Unsicherheiten zu kombinieren.

1 Einleitung

Verfahren zur bildbasierten Objektklassifizierung wie das SIFT- oder SURF-Verfahren beruhen auf der Ermittlung von Merkmalen, die vom Menschen weder interpretierbar sind noch sich auf Grundlage von semantischen Beschreibungen erstellen lassen und können somit nur mithilfe von Beispielbildern trainiert werden. Im Gegensatz dazu wird in dieser Arbeit eine Erkennung auf Basis von deskriptiven Merkmalen bzw. beschreibenden Eigenschaften vorgenommen, die für sich alleine genommen keine eindeutige Bestimmung zulassen, aber durch eine Kombination eine Klassifikation ermöglichen. Verschiedene virtuelle Sensoren sollen kombiniert und dabei den Objekthypothesen ein Grad des Vertrauens zugeordnet werden. In dieser Arbeit werden dazu Belief-Funktionen genutzt, bei denen Vertrauen nicht nur gegenüber Einzelhypothesen dargestellt wird, sondern eine Vertrauensdarstellung explizit auch gegenüber Teilmengen möglich ist. Durch die Erweiterung hinsichtlich der Mengen ergibt sich eine großee Flexibilität, Wissen darzustellen, was u. a. dazu führt, dass keine unbegründeten A-priori-Annahmen gemacht werden müssen. In [1] wurde bereits gezeigt, dass sich Belief-Funktionen gut eignen, um Identifikationsprobleme zu lösen. Hier soll des Weiteren aufgezeigt werden, wie Vorwissen über Objekte und Sensoren durch Belief-Funktionen beschrieben werden kann. Dadurch lassen sich Daten, denen unterschiedlichste Skalen zugrunde liegen, kombinieren und dabei ein Grad des Dafürhaltens bzw. Vertrauens ermitteln.

2 Identifikation mithilfe des Transferable Belief Model

Die Idee, Informationen unter Berücksichtigung von Vertrauen und Unsicherheit mithilfe von Belief-Funktionen zu beschreiben, wurde maßgeblich von Dempster und Shafer [2] angestoßen. Darauf aufbauend wurde die Theorie u. a. durch Smets weiterentwickelt [3], sodass mit dem Transferable Belief Model (TBM) ein umfangreiches Werkzeug zur Darstellung von Vertrauen zur Verfügung steht, welches darüber hinausgehend die Fusion von Informationen erlaubt.

2.1 Transferable Belief Model

Ausgehend von einer Menge sich ausschließender und unterschiedlicher Hypothesen $\Omega = \{\omega_1, \omega_2 \ldots, \omega_n\}$, oft auch „Frame of Discernment" genannt, ist auf der Potenzmenge 2^Ω die Massenfunktion

$$m^\Omega(A) \qquad 2^\Omega \to [0,1], \ A \subseteq \Omega, \tag{19.1}$$

definiert, wobei für die Summe der Massen folgende Bedingung gilt:

$$\sum_{A \subseteq \Omega} m^\Omega(A) = 1 \ . \tag{19.2}$$

Es ist somit möglich, ein Grad des Vertrauens nicht nur einzelnen Hypothesen zuzuordnen, sondern es ist ebenfalls eine Vertrauenszuordnung bezüglich aller sich ergebenen Teilmengen realisierbar, wodurch Nachteile des aus der Bayes'schen Wahrscheinlichkeit bekannten Indifferenzprinzips vermieden werden. Dabei existieren eine Reihe spezieller Massenfunktionen, die besondere Eigenschaften besitzen. Um z. B. den Zustand totaler Kenntnislosigkeit darzustellen, wird die Masse vollständig der Tautologie $A = \Omega$ zugeordnet. Bei vollständigem Widerspruch liegt die Masse hingegen auf der leeren Menge $A = \emptyset$. Liegen die Massen nur auf Einermengen, handelt es sich bei der Massenfunktion um eine diskrete Wahrscheinlichkeitsverteilung. Neben der Darstellung als Massenfunktion lässt sich der Grad des Vertrauens durch die Belief-Funktion nach unten und durch die Plausibilitäts-Funktion nach oben abschätzen. Die Umformung in diese äquivalenten Darstellungen ist effizient durch eine Möbius-Transformation möglich [4] und hat für die Belief-Funktion als Summe folgende Form:

$$\mathrm{bel}^{\Omega}(A) = \sum_{B \subseteq A, B \neq \emptyset} m^{\Omega}(B) \qquad \forall A \subseteq \Omega \ . \tag{19.3}$$

Das Belief gibt somit nur das begründete spezifische Vertrauen wieder, was auf Teilmengen der jeweiligen Menge liegt. Die Plausibilität beschreibt hingegen das Maximum des noch möglichen Vertrauens bzw. ergibt sich aus der Summe der Informationen, die nicht gegen die Teilmengen sprechen. Soll ein Entscheidung zwischen den Hypothesen getroffen werden, kann eine Transformation der Massenfunktion in eine Wahrscheinlichkeitsverteilung erfolgen. Diese sogenannte Pignistic-Transformation hat folgende Form:

$$\mathrm{BetP}(A) = \sum_{B \subseteq \Omega} \frac{|A \cap B|}{|B|} \frac{m(B)}{1 - m(B)}, \ \forall A \subseteq \Omega \tag{19.4}$$

Ebenso kann anhand der Plausibiltäts-Funktion eine Entscheidungsfunktion hergeleitet werden. Ein möglicher Ansatz zur Umsetzung findet sich in [5].

2.2 Informationskombination

Dempsters Kombinationsregel und die daraus von Smets abgeleitete nicht normalisierte Konjunktionsregel ist die verbreitetste Methode zur Fusion von Belief-Funktionen. Dabei wird angenommen, dass die zu kombinierenden Informationen beide korrekt und unabhängig sind. Für zwei

Massenfunktionen ergibt sich die Konjunktionsregel zu:

$$m^{\Omega}_{1\cap 2}(A) = m_1^{\Omega} \cap m_2^{\Omega}(A) = \sum_{B\cap C=A} m_1^{\Omega}(B) \cdot m_2^{\Omega}(C) \qquad \forall A \subseteq \Omega \;.$$

$$(19.5)$$

Es findet entsprechend beiden Massenfunktionen eine Verschiebung der Massen auf die sich ergebende Schnittmenge und somit eine Konkretisierung statt. Wird davon ausgegangen, dass nicht alle Aussagen verlässlich sind, kommt die Disjunktionsregel zur Anwendung:

$$m^{\Omega}_{1\cup 2}(A) = m_1^{\Omega} \cup m_2^{\Omega}(A) = \sum_{B\cup C=A} m_1^{\Omega}(B) \cdot m_2^{\Omega}(C) \qquad \forall A \subseteq \Omega \;.$$

$$(19.6)$$

Hierbei muss nur ein zugrundeliegendes Datum korrekt sein. Aus der Disjunktionsregel lässt sich außerdem ein *Discounting* oder Vergessen ableiten [3]. Die Massen verschieben sich dabei wieder auf die Tautologie, sodass der Grad der Unwissenheit zunimmt:

$$m^{\Omega}(A) = \begin{cases} \alpha m^{\Omega}(A) & \text{für } A \neq \Omega \;, \\ \alpha m^{\Omega}(\Omega) + (1-\alpha) & \text{für } A = \Omega \;. \end{cases} \qquad (19.7)$$

Da in realen Umgebungen die zu fusionierenden Informationen häufig korreliert sind, wird damit gegen die Annahme über die Unabhängigkeit verstoßen. Insbesondere die von Denœux entwickelten *Cautious*-Regeln eignen sich zur Kombination von nicht unabhängigen Daten und erhalten entsprechend Beachtung. Die von ihm hergeleitete konjunktive Kombination ist auf Basis der Gewichtsfunktion $w^{\Omega}(A)$ definiert (vgl. [6]) und ergibt sich dabei zu:

$$w^{\Omega}_{1\wedge 2}(A) = w_1^{\Omega}(A) \wedge w_2^{\Omega}(A) = \min(w_1^{\Omega}(A), w_2^{\Omega}(A)) \qquad \forall A \subset \Omega \;.$$

$$(19.8)$$

Dabei ist eine Umformung in die Gewichtsfunktion $w^{\Omega}(A)$ nur für nicht dogmatische Massenfunktionen, also Massenfunktionen, für die $m^{\Omega}(\Omega) \neq 0$ gilt, möglich. Damit ist auch die Anwendung der *Cautious*-Kombinationsregeln eingeschränkt. Weiterführende Erklärungen finden sich dazu in [6] und insbesondere in [7] wird eine Möglichkeit aufgezeigt, Zwischenformen von Dempsters Kombinationsregel und der *Cautious*-Regel zu realisieren.

2.3 Generalisiertes Bayes-Theorem

Das generalisierte Bayes-Theorem (GBT) erlaubt das Kreieren einer Massenfunktion $m^\Omega(.|\zeta), \forall \zeta \subseteq Z$, aus der bedingten Massenfunktion $m^Z(.|\omega_i)$. Dabei wird davon ausgegangen, dass a priori kein Wissen vorhanden ist. Abweichende A-priori-Massenfunktionen werden entsprechend durch eine passende Kombinationsregel mit der A-posteriori-Massenfunktion verknüpft. Das GBT wird ausführlich in [8] hergeleitet.

3 Segmentierung und Merkmalsextraktion

Die Objektidentifikation beruht auf Generierung und Auswertung einer Reihe von beschreibenden Merkmalen, die aus Bild- oder Videodaten generiert werden. Die dazu verwendeten Algorithmen zur Merkmalsgewinnung benötigen die jeweilige Kontur des zu klassifizierenden Gegenstandes.

3.1 Konturdetektion und Bildsegmentierung

Die Konturerkennung und Segmentierung der Objekte basiert im vorgestellten Ansatz auf einer in [9] präsentierten Methode, bei der zuerst Formkonturen gesucht und daraus die zusammengehörigen Bildregionen ermittelt werden. Dieser Algorithmus zeigt wesentlich bessere Ergebnisse als der Canny-Algorithmus oder das Mean-Shift-Verfahren.

(a) Videoaufnahme einer Küchenszene [10], bei der Alltagsgegenstände klassifiziert werden sollen.

(b) Regionen nach Segmentierung mithilfe des gPb-owt-ucm-Algorithmus [9].

Abbildung 19.1: Beispielbild aus dem untersuchten Szenario, in dem Objekte klassifiziert werden sollen.

3.2 Deskriptive Merkmale

Nach der Konturschätzung werden eine Reihe von deskriptiven Merkmalen bestimmt, die im Folgenden kurz beschrieben werden sollen. Die genutzten Algorithmen werden hier auch als virtuelle Sensoren bezeichnet.

Die möglichen Farben, die ein Objekt aufweisen kann, stellen dabei ein wichtiges Merkmal dar. Eine Farbklassifikation kann auf Basis verschiedener Farbräume vorgenommen werden, wobei die sich daraus ergebenden abweichenden Ansätze insbesondere im notwendigen Arbeitsaufwand unterschiedlich sind [11]. Hier wurde eine schwellwertbasierte Unterscheidung auf Grundlage des HSV-Farbraums, der dem menschlichen Farbempfinden ähnelt, realisiert.

Außerdem werden verschiedene Formparameter genutzt, wobei für einige Merkmale dazu zunächst die Bestimmung einer vereinfachten Hüllkurve nötig ist. Dazu wird die aus dem Segmentierungsalgorithmus ermittelte Hüllkurve mithilfe des Douglas-Peucker-Algorithmus vereinfacht [12]. Zusätzlich wird eine Hough-Transformation [13] des binären Kantenbildes vorgenommen, dessen Ergebnis für einige implementierte Detektoren verwendet wird. Dabei werden die Maxima im Hough-Raum einer Clusterung unterzogen. Ein Auflistung und kurze Beschreibung der verwendeten Merkmale soll hier angegeben werden:

Die Farbkategorien werden zunächst in Farb- und Grauwerte getrennt, wobei dabei ein Schwellwert für die Sättigung von $S_{\mathrm{min}} = 0{,}2$ angesetzt wird. Grauwerte unterhalb des Hellwertes von $V_{\mathrm{schwarz}} = 0{,}3$ werden als schwarz und oberhalb von $V_{\mathrm{weiß}} = 0{,}9$ als weiß klassifiziert, während grau dazwischen liegt. Des Weiteren wurde zwischen den Farbkategorien rot $(320, 14)$, orange $(15, 36)$, gelb $(37, 64)$, grün $(65, 164)$, cyan $(165, 194)$, blau $(195, 254)$ und magenta $(255, 339)$ unterschieden. In Klammern sind jeweils die unteren H_{min} bzw. oberen Farbwinkel H_{max} in Grad angegeben.

Die Anzahl der Ecken wird anhand der Zahl der verbliebenen Kanten in der vereinfachten Hüllkurve bestimmt.

Die Winkelsumme wird bestimmt, indem für die unvereinfachte Hüllkurve punktweise der eingeschlossene Winkel dreier benachbarter Punkte berechnet wird. Dabei werden alle Winkel kleiner $170°$ berücksichtigt und diese aufsummiert.

Die Objektgröße ist durch die Länge der Hauptachse definiert.

Von einer rechteckige Ausfüllung wird ausgegangen, wenn sich ein rechteckiger Umriss finden lässt, innerhalb dessen mindestens 75 % aller Pixel des segmentierten Objektes liegen.

Ein Trapezdetektor nutzt die geometrischen Eigenschaften eines Rechtecks im Hough-Raum aus. Diese weisen paarweise parallele Kanten auf, deren Winkelunterschied zueinander 90° betragen.

Der Dreiecksdetektor beruht ebenfalls auf der Hough-Transformation. Werden drei Maxima gefunden, deren zugehörigen Geraden sich schneiden, wird von einem Dreieck ausgegangen.

4 Objektmodelle

Der vorgeschlagene Identifikationsansatz soll es ermöglichen, verschiedenen Informationen, die unterschiedliche Skalen besitzen, zu kombinieren. Zusätzlich soll eine korrekte und flexible Darstellung des Vorwissens möglich sein. Um diese Voraussetzungen zu erfüllen und um ein in sich geschlossenen Fusionsansatz zu erhalten, werden auch die Objekteigenschaften und damit die Objekt- und Messmodelle durch Belief- bzw. Massenfunktionen beschrieben.

4.1 Modellierung der Objekte

Eine Klassifikation von Objekten setzt Vorwissen voraus, welches hier durch bedingte Massenfunktionen $m^Z(\zeta|\omega)$ dargestellt wird. Für die verschiedenen Objekte ω_i existieren gewisse Annahmen darüber, was im jeweiligen Raum Z gemessen werden kann. Durch die Verwendung von Massenfunktionen ist es gleichermaßen möglich, beschreibende Eigenschaften der Objekte abzubilden, als auch statistisches Wissen darzustellen. In dem hier gezeigten Ansatz wird dabei nur ersteres genutzt. In der Aussage, dass ein Objekt gewisse Farben oder Formen annehmen kann, steckt keinerlei spezifisches Wissen über die zugrundeliegende Verteilung. Somit ergibt sich die bedingte Massenfunktion auch nicht als Verteilung über Einermengen, sondern als Masse auf der sich aus den Hypothesen ergebenden Teilmenge. Beispielhaft soll hier angenommen werden, dass für ein Objekt ω_1 unter Annahme an möglichen Messungen

$Z = \{a, b, c, d\}$ nur a und d als Messung in Frage kommen. Die bedingte Massenfunktion hat dann folgende Form:

$$m^{Z_1}(\{a, d\}|\omega_1) = 1 \; .$$

Die Massen auf allen anderen Teilmengen ist entsprechend null. Genauso können zulässige kontinuierliche Intervalle, die ein virtueller Sensor liefern kann, definiert werden.

4.2 Virtuelle Sensoren

Die verwendete Algorithmen bzw. virtuellen Sensoren weisen genauso wie andere Informationsquellen gewisse Fehler auf. Diese können ganz unterschiedliche Ursachen haben und z. B. durch Bildrauschen oder auf Grund von Fehldetektionen entstehen. Sind keine genauen statistischen Beschreibungen bekannt und ist so die genaue Charakteristik der Unsicherheit bis auf eine Fehlerhäufigkeit unbekannt, wird der erwartete Fehler entsprechend als Masse auf der Tautologie modelliert. Etwaige Unsicherheiten im Objektmodell können an dieser Stelle ebenso berücksichtigt werden.

5 Umsetzung

Die Identifikation der Objekte beruht auf der Fusion unterschiedlicher Daten unter Berücksichtigung von Vorwissen. Es wird unter Beachtung der Objekt- und Sensormodelle das generalisierte Bayes-Theorem genutzt, um anhand von Messungen A-posteriori-Beliefs zu erzeugen. Da eine Messung entweder einen Fehler aufweist oder die Objektmodellierung zutrifft, werden die zueinander gehörigen Massenfunktionen von Mess- und Objektmodell per Disjunktionsregel (19.6) kombiniert. Auf Grundlage der resultierenden Massenfunktion und der zugehörigen Messung wird entsprechend des GBT ein A-posteriori-Belief kreiert. Die Verknüpfung der resultierenden Belief-Funktionen erfolgt auf Basis einer Konjunktionsregel. Dabei kann entweder Dempsters Konjunktionsregel nach Gleichung (19.5) oder die *Cautious*-Regel nach Gleichung (19.8) verwendet werden. Da die Merkmale anhand von Videodaten generiert werden, kann von einer Korrelation der Daten ausgegangen werden. Insbesondere bei einer Sensorfusion über mehrere Bilder einer Videosequenz wird gegen die Annahme der Unabhängigkeit verstoßen. Die Ab-

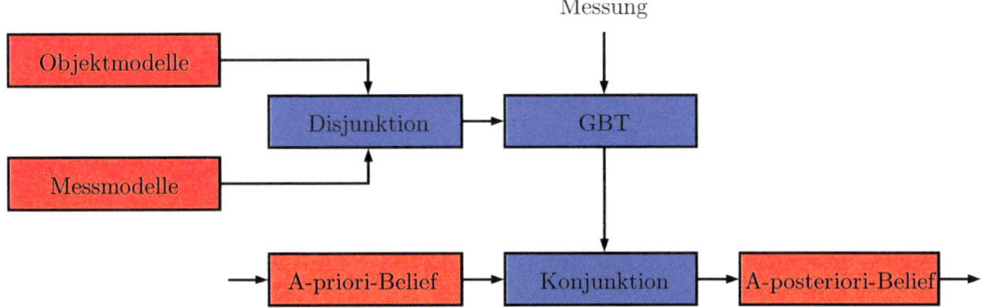

Abbildung 19.2: Gesamtübersicht der Objektidentifikation auf Basis von Belief-Funktionen.

bildung 19.2 zeigt den Ablauf, um anhand einer neuen Messung das A-priori-Belief zu aktualisieren. Die Fusion neuer Messungen erfolgt schrittweise, sodass das A-posteriori-Belief bei der nächsten Messung zum A-priori-Belief wird. Eine Schätzung kann zu einem beliebigen Moment stattfinden, in dem die Objekthypothese mit der höchsten Pignistic-Wahrscheinlichkeit (19.4) gewählt wird. Wird eine Fusion über mehrere Bilder hinweg vorgenommen, hat sich ein zeitabhängiges Discounting der A-posteriori-Massenverteilung als vorteilhaft erwiesen. Der Vergessensfaktor ergibt sich aus $\alpha = \exp(-v \cdot \Delta k)$, wobei k die Nummer des Bildes ist.

6 Ergebnisse

Um den Ansatz der Objektidentifikation zu testen, galt es zwischen zehn verschiedenen Objekten, die in einer Küche auftreten, zu Unterscheiden. Die Videodaten stammen dabei aus dem Datensatz *Activities of Daily Living* [10]. Beispielhaft sind in Abbildung 19.3 A-posteriori-Massenverteilungen nach einzelnen Messungen und nach Kombination alle Detektoren bei Beobachtung eines Bechers dargestellt. Für die zu findenden Gegenstände wurde entsprechend ihrer möglichen Form-, Farb- und Größeneigenschaften die bedingten Massenfunktionen definiert. Da nur das Verfahren zu Objektidentifikation getestet werden soll, wird die Objektposition vorgegeben. Der vorgestellte Ansatz zur Objektidentifikation ermöglicht sowohl die Verwendung Dempsters als auch der *Cautious*-Konjunktionsregel. Tabelle 19.1 vergleicht die Klassifikationsraten

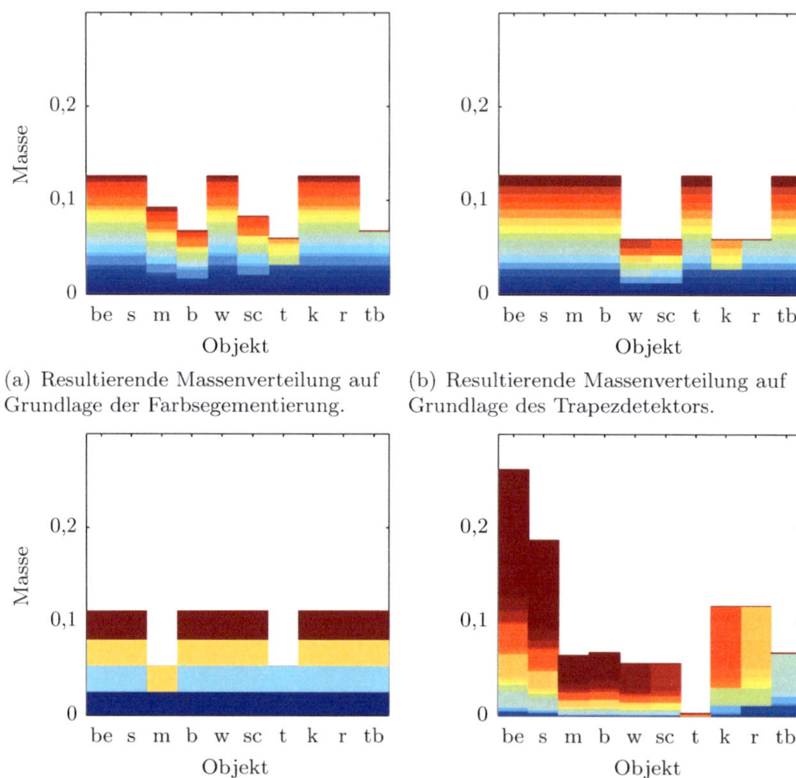

(a) Resultierende Massenverteilung auf Grundlage der Farbsegementierung.

(b) Resultierende Massenverteilung auf Grundlage des Trapezdetektors.

(c) Resultierende Massenverteilung unter Auswertung des Merkmals „rechteckige Ausfüllung".

(d) A-posteriori-Massenverteilung nach Fusion aller Merkmale.

Abbildung 19.3: Massenverteilungen nach Auswertung ausgewählter Detektorergebnisse entsprechend Abbildung 19.1 und resultierende A-posteriori-Massenverteilung. Identische Farben stellen dabei eine zusammengehörige Teilmenge dar. Die Gesamthöhe entspricht der Pignistic-Wahrscheinlichkeit. Legende: Becher (be), Schneidebrett (s), Messerblock (m), Banane (b), Whiteboard (wb), Schranktür (sc), Teller (t), Kühlschrank (k), Küchenrolle (r), Telefonbuch (tb)

Dempster	*Cautious*	Dempster (zeitlich)	*Cautious* (zeitlich)
0,7447	0,6093	0,8284	0,5864

Tabelle 19.1: Übersicht der Richtigklassifikationsraten unter Verwendung Dempsters und Denœux Konjunktionsregel. Der Vergessensfaktor ergibt sich aus $v = 1$.

bei Nutzung beider Konjunktionsregeln. Da das Verfahren anhand von Videodaten getestet wurde, ist auch eine Fusion über mehrere Bilder hinweg möglich. Dabei resultiert der Vergessensfaktor aus $v = 1$. Die Fusion der Sensordaten über mehrere Bilder ist dabei nicht immer von Vorteil, da trotz Vergessens falsche Hypothesen zum Teil über einige Zeitschritte die höchste Pignistic-Wahrscheinlichkeit aufweisen. Dieses Verhalten zeigt sich insbesondere bei der *Cautious*-Regel. Des Weiteren zeigt Dempsters Kombinationsregel trotz korrelierter Sensordaten immer die besseren Klassifikationsraten.

7 Zusammenfassung

Es wurde ein geschlossenes Verfahren zur Objektidentifikation vorgestellt, bei dem sowohl Vorwissen mithilfe von Belief-Funktionen beschrieben wird, als auch die Informationsfusion auf Belief-Funktionen basiert. Dabei werden die Informationen unterschiedlicher Sensoren unter Berücksichtigung von Unsicherheit kombiniert und sogleich kann der Grad des Vertrauens nach oben und unten abgeschätzt werden. Belief-Funktionen eignen sich dabei nicht nur um A-priori-Wissen, dessen zugrundeliegende Verteilung unbekannt ist, zu beschreiben, sondern auch um stochastische Beschreibungen vorzunehmen. Daraus resultiert ein flexibles Werkzeug, um durch Fusion heterogener Daten verschiedenste Identifikationsaufgaben zu lösen.

Literatur

1. F. Delmotte und P. Smets, „Target identification based on the transferable belief model interpretation of Dempster-Shafer model", *Systems, Man and Cybernetics, Part A: Systems and Humans, IEEE Transactions on*, Vol. 34, Nr. 4, S. 457–471, 2004.

2. A. Dempster, N. Laird und D. Rubin, „Maximum likelihood from incomplete data via the EM algorithm", *Journal of the Royal Statistical Society. Series B (Methodological)*, Vol. 39, Nr. 1, S. 1–38, 1977.

3. P. Smets, „The transferable belief model", *Artificial Intelligence*, Vol. 66, Nr. 2, S. 191–234, Apr. 1994.

4. R. Kennes, „Computational aspects of the Möbius transformation of graphs", *IEEE Transactions on Systems, Man, and Cybernetics*, Vol. 22, Nr. 2, S. 201–223, 1992.

5. T. Denœux, „Analysis of evidence-theoretic decision rules for pattern classification", *Pattern recognition*, Vol. 30, Nr. 7, S. 1095–1107, 1997.

6. T. Denœux, „Conjunctive and disjunctive combination of belief functions induced by nondistinct bodies of evidence", *Artificial Intelligence*, Vol. 172, Nr. 2-3, S. 234–264, Feb. 2008.

7. B. Quost, M.-H. Masson und T. Denœ ux, „Classifier fusion in the Dempster- Shafer framework using optimized t-norm based combination rules", *International Journal of Approximate Reasoning*, Vol. 52, Nr. 3, S. 353–374, Mar. 2011.

8. P. Smets, „Belief functions: the disjunctive rule of combination and the generalized Bayesian theorem", *International Journal of Approximate Reasoning*, Vol. 3085, S. 1–32, 1993.

9. P. Arbeláez, M. Maire, C. Fowlkes und J. Malik, „Contour detection and hierarchical image segmentation." *IEEE transactions on pattern analysis and machine intelligence*, Vol. 33, Nr. 5, S. 898–916, May 2011.

10. R. Messing, C. Pal und H. Kautz, „Activity recognition using the velocity histories of tracked keypoints", in *ICCV '09: Proceedings of the Twelfth IEEE International Conference on Computer Vision.* Washington, DC, USA: IEEE Computer Society, 2009.

11. J. M. Chaves-González, M. a. Vega-Rodríguez, J. a. Gómez-Pulido und J. M. Sánchez-Pérez, „Detecting skin in face recognition systems: A colour spaces study", *Digital Signal Processing*, Vol. 20, Nr. 3, S. 806–823, May 2010.

12. D. H. Douglas und T. K. Peucker, „Algorithms for the reduction of the number of points required to represent a digitized line or its caricature", *Cartographica: The International Journal for Geographic Information and Geovisualization*, Vol. 10, Nr. 2, S. 112–122, Oct. 1973.

13. R. Duda und P. Hart, „Use of the Hough transformation to detect lines and curves in pictures", *Communications of the ACM*, Vol. 15, Nr. April 1971, S. 11–15, 1972.

Erkennung von Abweichungen in regelmäßigen Texturen durch Selbst-Filterung im Frequenzbereich

Wolfgang Melchert und Robin Gruna

Fraunhofer-Institut für Optronik, Systemtechnik und Bildauswertung IOSB, Fraunhoferstraße 1, D-76131 Karlsruhe

Zusammenfassung Das Erkennen von Abweichungen in regelmäßig texturierten Oberflächen ist eine schwierige Aufgabe im Bereich der automatischen Sichtprüfung. Ein bekanntes Verfahren besteht darin, die regelmäßigen Muster der Textur im Frequenzraum gezielt durch Masken zu unterdrücken, so dass die anschließende Rücktransformation nur noch die Abweichungen von der regelmäßigen Textur zeigt. Dieses Verfahren hat allerdings den Nachteil, dass es einen Einlernvorgang erfordert, bei dem die geometrischen Eigenschaften der Textur genau erfasst werden müssen. Weniger bekannt ist dagegen, dass eine Unterdrückung der regelmäßigen Textur mit dem Ansatz der *Selbst-Filterung* auch ganz ohne Einlernvorgang oder Wissen über die aktuelle Textur möglich ist. Da über die Selbst-Filterung wenig Literatur existiert und der Einfluss der verwendeten Übertragungsfunktion kaum analysiert wird, möchte der vorliegenden Beitrag diese Lücke schließen.

1 Einleitung

Im Bereich der automatischen Sichtprüfung gibt es oft die Aufgabe, Abweichungen in regelmäßig texturierten Oberflächen zu finden. Abb. 20.1 zeigt beispielhaft strukturiertes Glas- bzw. Kunststoffmaterial, das durch Luftblasen verursachte lokale Defekte aufweist. Ähnliche Aufgabenstellungen gibt es bei der Inspektion von Fußbodenbelägen, Möbeldekor und Stoff-Gewebe. Gemeinsam ist diesen Aufgabenstellungen, dass sich die Defekte in ihrem Grauwert nicht von den in der Textur vorkommenden

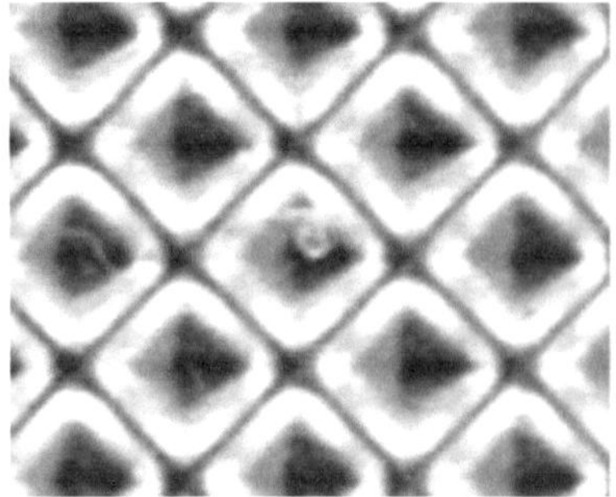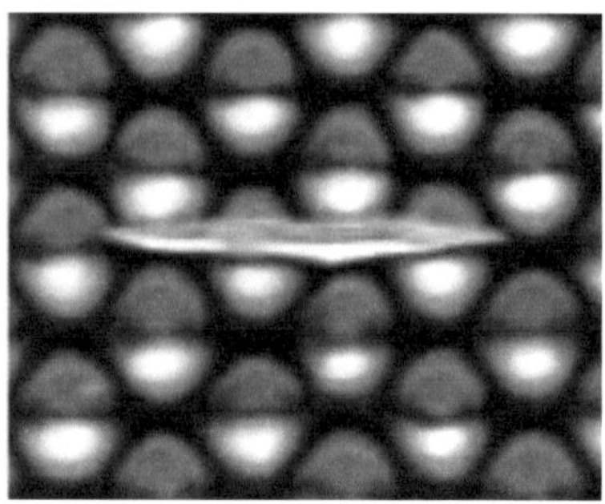

Abbildung 20.1: Kunststoff-Streulinse (links) und Solarzellen-Glaslinse (rechts), jeweils mit Defekt durch Luftblase.

Grauwerten unterscheiden und deshalb nicht einfach durch Amplituden-Schwellen detektiert werden können.

2 Stand der Technik

Für die Detektion von Abweichungen in regelmäßigen Texturen gibt es unterschiedliche Verfahrensansätze im Orts- und Frequenzbereich, einen Überblick gibt [1]. Allgemein gilt das Problem als im Ortsbereich schwer lösbar, weshalb man es in der Regel in einen Bereich transformiert, in dem die Aufgabe leichter zu lösen ist. Hierfür können spezielle Transformationen eingesetzt werden, wie beispielsweise *Feature Based Interaction Maps* in [2] [3], oder man wählt die Fouriertransformation in den Frequenzraum. Regelmäßige Texturen ergeben im Frequenzraum ein Betragsspektrum, das ebenfalls ein regelmäßiges Muster aus Intensitätsspitzen aufweist.

Ein bekanntes Verfahren [4] nutzt diese Regelmäßigkeit im Spektrum, um mithilfe von Masken die Intensitätsspitzen der regelmäßigen Textur gezielt zu unterdrücken. Das verbleibende Spektrum wird anschließend wieder in den Ortsbereich zurück transformiert und ergibt ein Bild, das nur noch die Abweichungen von der regelmäßigen Textur zeigt. Ein Nachteil dieses Verfahrens ist, dass es einen Einlernvorgang erfordert, in dem die für die Erstellung der Masken benötigten Parameter der Textur genau erfasst werden. Aus dem Originalbild [5] oder aus dem Spektrum [6] müssen die Anzahl der Achsen der Textur, ihre Orientierungen und ihre Grundfrequenzen bestimmt werden. Dabei sind bereits kleine Messungenauigkeiten kritisch, weil sie bei den berechneten Masken-Positionen für die höheren Oberwellen zu großen Abweichungen führen und die Intensitätsspitzen der Textur dann dort nicht mehr getroffen werden. Aus dem gleichen Grund bereiten auch Variationen von Drehlage und Maßstab der Prüflinge, wie sie in Anwendungen der Sichtprüfung oft auftreten, dem Verfahren Probleme.

Wenig bekannt ist, dass es auch Verfahren gibt, die im Frequenzraum eine Trennung der regelmäßigen Textur von den Abweichungen erreichen, ohne dass dafür ein Einlernvorgang oder Wissen über die aktuelle Textur erforderlich ist. In [7] wird ein solches Verfahren unter dem Namen *self-filtering* eingeführt. Das Betragsspektrum wird hier "mit sich selbst multipliziert", um die regelmäßigen Anteile der Textur hervorzuheben und die Abweichungen zu unterdrücken. Hier handelt es sich also um eine Modifikation des Betragsspektrums mit einer Quadratfunktion. Es läge nahe, dass man umgekehrt mit einer Wurzelfunktion die regelmäßigen Anteile der Textur unterdrücken und die Abweichungen hervorheben könnte, hierzu macht der Beitrag aber keine Aussage, ebensowenig zu anderen möglichen Übertragungsfunktionen. Ein ähnliches Verfahren wird in [8] unter dem Namen *Phase Only Transform* (PHOT) vorgestellt. Das Betragsspektrum wird hier auf einen konstanten Wert gesetzt um die regelmäßigen Anteile der Textur zu unterdrücken. Es wird aber auch hier nicht begründet, warum diese konstante Übertragungsfunktion gewählt wurde und nicht eine andere, möglicherweise besser geeignete Übertragungsfunktion.

Für den Ansatz der Selbst-Filterung fehlt in der Literatur eine Diskussion darüber, welche möglichen Übertragungsfunktionen angewandt werden können und welche für die Erkennung von Abweichungen in regelmäßigen Texturen besonders geeignet sind. Der vorliegende Beitrag will deshalb erklären, auf welche Weise die Verfahren der Selbst-Filterung wirken und welchen Einfluss dabei die verschiedenen Übertragungsfunktionen haben. Das Verfahren wird beispielhaft an einer Aufgabenstellung der automatischen Sichtprüfung demonstriert, bei der Blasen in Strukturglas detektieren werden sollen. Die Erkennung von Blasen ergänzt hier die in [9] vorgestellte Prüfung auf andere Arten von Defekten in Strukturglas.

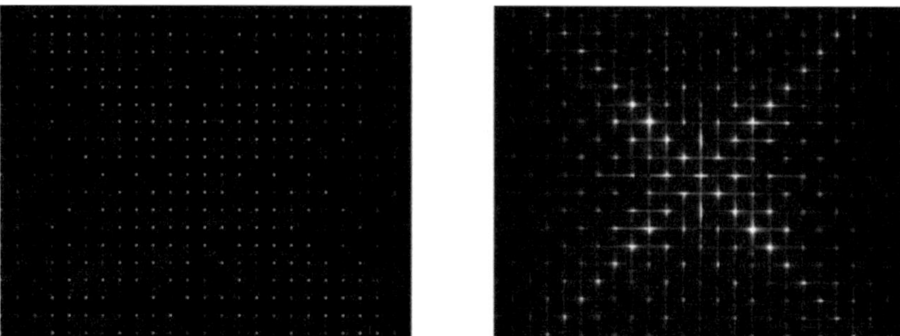

Abbildung 20.2: Spektrum einer synthetischen Textur (links) und einer realen Textur (rechts).

3 Funktionsweise der Selbst-Filterung

Die diskrete Fouriertransformation (DFT) transformiert zweidimensionale Bilder aus dem Ortsbereich in ein zweidimensionales Spektrum im Frequenzbereich. Die Spektralwerte sind komplexe Zahlen, sie bestehen aus Realteil und Imaginärteil bzw. aus Betrag und Phase. Das Betragsspektrum ist immer gerade (symmetrisch zum Ursprung) und das Phasen-Spektrum immer ungerade (anti-symmetrisch zum Ursprung). Allgemein kann man sagen, dass das Betragsspektrum die Information über die Energie und das Phasen-Spektrum die Information über den Ort repräsentiert. Da für eine Erkennung von Defekten in regelmäßigen Texturen die Orts-Information erhalten bleiben muss, darf das Phasen-Spektrum nicht verändert werden, sondern nur das Betragsspektrum. Der Ansatz der Selbst-Filterung geht davon aus, dass man die gesuchten Abweichungen allein aufgrund der Amplituden im Betragsspektrum ausreichend gut von der regelmäßigen Textur trennen kann.

Eine ideale regelmäßige Textur, bei der alle Texturelemente (Texel) genau gleich sind, ergibt ein Betragsspektrum mit regelmäßig angeordneten jeweils 1 Punkt großen Intensitätsspitzen. Abb. 20.2 zeigt auf der linken Seite ein solches Spektrum, hier wurde ein Texel der Streulinse aus Abb. 20.1 synthetisch in x- und y-Richtung vervielfacht. Die Amplitude ist hier und in den folgenden Abbildungen von Spektren zur besseren Sichtbarkeit logarithmisch skaliert und verstärkt.

Auf der rechten Seite von Abb. 20.2 ist das Spektrum einer echten

Aufnahme der Streulinse aus 20.1 dargestellt. Durch die leichten Schwankungen innerhalb der Textur sind die Intensitätsspitzen hier unschärfer. Außerdem sind sie kreuzörmig in x- und y-Richtung auslaufend, weil hier die Texel bei der Bildaufnahme nicht ganzzahlig in das Bild passen und es dadurch vom rechten zum linken bzw. vom unteren zum oberen Bildrand einen Phasensprung gibt. Diesen Einfluss bezeichnet man auch als *Leck-Effekt* oder *Fenster-Effekt*.

Eine lokale Abweichung in der regelmäßigen Textur stellt ein einmaliges, nicht periodisches Signal dar. Ihr Spektrum besteht deshalb nicht aus regelmäßig angeordneten Intensitäts-Spitzen, sondern es ist kontinuierlich. Abb. 20.3 zeigt links das Bildsignal der Abweichung und rechts deren Spektrum.

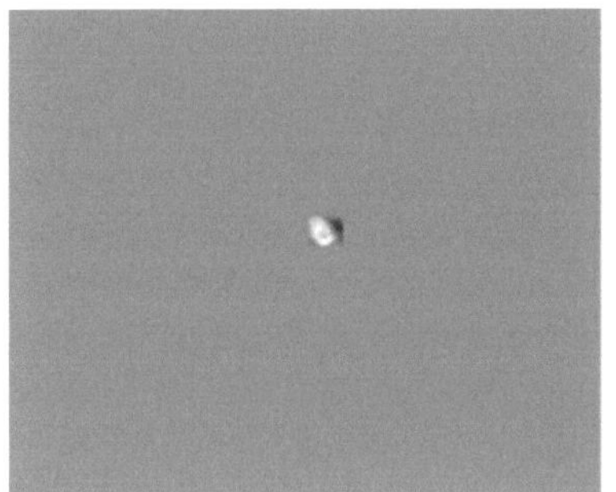 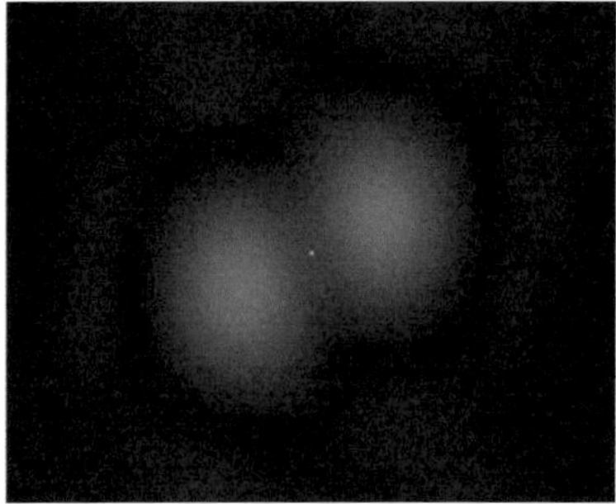

Abbildung 20.3: Bild-Signal der lokalen Abweichung (links) und Spektrum (rechts). Das Spektrum ist stark verstärkt, um das schwache Signal sichtbar zu machen.

Die Amplituden der Abweichung sind im Spektrum deutlich kleiner als die Amplituden der regelmäßigen Textur. Unter der Annahme, dass der Kontrast der regelmäßigen Textur und der lokalen Abweichung ungefähr gleich ist, was für die Aufgabenstellung zutrifft, kann man das Verhältnis der Amplituden im Spektrum aufgrund der relativen Größe der Abweichung im Ortsbereich grob abschätzen: Hat die Abweichung beispielsweise eine Größe von 1/100 der Bildgröße, so erreicht sie im Spektrum ebenfalls ungefähr 1/100 der Amplitude der regelmäßigen Textur.

Das Spektrum einer durch eine lokale Abweichung gestörten regelmäßigen Textur besteht aus einer Überlagerung eines relativ kleinen kontinuierlichen Signals der Abweichung und eines relativ großen Signals

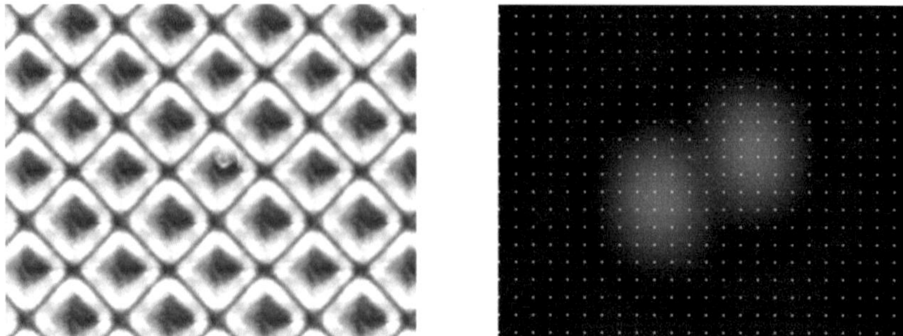

Abbildung 20.4: Bild einer synthetischen Textur mit eingebetteter lokalen Abweichung (links) und ihr Spektrum (rechts). Das Spektrum ist stark verstärkt um das schwache Signal der Abweichung sichtbar zu machen, das Signal der Textur ist dadurch übersteuert (vergl. Abb. 20.2 links).

der Textur. Abb. 20.4 zeigt dies an einem Beispiel.

Die Größenunterschiede zwischen den spektralen Anteilen der lokalen Abweichungen und regelmäßiger Textur machen es möglich, die Abweichungen allein aufgrund ihrer deutlich geringeren Amplituden von der Textur zu trennen. Hierzu muss das Betragsspektrum mit einer Übertragungsfunktion multipliziert werden, die einerseits die großen Amplituden der Textur stark abschwächt oder ganz unterdrückt und die andererseits die kleinen Amplituden der Abweichungen nur geringfügig oder gar nicht verändert. Im einfachsten Fall kann dies durch eine einfache Schwellenfunktion erreicht werden, die im Betragsspektrum alle Werte x oberhalb eines Schwellwerts s auf null setzt:

$$x = \begin{cases} 0 \text{ für } x > s \\ x \text{ sonst} \end{cases}$$

Das Phasen-Spektrum bleibt dabei unverändert. Anschließend wird wieder vom Frequenzbereich zurück in den Ortsbereich transformiert und der Absolutwert gebildet. Als Ergebnis entsteht ein Bild, in dem die lokalen Abweichungen von der Textur als helle Bereiche vor dunklem Hintergrund erscheinen. Abb. 20.5 zeigt dies links für die Abweichung in der synthetischen Textur und rechts für die Abweichung in der realen Textur der Streulinse.

In den Ergebnisbildern sind außer der gesuchten Abweichung auch

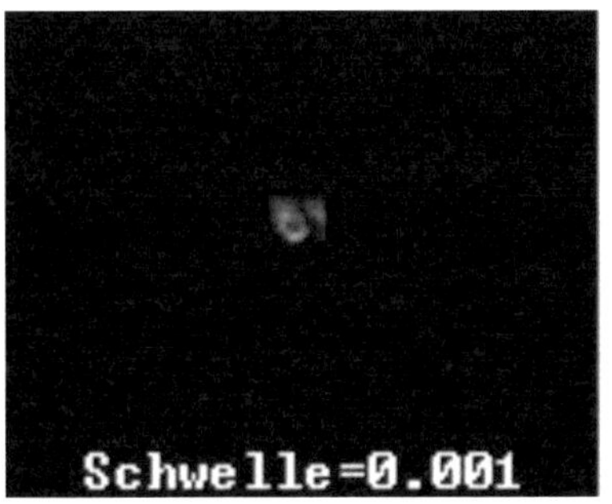

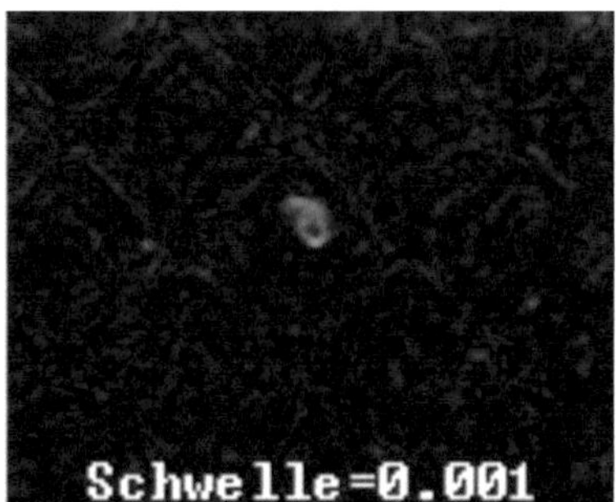

Abbildung 20.5: Ergebnis der Rücktransformation nach Anwendung einer Schwelle auf das Betragsspektrum, links für die synthetische Textur und rechts für die reale Textur.

noch Anteile der ursprünglichen Textur zu sehen, besonders deutlich beim Ergebnis für die reale Textur. Diese unerwünschten Anteile entstehen durch folgende Ursachen:

Oberwellen der Textur: Die Amplituden der höheren Oberwellen der ursprünglichen Textur sind so klein, dass sie im Spektrum ebenso wie die Abweichung unterhalb des Schwellwertes liegen und deshalb mit im Ergebnisbild enthalten sind. Sie ergeben ein hochfrequentes, kleinräumiges Muster. Dieses ist allerdings so schwach, dass es bei der Erkennung der Abweichungen kaum stört und gegenüber den beiden anderen folgenden Effekten vernachlässigt werden kann.

Auswirkungen des Leck-Effekts: Ein Phasensprung der Textur am Bildrand führt im Spektrum dazu, dass die Intensitätsspitzen der Textur kreuzförmig auslaufen. Dabei entstehen an ihren Flanken auch kleinere Amplituden, die unterhalb des Schwellwertes liegen und deshalb erhalten bleiben. Dadurch bleiben im Ergebnisbild, vor allem an den Außenrändern, deutliche Reste der ursprünglichen Textur sichtbar. Da dies die Erkennung der Abweichungen erheblich stört und zu Fehldetektionen führen kann, sollte der Leck-Effekt möglichst klein gehalten werden. Dies kann man entweder durch eine an die Textur angepasste Wahl der Bildgröße erreichen, oder durch ein vorgeschaltetes Filter, das den Kontrast des Bildes zu den Bildrändern hin gleitend reduziert.

Leichte Schwankungen innerhalb der Textur: Texturen von realen Gegenständen weisen oft produktionsbedingte leichte Schwankungen auf, die im Ergebnisbild als Reste der ursprünglichen Textur sichtbar bleiben. Anders als bei den Auswirkungen des Leck-Effekts konzentrieren sich diese Textur-Reste nicht am Bildrand, sondern sind über das ganze Bild verteilt. Da man normalerweise gar nicht diese kleinen, hochfrequenten Abweichungen finden will, sondern nur größere, niedrigerfrequente Abweichungen, kann man die unerwünschten Anteile durch einen nachgeschalteten Tiefpassfilter abschwächen.

4 Einfluss der Übertragungsfunktion

Eine prinzipiell für die Selbst-Filterung geeignete, aber im praktischen Einsatz problematische Übertragungsfunktion ist die bereits vorgestellte Schwellenfunktion, die alle Werte im Betragsspektrum auf null setzt, die größer sind als ein Schwellwert. Problematisch ist die Schwellenfunktion deshalb, weil die Wahl des Schwellwerts kritisch ist. Wie Abb. 20.6 zeigt, unterdrückt ein zu kleiner Schwellwert die gesuchten Abweichungen zu stark, während bei einem zu großen Schwellwert noch zu viele Anteile der regelmäßigen Textur sichtbar bleiben.

Gewünscht wäre stattdessen eine Übertragungsfunktion, bei der die Trennungswirkung nicht von einem Parameter abhängt. Der einzige Parameter der Funktion soll ein Skalierungsparameter sein. Für die Funktion soll also gelten

$$F(kx) = F(k)F(x) = k' F(x).$$

Diese Eigenschaft bezeicht man auch als Selbstähnlichkeit. Eine derartige Funktion, die für die Selbst-Filterung geeignet ist, ist die Potenzfunktionen

$$F(x) = x^p.$$

Mit $p = 2$ erhält man die Quadrat-Funktion, die in [7] zum Hervorheben der regelmäßigen Texturanteile eingeführt wurde. Um umgekehrt die gesuchten Abweichungen in der Textur hervorzuheben und die regelmäßigen Anteile zu unterdrücken, müssen Potenzen $p < 1$ gewählt

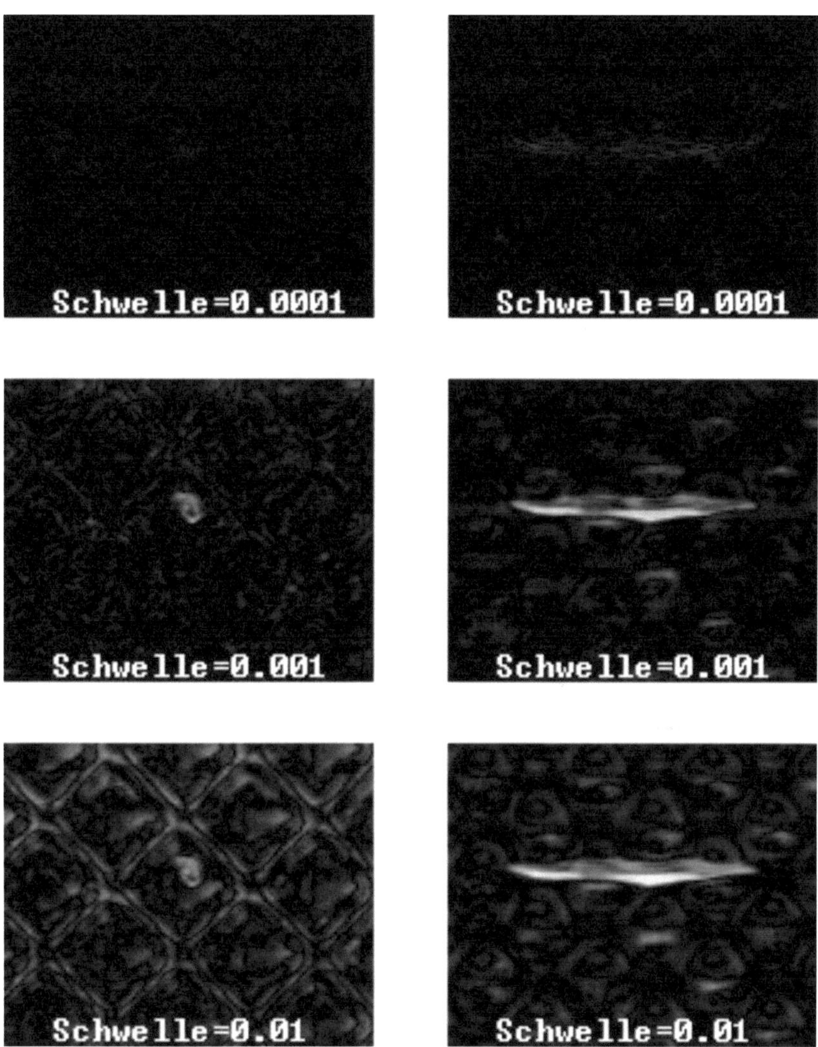

Abbildung 20.6: Ergebnis der Rücktransformation nach Anwendung verschiedener Schwellen auf das Betragsspektrum, für die beiden Streulinsen aus Abb. 20.1. Die Wahl der Schwelle ist kritisch.

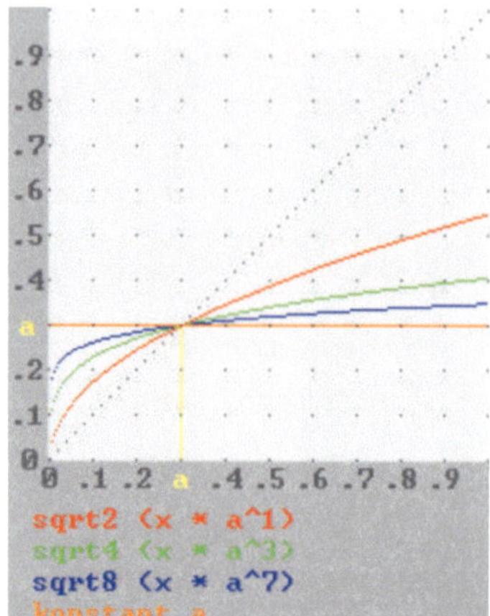

Abbildung 20.7: Wurzelfunktionen mit verschiedenem Wurzelexponenten. Der Wert a entspricht der Verstärkung 1.

werden, also Wurzelfunktionen mit Wurzelexponent $w = 1/p$. Für $w = \infty$ bzw. $p = 0$ erhält man als Grenzfall die in [8] für das Verfahren *PHOT* benutzte Konstantenfunktion.

Damit die Abweichungen im Ergebnisbild gut sichtbar sind, also den in der Bildauswertung üblichen Wertebereich gut ausnutzen, sollte man die Übertragungsfunktion so skalieren, dass sie bei den für die Abweichungen typischen spektralen Beträgen von a eine Verstärkung von 1 hat, also $F(a) = a$ gilt. Somit ergibt sich als geeignete Übertragungsfunktion

$$F(x) = \sqrt[w]{xa^{w-1}}.$$

Zu beachten ist, dass der Parameter a hier ein reiner Skalierungsparameter ist. Er bestimmt nur die Aussteuerung des Ergebnisbildes, hat aber keinen Einfluss auf die Trennung zwischen der regelmäßiger Textur und den Abweichungen. Die Trennung erfolgt allein dadurch, dass die Wurzelfunktion das Verhältnis zwischen großen und kleinen Werten reduziert. Abb. 20.7 veranschaulicht diese Eigenschaft der Wurzelfunktion.

Da bei der diskreten Fouriertransformation das Spektrum zunächst in der Form von Realteil und Imaginärteil entsteht, müsste dieses vor der Anwendung der Übertragungsfunktion in Betrag und Phase umgerechnet werden und anschließend wieder in Realteil und Imaginärteil zurückgerechnet werden. Diese Umrechnungen kann man einsparen, indem die Übertragungsfunktion direkt auf den Realteil u und den Imaginärteil v des Spektrums angewendet wird:

$$F(u) = u \sqrt[w]{(a/x)^{w-1}},$$

$$F(v) = v \sqrt[w]{(a/x)^{w-1}},$$

mit

$$x = \sqrt{u^2 + v^2}.$$

Für die Wahl des Wurzelexponenten w der Übertragungsfunktion gilt: Mit steigendem w wird die Unterdrückung der Grundwellen regelmäßigen Textur immer besser, gleichzeitig werden aber die kleinen Amplituden der Oberwellen in unerwünschter Weise immer stärker angehoben. Abb. 20.8 zeigt dies für die beiden Streulinsen-Beispiele. Im Grenzfall $w = \infty$, also der Konstantenfunktion, gibt es eine so starke Verstärkung der kleinräumigen, hochfrequenten Strukturen, dass die gesuchte Abweichung in der Textur nur noch schwer zu detektieren ist. Eine bessere Wahl für die Potenz ist dagegen $w = 2$, also die Quadratwurzel.

In den Ergebnisbildern sind auch hier, wie auch schon bei der Anwendung der Schwellen-Übertragungsfunktion, störende Reste der ursprünglichen Textur zu erkennen. Die störenden Anteile sind hier sogar noch etwas stärker, weil die Wurzel-Funktion alle spektrale Amplituden unterhalb des Wertes a mit Verstärkungsfaktoren > 1 verstärkt. Da es sich bei den störenden Anteilen im wesentlichen um kleinräumige, hochfrequente Strukturen handelt, wogegen die gesuchten Abweichungen größer und niedrigerfrequent sind, sollte das Bild durch einen Tiefpassfilter bereinigt werden. Dies kann durch einen nachgeschalteten Filter im Ortsbereich oder bereits im Spektrum erfolgen. Wahlweise können außerdem noch morphologische Filter zur Bereinigung eingesetzt werden. Abschließend wird mit einer Grauwertschwelle ein binäres Detektionsbild erzeugt, das die gesuchten Gebiete mit den Abweichungen repräsentiert. Abb. 20.9 zeigt die Ergebnisse für die beiden Streulinsen-Beispiele, sie wurden zuvor mit einer Quadratwurzel-Übertragungsfunktion selbstgefiltert. Für die beiden recht unterschiedlichen Bild-Beispiele wurden hier erfolgreich die gleichen Parameterwerte angewandt, dies zeigt, dass das Verfahren robust bezüglich der Wahl der Parameter ist.

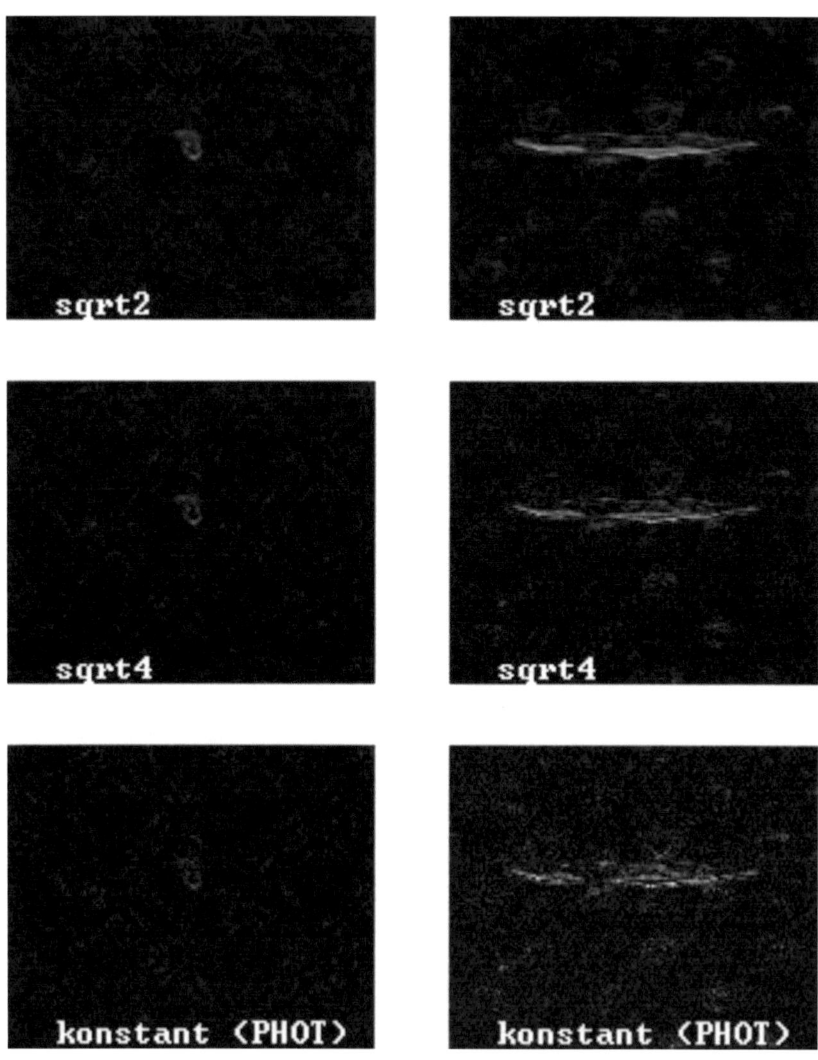

Abbildung 20.8: Ergebnis der Rücktransformation nach Anwendung von Wurzelfunktionen auf das Betragsspektrum, für die beiden Streulinsen aus Abb. 20.1. Der Skalierungs-Parameter ist überall $a = 0.0008$, seine Wahl ist unkritisch, da er keinen Einfluss auf die Trennung von Textur und Abweichungen hat.

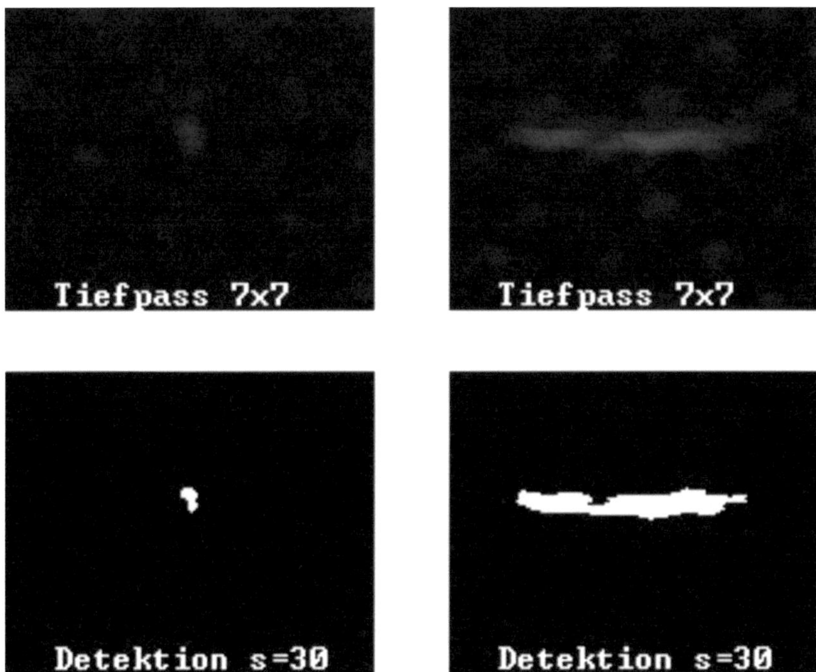

Abbildung 20.9: Tiefpassfilterung und Detektion der gesuchten Abweichungen (Schwelle s), im Anschluss an eine Selbst-Filterung mit Quadratwurzel-Übertragungsfunktion.

5 Fazit

Die Selbst-Filterung im Frequenzbereich ist ein robustes und leicht einsetzbares Verfahren für die Erkennung von Abweichungen in regelmäßigen Texturen. Sie kommt ohne Einlernen aus und benötigt kein Wissen über die aktuelle Textur, ihre Orientierung oder ihren Maßstab. Der einzige Parameter des Verfahrens ist ein Skalierungsparameter, dessen Wahl unkritisch ist. In der Literatur wird die Selbst-Filterung bisher zu Unrecht kaum beachtet.

Literatur

1. X. Xie, „A Review of Recent Advances in Surface Defect Detection using Texture analysis Techniques", *Electronic Letters on Computer Vision and Image Analysis*, Vol. 7, Nr. 3, S. 1–22, 2008.

2. D. Chetverikov und K.Gede, „Textures and structural defects", in *Computer Anbalysis of Images and Patterns*, Ser. Lecture Notes in Computer Science, G. Sommer, K. Daniilidis und J. Pauli, Hrsg.   Springer Verlag, 1997, Vol. 1296, S. 167–174.

3. D. Chetverikov, „Pattern Regularity as a Visual Key", *Image and Vision Computing*, Vol. 18, Nr. 12, S. 23–32, 2000.

4. J. Russ, „Processing Images in Frequency Space", in *The Image Processing Handbook*.   Boca Raton, FL: CRC Press, 2011, Kap. 6, S. 337–394.

5. V. Asha, P. Nagabhushan und N. Bhajantri, „Automatic extraction of texture-periodicity using superposition of distance matching functions and their forward differences", *Pattern Recognition Letters*, Vol. 33, Nr. 5, S. 629–640, 2012.

6. J. Vartiainen, A. Sadovnikov, J.-K. Kamarainen, L. Lensu und H. Kälviäinen, „Detection of irregularities in regular patterns", *Pattern Recognition Letters*, Vol. 7, Nr. 4, S. 248–259, 2008.

7. D. Bailey, „Detecting Regular Patterns Using Frequency Domain Self-filtering", in *International Conference on Image Processing (ICIP)*, Washington, DC, 1997, S. 440–443.

8. D. Aiger und H. Talbot, „The Phase Only Transform for unsupervised surface defect detection", in *International Conference on Computer Vision and Pattern Recognition (CVPR)*, San Francisco, CA, 2010, S. 295–302.

9. W. Melchert, T. Längle, P. Pätzold, R. Gruna und M. Palmer, „Automatische Sichtprüfung strukturierter transparenter Materialien", in *Forum Bildverarbeitung*, F. Puente León und M. Heizmann, Hrsg., Regensburg, Germany, 2010, S. 143–153.

Automatische Erkennung von potenziell infektiösen Stechmücken

Jonas Jäger[1], Paul Grigoriev[1], Viviane Wolff[1], Klaus Fricke-Neuderth[1],
Vanessa Günzel[1] und Thilo Schlott[2]

[1]Hochschule Fulda, Fachbereich Elektrotechnik und Informationstechnik,
[2]Hochschule Fulda, Fachbereich Pflege und Gesundheit,
Marquardstr. 35, D-36039 Fulda

Zusammenfassung Gegenstand dieser Arbeit ist die Anwendung zweier Bildanalysemethoden zur automatischen Identifizierung von potentiell infektiösen Stechmückengattungen auf der Basis von hochauflösenden Bildern. Zum Einen wurde eine Farbquantisierung unter Verwendung einer Farbreduktion auf neun Farben durchgeführt, zum Anderen fand ein Histogrammvergleich mit Hilfe der *Earth Mover's Distance* als Maß für die Ähnlichkeit von Bildern statt.

1 Einleitung

In Deutschland gibt es mehr als 50 Mücken-Spezies, in denen unter den aktuellen klimatischen Konditionen die meisten Krankheitserreger nicht persistieren können. Einige davon, wie die Stechmücken der Gattung Anopheles, von der es in Deutschland sechs verschiedene Arten gibt, und der seit langem einheimischen Gattung Aedes, kommen jedoch unter günstigeren klimatischen Verhältnissen als potenzielle Überträger von nichtendemischen Infektionskrankheiten wie Malaria, Dengue-Fieber, Gelbfieber, Rift Valley Fieber, West-Nil-Fieber und Chikungunya-Fieber in Frage [1].

Die mit der globalen Erwärmung einhergehenden ansteigenden Durchschnittstemperaturen begünstigen eine schnellere Vermehrung der Mücken, deren Larven sich optimal in fischfreien städtischen Tümpeln entwickeln können, da sie dort nicht gefressen werden. Die Temperaturerhöhung fördert auch die Vermehrung von Viren und anderen Erregern in den Mücken und steigert somit deren Infektiosität. Dementsprechend ergaben Laboruntersuchungen an *Aedes aegypti*[1] mit dem Dengue-2 Virus, dass die Virusreplikation parallel mit der Temperatur anstieg [2]. Für das Dengue-Virus wurde die Bedeutung der Temperatur modellhaft durchgerechnet und es ergab sich, dass schon eine Klimaveränderung geringen Ausmaßes zu Dengue-Fieber-Epidemien führen könnte [3].

Aus den oben genannten Gründen heraus ist es sinnvoll, zur Erkennung von sich ändernden regionalen Infektionsrisiken neue geographische Überwachungssysteme zu etablieren. Ein solches System soll aus einer Sammelfalle, einer hochauflösenden CCD-Kamera, einer Referenzdatenbank der zu identifizierenden Mückengattungen und einem eingebetteten System zur automatischen Identifizierung bestehen. Es soll die konventionelle und zeitintensive „visuelle" lichtmikroskopische Klassifikation potenziell infektiöser Mückenspezies ersetzen, um deren schnellere Erkennung zu gewährleisten. Herkömmliche Sammelfallen werden bereits in einigen deutschen Regionen routinemäßig zur Auszählung von Mücken eingesetzt.

Das zu entwickelnde automatische Erkennungsystem soll eine kostengünstige und schnelle Identifizierung von Stechmücken gewährleisten. Eine Erkennung soll unabhängig von Lage und Rotation der Mücke im Bild möglich sein. Somit kann eine Identifizierung nicht alleine auf einer detaillierten Analyse bestimmter Körperteile wie zum Beispiel der Flügel beruhen, wie sie von Francoy et al. durchgeführt wurde [4]. Interessanter erscheint neben den in dieser Arbeit verwendeten Methoden daher der Ansatz von Larius et al. [5], in dem Steinfliegenlarven mit Hilfe von „Regions of Interest" identifiziert werden.

2 Klassifizierung von Stechmückengattungen

In der Objekterkennung lassen sich die Merkmale eines Objektes in modellbasierte und erscheinungsbasierte Merkmale unterteilen. Die modellbasierten Merkmale stellen die geometrischen Eigenschaften eines Objektes dar. Die erscheinungsbasierten Merkmale beschreiben dagegen die nichtgeometrischen Eigenschaften (Farbe, Intensität, Reflektanz), die typischerweise auch den menschlichen Erkennungsmustern entsprechen. Wenn die Bestimmung auf diese Weise kein Ergebnis liefert, können sodann die Merkmale und Muster des zu erkennenden Objektes genauer

---

[1] Gelbfiebermücke

betrachtet werden.

Ein ähnliches Vorgehen ist auch bei der automatischen Mückenerkennung möglich. Im Rahmen dieser Arbeit wird jedoch zunächst der Ansatz der erscheinungsbasierten Verfahren der Bildverarbeitung verfolgt.

Abbildung 21.1: Schematische Darstellung des Systems.

Der in Abbildung 21.1 dargestellte Erkennungsprozess beginnt nach der Bilderfassung, an die sich die Vorverarbeitung des aufgenommen Bildes anschließt. Dabei wird das Bild erodiert, damit bei der Segmentierung die Kontur der Stechmücke besser vom Hintergrund getrennt werden kann. Während der Merkmalsextraktion wird die vom Hintergrund getrennte Mücke auf charakteristische Merkmale hin untersucht, wie z. B. die hellen Körperfärbungen der Stechmückengattung *Aedes* (Abbildung 21.3). Anschließend beginnt das eigentliche Verfahren zur Bestimmung der Gattung, wobei zwei mögliche Verfahren zur Anwendung kommen: die Quantisierung sowie ein Histogrammvergleich unter Zuhilfenahme der *Earth Mover's Distance*.

2.1 Bildaufnahme

Für die Aufnahme der Stechmückenbilder, die später für den Aufbau einer Referenzdatenbak und als Testbilder für die Entwicklung des Erkennungssystems dienen sollen, wird das *μEye SE* Kameramodul der Firma IDS verwendet. Dieses Modul enthält einen CCD Sensor, der RGB-Bilder mit einer maximalen Auflösung von 2448×2050 Pixeln und einer Farbtiefe von 8 bit liefert. Das Kameramodul ist in der Lage, sechs Bilder pro Sekunde aufzunehmen. Für die Nahaufnahme der Mücken wurde ein passendes Objektiv der Firma Pentax (Pentax TV Lense 16mm 1:1.4) verwendet. Zur Beleuchtung der Mücke kommt ein LED-Ring mit weißen LEDs zum Einsatz, wodurch eine homogene Objektausleuchtung gewährleistet wird (Abbildung 21.2).

Um eine Farbanalyse der Stechmücken durchführen zu können, ist die

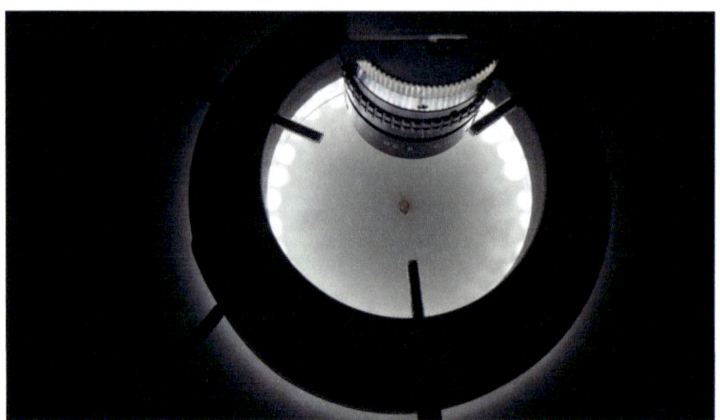

Abbildung 21.2: Versuchsaufbau zur Fotoaufnahme der Stechmücken.

Extraktion des Insekts vom Bildhintergrund erforderlich. Hierbei spielt die Farbe des Hintergrunds eine wichtige Rolle. Um geeignete Hintergrundfarben zu finden, wurde eine Histogrammanalyse von Bildern der Stechmückengattungen *Aedes Aegypti*, *Anopheles Gambiae* und *Culex Quinquefasciatus* durchgeführt. Hierzu wurden die Mückenmotive aus den Bildern zunächst grob isoliert (Abb. 21.3).

Abbildung 21.3: Stechmückenarten *Aedes Aegypti*, *Culex Quinquefasciatus*, *Anopheles Gambiae*.

Anschließend wurde jeweils ein Histogramm der Farbkanäle rot, grün und blau mit Farbwerten von 0 – 255 erstellt (entsprechend 8 bit). Im Schaubild 21.4 sind beispielhaft die Histogramme der oben gezeigten Mückenbilder dargestellt. Es ist zu erkennen, dass keines der Bilder Farbwerte enthält, die kleiner als 50 sind. Somit eignen sich für den Hintergrund vor allem dunkle Farben, da diese leicht herausgefiltert werden können, ohne dass ein Informationsverlust im Farbbereich der Mücke entsteht.

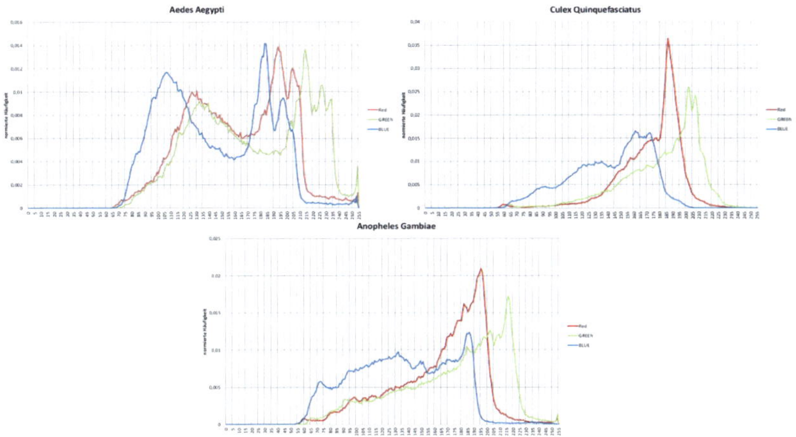

Abbildung 21.4:   Histogramme zu Abb. 21.3.

2.2 Quantisierung

Die Farbanalyse ergab, dass die mit einer Auflösung von 1280 x 960 Pixeln erzeugten Mückenbilder bei einer Farbtiefe von 8 bit pro Kanal ohne den Hintergrund etwa 40000 – 50000 verschiedene Farben aufweisen. Um die Farbauswertung einfacher zu gestalten, bietet es sich daher an, die Farbanzahl zu reduzieren. Hierfür existiert eine große Anzahl an aufwändigen Verfahren, wie „Median-Cut Quantisierung" [6], das den RGB-Farbraum so aufteilt, dass auch möglichst kleine Farbhäufungen wahrgenommen werden, oder „Adaptive color reduction" [7], das auf neuronalen Netzen basiert. Nach der Quantisierung mit solchen Verfahren verbleiben nur diejenigen Farben, die das Bild am besten wiedergeben. Das bedeutet aber auch, dass bei ähnlichen Bildern die Quantisierung ähnliche, aber nicht gleiche Farben erzeugt.

Um die Auswertung nach der Quantisierung einfacher zu gestalten, wurde in dieser Arbeit ein Quantisierungsverfahren verwendet, dessen Ausgabe konstante Farben erzeugt. Hierbei wurde der RGB-Farbraum mit einer Lookup-Tabelle (Abbildung 21.5) in neun Teilbereiche aufgeteilt, wobei jeder Teilbereich eine Farbe repräsentiert.

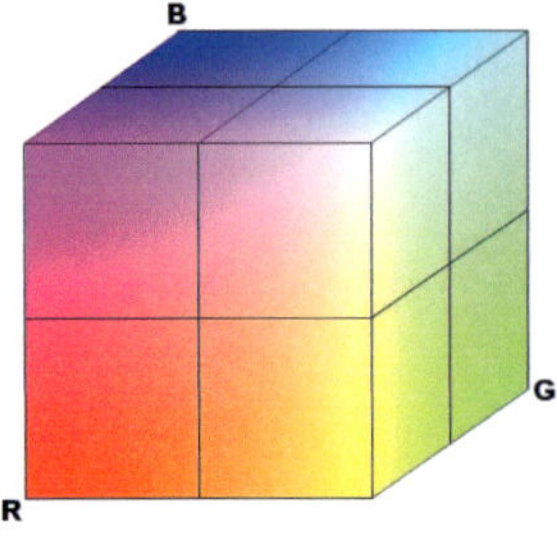

Blau	Grün	Rot	Farbe
0 - 128	0 - 128	0 - 128	schwarz
128 - 255	0 - 128	0 - 128	blau
128 - 255	128 - 255	0 - 128	aqua
128 - 255	128 - 255	128 - 255	weiß
0 - 128	128 - 255	128 - 255	gelb
0 - 128	128 - 255	0 - 128	grün
0 - 128	0 - 128	128 - 255	rot
50 - 80	50 - 110	85 - 153	braun
0 - 128	128 - 255	0 - 128	pink

Abbildung 21.5: Acht-Farben-Quantisierung des RGB-Farbraums und eine Lookup-Tabelle für die Farbreduzierung auf neun Farben.

Nach der Quantisierung existieren also nur die Farben schwarz, blau, aqua, weiß, gelb, grün, rot, braun und pink. Die Farbe braun wurde zusätzlich hinzugenommen, weil sie in allen drei Mückengattungen häufig vorkommt. Der Bereich der Farbe braun wurde dabei empirisch ermittelt.

Training

Zur Differenzierung der drei Gattungen wurden je Gattung einige Bilder[2] ebenfalls empirisch aus der Bilddatenbank ausgewählt. Zu jedem Bild wurde die Verteilung der relativen Häufigkeit der neun Farben ermittelt. Die Relativierung der Häufigkeit sorgt dafür, dass der Erkennungsprozess entfernungs- und auflösungsinvariant arbeitet, weil das Verhältnis und nicht die Anzahl der Farben bestimmt wird. Anschließend wurde für jede Farbe ein Minimum und ein Maximum anhand der vorliegenden Werte bestimmt. Zur Identifizierung einer Gattung müssen alle neun Farben in dem festgelegtem Intervall liegen. Sollten die Farben eines Bildes zu mehreren Gattungen passen, dann wird das Bild nach spezifischen Merkmalen untersucht, die jede Gattung eindeutig kennzeichnen und auf diese Weise die Gattung bestimmt.

---

[2] Die Gattung Aedes wurde mit 30 Bildern, Anopheles mit 10 und Culex mit 20 Bildern trainiert.

Evaluation

Die verbleibenden Bilder in der Datenbank wurden zur Evaluation des vorgestellten Verfahrens verwendet. Die Erkennungsrate[3] betrug bei der Gattung Aedes 76%, bei Anopheles 33% und bei Culex 89%.

2.3 Histogrammvergleich mittels EMD

Als eine weitere Möglichkeit zur Farbauswertung einer Stechmücke wurde ein Histogrammvergleich mit Hilfe der *Earth Movers's Distance (EMD)* durchgeführt. Diese Metrik gibt den benötigten Aufwand für die Umrechnung eines Histogramms in ein Vergleichshistogramm an.

Anschaulich dargestellt wird dabei jede Stelle eines Histogramms als Position eines Erdhügels aufgefasst, wobei der Wert an dieser Stelle die Höhe des Hügels repräsentiert. Der *EMD*-Algorithmus gibt nun den Aufwand für das Umschichten der Erdhügel des einen Histogramms in die Form der Hügel des anderen an. Je geringer der Aufwand für die Umrechnung (das Umschichten) ist, desto ähnlicher sind sich die verglichenen Histogramme.

Die *Earth Mover's Distance* wurde ausgewählt, da diese robust gegenüber Histogrammverschiebungen ist [9]. Solche Verschiebungen werden durch wechselnde Lichtverhältnisse hervorgerufen, die wiederum eine Verschiebung der Farbwerte des Bildes verursachen können. Wenn nur eine Verschiebung des Testhistogramms im Vergleich zu einem Referenzhistogramm stattgefunden hat, die Form aber identisch bleibt, so misst die *EMD* lediglich die Verschiebung und die Information über die Ähnlichkeit bleibt erhalten. Die *Earth Mover's Distance* [10] ist somit wie folgt definiert:

P und Q sind zwei Signaturen, wobei $P = \{(p_1, w_{p_1}), \ldots, (p_m, w_{p_m})\}$ und $Q = \{(q_1, w_{q_1}), \ldots, (q_n, w_{q_n})\}$ in dieser Anwendung zwei Farbhistogramme repräsentieren. Die Signatur P enthält m Elemente. p_i stellt einen Farbwert und w_{p_i} die Häufigkeit dieses Wertes dar.

$\mathbf{D} = [d_{ij}]$ ist die Distanzmatrix der Signaturelemente und
$\mathbf{F} = [f_{ij}]$ stellt den „Erdfluss" (transportierte Erde) dar.

---

[3] 32/42 Aedes-, 5/15 Anopheles-, 25/28 Culex-Bilder wurden richtig zugeordnet.

Minimiere den Gesamtaufwand

$$G(P, Q, \mathbf{F}) = \sum_{i=1}^{m} \sum_{j=1}^{n} d_{ij} f_{ij} \tag{21.1}$$

unter den Nebenbedingungen:

$$f_{ij} \geq 0 \qquad 1 \leq i \leq m, \quad 1 \leq j \leq n \tag{21.2}$$

$$\sum_{j=1}^{n} f_{ij} \leq w_{p_i} \qquad 1 \leq i \leq m \tag{21.3}$$

$$\sum_{i=1}^{m} f_{ij} \leq w_{q_j} \qquad 1 \leq j \leq n \tag{21.4}$$

$$\sum_{i=1}^{m} \sum_{j=1}^{n} f_{ij} = min\left(\sum_{i=1}^{m} w_{p_i}, \sum_{j=1}^{n} w_{q_j} \right) \tag{21.5}$$

Bedingung (21.5) wird auch als *total flow* bezeichnet. Wenn ein optimaler Wert für $\mathbf{F}$ gefunden ist, kann die *Erath Mover's Distance* als Gesamtaufwand G normiert auf den *total flow* definiert werden:

$$EMD(P, Q) = \frac{\sum_{i=1}^{m} \sum_{j=1}^{n} d_{ij} f_{ij}}{\sum_{i=1}^{m} \sum_{j=1}^{n} f_{ij}} \tag{21.6}$$

Das Programm für diese Untersuchung wurde in der Programmiersprache C mit Hilfe des OpenCV Frameworks implementiert. Dieses Framework beinhaltet bereits eine Implementierung des *EMD*-Algorithmus [9]. Zur Identifizierung der Stechmückengattung wird ein Histogrammvergleich durchgeführt. Hierzu wird eine bestimmte Anzahl von Referenzbildern mit einem Testbild verglichen. Die Gattung des Referenzbildes mit der größten Ähnlichkeit zum Testbild wird dem Testbild zugeordnet. Das Maß für die Ähnlichkeit der Bilder ist die Summe der *Earth Mover's Distances* der Histogramme jedes Farbkanals (rot, grün, blau) der verglichenen Bilder. Ist diese Summe zu groß, so wird das Testbild als unbekanntes Objekt eingestuft, da in diesem Fall wahrscheinlich keine Bilder einer Mücke vorliegt.

2.4 Auswertung

Der Identifizierungsvorgang wurde mit jeweils 20 Referenzbildern der Gattungen Aedes und Culex sowie 10 Referenzbildern der Gattung Anopheles durchgeführt. Als Testbilder wurden 52 Aufnahmen der Gattung Aedes, 15 Aufnahmen der Gattung Anopheles und 27 Aufnahmen der Gattung Culex verwendet.

Erkannt als ⇒	Aedes	Anopheles	Culex
Aedes	48	3	1
Anopheles	3	11	1
Culex	2	8	17

Tabelle 21.1: Ergebnisse des Histogrammvergleichs mittels *EMD*.

3 Fazit und Ausblick

Es wurden zwei unterschiedliche Methoden zur automatischen Identifizierung von Stechmückengattungen auf der Basis von hochauflösenden Mückenbildern untersucht. Neben der Farbquantisierung mit auf neun Farben reduzierten Bildern kam ein Histogrammvergleich mit Hilfe der *Earth Mover's Distance* als Maß für die Ähnlichkeit von Bildern zum Einsatz.

Die Identifizierung der Gattungen mit Hilfe von Farbquantisierung liefert akzeptable Ergebnisse. Bei der Stechmückengattung Anopheles liegt nur eine kleine Anzahl an Bildern vor, die sich in der Qualität unterscheiden. Daher war die Trefferquote bei der dieser Gattung sehr gering. Die Güte der Methode könnte möglicherweise erhöht werden, wenn der RGB-Farbraum in mehr Unterabschnitte (z. B. 128 oder 256) aufgeteilt wird und somit mehr Farben bei der Auswertung zur Verfügung stehen.

Die Untersuchung des Histogrammvergleichs mittels *EMD* hat gezeigt, dass diese Methode durchaus für eine Farbanalyse zur Identifizierung von Mückengattungen geeignet ist. Die Ergebnisse könnten verbessert werden, indem eine Farbanalyse von einzelnen Körperteilen der Mücke durchgeführt wird. In der jetzigen Implementierung kann es durchaus vorkommen, dass eine auf dem Rücken liegende Mücke mit einer auf dem Bauch liegenden Mücke verglichen wird. Es ist also möglich, dass die Farbgebungen völlig unterschiedlicher Körperregionen miteinander verglichen werden. Körperregion und Farbe stehen aber in einem unmittelbaren Zusammenhang, daher wird im weiteren Verlauf des Projektes an einer geeigneten Segmentierung des Mückenkörpers gearbeitet.

Insgesamt lässt sich weiterhin feststellen, dass die Anzahl der vorhandenen Testbilder für ein aussagekräftiges Ergebnis zu gering ist. Die Ergebnisse in dieser Untersuchung zeigen lediglich eine Tendenz auf. In Zukunft wird daher eine ausreichend große Referenzdatenbank aufgebaut.

Danksagung

Wir danken der Firma BioGents AG aus Regensburg für die Aufzucht und Bereitstellung von Mückenspezies. Des Weiteren danken wir Herrn Dr. Christoph Kornek für die wertvollen Hinweise zur Ausarbeitung des Beitrages. Das Projekt wird finanziert aus dem Förderprogramm „Forschung für die Praxis" des Hessischen Ministeriums für Wissenschaft und Kunst.

Literatur

1. C. J. Hemmer, S. Frimmel, R. Kinzelbach und L. Gürtler, „Globale Erwärmung: Wegbereiter für tropische Infektionskrankheiten in Deutschland?" *Deutsche Medizinische Wochenschrift*, Vol. 132, S. 2583–2589, 2007.

2. D. M. Watts, D. S. Burke, B. A. Harrsion, R. E. Whitmire und A. Nisalak, „Effect of Temperature on the Vector Efficiency of Aedes aegypti for Dengue 2 Virus", *Amer.J.Trop.Med.Hyg.*, Vol. 36, S. 143–152, 1987.

3. J. A. Patz, W. J. Martens, D. A. Focks und T. H. Jetten, „Dengue fever epidemic potential as projected by general circulation models of global climate change", *Environmental Health Perspectives*, Vol. 106, S. 147–153, 1998.

4. T. M. Francoy, D. Wittmann, M. Drauschke, S. Müller, V. Steinhage, M. A. F. Bezerra-Laure, D. De Jong und L. S. Gonçalves, „Identification of Africanized honey bees through wing morphometrics: two fast and efficient procedures", *Apidologie*, Vol. 39, S. 488–494, 2008.

5. N. Larios, H. Deng, W. Zhang, M. Sarpola, J. Yuen, R. Paasch, A. Moldenke, D. Lytle, S. Correa, E. Mortensen, L. Shapiro und T. Dietterich, „Automated insect identification through concatenated histograms of local

appearance features: feature vector generation and region detection for deformable objects", *Machine Vision and Applications*, Vol. 19, S. 105–123, 2008.

6. A. Kruger, „Median-cut Color Quantization", *Dr. Dobb's Journal*, S. 46–92, Sept. 1994.

7. N. Papamarkos, A. Atsalakis und C. Strouthopoulos, „Adaptive color reduction", *Systems, Man, and Cybernetics, Part B: Cybernetics, IEEE Transactions on*, Vol. 32, Nr. 1, S. 44–56, feb 2002.

8. A. Nischwitz, M. Fischer, P. Haberäcker und G. Socher, *Computergrafik und Bildverarbeitung.* Wiesbaden: Vieweg + Teubner, 2011.

9. G. Bradski, *Learning OpenCV : computer vision with the OpenCV library.* Sebastopol, CA: O'Reilly, 2008.

10. Y. Rubner, C. Tomasi und L. J. Guibas, „The Earth Movers Distance as a metric for image retrieval", *International Journal of Computer Vision*, Vol. 40, Nr. 2, 2000.

Blickrichtungserkennung des Fahrers mittels ICP auf Farb- und Tiefenbilddaten

Tobias Bär, Jan-Felix Reuter und J. Marius Zöllner

FZI Forschungszentrum Informatik, Intelligent Systems and Production
Engineering (ISPE), 76131 Karlsruhe, Germany

Zusammenfassung Die Blickrichtung des Fahrers spielt eine
wesentliche Rolle bei der Schätzung seines zukünftigen Verhal-
tens. Speziell im Automobilbereich unterliegt die Blickrichtungs-
erkennung jedoch besonderen Ansprüchen: Auf keinen Fall darf
der Fahrer in seinem Sichtfeld und seinem Arbeitsraum beein-
trächtigt werden. Die Blickrichungserkennung muss schnell und
genau genug sein, um einen kurzen Blick in den Innenspiegel zu
Detektieren, der oftmals nur durch eine Augenbewegung ausgeführt wird. Darüber hinaus muss der Detektionsraum groß genug
sein um bei starken und schnellen Kopfdrehungen während eines Schulterblicks, Einpark- oder Wendemanövers die Kopfposition nicht zu verlieren. Erschwerend kommen ständig wechselnde
Lichtverhältnisse hinzu.
In dieser Arbeit wird die Kopfpose des Fahrers aus einem Tiefenbild über eine Iterative-Closest-Point-Methode (ICP) bestimmt.
Dazu werden mehrere 3-D-Gesichtsmasken verwendet um einen
großen Detektionsraum zu gewährleisten. Durch schnelle Korrespondenzsuche im Tiefenbild und der Umschaltung von Punkt-
zu-Punkt zu Punkt-zu-Ebene im Iterationsschritt erreicht der
ICP-Algorithmus hohe Genauigkeit und Echtzeitfähigkeit. Nach
der Ermittlung der Kopfpose wird die Augenstellung des Fahrers über das Farbbild ermittelt. Das vorgestellte System wurde über eine öffentlich verfügbare Datenbank validiert und mit
anderen aktuellen Veröffentlichungen verglichen. Mit einer Toleranz von $5°$ wird die Kopfpose in $85\,\%$ der Eingabebilder korrekt
bestimmt. Unter Berücksichtigung der Augenstellung konnte der
Blick des Fahrers erfolgreich verschiedenen Sichtfeldern zugeordnet werden.

1 Einleitung

Mit dem sich abzeichnenden Trend zum *Automatischen Fahren*, bei dem der Fahrer komplexe Fahraufgaben übernimmt und einfache, monotone Fahraufgaben, wie Stop-and-go-Verkehr auf der Autobahn, vom Fahrzeug selbst bewältigt werden, kommt der Fahrerüberwachung, so wie dessen Verhaltens- und Zustandsschätzung eine wachsende Bedeutung zu.

In der vorliegenden Arbeit wird die Blickrichtung des Fahrers über ein tiefenbildgebendes Kinect Kamerasystem erfasst. Dazu wird die Kopfstellung aus der 3-D-Punktwolke des Sensors über ein modifiziertes Iterative-Closest-Point (ICP) Verfahren bestimmt. Die Stellungen der Pupillen werden über eine orthographische Projektion des Farbbildes mit anschließender Pupillenmittelpunktsuche in den Augenbereichen ermittelt.

2 Kopfposenbestimmung

Das Iterative-Closest-Point-Verfahren (ICP) ist in der Robotik weit verbreitet um eine geometrische Transformation zwischen Punktwolken verschiedener Sensorquellen oder verschiedener Messzeitpunkte zu finden [1, 2]. In der vorliegenden Arbeit wird das ICP-Verfahren verwendet um eine Transformation zwischen zuvor generierten 3D-Gesichtsmasken des Fahrers und den Tiefendaten einer Kinect-Kamera zu bestimmen. Dazu werden unveränderliche, rigide Teile des Kopfes als eine 3-D-Gesichtsmaske in Form einer 3-D-Punktwolke gespeichert (siehe Abbildungen 22.1(a) und 22.1(b)).

Insgesamt werden für jeden Fahrer drei Gesichtsmasken erstellt. Eine Maske für die linke rigide Gesichtshälfte, eine für die rechte rigide Gesichtshälfte und eine Maske für den ganzen unveränderlichen Anteil des Gesichtes. Die Aufteilung der Gesichtsmasken trägt vor allem zur Vergrößerung des Detektionsbereiches bei, da nicht immer das ganze Gesicht von der Kamera erfasst werden kann.

Zur Laufzeit wird das Tiefenbild der Kinect-Kamera, welches den Kopf des Fahrers enthält, über die intrinsischen Kameraparameter in eine korresponicrende 3-D-Punktwolke transformiert. Über das ICP-Verfahren werden dann die Transformationen der 3-D-Gesichtsmasken bezüglich der resultierenden Punktwolke bestimmt (siehe Abbildung 22.1(c)). Dies geschieht über die iterative Minimierung einer Fehlerfunk-

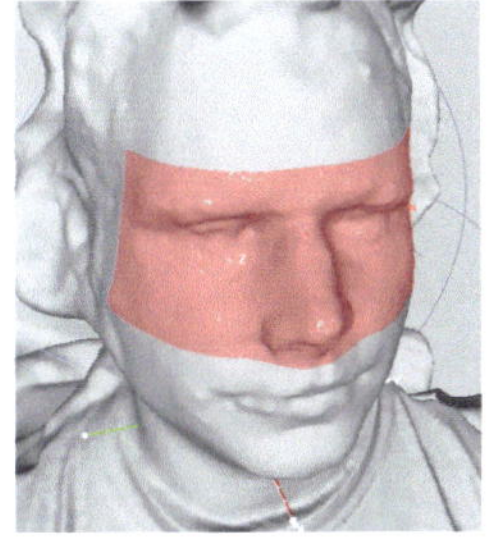

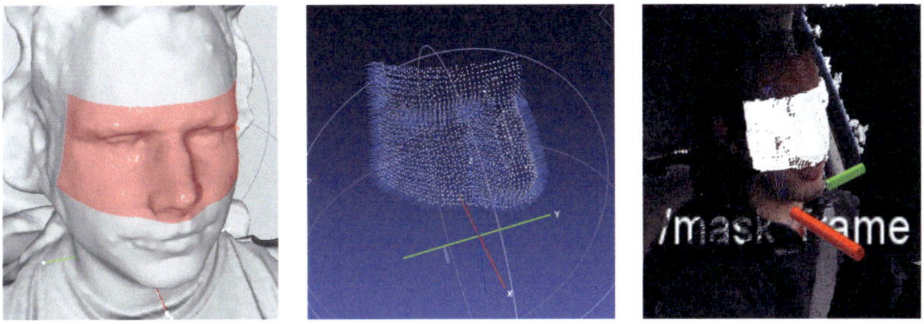

(a) Unveränderlicher Teil des Gesichts.

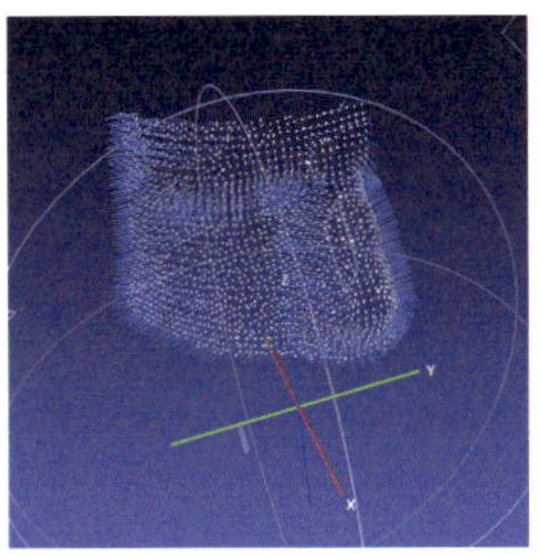

(b) Rechte 3-D-Gesichtsmaske mit Normalenvektoren.

(c) Gesichtsmaske ausgerichtet an die Tiefenbilddaten des Kinect Sensors.

Abbildung 22.1: 3-D-Gesichtsmaske des Fahrers.

tion, welche den Abbildungsfehler der Transformation der verschiedenen 3-D-Gesichtsmaske auf die Kinect-Punktwolke beschreibt. Kann eine Transformation bestimmt werden, d.h. der Abbildungsfehler ist ausreichend klein, so kann diese Transformation als Kopfstellung bzgl. des Kamerakoordinatensystems interpretiert werden.

Um den Automotive Ansprüchen bzgl. Echtzeitfähigkeit, Genauigkeit und Robustheit zu genügen wurden, neben anderen Modifikationen, zwei typische Schritte des ICP-Verfahren optimiert: Zum einen wurde eine schnelle Korrespondenzsuche im Tiefenbild implementiert (siehe Abschnitt 2.1) und zum anderen wechselt die Fehlerfunktion entsprechend des Iterationsfortschritts von einem Punkt-zu-Punkt Abstandsmaß auf ein Punkt-zu-Ebene Abstandsmaß (siehe Abschnitt 2.2).

2.1 Korrespondenzfindung

ICP-Verfahren verwenden Koresspondenzpunktepaare um die Transformation zu berechnen. Ein Korrespondenzpunktepaar besteht aus jeweils einem Punkt aus beiden Punktwolken. In der Regel werden die Korrespondenzen über eine *Nearest-Neighbour (NN)* Suche mit euklidischem Abstandsmaß ermittelt. Ist eine der Punktwolken als k-D-Baum repräsentiert, kann das finden *einer* Korrespondenz in $\mathcal{O}(logN)$ Aufwand ausgeführt werden [3].

Nutzt man die Tatsache, dass ein Tiefenbild mit bekannten intrinsischen Kameraparametern vorliegt, kann jeder 3-D-Punkt aus der Gesichtsmaske über die intrinsischen Kameraparameter mit Aufwand $\mathcal{O}(1)$ in das Tiefenbild projiziert werden (siehe [4]). Da keinerlei Suche durchgeführt wird, reichen schon kleinere Ungenauigkeiten bei den intrinsischen Kameraparametern aus damit falsche Korrespondenzpunktepaare gefunden werden. In dieser Implementierung wird deshalb im Nachgang die Projektionsstelle in einem rechteckigen Bereich nach dem naheliegendsten Punkt abgesucht. Trotzdem bleibt die Korrespondenzsuche in der Komplexitätsklasse $\mathcal{O}(1)$.

2.2 Minimierung und Auswahl der Fehlerfunktion

Im Interationsschritt des ICP-Verfahrens wird eine Fehlerfunktion, welche über die gefundenen Korrespondenzpunkte definiert ist, minimiert. Die Minimierung erfolgt in dieser Arbeit über das Newton-Verfahren. Üblicherweise wird bei der ICP-Methode eine Punkt-zu-Punkt oder Punkt-zu-Ebene Fehlerfunktion benutzt. Beide Fehlerfunktionen haben Vor- und Nachteile:

Punkt-zu-Punkt: Die Punkt zu Punkt Fehlerfunktion, dargestellt in Gleichung 22.1, eignet sich sehr gut für noch schlecht registrierte Punktwolken und nähert sich in den ersten Iterationsschritten schnell dem lokalen Minima an. Die Registrierung wird allerdings eine gewisse Qualität nicht überschreiten.

$$F_{Pkt}(T, C) = \sum_{(p_i, q_i) \in C} ||q_i - T \cdot p_i||^2 \qquad (22.1)$$

Punkt-zu-Ebene: Die Punkt zu Ebene Fehlerfunktion, dargestellt in Gl. 22.2, liefert genauere Transformationen für bereits gut registrierte Punktwolken. Sind die Punktwolken jedoch noch stark voneinander entfernt, ist die Konvergenz des Iterationsschrittes nicht sicher.

$$F_{Ebn}(T, C) = \sum_{(p_i, q_i) \in C} ((q_i - T \cdot p_i) \cdot n_i)^2 \qquad (22.2)$$

Um eine schnelle und trotzdem genaue Konvergenz zu ermöglichen werden in dieser Arbeit die ersten Iterationsschritte (ca. 5) der Kopfposenbestimmung mit Punkt-zu-Punkt als Abstandsmaß der Fehlerfunktion verwendet. Haben die Punktwolken nur noch wenig Abstand zueinander (sie sind gut registriert), werden die übrigen Iterationsschritte mit dem Punkt-zu-Ebene Abstandsmaß durchgeführt. Dies resultiert in einer schnellen und gleichzeitig genauen Kopfposenbestimmung.

3 Blickrichtungsbestimmung über die Stellung der Augen

Um die tatsächliche Blickrichtung des Fahrers zu bestimmen, muss die Stellung der Pupillen betrachtet werden. Mit der bekannten Kopfstellung erfolgt eine orthographische Projektion der Augenbereiche des 2D-Farbbildes auf die XY-Ebene. Die Projektion kann nur erfolgen, wenn das Auge tatsächlich von der Kamera erfasst wird. Perspektivisch sieht das Auge auf dem generierten Bild aus, als wäre es von einer orthographischen Kamera frontal aufgenommen worden. Abbildung 22.2 zeigt eine Fahrszene und die dazugehörige orthographische Projektion der Augen. Im generierten Augenbild wird mittels Template Matching nach der

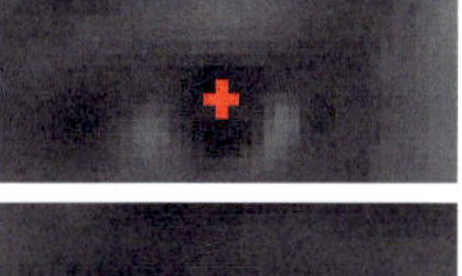

Abbildung 22.2: Eine Aufnahme des Fahrers über die Kinect Kamera. Die Blickrichtung (roter Pfeil) wird über die Kopfstellung (blauer Pfeil) und der Analyse der Augenregionen (rechts) bestimmt.

dunkelsten Fläche (Iris) und deren Mittelpunkt (Mittelpunkt der Pupille) gesucht. Wurde der Mittelpunkt der Pupille in 2-D gefunden, kann über die 3-D-Gesichtsmaske die 3-D-Position des Pupillenmittelpunktes auf der Augenoberfläche berechnet werden. Mit der bekannten Position des Augapfelmittelpunktes lässt sich so die Stellung des Auges, als Gerade im 3-D Raum, berechnen.

4 Experimente und Ergebnisse

Die Evaluierung der Genauigkeit des vorgestellten Algorithmus basiert auf einer öffentlichen Datenbank, welche 24 Aufnahmesequenzen mit mehr als 15 Tausend Einzelframes enthält [5]. Jeder Frame besteht aus Tiefenbild, 2D-Bild und einer Ground-Truth Annotation der Kopfposition. Die Aufnahmesequenzen beinhalten 20 verschiedene Personen, welche

Abbildung 22.3: Beispielbilder aus der Biwi-Datenbank [5]. Die Versuchsperson sitzt ca. ein Meter vor der Kinect Kamera und bewegt den Kopf.

in einer Laborumgebung in ca. einem Meter Abstand vor einer Kinect Kamera ihren Kopf bewegen. Abbildung 22.3 zeigt ein typische Bilder der Datenbank. Die Ground-Truth Annotation basiert auf einem Algorithmus der Firma *Faceshift.com*.

Abbildung 22.4(a) zeigt die Genauigkeit der ermittelten Kopfstellung und vergleicht diese mit aktuellen Veröffentlichungen bezüglich Kopfposenbestimmung. Mit einer Toleranz von 4 Grad Abweichung um die Gierachse (rechts/links Bewegung des Kopfes) konnte der Algorithmus die Kopfstellung in 82% der Eingabeframes richtig bestimmen.

Abbildung 22.4(b) zeigt die Korrektheit der Kopfpose aufgetragen über Gier- und Nickwinkel des Kopfes. Auch hier bildet die Datenbasis die öffentlich verfügbare Datenbank von Fanelli u. a. [5]. Das Diagramm zeigt, dass der entworfene Algorithmus selbst für starke Rotationen eine hohe Genauigkeit aufweist.

Für die eigentliche Blickrichtung muss neben der Kopfstellung auch die Stellung der Augen berücksichtigt werden. In einer Messreihe wurden Fahrer instruiert verschiedene Bereiche des Fahrzeuges anzuschauen. Dies waren *Tacho, linker und rechter Spiegel, Innenspiegel und Blick gerade aus*. In Plot 22.5(a) ist die Stellung des Kopfes bezüglich der genannten Bereiche aufgetragen. Die Cluster überlappen sich leicht, was zeigt, dass alleine aus der Kopfstellung nicht unbedingt ersichtlich ist, welchen Bereich des Fahrzeuges der Fahrer anvisiert. Zieht man die Augenstel-

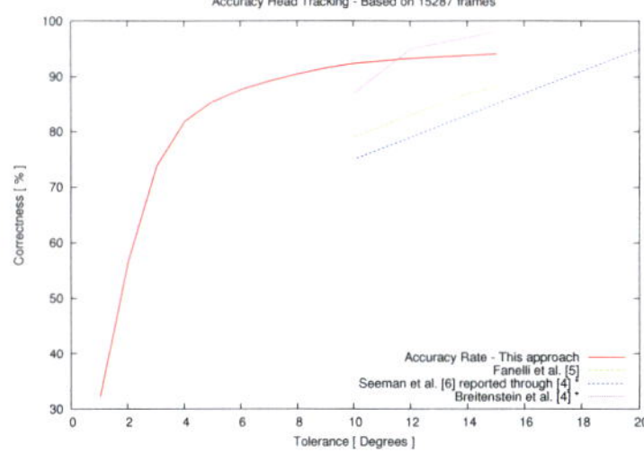

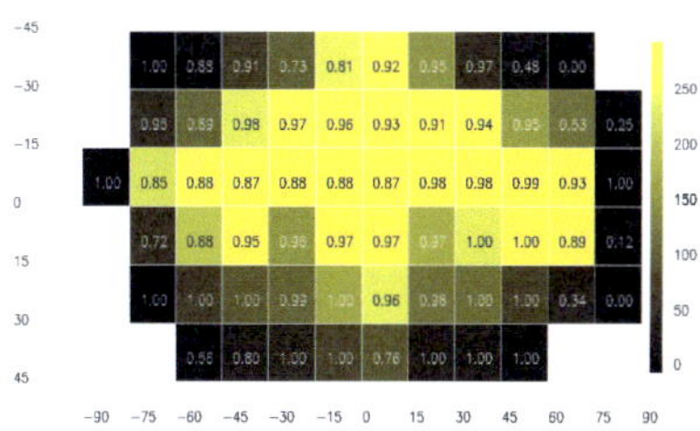

(a) Korrektheit der Kopfposenbestimmung abhängig vom akzeptierten Messfehler in Gierrichtung (vgl. [5–7]). Die mit Stern markierten Resultate beruhen auf einer anderen Datenbasis und sind damit nicht direkt vergleichbar.

(b) Korrektheit der Kopfpose aufgetragen über Gier- und Nickwinkel des Kopfes. Dunkle Felder symbolisieren wenig Messdaten, in den hell-gelben Felder liegen viele Messdaten zu Grunde.

Abbildung 22.4: Korrektheit der Kopfposenbestimmung.

lung zur Auswertung mit in Betracht, lassen sich die Daten eindeutiger in die speziellen Sichtbereichscluster aufteilen (siehe Plot 22.5(b)). Darüber hinaus ist zu sehen, dass der Fahrer mit den Augen einen wesentlich größeren Winkelbereich absucht als rein mit dem Kopf.

5 Zusammenfassung und Ausblick

Die vorliegende Arbeit stellt ein Verfahren zur Blickrichtungsermittlung von Autofahrern vor. Dazu wird zunächst die Stellung des Kopfes über einen optimierten Iterative-Closest-Point Algorithmus bestimmt. Die Ermittlung der Kopfstellung erfolgt über die 3-D-Tiefendaten des Kinect Kamerasystems.

Nach der erfolgreichen Kopfposenbestimmung werden die Augenregionen im Farbbild orthographisch auf die XY-Ebene projiziert und der Mittelpunkt der Pupille im dadurch generierten Augenbild bestimmt. Gerade im Automotive Bereich obliegt die Blickrichtungsbestimmung besonderen Anforderungen. Durch die Wahl mehrerer 3-D-Gesichtsmasken (siehe

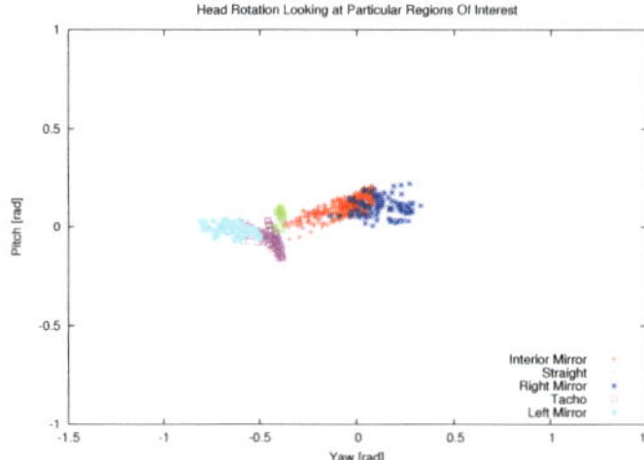

(a) Kopfpose des Fahrers, während er abwechselnd verschiedene Bereiche des Fahrzeuges anblickt. Um die eigentliche Blickrichtung zu bestimmen muss die Augenstellung mit Berücksichtigen finden.

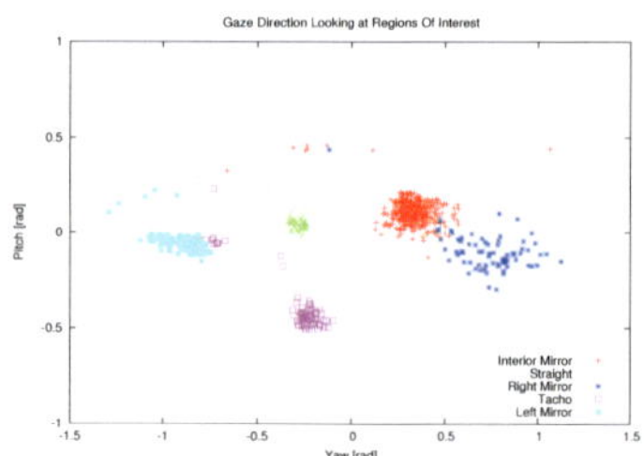

(b) Blickrichtung des Fahrers resultierend aus der Augenstellung und der Kopfpose. Die Blickbereichscluster lassen sich gut trennen.

Abbildung 22.5: Um die Blickbereiche des Fahrers eindeutig zu bestimmen, muss neben der Kopfstellung auch die Stellung der Augen berücksichtigt werden.

Abschnitt 2) konnte ein Erkennungsbereich von bis zu $\pm\,90$ Grad erreicht werden (siehe Abb. 22.4(b)). Eine schnelle *Nearest-Neighbour* Suche machen den vorgestellten Algorithmus schnell genug um Echtzeitansprüchen zu genügen (siehe Abschnitt 2.2). Durch das Umschalten von einer Fehlerfunktion mit entweder Punkt-zu-Punkt oder Punkt-zu-Ebene als Abstandsmaß konvergiert der Algorithmus schnell und liefert sehr genaue Ergebnisse. Durch die Kombination von Kopfstellung und Augenstellung konnten die Blickbereiche, wie Tachometer, rechter Spiegel, linker Spiegel, Innenspiegel und Blick gerade aus, erfolgreich klassifiziert werden. Durch die Information der Blickrichtung können künftig zukünftige Fahrerassistenzsysteme besser auf den Fahrer angepasst werden und das Verhalten des Fahrers besser eingeschätzt werden.

Literatur

1. P. J. Besl und N. D. McKay, „A method for registration of 3-D shapes“, *IEEE Transactions on Pattern Analysis and Machine Intelligence*, Vol. 14,

Nr. 2, S. 239–256, 1992.

2. Z. Zhang, „Iterative point matching for registration of free-form curves and surfaces", *International Journal of Computer Vision*, Vol. 13, Nr. 2, S. 119–152, 1994.

3. J. L. Bentley, „Multidimensional binary search trees used for associative searching", *Communications of the ACM*, Vol. 18, Nr. 9, S. 509–517, 1975.

4. R. Benjemaa und F. Schmitt, „Fast global registration of 3D sampled surfaces using a multi-z-buffer technique", *Image and Vision Computing*, Vol. 17, Nr. 2, S. 113–120, 1999.

5. G. Fanelli, T. Weise, J. Gall und L. V. Gool, „Real Time Head Pose Estimation from Consumer Depth Cameras", *visioneeethzch*, Vol. 33rd Annua, Nr. 6835, S. 101–110, 2011.

6. M. Breitenstein, D. Kuettel, T. Weise, L. Van Gool und H. Pfister, „Real-Time Face Pose Estimation from Single Range Images", *IEEE Conference on Computer Vision and Pattern Recognition (2008)*, Nr. 1, S. 1–8, 2008.

7. E. Seemann, K. Nickel und R. Stiefelhagen, „Head pose estimation using stereo vision for human-robot interaction", in *Automatic Face and Gesture Recognition.* Ieee, 2004, S. 626–631.

Modellbasiertes dreidimensionales Posentracking mittels evolutionärem Algorithmus

Kristine Back, Pilar Hernández Mesa und Fernando Puente León

Karlsruher Institut für Technologie,
Institut für Industrielle Informationstechnik,
Hertzstr. 16, Geb. 06.35, 76187 Karlsruhe

Zusammenfassung In diesem Beitrag wird eine Methode zum markerlosen dreidimensionalen Körpertracking vorgestellt, welche auf einem evolutionären Algorithmus basiert. Das Verfahren orientiert sich am *„Interacting Simulated Annealing“*-Partikelfilter (ISA) und bedient sich ebenfalls eines *Annealing*-Prozesses zum Finden des globalen Optimums. Die entwickelte Methode wird in Simulationen mit dem weit verbreiteten ISA verglichen. Für das Posentracking mit nur einer geringen Anzahl an Kameraperspektiven wird außerdem ein Dynamikmodell untersucht, welches im Falle sich überlappender Körperteile Mehrdeutigkeiten auflösen kann.

1 Einleitung

Das markerlose Körpertracking ist eine spannende und wichtige Aufgabe im Bereich der maschinellen Wahrnehmung. Das Ziel besteht in der genauen Schätzung der dreidimensionalen Pose eines Menschen bzw. der Verfolgung über mehrere Zeitschritte basierend auf Videoaufnahmen. Anwendungsmöglichkeiten solcher Verfahren finden sich beispielsweise in der Mensch-Maschine-Interaktion, der Computeranimation und auch der Medizintechnik. Die Herausforderung beim Posentracking besteht in der hohen Dimensionalität, da der menschliche Körper eine Vielzahl von Freiheitsgraden besitzt. Des Weiteren weisen menschliche Bewegungen eine hohe Nichtlinearität und Spontanität auf, was es erschwert, geeignete dynamische Modelle zur Unterstützung des Trackings zu formulieren. In den letzten Jahren haben sich der sog. *Annealed*-Partikelfilter (APF) [1] und der „*Interacting Simulated Annealing*"-Partikelfilter (ISA) [2] als sehr beliebte und mächtige Verfahren erwiesen. Dabei wird der Partikelfilter-Ansatz mit einem globalen Optimierungsverfahren, dem simulierten *Annealing*, kombiniert. In jüngerer Zeit kommen jedoch auch einige interessante alternative Ansätze zum Körpertracking auf. In [3] wird ein hierarchischer *Particle-Swarm-Optimization*-Ansatz (HPSO) verwendet. In [4] wird ein graphisches Körpermodell verwendet; das Posentracking wird als Inferenz in diesem Modell realisiert. In diesem Ansatz werden zudem Detektoren für bestimmte Körperteile in die Schätzung integriert. In [5] werden lokale und globale Optimierungsverfahren kombiniert.

In diesem Beitrag wird an das Körpertracking mittels eines Optimierungsverfahrens herangegangen, welches auf einem evoultionären Algorithmus basiert. Der vorgestellte Algorithmus lehnt sich an den ISA an und bedient sich ebenfalls eines *Annealing*-Prozesses.

Dieser Beitrag ist folgendermaßen gegliedert: Nachdem in Abschn. 2.1 kurz auf das verwendete Körpermodell eingegangen wird, folgt in Abschn. 2.2 eine Erläuterung des vorgeschlagenen Trackingalgorithmus. In Abschn. 2.3 werden die verwendeten Dynamikmodelle dargestellt und in Abschn. 2.4 wird auf die zu optimierende Kostenfunktion eingegangen. In Abschn. 3 werden die Simulationsergebnisse dargestellt und diskutiert, bevor in Abschn. 4 die Zusammenfassung folgt.

2 Markerloses Körpertracking

2.1 Körpermodell

Die Grundlage des Posentrackings stellt das gewählte virtuelle Körpermodell dar. Der menschliche Körper wird in dieser Arbeit als eine kinematische Kette im dreidimensionalen Raum modelliert. Die einzelnen Körperglieder werden als Zylinder dargestellt und sind über die Gelenke, welche die kinematische Kette steuern, miteinander verknüpft. Die Pose eines Menschen, d. h. der Modellzustand, ist über die Gelenkwinkel sowie die absolute Position des Modells im Raum definiert. Insgesamt besitzt das Modell 32 Freiheitsgrade.

2.2 Posentracking

Die Aufgabe des dreidimensionalen Posentrackings ist die Schätzung der Pose eines Menschen über mehrere Zeitschritte hinweg, basierend auf dem gewählten Körpermodell und gegebenen Videoaufnahmen aus mehreren Blickwinkeln. Üblicherweise wird das Posentracking als sequentielles Bayes'sches Schätzproblem formuliert [1,6]. Dabei besteht das Ziel in der Schätzung der A-posteriori-Dichte $p(\mathbf{x}_t|\mathbf{y}_{1:t})$ des Zustandsvektors $\mathbf{x}$ zum Zeitpunkt t bei vorhandenen Beobachtungen $\mathbf{y}_{1:t}$. Bei Annahme eines Markov-Modells erster Ordnung

$$p(\mathbf{x}_t|\mathbf{x}_{1:t-1}) = p(\mathbf{x}_t|\mathbf{x}_{t-1}) \tag{23.1}$$

und eines Sensor-Markov-Ansatzes

$$p(\mathbf{y}_t|\mathbf{x}_{1:t}, \mathbf{y}_t) = p(\mathbf{y}_t|\mathbf{x}_t) \tag{23.2}$$

ergibt sich folgende rekursive Formel zur Bestimmung der A-posteriori-Dichte:

$$p(\mathbf{x}_t|\mathbf{y}_{1:t}) = p(\mathbf{y}_t|\mathbf{x}_t) \int p(\mathbf{x}_t|\mathbf{x}_{t-1}) \cdot p(\mathbf{x}_{t-1}|\mathbf{y}_{1:t-1}) \, \mathrm{d}\mathbf{x}_{t-1} \, . \tag{23.3}$$

Herkömmliche Partikelfilter-Ansätze liefern jedoch für die vorliegende Aufgabe keine zufriedenstellenden Ergebnisse [2]. Sehr beliebte Verfahren, die diesem Problem Abhilfe schaffen, sind das sog. *Annealed*-Partikelfilter (APF) [1] und das „*Interacting Simulated Annealing*"-Partikelfilter (ISA) [2]. Simuliertes *Annealing* ist ein Verfahren zum Finden eines globalen Optimums. Die Motivation dabei besteht darin, zu verhindern, dass die Posenschätzung in einem lokalen Optimum konvergiert. Das Verfahren läuft iterativ in sog. *Annealing*-Stufen ab, in denen jeweils eine Gewichtung, Auswahl und Streuung der Partikel ausgeführt wird. Dabei wird der Suchraum in einer hierarchischen Weise abgearbeitet, indem die Partikel im Laufe des *Annealing*-Prozesses zunächst zum globalen Optimum bewegt werden und dann das Ergebnis nach und nach verfeinert wird. Dies wird dadurch erreicht, dass die Partikel in jeder Stufe mittels einer unterschiedlich geglätteten Gewichtungsfunktion bewertet werden. Bei diesen Methoden wird die A-posteriori-Dichte nicht wie bei traditionellen Partikelfiltern approximiert. Stattdessen wird das Posentracking als Optimierungsaufgabe gelöst. In [2] wird gezeigt, dass diese

Herangehensweise besser zum modellbasierten Tracking des menschlichen Körpers geeignet ist als herkömmliche Partikelfilter.

Daher wird in dieser Arbeit für das Posentracking ein stochastisches Optimierungsverfahren vorgeschlagen. Die entwickelte Methode ähnelt und ist inspiriert durch das ISA=Partikelfilter [2]. Das Ziel ist die Minimierung einer Energiefunktion $V(\mathbf{x})$ in jedem Zeitschritt. Dazu wird ein evolutionärer Algorithmus [7,8] in Verbindung mit einem *Annealing*-Prozess angewandt. Im Folgenden wird der Ablauf des Verfahrens vorgestellt.

Der Ausgangspunkt für die Schätzung der Pose im Zeitpunkt t stellt die Initialpopulation $\tilde{\mathbf{x}}_t$ dar. Aus ihr wird durch Gewichtung gemäß der Kostenfunktion $V(\mathbf{x})$ und anschließendem Sampling die Elternpopulation $\mathbf{x}_t^{\mathrm{P},M} = \{\mathbf{x}_{t,i}^{\mathrm{P},M}\}$, $i = 1 \ldots N_\mathrm{P}$ für die oberste *Annealing*-Stufe $m = M$ gebildet.

Im m-ten Iterationsschritt wird zunächst die neue Population $\mathbf{x}_t^m = \{\mathbf{x}_{t,i}^m\}$, $i = 1 \ldots N$, erzeugt. Die Elterngeneration wird direkt übernommen und die restlichen $N - N_\mathrm{P}$ Individuen werden durch Rekombination verschiedener Elternindividuen generiert. Die angewandte Rekombinationsstrategie kombiniert zufällig die Gelenkwinkel aller Eltern, d. h. jede Zustandsgröße wird von einem zufällig ausgewählten Elternindividuum übernommen. Diese Vorgehensweise ermöglicht eine große Artenvielfalt, wodurch eine gute Durchsuchung des Suchraumes erreicht werden kann. Bereits in [1] wurde gezeigt, dass die Einführung eines *Crossover*-Operators dazu geeignet ist, vorteilhafte Eigenschaften der Eltern zu kombinieren. Hier wird aber durch die Durchmischung mehrerer Elternindividuen eine noch größere Variation erreicht. Als Nächstes folgt eine Mutation, bei der zufällig ausgewählte Zustandsgrößen der Individuen verrauscht werden:

$$x_{t,i,b}^m \leftarrow x_{t,i,b}^m + w_{t,b}^m \,, \tag{23.4}$$

wobei $x_{t,i,b}^m$ die Zustandskomponente b des i-ten Individuums im Iterationsschritt m beschreibt. Die Wahrscheinlichkeitsdichte des Rauschens ist eine mittelwertfreie Normalverteilung $\mathcal{N}(0, \sigma_{t,b}^{2,m})$. Die Varianz $\sigma_{t,b}^{2,m}$ wurde im vorhergehenden *Annealing*-Schritt bestimmt. Die Bewertung der so entstandenen Population erfolgt mittels einer Energiefunktion $V^m(\mathbf{x})$.

$$\pi_{t,i}^m = \exp\big(-\alpha^m V(\mathbf{x}_{t,i}^m)\big) \,. \tag{23.5}$$

Diese resultiert aus dem Vergleich der Posenkonfiguration eines bestimmten Individuums mit dem vorliegenden Bildmaterial. Auf die verwendete Energiefunktion wird in Abschn. 2.4 näher eingegangen. Der sog. Temperaturparameter α^m wird im Laufe des *Annealing*-Prozesses sukzessive erhöht [2].

Schließlich wird aus den gewichteten Individuen die neue Elternpopulation $\mathbf{x}_t^{\mathrm{P},m-1}$ für die nächste *Annealing*-Stufe erzeugt, indem N_{P} Individuen mit einer Wahrscheinlichkeit abhängig von ihrem Gewicht ausgewählt werden. Außerdem wird die Varianz $\sigma_{t,b}^{2,m-1}$ für die Mutation im Schritt $m-1$ bestimmt. Diese bestimmt den Suchraum in der folgenden *Annealing*-Stufe. Hierbei wird eine Kombination aus freier und erzwungener Einschränkung des Suchraumes angewandt. Es erfolgt eine Auswahl von N Individuen aus den gewichteten Individuen nach dem Mutationsschritt. Aus diesen Individuen wird dann die Varianz berechnet. Liegt die Varianz einer bestimmten Zustandsgröße über einer Schwelle, die von der aktuellen *Annealing*-Stufe abhängig ist, so wird die Varianz auf diesen Schwellwert gesetzt. Somit wird eine Einschränkung des Suchraumes in jedem Fall erreicht. Die Varianzen für die erste *Annealing*-Stufe werden aus der Initialpopulation berechnet. Aus den im letzten *Annealing*-Schritt bestimmten Eltern $\mathbf{x}_t^{\mathrm{P},0}$ wird als endgültige Pose des Zeitschrittes t das Individuum $\mathbf{x}_{t,\max} = \mathbf{x}_{t,i_{\max}}^{\mathrm{P},0}$ mit der größten Gewichtung gewählt:

$$i_{\max} = \arg\max_i \pi_{t,i}^{\mathrm{P},0} \,. \tag{23.6}$$

Die Propagation in den nächsten Zeitschritt erfolgt mittels des gewählten dynamischen Modells, worauf im folgenden Abschnitt näher eingegangen wird.

2.3 Dynamisches Modell

Die Generierung von dynamischen Modellen für das Tracking menschlicher Bewegungen stellt aufgrund der starken Variation und Nichtlinearität derselben eine große Herausforderung dar. Solche Modelle sind vor allem von Vorteil, wenn nur eine geringe Anzahl an Kameraperspektiven zum Tracking zur Verfügung steht. Von einzelnen Kameraperspektiven aus betrachtet kommt es beispielsweise häufig zu Überlappungen von Körperteilen. Wenn die Person von zu wenigen oder ungünstig positionierten Kameras aufgenommen wird, können diese Ambiguitäten nicht korrekt aufgelöst werden. In diesem Fall kann ein geeignetes dynamisches Modell Abhilfe schaffen. Die Schwierigkeit besteht in der Erstellung von Modellen, die einerseits aussagekräftig sind und andererseits die Verfolgung beliebiger Bewegungen erlauben. Es existieren einige Ansätze, die Modelle für spezifische Bewegungsarten in den Trackingprozess integrieren. Wenn die ausgeführte Bewegung aber unbekannt ist, sind solche Modelle nur von beschränktem Nutzen. Abhilfe könnten Methoden wie [9] schaffen, bei denen versucht wird, das Tracking und die Aktivitätserkennung zu koppeln. Eine andere Herangehensweise besteht in der Bildung von Modellen, die über eine möglichst große Anzahl von Bewegungen verallgemeinern [6].

In diesem Beitrag besteht das Ziel darin, ein möglichst wenig restriktives Modell zu verwenden, um der Spontaneität menschlicher Bewegungen gerecht zu werden. Das einfachste Dynamikmodell besteht lediglich aus einem mittelwertfreien, normalverteilten Rauschprozess mit spezifischen Varianzen:

$$\mathbf{x}_t = \mathbf{x}_{t-1} + \mathbf{w}_t \,. \tag{23.7}$$

Für eine robustere Verfolgung im Falle weniger Kameraperspektiven wird ein erweitertes Modell vorgeschlagen, um Ambiguitäten im Falle von sich überlappenden Körperteilen aufzulösen. Die Allgemeingültigkeit des Modells (23.7) soll dabei weitgehend beibehalten werden. Um dies zu erreichen, wird geprüft, ob es im Falle der Arme oder Beine zu Überdeckungen der rechten und linken Körperhälfte in bestimmten Kameraaufnahmen kommt. Ist dies der Fall, werden zur Prädiktion der betreffenden Gelenkwinkel die geschätzten Werte mehrerer vergangener Zeitschritte herangezogen und aus ihnen die Geschwindigkeit geschätzt. Die Prädiktion einer Zustandskomponente x_b erfolgt in diesem Fall gemäß

$$x_{t,i,b} = x_{t-1,b} + v_{t,b}\Delta t + w_{t,b} \,, \tag{23.8}$$

wobei $v_{t,b}$ die aus einer bestimmten Anzahl vergangener Zeitschritte geschätzte Geschwindigkeit ist. Dabei werden nicht die an der Überlappung beteiligten Winkel beider Körperhälften mit Gleichung (23.8) propagiert, sondern nur die Körperhälfte, die gerade eine schnellere Bewegung ausführt. Alle anderen Zustandskomponenten werden weiterhin entsprechend (23.7) prädiziert.

2.4 Energiefunktion

Die verwendete Gewichtungsfunktion ist ein entscheidender Faktor im Gelingen des Körpertrackings. Standardmäßig verwendete Methoden basieren auf Kantenbildern und Körpersilhouetten. Es gibt jedoch eine Vielzahl weiterer Möglichkeiten, wie z. B. die Verwendung von Hautfarbe, Tiefeninformation oder auch Detektoren für bestimmte Körperbereiche [4]. Der Einsatz komplexer Gewichtungsfunktionen bringt ein großes Potential mit sich, geht aber häufig auch mit einem hohen Rechenaufwand einher. In diesem Beitrag werden lediglich zwei einfache Energiefunktionen entsprechend [1] kombiniert, da das Hauptaugenmerk der Betrachtungen auf den vorgestellten Trackingverfahren liegen soll. Weitere Methoden können ohne Weiteres in den Algorithmus integriert werden.

Zum einen wird eine kantenbasierte Gewichtungsfunktion $V_{\mathrm{E},t,i}^{c}(\mathbf{x}_{t,i})$ gebildet. Mit $\boldsymbol{\zeta}_{\mathrm{E},t,i}^{c}$ bzw. $\{\zeta_{\mathrm{E},t,i}^{c}(r)\}$, $r = 1\ldots R$, werden die Bildpunkte bezeichnet, welche die Kanten der Projektion des zylinderförmigen Körpermodells mit der Pose $\mathbf{x}_{t,i}$ auf die Kameraperspektive c, $c = 1\ldots C$, enthalten. Das geglättete und normierte Kantenbild $\mathbf{M}_{\mathrm{E},t}^{c}$ wird an den Positionen $\boldsymbol{\zeta}_{\mathrm{E},t,i}^{c}$ ausgewertet und der mittlere quadratische Fehler berechnet [1, 10]:

$$V_{\mathrm{E},t,i}^{c}(\mathbf{x}_{t,i}) = \frac{1}{R} \sum_{r} \left(1 - \mathbf{M}_{\mathrm{E},t}^{c}(\zeta_{\mathrm{E},t,i}^{c}(r))\right)^{2} . \tag{23.9}$$

Die zweite Energiefunktion basiert auf der bidirektionalen Silhouette. Diese misst die Übereinstimmung einer Pose mit der Körpersilhouette, die durch Hintergrundsubtraktion bestimmt wird. Dabei wird, ähnlich wie oben, das virtuelle Körpermodell einer bestimmten Pose auf die einzelnen Kamerabilder projiziert und mit der Körpersilhouette verglichen. Im Gegensatz zur gewöhnlichen silhouettenbasierten Gewichtung wird hierbei sowohl gefordert, dass ein möglichst großer Anteil der projizierten Pose innerhalb des Silhouettenbildes liegt als auch umgekehrt. Details zur Berechnung können beispielsweise in [1, 10] nachgelesen werden.

Die gesamte Energiefunktion ergibt sich schließlich als Summe der einzelnen Energiefunktionen.

3 Simulation und Ergebnisse

Die Simulation des Posentrackings erfolgt anhand des HumanEva-Datensatzes [10]. Zunächst wird der Trackingalgorithmus basierend auf der Evolutionsstrategie aus Abschn. 2.2 (EVP) mit dem ISA-Partikelfilter verglichen. Für beide Algorithmen wurde das dynamische Modell gemäß (23.7) gewählt, bei dem die Zustandspropagation lediglich durch Rauschen erfolgt. Für beide Algorithmen wurden die selben Parameter gewählt. Es hat sich gezeigt, dass beide Verfahren in der implementierten Version die Fähigkeit zur automatischen Initialisierung besitzen. Als Startpose wurde nur die Position der Person im Raum angenommen, nicht aber ihre genaue Pose. Im Laufe von ca. 3 Zeitschritten können beide Algorithmen die korrekte Pose finden. In den durchgeführten Simulationen zeigt der evolutionäre Algorithmus einen wesentlich glatteren Verlauf der Zustandsfolgen als der ISA. Beim diesem werden in vielen Zeitschritten fehlerhafte Posen beobachtet. In den Abbildungen 23.1 und 23.2 sind beispielhaft zwei Situationen zu sehen, in denen die höhere Genauigkeit des EVP im Vergleich zum ISA deutlich wird. In der betrachteten Sequenz variiert die Testperson zwischen Gehen, Joggen und stehenden Bewegungen. Die Aufnahme erfolgte mit vier Farbkameras. Es sind jeweils die Bilder aller Kameras C1 bis C4 zu einem bestimmten Zeitpunkt, überlagert mit den geschätzten Posen des ISA (a–d) und

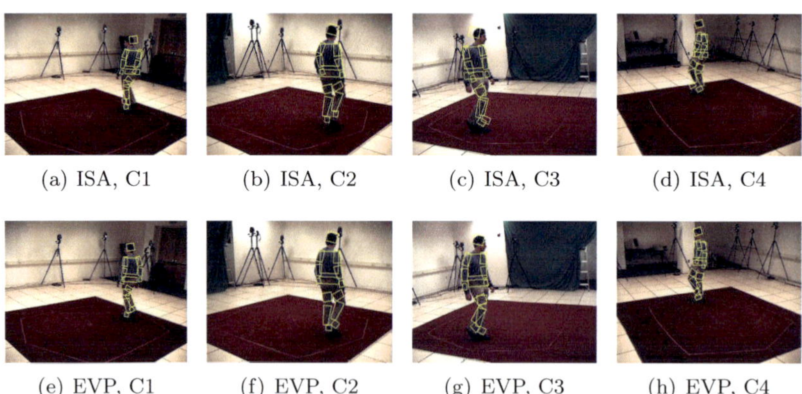

(a) ISA, C1   (b) ISA, C2   (c) ISA, C3   (d) ISA, C4

(e) EVP, C1   (f) EVP, C2   (g) EVP, C3   (h) EVP, C4

Abbildung 23.1: Vergleich von ISA und EVP: Überlappungen der Beine.

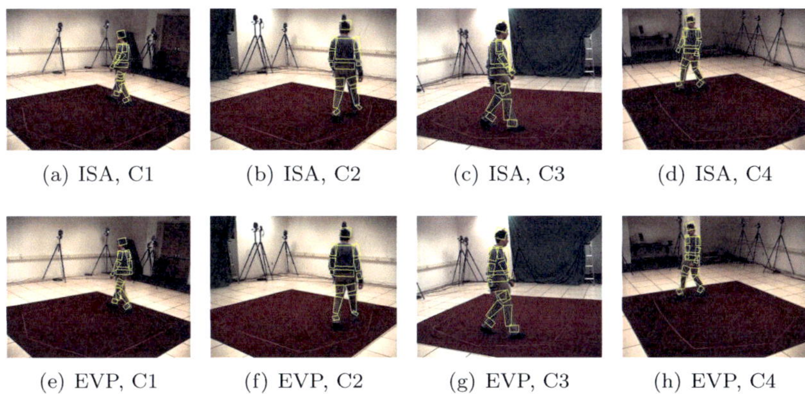

| (a) ISA, C1 | (b) ISA, C2 | (c) ISA, C3 | (d) ISA, C4 |

| (e) EVP, C1 | (f) EVP, C2 | (g) EVP, C3 | (h) EVP, C4 |

Abbildung 23.2: Vergleich von ISA und EVP: Überlappungen der Arme.

des EVP (e–h) zu sehen. In den Abbildungen 23.1(a) und 23.1(c) nimmt der ISA eine falsche Zuordnung der Beine vor – beide Beine werden auf den selben Bildbereich platziert. Beim EVP dagegen ist eine korrekte Bestimmung der Beinposition zu sehen. Darüber hinaus liegt beim EVP eine bessere Genauigkeit bei den restlichen Körperbereichen vor. In Abb. 23.2 ist ein ähnlicher Sachverhalt im Falle der Arme zu beobachten, die vom ISA fehlerhaft lokalisiert werden, während dem EVP eine korrekte Schätzung der Pose gelingt. Die Beinkonfiguration wird bei beiden Verfahren korrekt bestimmt, da es zu diesem Zeitpunkt in keinem Bild zu einer Verdeckung der Beine kommt. Trotz dieser Schwächen hat der ISA eine sehr gute Fähigkeit gezeigt, sich von fehlerhaften Schätzungen zu erholen, und er war in der Lage, die Person über mehr als 1000 Frames während der kompletten Sequenz aus Abb. 23.1 zu verfolgen. In Abb. 23.3 sind beispielhaft Ausschnitte aus den mit dem ISA sowie dem EVP geschätzten Verläufen einiger Zustandsgrößen gezeigt. Es ist zum einen die Bewegung des Oberschenkels nach vorne und hinten, β_{Bein} für das linke (rot) und rechte (schwarz) Bein und zum anderen die Beugung der Knie γ_{Bein}, ebenfalls links und rechts, dargestellt. Zum Vergleich ist der Verlauf dieser Winkel, berechnet aus Motion-Capture-Daten der selben Person [10], in der Mitte dargestellt. Auch hier wird deutlich, dass der EVP eine wesentlich höhere Genauigkeit und einen glatteren Verlauf der Zustände aufweist.

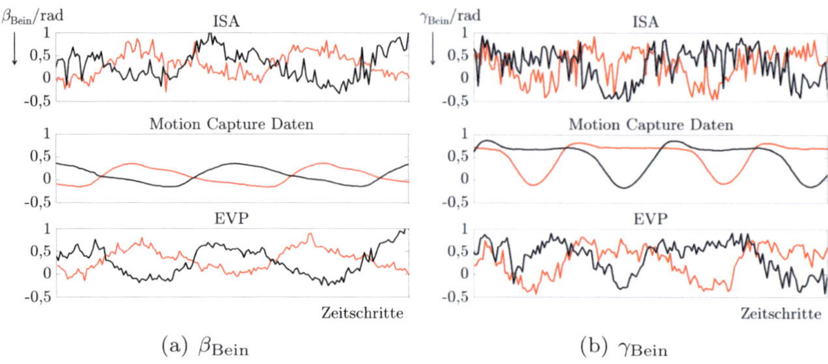

(a) β_{Bein} (b) γ_{Bein}

Abbildung 23.3: Verlauf von Beinwinkeln für ISA, EVP und Motion-Capture-Daten.

Im Folgenden wird die Verwendung des Dynamikmodells aus Abschn. 2.3 beleuchtet, bei dem im Falle von Überlappungen vergangene Schätzwerte zur Propagation einiger Zustände herangezogen werden. Im Falle von Sequenzen mit 4 Kameras erweist sich die Verwendung dieses erweiterten Dynamikmodells nicht als vorteilhaft. In diesem Fall wird die Person ausreichend von verschiedenen Blickrichtungen aufgenommen, so dass im Falle des EVP keine Verbesserung mittels dieser Form der Zustandsprädiktion erreicht werden. In Sequenzen mit nur drei Kameras dagegen, ist diese Methode, wie erwartet, von Nutzen. Dies ist in Abb. 23.4 verdeutlicht, in der der EVP mit den beiden betrachteten Dynamikmodellen gezeigt wird. Es sind jeweils mehrere Zeitschritte der selben Kamera dargestellt. Die Verwendung des erweiterten Dynamikmodells führt zu einer besseren Auflösung von Mehrdeutigkeiten im Falle sich überlappender Körperbereiche.

4 Zusammenfassung

In diesem Beitrag wurde ein Algorithmus zum markerlosen dreidimensionalen Körpertracking vorgestellt, der eine Evolutionsstrategie mit simuliertem *Annealing* verbindet. In den Simulationen hat das entwickelte Verfahren das „*Interacting Simulated Annealing*"-Partikelfilter hinsichtlich der Genauigkeit der geschätzten Pose übertroffen. Werden

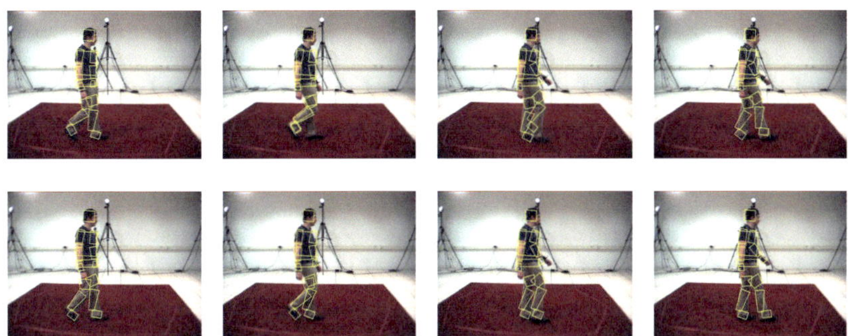

Abbildung 23.4: EVP mit verschiedenen Dynamikmodellen: Rauschen (oben), Berücksichtigung der Geschwindigkeit (unten).

genügend Kameras eingesetzt, damit Mehrdeutigkeiten aufgrund von Überlappungen von Körperteilen in manchen Kameraperspektiven aufgelöst werden können, wird ein möglichst allgemeingültiges Dynamikmodell für das Tracking bevorzugt. Im Falle des verwendeten evolutionären Algorithmus erwies sich die Verwendung von vier Kameras als ausreichend. Für das Posentracking mit weniger Kameras wird ein erweitertes dynamisches Modell eingesetzt, welches im Falle von Ambiguitäten vergangene Werte der geschätzten Zustände hinzuzieht, um bestimmte Zustandskomponenten zu prädizieren.

Literatur

1. J. Deutscher und I. Reid, „Articulated body motion capture by stochastic search", *International Journal of Computer Vision*, Vol. 61, Nr. 2, S. 185–205, 2005.

2. J. Gall, J. Potthoff, C. Schnörr, B. Rosenhahn und H. Seidel, „Interacting and annealing particle filters: Mathematics and a recipe for applications", *Journal of Mathematical Imaging and Vision*, Vol. 28, Nr. 1, S. 1–18, 2007.

3. V. John, E. Trucco und S. Ivekovic, „Markerless human articulated tracking using hierarchical particle swarm optimisation", *Image and Vision Computing*, Vol. 28, Nr. 11, S. 1530–1547, 2010.

4. L. Sigal, M. Isard, H. Haussecker und M. Black, „Loose-limbed people:

Estimating 3d human pose and motion using non-parametric belief propagation", *International journal of computer vision*, S. 1–34, 2012.

5. J. Gall, B. Rosenhahn, T. Brox und H. Seidel, „Optimization and filtering for human motion capture", *International journal of computer vision*, Vol. 87, Nr. 1, S. 75–92, 2010.

6. H. Sidenbladh, M. Black und L. Sigal, „Implicit probabilistic models of human motion for synthesis and tracking", *Proceedings of the European Conference on Computer Vision*, S. 784–800, 2002.

7. K. Weicker, *Evolutionäre Algorithmen*. Vieweg+Teubner Verlag, 2007.

8. D. Goldberg, *Genetic algorithms in search, optimization, and machine learning*. Addison-Wesley Professional, 1989.

9. A. Yao, J. Gall und L. Van Gool, „Coupled action recognition and pose estimation from multiple views", *International journal of computer vision*, S. 1–22, 2012.

10. L. Sigal, A. Balan und M. Black, „Humaneva: Synchronized video and motion capture dataset and baseline algorithm for evaluation of articulated human motion", *International Journal of Computer Vision*, Vol. 87, Nr. 1, S. 4–27, 2010.

Visuelle Odometrie mit einer hochauflösenden Time-of-Flight Kamera

Yosef Dalbah[1], Mert K. Assoy[2], Martin Roehder[1], Dennis Rosebrock[2] und Friedrich M. Wahl[2]

[1] Audi Electronics Venture GmbH,
Sachsstraße 18, 85080 Gaimersheim
[2] Technische Universität Braunschweig, Institut für Robotik und Prozessinformatik,
Mühlenpfordtstraße 23, 38106 Braunschweig

Zusammenfassung Wir präsentieren einen Ansatz, welcher die Eigenbewegung anhand der Daten einer hochaufgelösten (207x204 Pixel) PMD-Kamera berechnet (Visuelle Odometrie). Es kann eine Aussage sowohl über die translatorische Bewegung, als auch über die Rotation in allen drei Dimensionen getroffen werden. Aus den aufeinanderfolgenden zweidimensionalen Amplituden-Bildern der Kamera werden Punktkorrespondenzen berechnet. Diese werden anschließend durch Berücksichtigung des Distanzbildes der Kamera in dreidimensionale Punktkorrespondenzen überführt. Durch ein Matching der beiden entstehenden Punktwolken kann die Bewegung zwischen den beiden Aufnahmen errechnet werden. Wir stellen verschiedene Optimierungs- und Filterungsansätze vor, welche die Genauigkeit des Verfahrens unter Echtzeitbedingungen erhöhen und somit die visuelle Odometrie als Alternative zur herkömmlichen Fahrzeugodometrie in niedrigen Geschwindigkeiten nutzbar machen.

1 Einführung

Zukünftige Fahrerassistenzsysteme erhöhen die Anforderungen an die Genauigkeit von Informationen über die Eigenbewegung des Fahrzeugs. In heutigen Systemen wird die Fahrzeugodometrie aus den Daten grobaufgelöster Raddrehzahl-, Beschleunigungs- und Drehratensensoren berechnet. Insbesondere in niedrigen Geschwindigkeiten und bei starkem

Lenkwinkeleinschlag kann nur eine ungenaue Aussage über die Eigenbewegung des Fahrzeugs getroffen werden.

Der Einsatz moderner Time-of-Flight Kameras wie PMD-Sensoren bieten großes Potential für Applikationen im Bereich der Fahrerassistenzsysteme und der integrierten Sicherheitssysteme [1]. Immer kleinere PMD-Kameras mit immer höheren Auflösungen und besserer Performance werden entwickelt [2].

Es wird ein methodischer Ansatz zur Schätzung der Fahrzeugbewegung anhand von PMD-Kameradaten präsentiert. Da eine PMD-Kamera sowohl ein 2D-Grauwertbild, als auch 3D-Tiefendaten liefert, besteht der methodische Ansatz aus einer Kombination von Bildverarbeitung und 3D-Datenverarbeitung.

Es existieren Verfahren zur visuellen Odometrie aus reinen 2D-Kameradaten [3]. Hierbei wird der optische Fluss in aufeinanderfolgenden Bildern berechnet. Anhand des optischen Flusses wird anschließend die Eigenbewegung geschätzt. Ebenso existieren Verfahren zur Registrierung von 3D-Punktwolken. Weit verbreitet ist der ICP-Algorithmus mit seinen verschiedenen Varianten [4,5]. Unser Ansatz besteht aus einer effizienten Kombination von 2D-Merkmalsextraktion und 3D-Punktwolkenregistrierung.

2 PMD-Sensor

PMD-Sensoren sind aktive optische Sensoren und gehören zur Gruppe der Time-of-Flight Kameras [6]. Eine PMD-Kamera besteht aus einem optischen Sensor und einer Infrarotlichtquelle. Infrarotlicht wird mit einem Rechtecksignal moduliert in die Umgebung abgestrahlt. Ausgesandtes Licht wird an Objekten der Umgebung reflektiert und trifft auf den Sensor. Auf dem Sensorchip wird das empfangene Licht mit dem ausgehenden verglichen. Durch eine intelligente Schaltung auf den Pixeln des Chips wird die Phasendifferenz zwischen ausgehendem und empfangenen Licht bestimmt. Diese Phasendifferenz gibt die Laufzeit des Lichts an. Aus dieser erhält man wiederum die Distanz des reflektierenden Objekts.

Eine derartige Distanzmessung wird in jedem Pixel des Chips durchgeführt. Der Chip, der in dieser Arbeit verwendeten PMD-Kamera, besitzt eine Auflösung von 207×204 Pixeln [6]. Somit liefert die Kamera

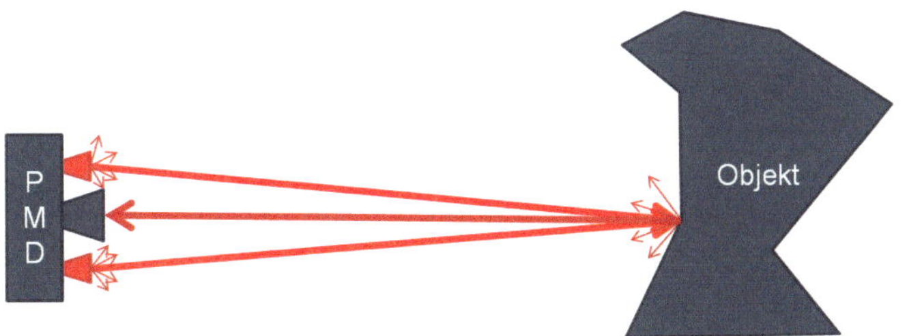

Abbildung 24.1: Funktionsprinzip einer PMD-Kamera. Moduliertes Infrarotlicht wird in die Umgebung abgestrahlt. Ausgesandtes Licht wird an Objekten der Umgebung reflektiert und trifft zurück auf den Sensor. Auf dem Sensorchip wird das empfangene Licht mit dem ausgehenden verglichen. Durch eine intelligente Schaltung auf den Pixeln des Chips wird die Phasendifferenz zwischen ausgehendem und empfangenen Licht bestimmt. Diese Phasendifferenz gibt die Laufzeit des Lichts an. Aus dieser erhält man wiederum die Distanz des reflektierenden Objekts.

ein zweidimensionales Distanzbild mit Tiefendaten.

Zusätzlich erhält man ein Amplitudenbild, welches die Menge an reflektiertem moduliertem Licht pro Pixel angibt. Die Amplitude enthält somit ausschließlich den Lichtanteil, welcher aus der Lichtquelle der Kamera stammt. Amplituden- und Distanzbild sind in Abbildung 24.2 dargestellt. Zusätzlich erhält man über PMD-Flags eine Aussage über die Gültigkeit der Messung für jeden Pixel.

Eine weitere Aussage über die Messgüte kann anhand der Amplitude getroffen werden [7]. Die Amplitude gibt die Menge des reflektierten Lichts pro Pixel an und je mehr Licht zurück zum Sensor gelangt, desto geringer ist das Rauschen in der Distanzmessung. Die Amplitude und damit die zu erreichende Messgenauigkeit nimmt ab mit zunehmender Entfernung des reflektierenden Objekts. Die Infrarotlichtreflektivität des Objekts hat ebenso einen wesentlichen Einfluss auf die Amplitude [7].

Höhere Amplitudenwerte können erzielt werden, indem die Integrationszeit der Kamera erhöht wird. Hierdurch wird die Pulsdauer der LEDs erhöht, sodass höhere Mengen an Licht auf den Sensor treffen. Allerdings treten bei sehr langen Integrationszeiten Bewegungsartefakte auf [8]. Einen weiteren negativen Einfluss auf die Messgenauigkeit hat Fremdlicht im Infrarotbereich. Insbesondere umgebendes Sonnenlicht führt aufgrund eines sehr hohen Infrarotlichtanteils zu einem erhöhten Rauschen in der Distanzmessung der PMD-Kamera. Da PMD-Sensoren eine integrierte Schaltung für eine Hintergrundlichtunterdrückung direkt auf dem Chip besitzen, sind dennoch Distanzmessungen unter Fremdlichtbedingungen möglich [9].

An Objektkanten kann der sogenannte Flying Pixel Effekt auftreten [10]. Licht wird von unterschiedlich weit entfernten Objekten reflektiert. Wenn reflektiertes Licht sowohl von einem nahen, als auch von einem weiter entfernten Objekt auf ein und denselben Pixel des Sensors trifft, besitzt das auftreffende Licht keine eindeutige Phasendifferenz. In diesem Fall wird eine Distanz bestimmt, welche zwischen den Entfernungen der beiden Objekte liegt.

(a)   (b)

Abbildung 24.2: Die Daten einer PMD Kamera. Dargestellt sind (a) Amplitudenbild und (b) Distanzbild.

3 Methode

3.1 Überblick

Die vorgestellte Methode zur visuellen Odometrie erhält als Eingangsdaten Amplituden- und Distanzbild, sowie die Gültigkeitsflags einer Messung der PMD-Kamera. Pro Pixel existiert daher ein Amplitudenwert, ein Distanzwert, sowie ein boolescher Wert, der die Gültigkeit des Pixels angibt.

Die Methode besteht, wie in Abbildung 24.3 dargestellt, aus einer Kombination aus 2D- und 3D-Datenverarbeitung. Indem die Gesamtheit der Amplitudenwerte als ein 2D-Grauwertbild betrachtet

Abbildung 24.3: Überblick über die Methodik.

wird, können Bildverarbeitungsmethoden verwendet werden, um 2D-Punktkorrespondenzen in aufeinanderfolgenden Amplitudenbildern zu finden.

Anschließend werden die 2D-Punktkorrespondenzen durch Berücksichtigung der Distanzwerte in 3D-Punktkorrespondenzen überführt. Eine anschließende 3D-Datenverarbeitung nutzt die 3D-Punktkorrespondenzen, um die Punktwolken aufeinanderfolgender Bildaufnahmen aufeinander zu registrieren. Die Registrierung liefert die Rotation und Translation der Kamera zur vorherigen Aufnahme.

3.2 Vorverarbeitung

Amplituden- und Distanzbild werden für eine Verbesserung des Verfahrens vorverarbeitet. Zur Verbesserung der 2D-Korrespondenzsuche wird das Amplitudenbild durch Anwendung eines bilateralen Filters geglättet [11].

Die Vorverarbeitung des Distanzbildes hat zum Ziel, fehlerhafte und ungenaue Messungen zu detektieren. Zunächst werden die Gültigkeits-Flags berücksichtigt, welche direkt von der PMD-Kamera geliefert werden. Anhand dieser Flags kann ein großer Anteil an ungültigen Messungen verworfen werden. Ungültige Pixel werden im weiteren Verfahren nicht mehr berücksichtigt. Da es dennoch zu ungenauen Messungen kommen kann, ist eine weitere Detektion ungenauer Messungen notwendig. Die zuvor beschriebenen Flying Pixel treten an Objektkanten auf, wenn sich reflektiertes Licht naher und ferner Objekte an einem Pixel vermischt. Um diese Pixel zu detektieren, wird eine gradientenbasierte Kantendetektion auf Basis des Distanzbildes durchgeführt. Hierzu wird der Sobel-Kantendetektor genutzt [12]. Scharfe Kanten im Distanzbild entsprechen daher den Objektkanten, an denen Flying Pixel auftreten können. Da die an diesen Objektkanten liegenden Pixel aufgrund des Effekts der Flying Pixel hohe Ungenauigkeiten besitzen können, werden sie als ungültig deklariert und in der weiteren Verarbeitung verworfen.

Die Berechnung von 3D-Punkten aus den Daten des Distanzbildes ist auch ein Teil der Vorverarbeitung. Jeder Pixel im zweidimensionalen Distanzbild kann durch die Berücksichtigung der intrinsischen Kalibrierung der Kamera bestimmt werden. Die intrinsischen Kameraparameter entsprechen den optischen Abbildungseigenschaften. Für jeden Pixel im 2D-Bild kann somit ein Einheitsvektor bestimmt werden, welcher die Richtung des Strahls ausgehend vom jeweiligen Pixel angibt. Den 3D-Ortsvektor eines Messpunktes erhält man daher durch die Multiplikation des Richtungsvektors mit dem Distanzwert.

3.3 2D Feature Matching

Die 2D-Bildverarbeitung auf dem Amplitudenbild hat zum Ziel, 2D-Punktkorrespondenzen in aufeinanderfolgenden Amplitudenbildern zu bestimmen. Zunächst werden Merkmale aus den Amplitudenbildern extrahiert. In einem zweiten Schritt werden diese Merkmale beschrieben und anschließend werden Korrespondenzen zwischen den beschriebenen Merkmalen aufeinanderfolgender Amplitudenbilder gebildet. Ein Überblick über die Korrespondenzsuche ist in Abbildung 24.4 gegeben.

Im beschriebenen Ansatz zur Korrespondenzsuche wurden zwei verschiedene Verfahren untersucht. Zum einen wurde das SURF-Verfahren untersucht [13]. Im SURF-Verfahren werden zunächst Merkmale extrahiert. Diese werden durch den SURF-Deskriptor beschrieben. Anschließend werden Korrespondenzen zwischen SURF-Merkmalen aufeinanderfolgender Amplitudenbilder gebildet.

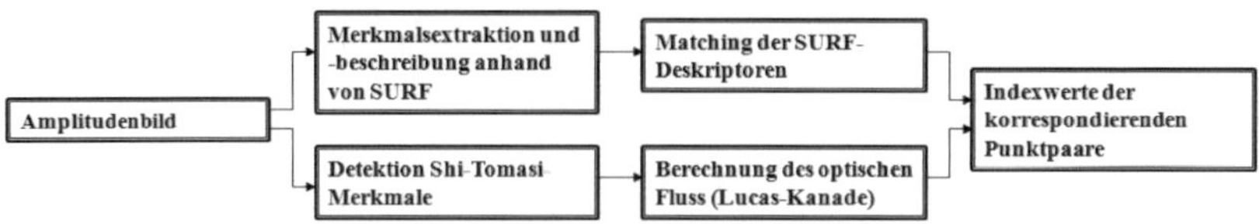

Abbildung 24.4: Überblick über die 2D Korrespondenzsuche.

In einem zweiten Verfahren wurden Merkmale durch den Good Features to Track Ansatz extrahiert [14]. Im Verfahren werden sogenannte Shi-Tomasi Merkmale gebildet und anschließend werden Korrespondenzen durch die Berechnung des optischen Flusses nach der Lucas-Kanade-Methode gefunden [15]. Eine beispielhafte Berechnung des optischen Flusses auf Basis eines Amplitudenbilds ist in Abbildung 24.5 gegeben.

Abbildung 24.5: Berechnung des optischen Flusses anhand eines Amplitudenbildes.

3.4 3D Registrierung

Anhand des Distanzbildes können aus den 2D-Korrespondenzpunktpaaren unmittelbar 3D-Korrespondenzpunktpaare gebildet werden. Aus jeweils zwei aufeinanderfolgenden Bildaufnahmen entstehen so zwei Punktwolken. Jeder Punkt einer Punktwolke besitzt hierbei eine Korrespondenz in der anderen Punktwolke. Beide Punktwolken werden anschließend durch ein auf Quaternionen basierendes Verfahren aufeinander registiert [5, 16]. Das Quaternionen-Verfahren benötigt 3D-Punktkorrespondenzen und ist aufgrund der vorhandenen Korrespondenzen sehr recheneffizient. Das Registrierverfahren liefert die optimale Transformation, bestehend aus Rotation und Translation, nach der Least-Squares-Methode.

Zur Elimination von Ausreißern wird ein RANSAC-Verfahren verwendet [17]. In mehreren Iterationen werden zufällig Teilmengen der Punktkorrespondenzen ausgewählt und aufeinander registriert. Nach anschließender Transformation der gesamten Punktwolke, werden die Punktkorrespondenzen, deren Distanz einen gewissen Schwellwert überschreitet, als Ausreißer klassifiziert und die Anzahl der Ausreißer erfasst. Nach einer festgelegten Anzahl an Iterationen wird die Transformation mit der geringsten Anzahl an Ausreißern ausgewählt und eine weitere Transformation unter Verwendung der restlichen Punktkorrespondenzen berechnet. Eine beispielhafte Registrierung von den Punktwolken aufeinanderfolgender Aufnahmen ist in Abbildung 24.6 gegeben.

Abbildung 24.6: Registrierung der Punktwolken von drei aufeinanderfolgenden Aufnahmen.

4 Ergebnisse

Für die Evaluierung des methodischen Ansatzes wurde eine PMD ConceptCam genutzt. Diese besitzt einen Öffnungswinkel von 60° und eine Auflösung von 207×204 Pixeln. Es wurde ein handelsüblicher Desktop-PC verwendet (2.33GHz Intel Core 2 Duo CPU E6550 mit 2 GB RAM und Windows 7).

Die notwendige Referenzbewegung der Kamera wurde durch einen Sechsachsroboter durchgeführt [18]. Dieser kann die Kamera in sechs Freiheitsgraden nach einer zuvor definierten Bahn wiederholbar bewegen. Die Kamera wird hierbei innerhalb einer bekannten Modellumgebung bewegt.

Eine allgemeine Auswertung der Eigenbewegungsschätzung anhand einer Referenzbewegung ist in Tabelle 24.1 dargestellt. Die Rechenzeiten der unterschiedlichen Verarbeitungsschritte des methodischen Ansatzes wurden ermittelt und sind in Tabelle 24.2 dargestellt. Verwendet wurde ein handelsüblicher Desktop-PC (2.33 GHz Intel Core 2 Duo CPU E6550 mit 2 GB RAM und Windows 7).

Matching Verfahren	Optimierung	$\varnothing$ Fehler in mm	rel. Fehler	σ in mm
GFTT	Opt OFF	6,0	3,2%	7,6
	Bilateral	5,6	3,0%	7,3
	FLAG	5,8	3,1%	9,5
	Sobel	5,8	3,1%	6,7
	RANSAC	3,0	1,6%	5,2
	Opt ON	2,0	1,06%	3,7
SURF	Opt OFF	7,3	3,9%	18,0
	Bilateral	3,5	1,9%	17,6
	FLAG	2,5	1,3%	6,1
	Sobel	2,4	1,3%	5,7
	RANSAC	2,3	1,2%	6,3
	Opt ON	1,9	1,01%	5,3

Tabelle 24.1: Eine allgemeine Auswertung der Eigenbewegungsschätzung für eine Referenzbewegung durch einen Roboterarm. Die Ergebnisse aus den Eigenbewegungsschätzungen werden für beide Verfahren, GFTT und SURF für die verschiedenen Methodenschritte einzeln ausgewertet. Angegeben sind der durchschnittliche und relative Fehler zur gegebenen Referenzbewegung und die Standardabweichung σ der Eigenbewegungsschätzungen.

5 Zusammenfassung und Ausblick

Es wurde ein Ansatz zur Eigenbewegungsschätzung anhand von PMD-Kameradaten vorgestellt. Nach einer Vorverarbeitung des Amplituden- und Distanzbildes wird eine Kombination aus Bildverarbeitung und 3D-Datenverarbeitung angewandt. In aufeinanderfolgenden 2D-Amplitudenbildern werden 2D-Punktkorrespondenzen gefunden. Es wurden verschiedene Ansätze zur Korrespondenzpunktsuche vorgestellt. Die 2D-Punktkorrespondenzen können anhand des Distanzbildes der PMD-Kamera direkt in 3D-Punktkorrespondenzen umgewandelt werden. Anschließend bestimmt ein auf Quaternionen basierendes Registrierverfahren in einem

Verarbeitungsschritt	Verfahren	∅ Rechenzeit
Merkmalsextraktion	Shi-Tomasi-Merkmale	4.2 ms
Merkmalsextraktion	SURF-Merkmale	84.4 ms
Korrespondenzsuche	Optischer Fluss mit Luc.-Kan.	14.5 ms
Korrespondenzsuche	Matching von SURF-Deskriptoren	2.6 ms
Registrierung	Quaternionen	0.65 ms
Registrierung	Quaternionen mit RANSAC	1.4 ms
Optimierung	Bilaterale Filterung	9.7 ms
Optimierung	Sobel-Kantendetektion	11.7 ms

Tabelle 24.2: Rechenzeitanalyse des methodischen Ansatzes.

Schritt die optimale Transformation, um die Menge der 3D-Punktkorrespondenzen aufeinander zu registrieren. Die Registrierung liefert die Translation und Rotation der Kamera zwischen den beiden Aufnahmen. Ein RANSAC-Verfahren wird genutzt, um Ausreißer aus den Punktkorrespondenzen herauszufiltern.

Die Evaluierung der Ergebnisse hat ergeben, dass hohes Potenzial bei der Berücksichtigung von mehreren vergangen Bildaufnahmen zur Bestimmung der Eigenbewegung besteht. In nachfolgenden Arbeiten sollte eine Abschätzung der Eigenbewegung nicht nur die unmittelbar vorherige Bildaufnahmen berücksichtigen, sondern auch Aufnahmen, die längere Zeit zurückliegen. Auf diese Weise kann der Einfluss einer fehlerbehafteten Schätzung zwischen zwei Aufnahmen auf den Gesamtfehler vermindert werden.

Weitere Untersuchungen könnten sich auf eine Nutzung von mehreren PMD-Kameras stützen. Durch die Verwendung mehrerer Kameras, die in unterschiedliche Richtungen gerichtet sind, erhöht sich nicht nur die Anzahl an zu matchenden Korrespondenzpunkten, sondern ebenso hat die höhere Streuung der Korrespondenzpunkte einen positiven Effekt auf die Punktwolkenregistrierung.

Literatur

1. D. Schöpp, D. Stiegler, T. May, D. Massanell und B. Buxbaum, „3d-pmd kamerasysteme zur erfassung des fahrzeugumfelds und zur überwachung des fahrzeug-innenraums", *VDI Tagung Elektronik im Kraftfahrzeug*, 2007.

2. A. Kolb, E. Barth, R. Koch und R. Larsen, „Time-of-flight cameras in computer graphics", in *Computer Graphics Forum*, Vol. 29, Nr. 1.   Wiley Online Library, 2010, S. 141–159.

3. D. Nistér, O. Naroditsky und J. Bergen, „Visual odometry for ground vehicle applications", *Journal of Field Robotics*, Vol. 23, Nr. 1, S. 3–20, 2006.

4. S. Rusinkiewicz und M. Levoy, „Efficient variants of the icp algorithm", in *3-D Digital Imaging and Modeling, 2001. Proceedings. Third International Conference on.*   IEEE, 2001, S. 145–152.

5. P. Besl und N. McKay, „A method for registration of 3-d shapes", *IEEE Transactions on pattern analysis and machine intelligence*, Vol. 14, Nr. 2, S. 239–256, 1992.

6. H. Kraft, J. Frey, T. Moeller, M. Albrecht, M. Grothof, B. Schink, H. Hess und B. Buxbaum, „3d-camera of high 3d-frame rate, depth-resolution and background light elimination based on improved pmd (photonic mixer device)-technologies", in *6 th Intl Conference for Optical Technologies, Optical Sensors and Measuring Techniques (OPTO 2004)*, 2004.

7. M. Plaue, „Technical report: Analysis of the pmd imaging system", *Interdisciplinary Center for Scientific Computing, University of Heidelberg*, 2006.

8. M. Lindner und A. Kolb, „Compensation of motion artifacts for time-of-flight cameras", *Dynamic 3D Imaging*, S. 16–27, 2009.

9. T. Möller, H. Kraft, J. Frey, M. Albrecht und R. Lange, „Robust 3d measurement with pmd sensors", *Range Imaging Day, Zürich*, 2005.

10. A. Sabov und J. Krüger, „Identification and correction of flying pixels in range camera data", in *Proceedings of the 24th Spring Conference on Computer Graphics.*   ACM, 2008, S. 135–142.

11. C. Tomasi und R. Manduchi, „Bilateral filtering for gray and color images", in *Computer Vision, 1998. Sixth International Conference on.*   IEEE, 1998, S. 839–846.

12. K. Engel, M. Hadwiger, J. Kniss, C. Rezk-Salama und D. Weiskopf, „Real-time volume graphics", *Eurographics Association*, S. 112–114, 2006.

13. H. Bay, T. Tuytelaars und L. Van Gool, „Surf: Speeded up robust features“, *Computer Vision–ECCV 2006*, S. 404–417, 2006.

14. J. Shi und C. Tomasi, „Good features to track“, in *Computer Vision and Pattern Recognition, 1994. Proceedings CVPR'94., 1994 IEEE Computer Society Conference on.* IEEE, 1994, S. 593–600.

15. B. Lucas, T. Kanade *et al.*, „An iterative image registration technique with an application to stereo vision“, in *Proceedings of the 7th international joint conference on Artificial intelligence*, 1981.

16. Y.-B. Jia, „Quaternions and rotations“, Internet, 2010.

17. M. Fischler und R. Bolles, „Random sample consensus: a paradigm for model fitting with applications to image analysis and automated cartography“, *Communications of the ACM*, Vol. 24, Nr. 6, S. 381–395, 1981.

18. St, „Industrieroboter baureihe tx90“, Tech. Rep., 2007.

Fahrzeugtracking unter widrigen Witterungsbedingungen

Nick Schneider, Michael Grinberg, Frank Pagel, Daniel Manger
und Dieter Willersinn

Fraunhofer IOSB,
Fraunhofer Str. 1, D-76131 Karlsruhe

Zusammenfassung Dieser Beitrag beschäftigt sich mit Bildauswertungsverfahren für Fahrerassistenzsysteme bei Schlechtwetterbedingungen. Derzeitige Verfahren erzielen unter widrigen Bedingungen oft signifikant schlechtere Ergebnisse oder stehen gar nicht zur Verfügung. Hier setzen geeignete Verfahren an, die die Besonderheiten der Bilder in diesen Situationen berücksichtigen. Vorgestellt werden zwei Verfahren, die unter extremen Regenbedingungen die Detektion und das Tracking eines vorausfahrenden Fahrzeuges adressieren, um damit die Gischt und die Nässe in der Szene zu beurteilen.

1 Einleitung

Moderne kamerabasierte Fahrerassistenzsysteme gehören mittlerweile schon zum Alltag in vielen Neufahrzeugen. Mit der zunehmenden Verbreitung und Akzeptanz solcher Systeme wachsen auch die Anforderungen und Erwartungen an deren Leistungsfähigkeit. Besonders viel Aufwand wurde in die Forschung zur Detektion und Verfolgung von Fahrzeugen investiert [1]. Ein Thema, welches in der Vergangenheit vergleichsweise wenig untersucht wurde, ist der Umgang mit Bilddaten bei schlechten Wetterbedingungen, insbesondere beim Regen. Derartige Umstände beeinträchtigen die Datenqualität von Videosensoren massiv [2].

Für die Auswirkungen, die durch Regentropfen auf der Windschutzscheibe verursacht werden, existieren einige Arbeiten, die explizit einzelne Regentropfen erkennen und diese Information dann an die Bildauswertungsverfahren weitergeben um lokal degenerierte Bildregionen von der weiteren Verarbeitung auszuschließen oder zu korrigieren (so z.B. [3–5]).

Die Detektion der Regentropfen setzt allerdings eine Kameraanordnung voraus, die in heutigen videobasierten Fahrerassistenzsystemen selten gewährleistet ist. Der heute vorherrschende geringe Abstand zur Windschutzscheibe sowie die entsprechende Schärfentiefe sorgen in den meisten Anordnungen dafür, dass sich in den Kamerabildern einzelne Regentropfen nicht mehr erkennen lassen, sondern großflächig einzelne Bildbereiche oder das gesamte Bild stören. Bei zunehmender Geschwindigkeit und bei starkem Regen sind die relevanten Objekte zudem oft nur in wenigen Bildern unmittelbar nach dem Passieren des Scheibenwischers sichtbar. Weitere Effekte sind Vernebelung durch Gischtwolken und Verdeckungen durch den Scheibenwischer wie in Abbildung 25.1 dargestellt. All diese Effekte sind ausschlaggebend dafür, dass die herkömmlichen Bildauswerteverfahren drastisch an Leistung einbüßen oder gänzlich versagen. Es stellt sich also die Aufgabe die entstehenden Fehler zu korrigieren, oder zumindest explizit zu erkennen.

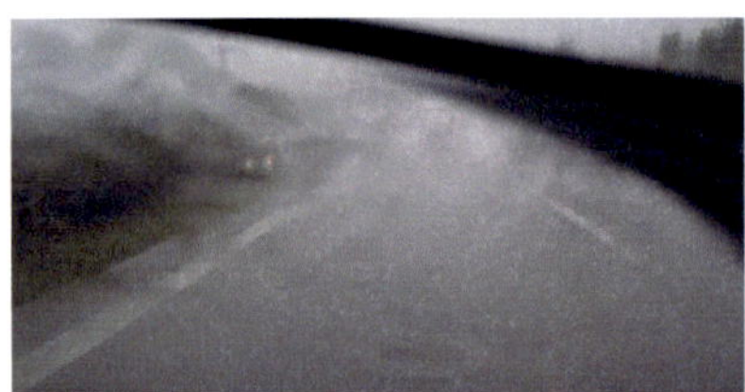

(a) Regentropfen und Wasserschlieren auf der Windschutzscheibe verursachen starke Verzerrungen.

(b) Einzelne Regentropfen auf der Windschutzscheibe lassen sich nicht erkennen, sondern beeinflussen lokale Bildregionen.

(c) Durch die aufgewirbelte Gischt ist das vorausfahrende graue Fahrzeug auf der linken Spur kaum zu erkennen.

(d) Verdeckung relevanter Bildregionen durch den Scheibenwischer.

Abbildung 25.1: Beispiele für Bildstörungen bei regnerischem Wetter.

Dieser Beitrag beschreibt Verfahren zur Detektion und zum Tracking von Fahrzeugen unter extremen Witterungsbedingungen vor dem Hintergrund der Gischtschätzung. Die ermittelte Information über die Stärke der von den vorausfahrenden Fahrzeugen aufgewirbelten Gischt kann beispielsweise verwendet werden, um die Sichtbarkeit der eigenen rückwärtigen Beleuchtung (Rücklicht, Bremslicht) einzuschätzen und deren Helligkeit an die aktuellen Sichtbedingungen anzupassen.

Der Beitrag besteht aus drei Teilen. Zunächst wird eine Erweiterung der merkmalsbasierten Objektverfolgung, die beispielsweise in [6] und [7] zum Tragen kommt, vorgestellt, die mit kurzzeitigem Verschwinden von Merkmalspunkten aufgrund der Vernebelung durch Gischt, Verschmierungseffekte durch Regentropfen und Verdeckung durch den Scheibenwischer umgehen kann. Des Weiteren wird eine Methode zur Fahrzeugdetektion und Tracking unter starkem Regen vorgestellt, die auf der Analyse der Sättigungswerte und weiterer Eigenschaften basiert. Zuletzt werden zwei Methoden zur Detektion von Gischt und Schätzung der Gischtmenge vorgestellt, die auf der Auswertung von Grauwerthistogrammen sowie auf einer Klassifikation der Bereiche innerhalb und unterhalb der verfolgten Fahrzeugrückansichten in Bezug auf die Gischtstärke basieren.

2 Anpassung der Objektverfolgung an Regensequenzen

Die Verfolgung von Objekten in Bildsequenzen erfolgt häufig über das Verfolgen lokaler Merkmalspunkte. In aufeinanderfolgenden Bildern werden korrespondierende Merkmalspunkte gesucht und ihre Verschiebung im Bild ermittelt. Daraus kann beispielsweise die Verschiebung und die Skalierung der Fahrzeugrückansicht geschätzt werden. Bei einer Stereo-Anordnung kommt die Tiefeninformation dazu, so dass eine 3D-Bewegung geschätzt werden kann [6–8].

Beim starken Regen ergeben sich verschiedene Effekte, die dieses Verfahren stören können. So rufen Regentropfen und Wasserschlieren auf der Windschutzscheibe Verzerrungen hervor, durch welche sich die Position der Merkmalspunkte in der betroffenen Bildregion stark von der zu erwartenden unterscheidet. Ein Beispiel für solche Verzerrungen ist in Abbildung 25.1 (a) zu sehen. Die Einbeziehung der gemessenen Verschiebung solcher Merkmalspunkte (Ausreißer) kann das Ergebnis der Objektverfolgung stark verfälschen.

Ein weiterer Effekt entsteht durch starke Verwaschungen sowie durch temporäre Verdeckungen, die durch den Durchgang des Scheibenwischers und Gischtwolken entstehen. Die im vorigen Bild extrahierte Merkmalspunkte können nicht detektiert werden und gehen verloren (s. Abbildung 25.2 (b)).

Um ein robustes Tracking der Fahrzeugrückansichten auch in diesem Fall zu gewährleisten, werden alle Merkmalspunkte in einem Puffer zwischengespeichert. Falls die Korrespondenzuche in dem unmittelbar folgenden Bild scheitert oder das Merkmal als Ausreißer identifiziert wird, werden weitere Bilder betrachtet. Oft können Merkmalspunkte, die aufgrund von Störungen in dem Folgebild nicht detektiert wurden, in den darauffolgenden Bildern doch noch wiedererkannt und weiterhin korrekt verfolgt weden (s. Abbildung 25.2 (c)).

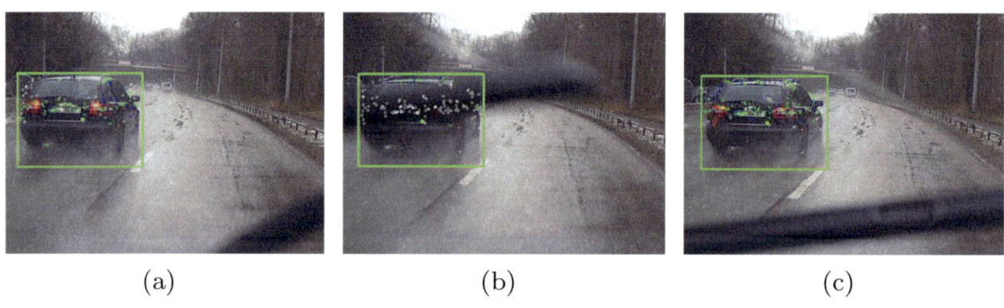

(a)   (b)   (c)

Abbildung 25.2: Tracking mit Hilfe von lokalen Merkmalen (blaue Punkte: neue Merkmalspunkte, grüne Punkte: wiedergefundene Merkmalspunkte, weiße Punkte: Merkmalspunkte, die im nachfolgenden Bild nicht wiedergefunden wurden.)

Zur robusten Schätzung der Modellparameter trotz Ausreißer wird eine abgewandelte Ausprägung des RANSAC-Algorithmus verwendet. Die Auswahl der besten Consensus-Menge erfolgt dabei nicht nach Anzahl enthaltener Punkte, sondern anhängig von der gewichteten Summe dieser, wobei bei der Gewichtung sowohl der Fehlerwert e als auch die Güte in Bezug auf die Wiedererkennung berücksichtigt werden. Die Gesamtgewichtung w eines „Inliers" berechnet sich als Produkt beider Gewichte w_m und w_g mit dem Modellfehler-Gewicht

$$w_m = \frac{e_{max} - e}{e_{max}} \tag{25.1}$$

und dem Trackinggüte-Gewicht

$$w_g = m/t\,.\tag{25.2}$$

Dabei bezeichnet e_{max} die Fehlerschranke, d.h. den Fehlerwert, ab welchen ein Punkt als Ausreißer gewertet wird. Das Trackinggüte-Gewicht w_g berechnet sich als Quotient aus der Anzahl m der Frames, bei welchen der Punkt erfolgreich gematcht wurde, zur Gesamtdauer t der Verfolgung des betreffenden Objektes (gemessen in Frames).

Durch Verwendung der geschilderten Anpassungen kann das merkmalsbasierte Tracking bei Bildstörungen entscheidend stabilisiert werden.

3 Detektion und Tracking unter starkem Regen

Bei schlechten Sichtbedingungen, bedingt durch Regentropfen auf der Windschutzscheibe, Wasseraufwirbelungen, Vernebelungen oder Verschmierungen auf der Windschutzscheibe, geraten übliche Detektionsverfahren von extrahierten Bildmerkmalspunkten über lernbasierte Detektionsansätze oft an ihre Grenzen.

Um eine für schlechte Sichtbedingungen angepasste Detektion zu gewährleisten, wird das Bild entlang eines Suchschlauchs nach Fahrzeugrückansichten und Rücklichterpaaren abgesucht. Hierfür wird die Information über die Lage der Fahrbahn ausgenutzt. Mit Hilfe einer Kalibrierung kann die Transformation der Bildpunkte in die Fahrbahnebene bestimmt werden. Dadurch ist man in der Lage, auch geometrische Bedingungen zu berücksichtigen, wie beispielsweise die Breite des Fahrzeuges im Bild je nach dessen Entfernung. Zur Detektion eines Fahrzeugs wird ein Rahmen entlang eines Suchkorridors geschoben. Innerhalb dieses Rahmens wird der Sättigungskanal extrahiert und ausgewertet. Aus den lokalen Maxima und der Gradienteninformation des Sättigungskanals werden durch verschiedene Dilatationsstufen binarisierte Karten generiert, die sog. Blobs enthalten. Diese Blobs deuten meist auf Rücklichter oder ganze Fahrzeugrückansichten[1] hin, so dass zum

---

[1] Die Sichtbarkeit eines Fahrzeugs im Sättigungskanal, speziell bei starkem Regen, hängt u.a. von der Farbe des Fahrzeugs ab. Da allerdings in unserem Anwendungsfall nicht die Notwendigkeit besteht, alle Fahrzeuge zu detektieren, stellt dieser Umstand eine tolerierbare Einschränkung dar.

einen nach Rücklichtpaaren, zum anderen nach Fahrzeugen gesucht wird, deren Abstand bzw. Breite in einem vordefinierten Toleranzbereich liegen (s. Abbildung 25.3).

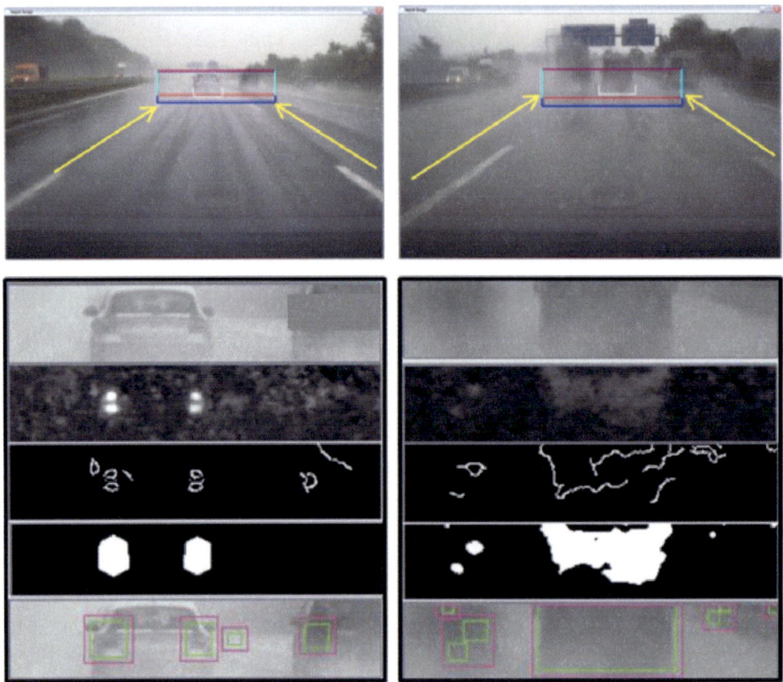

Abbildung 25.3: Zwei beispielhafte Fahrzeugdetektionen.
Von oben nach unten:
1. Suchraumeinschränkung mittels Kalibrierinformation
2. Ausschnitt des Grauwertbildes
3. Sättigungskanal
4. Kantenbild des Sättigungskanals
5. Binarisierter und erodierter Sättigungskanal
6. Detektierte Hypothesen zweier Dilatationsstufen (rot und grün)

Erfüllt ein Paar oder eine Region die geometrischen Anforderungen, evaluiert ein Symmetrieoperator den Objektkandidaten. Die Stärke der Korrelation der Bildausschnitte eines Paares oder der jeweiligen Hälften eines größeren Blobs dient als Maß für die Symmetrie. Hierfür werden sowohl die originalen Graubilder als auch der geglättete Sättigungskanal und das Kantenbild korreliert. Erreichen die Korrelationswerte im Mittel einen Schwellwert, gilt ein Fahrzeug als detektiert.

Das Tracking erfolgt durch eine erneute Suche in einem eingeschränkten Suchraum entlang des Suchschlauches in einem lokalen um die vorherige Detektion. Hierbei erfolgt ein Vergleich des aktuell verfolgten Fahrzeugs mit einem Referenzbild aus dem letzten Zeitpunkt, an dem das Fahrzeug sichtbar war, d.h. detektiert werden konnte. Dieser Vergleich erfolgt in Form einer Kreuzkorrelation in einem vertikal ausgedehnten Bildbereich um das aktuell detektierte Objekt. An der vertikalen Position mit dem höchsten Korrelationswert wird die Fahrzeugposition aktualisiert. Dieses Vorgehen erwies sich als zweckmäßig, um die Lokalisierung zu verfeinern. Kann ein Fahrzeug längere Zeit nicht detektiert werden, so wird das Detektionsverfahren und der Suchschlauch neu initialisiert.

4 Anwendungsbeispiel: Gischtdetektion und -klassifikation

Ein mögliches Anwendungsgebiet der zuvor genannten Detektions- und Trackingverfahren ist die Gischterkennung. Durch die Detektion von Gischt eines vorausfahrenden Fahrzeugs sowie durch die Schätzung ihrer Stärke ist es möglich die Beeinträchtigung der Sichtbarkeit des eigenen Fahrzeuges durch Gischt zu schätzen.

Zunächst wurde untersucht welche Effekte Gischt in Bildern erzeugt. Dabei wurden Bilder bei nassen und bei trockenen Szenen verglichen und in der Hinsicht auf verschiedene Merkmale bewertet. Der Vergleich zeigt, dass Gischt in Bildern grau-weiß erscheint und somit das Bild an Stellen mit Gischt einen charakteristischen Grauwert und eine geringe Sättigung aufweist. Zudem ist sowohl die Grauwert-Varianz als globales und der Gradient als lokales Merkmal für Kanten bei Gischtbildern geringer als in Bildern von trockenen Sequenzen (s. Abbildung 25.4).

Um die Gischt in den detektierten Bildausschnitten zu klassifizieren werden zwei Ansätze vorgestellt. Im ersten Ansatz werden zeilenweise Grauwerthistogramme der Bildausschnitte ausgewertet um Hinweise auf den Einfluss der aufgewirbelten Gischt zu erhalten. Dabei liefert beispielsweise die Breite des Histogrammschlauchs sowie der Übergang zwi-

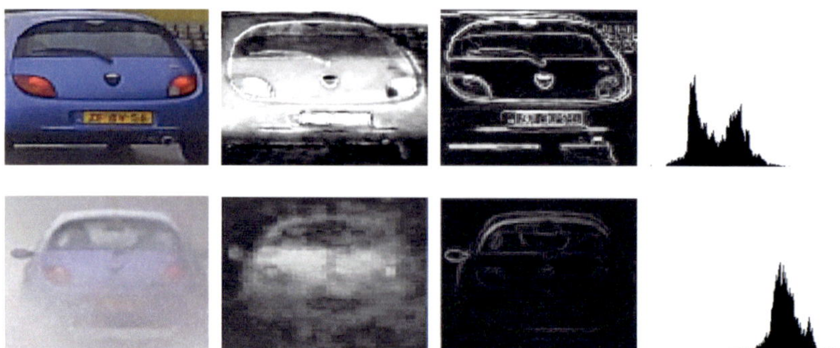

Abbildung 25.4: Gischtmerkmale. Oben: Fahrzeug auf trockener Straße. Unten: Fahrzeug bei nasser Straße.
Von links nach rechts: Originalbild, Sättigungskanal, Kantendetektion, Grauwerthistogramm.

schen Fahrbahn und Fahrzeug Hinweise auf die Stärke der Gischt. Bei starker Gischt ist die Varianz des Grauwert-Histogramms wesentlich geringer und ein Übergang von Fahrzeug zu Fahrbahn kaum zu erkennen. Bei trockener Fahrbahn hingegen ist meist eine größere Varianz festzustellen und ein Sprung beim Übergang von Fahrzeug zu Fahrbahn ist zu erkennen (s. Abbildung 25.5).

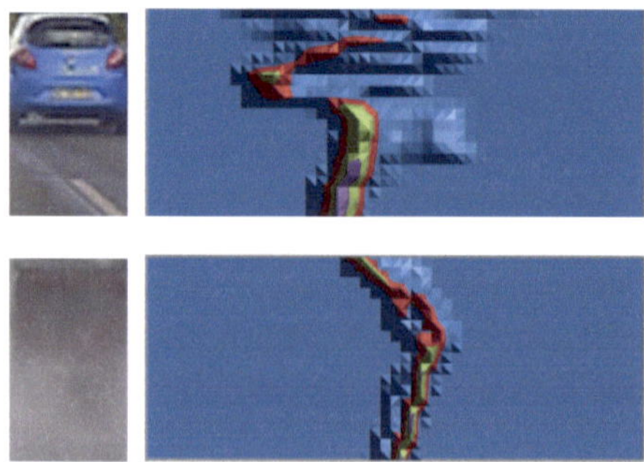

Abbildung 25.5: Zeilenweises Grauwerthistogramm eines Bildauschnitts. Oben: keine Gischt, Unten: starke Gischt.

Ein weiterer Ansatz basiert auf der Analyse der Fahrzeugrückansichten. Dazu wird die Fahrzeugrückansicht in ein rechteckiges Gitter aufgeteilt, um lokale Unterschiede beim Auftreten der Gischt zu
berücksichtigen. Die einzelnen Zellen werden mit Hilfe einer Support Vector Machine anhand bestimmter, für die Gischt charakteristischer Merkmale hinsichtlich ihrer Gischtstärke klassifiziert (s. Abbildung 25.6). Bei
der Berechnung der Merkmale werden Effekte, die durch das Auftreten
von Gischt in Bildern entstehen, berücksichtigt, nämlich die Grauwert-
varianz, der durchschnittliche Grauwert, die Farbsättigung und das Vorhandensein bzw. die Stärke von Kanten.

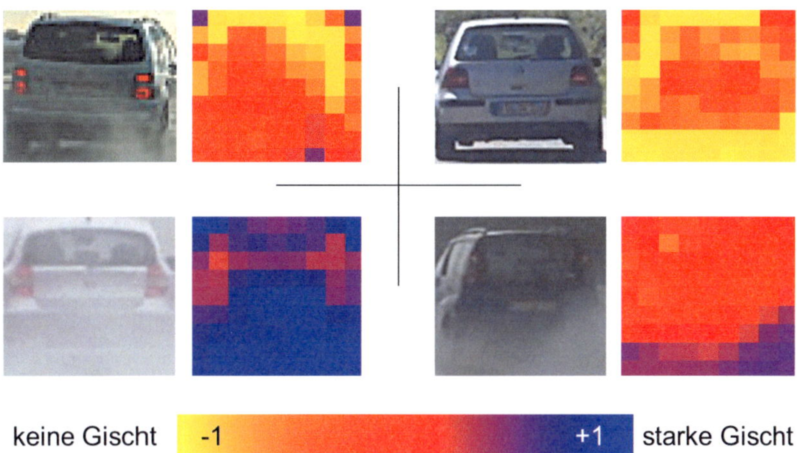

Abbildung 25.6: Gischtstärkenschätzung durch Analyse detektierter Fahrzeugrückansichten.

Da die Unterscheidung zwischen Gischt und trockener Szene analy-
tisch nur schwer möglich ist, wurde mit Hilfe dieser Merkmale eine Support Vector Machine mit Fahrzeugrückansichten bei trockener und nasser
Straße trainiert. Dabei wurde eine Grenzfunktion errechnet mit welcher
eine Schätzung eines repräsentativen Gischtwertes möglich ist, der beispielsweise für die Ansteuerung einer intelligenten Heckleuchte verwendet
werden kann.

5 Zusammenfassung und Ausblick

Im Rahmen dieses Beitrags wurden Verfahren vorgestellt, welche auch bei extrem widrigen Bedingungen eine Fahrzeugdetektion und -tracking erlauben. Neben einer Erweiterung des merkmalsbasierten Trackingverfahrens, die mit Ausreißern und zeitweise verschwindenden Merkmalspunkten zurechtkommt, wurde ein Detektions- und Trackingverfahren beschrieben, welches über die Sättigungsinformation im Bild nach Fahrzeugrückansichten und Rücklichterpaaren sucht. Mit Hilfe von Symmetrieoperatoren können so Fahrzeuge auch bei extrem regnerischen Situationen detektiert und mittels einer Suchraumeinschränkung über die Zeit hinweg verfolgt werden. Des Weiteren wurde eine Anwendung der oben beschrieben Verfahren vorgestellt. An vorausfahrenden Fahrzeugen wird die Stärke der aufgewirbelten Gischt bestimmt, um somit auf die Gischt des eigenen Fahrzeugs zu schließen und entsprechend die Stärke des eigenen Rücklichts einzustellen.

Sowohl das Tracking als auch die Detektion von Fahrzeugrückansichten und die damit verbundene Gischtdetektion wurden nur für Szenen getestet, die bei Tag aufgenommen wurden. Wie sich die Verfahren bei Nacht verhalten, blieb bisher offen. Dieser Aspekt muss in künftigen Arbeiten untersucht werden.

Danksagung

Diese Arbeiten wurden im Rahmen des DeuFraKo-Projekts „Improved Camera-based Detection under Adverse Conditions (ICAD-AC)" vom Bundesministerium für Wirtschaft und Technologie unter dem Förderkennzeichen AZ 19 S 9004A gefördert.

Literatur

1. Z. Sun, G. Bebis und R. Miller, „On-Road Vehicle Detection: A Review", *IEEE Transactions on Pattern Analysis and Machine Intelligence*, Vol. 28, Nr. 5, S. 694–711, 2006.

2. D. Willersinn, A. Laubenheimer, J. Hewerer, D. Dickmanns und S. Kriebel, „Scene Parameter Estimation for the Performance Analysis of Image Processing Systems", in *Proceedings of the Fifth International Workshop on Intelligent Transportation (WIT)*, Hamburg, Germany, 2008.

3. H. Kurihata, T. Takahashi, I. Ide, Y. Mekada, H. Murase, Y. Tamatsu und T. Miyahara, „Rainy Weather Recognition from In-Vehicle Camera Images for Driver Assistance", in *Proceedings of the IEEE Intelligent Vehicles Symposium*, 2005, S. 205–210.

4. M. Roser und C. Stiller, „Modellbasierte Erkennung von Regentropfen in Einzelbildern zur Verbesserung von Videobasierten Fahrerassistenzsystemen", in *Proceedings of the 7th Driver Assistance Systems Workshop (Workshop „Fahrerassistenzsysteme" (FAS2011))*, Walting, Germany, 2011.

5. A. Cord und D. Aubert, „Towards Rain Detection Through Use of In-Vehicle Multipurpose Cameras", in *Proceedings of the IEEE Intelligent Vehicles Symposium*, Baden-Baden, Germany, 2011, S. 833–838.

6. A. Barth und U. Franke, „Where Will the Oncoming Vehicle be the Next Second?" in *Proceedings of the IEEE Intelligent Vehicles Symposium*. Eindhoven, Netherlands: Springer, 2008, S. 1068–1073.

7. M. Grinberg, F. Ohr und J. Beyerer, „Feature-Based Probabilistic Data Association (FBPDA) for Visual Multi-Target Detection and Tracking under Occlusions and Split and Merge Effects", in *Proceedings of the 12th International IEEE Conference on Intelligent Transportation Systems*, St. Louis, USA, 2009, S. 291–298.

8. T. Dang, C. Hoffmann und C. Stiller, „Fusing optical flow and stereo disparity for object tracking", in *Proceedings of the IEEE Intelligent Transportation Systems Conference*, Singapore, 2002, S. 112–117.

Extraktion von Parklücken auf probabilistischen Ultraschallkarten

Tim Kubertschak und Mirko Mählisch

AUDI AG, I/EE-31,
D-85045 Ingolstadt

Zusammenfassung Eine Voraussetzung vieler Parkassistenzfunktionen ist die Lokalisierung von Parklücken im Fahrzeugumfeld. Diese erfolgt entweder durch eine Detektion der Fahrbahnmarkierungen oder durch eine einfache Modellierung der benachbarten Fahrzeuge. Diese Ansätze erlauben eine Lokalisierung nur bei definierten Bedingungen. Daher wird in diesem Beitrag ein Ansatz zur robusten Detektion von Parklücken auf Basis des akkumulierten Fahrzeugumfeldes durch Ultraschallsensoren präsentiert.

1 Einleitung

Einparkassistenten waren die ersten Systeme zur Unterstützung des Fahrers mit breiter Verfügbarkeit über alle Fahrzeugsegmente hinweg. Diese Entwicklung wurde vorrangig durch den Wunsch der Kunden getrieben, da das Einparken zu den komplexesten Manövern im Straßenverkehr zählt. So zeigt eine Studie aus dem Jahr 2011 [1], dass zwei Drittel der europäischen Autofahrer den Parkvorgang erst nach mehreren Zügen beendet haben. Gleichzeitig ist eine hohe Nachfrage nach Parkhilfeassistenten zu beobachten. [2] zeigt, dass parkunterstützende Funktionen in etwa der Hälfte aller Neuwagen vorhanden sind.

Seit der Einführung von Parkassistenten durch Toyota im Jahr 2003, haben sie einen großen evolutionären Schub erhalten. Während die ersten Systeme den Parkvorgang durch optische und akustische Signale lediglich unterstützen konnten, bestehen heutige Systeme aus einem breit gefächerten Funktionsprektum. Dieses reicht von einer Vermessung der Parklücke über einfache Lenkanweisungen bis hin zu komplett selbstständig lenkenden Assistenten. Für die erfolgreiche Durchführung eines Parkvorgangs benötigen alle Parkassistenten dieselbe Information: Wo befindet sich relativ zum Fahrzeug eine Parklücke mit ausreichender Größe?

Die Analyse der statischen Umfeldsituation zur Lokalisierung von Parklücken wurde in der Vergangenheit bereits von verschiedenen Autoren erfolgreich durchgeführt. Für die Erkennung wurde im Allgemeinen ein merkmalsbasierter oder modellbasierter Ansatz zur Detektion der Lücken verwendet.

Merkmalsbasierte Ansätze wurden unter anderem von [3–5] vorgeschlagen. Bei allen Ansätzen erfolgt die Erfassung der Umwelt mittels Kamera. Zur anschließenden Suche nach Parklücken werden die farbigen Begrenzungslinien als Merkmal ausgewertet. Allerdings können diese Verfahren nur bei ausreichend guten Lichtverhältnissen und markierten Parklücken angewendet werden.

Bei den modellbasierten Verfahren wird von den Autoren angenommen, dass eine Parklücke von zwei benachbarten Fahrzeugen begrenzt wird. Die Detektion der Lücke erfolgt durch eine Modellierung der benachbarten Fahrzeuge. In [6, 7] werden Stereo- und Motion-Stereo-Techniken zur Extraktion einzelner Punkte entlang der Karosserie verwendet. [8–10] verwenden Ultraschallsensoren und [11, 12] Laserscanner bzw. Short-Range-Radare zur Extraktion der Karosseriepunkte. Die anschließende Modellierung der Fahrzeuge innerhalb der Punktewolken erfolgt in der Regel mittels Hough-Transformation.

Obwohl die hough-basierte Modellierung gegenüber störbedingten Ausreißern sehr robust ist, ist sie für die Detektion von Parklücken vor allem im Automotive-Bereich ungeeignet. Je nach gewünschter Genauigkeit und Komplexität des Modells steigt der Speicherbedarf des Akkumulators stark an und kann den verfügbaren Speicher übertreffen.

In diesem Beitrag wird deshalb ein anderer Ansatz der modellbasierten Parklückenerkennung verfolgt. Basierend auf einer probabilistischen Kartierung des Fahrzeugumfeldes [13] erfolgt eine Modellierung des Fahrbahnverlaufs durch einen Doppelkreis. Für das Fitting des Modells wird ein Least-Squares-Ansatz in Kombination mit einem RANSAC [14] zur Steigerung der Robustheit verwendet. Die Umfeldkarte wird durch die Akkumulation einzelner Ultraschallmessungen aufgebaut. Dieser ist auch bei ungünstigen Lichtverhältnissen einsetzbar und ist in vielen modernen Fahrzeugen bereits verfügbar.

Der Rest des Beitrags ist wie folgt aufgebaut: In Abschnitt 2 wird der

Aufbau der Umfeldkartierung und das verwendete Sensormodell beschrieben. Die Beschreibung zur Extraktion der Parklücken erfolgt in Abschnitt 3. Ergebnisse der Extraktion werden im vierten Abschnitt präsentiert, bevor in Abschnitt 5 eine Zusammenfassung der Ergebnisse erfolgt.

2 Umfeldkartierung

Für die Kartierung des Fahrzeugumfeldes existieren prinzipiell zwei Möglichkeiten. Neben merkmalsbasierten Karten in denen markante Stellen akkumuliert werden, existieren die von Elfes vorgeschlagenen Occupancy Grid-Maps [15] oder probabilistischen Umfeldkarten. Diese stellen ein universelles Werkzeug zur Darstellung der räumlichen Wahrnehmung des Fahrzeugs und darauf aufbauender Schlussfolgerungen über die Existenz von Objekten dar.

Bei der Darstellung durch eine probabilistische Umfeldkarte erfolgt eine Unterteilung des Fahrzeugumfeldes in eine Menge von zweidimensionalen Gitterzellen. Jede Gitterzelle überdeckt eine bestimmte Fläche und führt so zu einer Diskretisierung des kompletten Umfeldes. Der Grad der Diskretisierung hat zwei Effekte: einerseits steuert er die Genauigkeit der Abbildung, andererseits den Aufwand zur Aktualisierung der Kartierung. Je feiner das Gitter ist, desto mehr Zellen müssen pro Messung aktualisiert werden.

Eine einzelne Zelle kodiert die aktuelle Situation jener Stelle im Umfeld. Dabei spielt es keine Rolle, welche Art von Information abgelegt werden soll. Eine in der Literatur typische Information ist der Belegungszustand der Zelle. Die Repräsentation kann aber leicht auf komplexere Kodierungen erweitert werden, wie zum Beispiel die Darstellung von Höhenprofilen.

2.1 Probabilistische Kartierung

Zur Extraktion von Parklücken ist die Darstellung des Belegungszustandes pro Zelle ausreichend. Allerdings muss beachtet werden, dass jegliche Datenaufnahme fehlerbehaftet erfolgt. Je nach verwendetem Sensor kommt es zu Störungen durch Rauschen bis hin zu Ghosting-Artefakten. Eine Kompensation jener Fehler ist in der Regel nur über die Zeit möglich. Das heißt, mit zunehmender Anzahl von Messungen an derselben Stelle steigt die Existenz eines Objektes.

Wie in [13] von Matthies und Elfes gezeigt, kann dieses Verhalten für einfache belegt / nicht belegt-Aussagen mit Hilfe von Umfeldkarten modelliert werden. Pro Zelle C wird eine Belegungswahrscheinlichkeit $p(C)$ akkumuliert. Über diese Wahrscheinlichkeit können Aussagen zur Existenz eines Objektes bzw. zur Existenz von Freiraum, das heißt über ihren aktuellen Zustand Z, getroffen werden.

$$Z(C) = \begin{cases} \text{belegt} & p(C) > 0.5 \\ \text{unbekannt} & p(C) = 0.5 \\ \text{frei} & p(C) < 0.5 \end{cases} \tag{26.1}$$

Zur Vereinfachung werden die Zustände für belegt und frei durch $p(OCC)$ und $p(EMP)$ dargestellt. Weiterhin wird im Folgenden angenommen, dass die Zustände voneinander unabhängige Zufallsvariablen sind. Damit kann für die Akkumulation der Zellwahrscheinlichkeiten basierend auf einer neuen Abstandsmessung R das Bayessche Theorem verwendet werden.

$$p(C|R) = \frac{p(R|OCC)p(OCC)}{p(R|OCC)p(OCC) + p(R|EMP)p(EMP)} \tag{26.2}$$

$p(R|OCC)$ und $p(R|EMP)$ gibt die Wahrscheinlichkeit an, dass bei einer Messung tatsächlich ein Objekt oder Freiraum die Ursache war. Beide Wahrscheinlichkeiten werden durch das Sensormodell vorgegeben, welches in Abschnitt 2.2 definiert wird. Für eine sequentielle Anwendung der Updateregel, müssen die Zellen initialisiert werden. Da zu Begin keine Aussage über den Zustand der Welt gemacht werden kann, erhält jede Zelle den Zustand unbekannt ($p(C) = 0.5$).

Für die Parklückenerkennung wurde eine weitere, vereinfachende Annahme gemacht. Da Ultraschallsensoren entweder Objekte oder Freiraum messen können aber nicht beides gleichzeitig, wurde $p(R|EMP) = 1 - p(R|OCC)$ angenommen. Diese Annahme gilt zwar nicht immer, hat sich bei der Erkennung der Lücken jedoch bewährt. Zudem ergibt sich für 26.2 und der Beobachtung $p(EMP) = 1 - p(OCC)$ eine einfache Regel zur Aktualisierung der Zellen.

2.2 Ultraschall-Sensormodell

Die Wahrnehmung der Umwelt und der Aufbau der Karte erfolgt in diesem Beitrag ausschließlich durch Ultraschallsensoren. Für eine gute

Abbildung der Umwelt müssen die charakteristischen Eigenschaften der Sensoren modelliert werden. Über ein derartiges Sensormodell werden Messunsicherheiten und der Sichtbereich des Sensors beschrieben. Die verwendeten Ultraschallsensoren werden durch das in Abbildung 26.1 dargestellte Modell beschrieben.

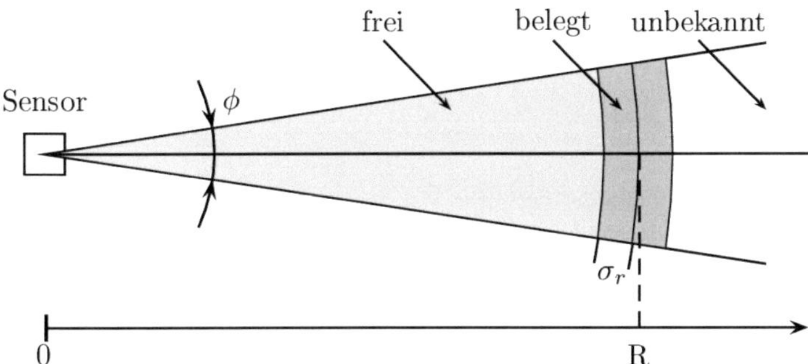

Abbildung 26.1: Sensormodell des verwendeten Ultraschallsensors.

Der Sichtbereich des Ultraschallsensors wird durch zwei Parameter begrenzt: dem Öffnungswinkel ϕ und einem Abstandswert R. Der Abstandswert gibt die Entfernung zu einem konkreten Objekt an oder eine Maximalentfernung, falls sich kein Objekt im Sichtbereich des Sensors befindet. Die Unsicherheiten des Messvorgangs werden durch eine radiale Abweichung σ_r angegeben. Über diese wird die Unsicherheit der Entfernungsmessung beschrieben.

Durch die Messungen des Sensors können Aussagen über den Zustand der Welt getroffen werden. Zwischen Sensor und dem Begin des unscharfen Messbereichs kann die Welt als frei angenommen werden. Andernfalls wäre eine Messung an einer näheren Stelle aufgetreten. Innerhalb des kompletten Messbereichs wird eine Belegung angenommen. Da die Ultraschallwellen eine (annähernd) gleichmäßig radiale Ausbreitung haben, kann der Ort nicht exakt bestimmt werden. Daher wird der komplette unscharfe Kreisbogen als Belegung angenommen. Alle Bereiche außerhalb des Sichtbereichs sind unbekannt.

Um Fehlmessungen gerecht zu werden, das heißt Abstandsmessungen obwohl kein Objekt im Sichtbereich ist, werden für den Sensor die beiden

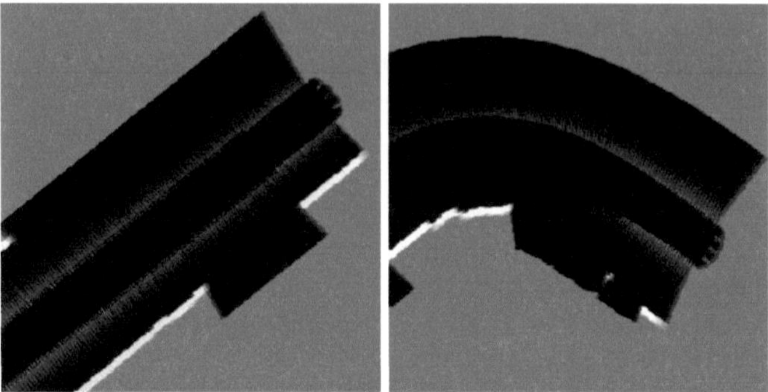

Abbildung 26.2: Probabilistische Kartierung des Fahrzeugumfeldes (Freiraum schwarz, Belegung weiß).

Existenzwahrscheinlichkeiten $p(R|OCC)$ und $p(R|EMP)$ definiert. Für den Ultraschallsensor wird $p(R|EMP) = 1 - p(R|OCC)$ angenommen, weshalb nur die bedingte Wahrscheinlichkeit für das Auftreten einer Messung bei vorhandenem Objekt definiert werden muss. Für belegte Zellen wird die Wahrscheinlichkeit $p(R|OCC) = 0.6$ gewählt, für Freiraumzellen $p(R|OCC) = 0.2$.

3 Parklückenextraktion

Aufbauend auf den im letzten Abschnitt vorgestellten Umfeldkarten erfolgt die Detektion der Parklücken. Dafür wird die innere und äußere Begrenzung der Parklücken modelliert. Der verwendete Ansatz ist in Abbildung 26.2 verdeutlicht, dem Ergebnis einer ultraschallbasierten Kartierung entlang von geraden Fahrbahnabschnitten und Kurven. Darin ist zu erkennen, dass die innere Begrenzung durch benachbarte belegte Zellen entlang der Fahrbahn und der äußeren Begrenzung durch den maximalen Sichtbereich des Sensor charakterisiert wird.

Um den Fahrbahnverlauf in Kurven gerecht zu werden, wird für die Modellierung der beiden Begrenzungen jeweils ein Kreis verwendet. Mit diesem können sowohl Kurven als auch gerade Straßenabschnitte ausreichend dargestellt werden. Insgesamt ergibt sich als Modell ein paralleler Doppelkreis.

Zur Extraktion der belegten Zellen und der Sichtbereichsgrenzen wird eine Schwellwertoperation in Verbindung mit einem Kantendetektor verwendet. Das Doppelkreis-Modell wird durch einen Least-Squares-Ansatz in die extrahierten Datenpunkte eingepasst. Ausgehend von der parametrischen Kreisgleichung

$$F(x, y) = ax^2 + ay^2 + bx + cx + d \overset{!}{=} 0 \qquad (26.3)$$

erfolgt die Schätzung durch

$$\begin{pmatrix} x_1^2 + y_1^2 & x_1 & y_1 & 1 \\ x_2^2 + y_2^2 & x_2 & y_2 & 1 \\ \vdots & \vdots & \vdots & \vdots \\ x_m^2 + y_m^2 & x_m & y_m & 1 \end{pmatrix} \cdot \begin{pmatrix} a \\ b \\ c \\ d \end{pmatrix} \overset{!}{=} \mathbf{0}, \qquad (26.4)$$

wobei durch (x_i, y_i) die m Datenpunkte beschrieben werden.

Eine analytische Lösung des Verfahren ist jedoch nur möglich, wenn alle m Datenpunkte annähernd auf dem Kreis liegen. Falls Ausreißer vorhanden sind, muss das Gleichungssystem iterativ durch die Suche nach einem geeigneten Parametervektor gelöst werden. Wie in Abbildung 26.3 zu sehen ist, muss bei der Parklückenerkennung aber mit vergleichsweise vielen Ausreißern gerechnet werden. Sie entstehen insbesondere durch lateral benachbarte Objekte mit unterschiedlichem Abstand zum Sensor.

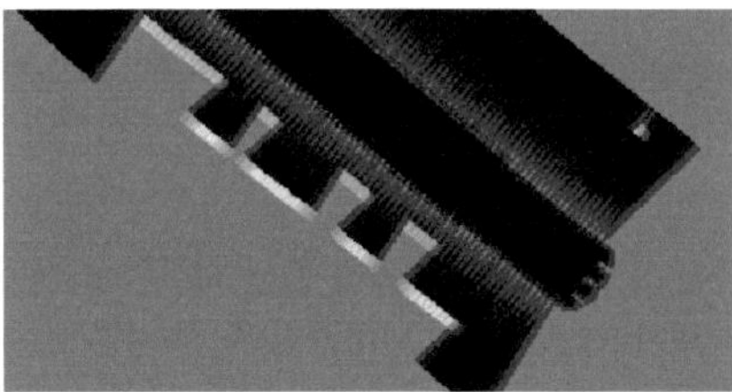

Abbildung 26.3: Ausreißer durch unterschiedlich weit entfernte Objekte.

Um dennoch eine direkte Lösung zu gewährleisten, wird für das Schätzen der Modelle der RANSAC-Algorithmus [14] verwendet. Dieser Ansatz ist durch die zufällige Auswahl von Datenpunkten sehr robust gegenüber Ausreißern. Außerdem wird durch eine geschickte Auswahl der Datenpunkte das lineare Gleichungssystem 26.4 geschlossen lösbar.

Dem RANSAC-Ansatz folgend, werden aus der Menge von Datenpunkten zufällig vier ausgewählt. Durch drei der gewählten Punkte wird mit Gleichung 26.4 eine Kreisgleichung aufgestellt. Mit dem vierten Punkt wird ein paralleler Kreis konstruiert, wodurch eine Hypothese bezüglich des Verlaufs der Fahrbahn aufgestellt wird. Für das Modell wird die Anzahl der Unterstützer berechnet. Das sind jene Datenpunkte, die einen definierten Abstand zum Modell nicht überschreiten.

Durch die zufällige Wahl der vier Punkte kann im Allgemeinen nicht davon ausgegangen werden, dass eine ausreichend gute Modellhypothese geschätzt wurde. Daher erfolgt die zufällige Wahl, die Modellberechnung und -auswertung mehrfach. Es wird schließlich jene Hypothese mit der größten Anzahl von Unterstützern als bestes Modell ausgewählt.

Basierend auf der Wahrscheinlichkeit ω für eine zufällige Wahl eines Ausreißers, kann nach [14] die Anzahl k der Wiederholungen durch

$$k = \frac{\log(1 - p)}{\log(1 - (1 - \omega)^n)} \tag{26.5}$$

nach unten abgeschätzt werden. Dabei gibt n die Anzahl der Modellparameter an und p die Wahrscheinlichkeit für eine erfolgreiche Ziehung ohne Ausreißer.

Nach der Modellierung des Fahrbahnverlaufs erfolgt die Identifikation von Parklücken. Entlang der inneren Begrenzung der Fahrbahn zeichnen sich Parklücken in der Umfeldkarte durch zwei aufeinanderfolgende Übergänge zwischen belegten Zellen und Freiraum aus. Für die Lokalisierung der Parklücke werden die Gradienten entlang der inneren Begrenzung ausgewertet. Treten, wie in Abbildung 26.4 dargestellt, positive und negative Gradienten mit großem Betrag in direkter Nachbarschaft auf, wird eine Parklücke angenommen.

4 Ergebnisse

In den nachfolgenden Abbildungen sind verschiedene Ergebnisse des vorgestellten Ansatzes zur Detektion von Parklücken zu sehen. Die Aufnahme erfolgte mit einem Audi A6, welcher mit Ultraschallsensoren der Firma Valeo ausgestattet ist. Die probabilistische Karte bildet einen Bereich von 20×20 Meter um das Fahrzeug durch 512×512 Zellen ab. Die Existenzwahrscheinlichkeit für Objekte wurde auf $p(R|OCC) = 0.6$ gesetzt, für die Existenz von Freiraum wurde $p(R|OCC) = 0.2$ gewählt.

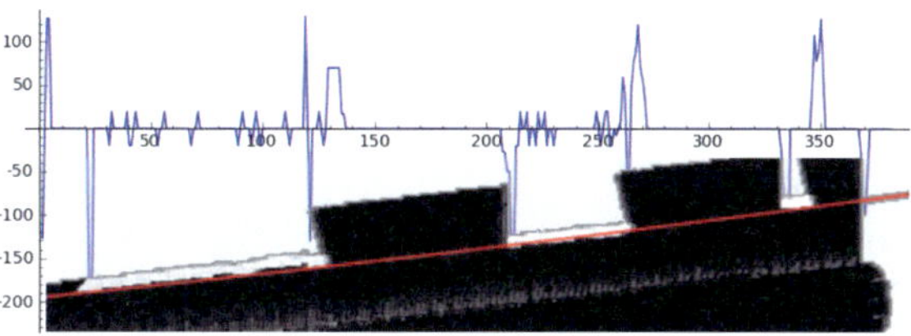

Abbildung 26.4: Gradienten entlang der inneren Fahrbahnbegrenzung.

Weiterhin wurde eine Ausreißerquote von $\omega = 0.5$ angenommen und eine Sicherheit von $p = 0.95$ gefordert. Damit ergibt sich für die Anzahl der Wiederholungen des RANSAC-Verfahren $k \approx 47$.

Die linke Seite von Abbildung 26.5 zeigt die Hypothesen über den Verlauf der Fahrbahn, die während der Iterationen des RANSAC-Verfahrens entstanden sind. Das rechte Bild zeigt das gewählte Modell, welches die meisten Unterstützer unter den Datenpunkten hat. Die zufällig gewählte Teilmenge ist durch die vier kleinen blauen Punkte dargestellt. Die beiden großen blauen Punkte zeigen die Begrenzung der Parklücke an.

In Abbildung 26.6 sind detektierte Parklücken an einem weiteren geraden Straßenabschnitt und in einer Kurve zu sehen. Der vorgestellte Ansatz ermöglicht eine robuste Erkennung in Kurven. Das stellt einen Unterschied dar gegenüber anderen Ansätzen zur Erkennung von

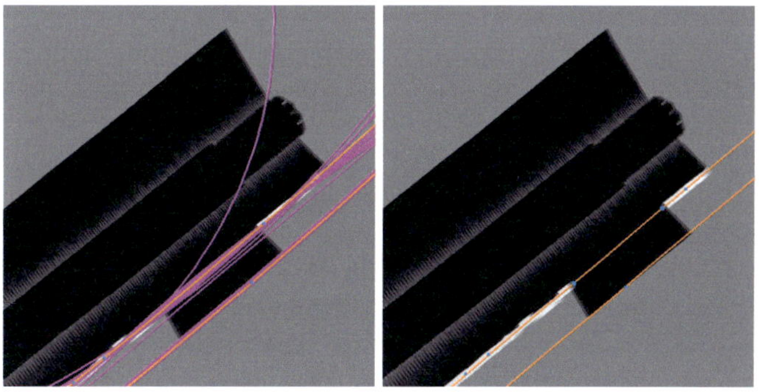

Abbildung 26.5: Hypothesen und Modell des Fahrbahnverlaufs.

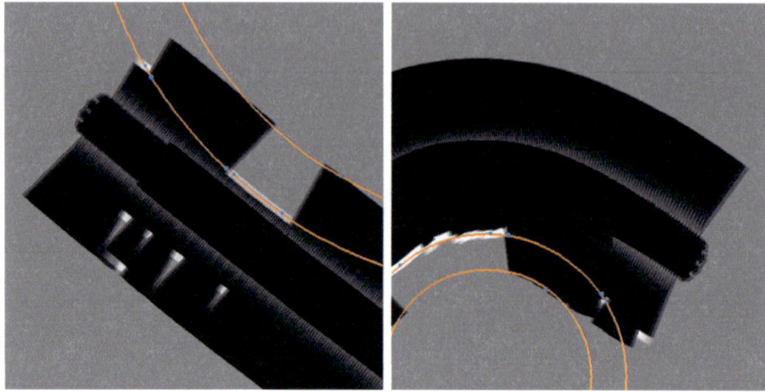

Abbildung 26.6: Parklücken an geradem Straßenabschnitt und in Kurve.

Parklücken dar. Da diese im Allgemeinen Geraden für die Modellschätzung verwenden, ist das Erkennen von Lücken in Kurven nicht möglich.

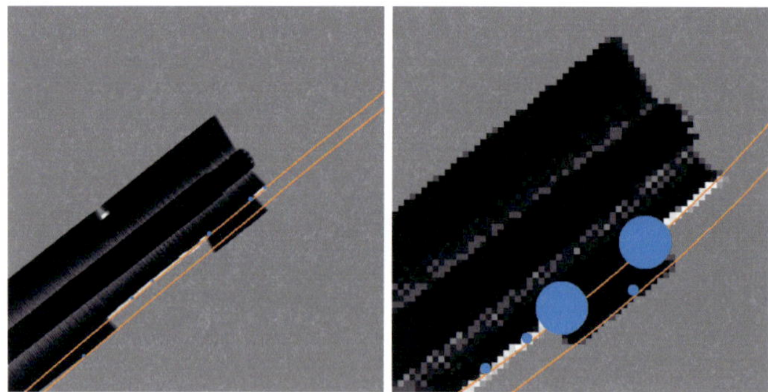

Abbildung 26.7: Parklücken auf großen und niedrig aufgelösten Karten.

Die Robustheit des Algorithmus ist nicht nur auf Kurven beschränkt. Für die Bilder in Abbildung 26.7 wurden die Parameter zur Kartierung verändert und die Parklückenerkennung auf diese Karten angewendet. Im linken Bild wurde das abgebildete Fahrzeugumfeld auf einen Bereich von 40×40 Meter vergrößert. Wie zu sehen, ist auch auf größeren Karten eine sichere Erkennung der Parklücken möglich. Für das rechte Bild wurde die Auflösung der Karte verringert. Gegenüber der oben beschriebenen

Parametrierung wurde die Anzahl der Zellen auf 64×64 verringert. Selbst auf dieser sehr groben Karte können Parklücken detektiert werden.

5 Zusammenfassung

In diesem Beitrag wurde ein neuer, robuster Ansatz zur Detektion von Parklücken vorgestellt. Das Verfahren basiert auf einer probabilistischen Kartierung des Umfeldes durch Ultraschallsensoren. Durch einen Doppelkreis wird der seitliche Fahrbahnverlauf modelliert, aus dem die Parklücke extrahiert wird. Durch die Anwendung eines RANSAC ist eine sichere und robuste Schätzung des Modells auch bei großem Anteil von Ausreißern möglich.

Diese Robustheit spiegelt sich in den Ergebnissen wider. Mit dem Ansatz ist eine Parklückenerkennung sowohl an geraden Straßenabschnitten als auch in Kurven möglich. Dabei ist der Grad der Diskretisierung der Umwelt irrelevant. Die Erkennung ist auch bei sehr grober Auflösung und bei großem kartierten Bereich sicher möglich.

Literatur

1. Ford Werke GmbH, „Studie belegt: Europaweit Stress beim Einparken - Praktische Hilfe bietet der Einparkassistent von Ford", *Presseinformation*, 2011.

2. EurotaxGlass's International AG, „EurotaxGlass's asks consumers about relevance of driver assistance systems and take rates across europe", *Presseinformation*, 2011.

3. T. Weis, B. May und C. Schmidt, „A method for camera vision based parking spot detection", *SAE Technical Paper Series*, Vol. 2006-01-1290, 2006.

4. H. G. Jung, D. S. Kim, P. J. Yoon und J. Kim, „Parking slot markings recognition for automatic parking assist system", in *Proceedings of 2006 IEEE Intelligent Vehicles Symposium.* IEEE Computer Society, 2006, S. 106 – 113.

5. C. G. Choi, D. S. Kim, H. G. Jung und P. J. Yoon, „Stereo vision based parking assist system", *SEA Technical Papers*, Vol. 2006-01-0571, 2006.

6. J. K. Suhr, H. G. Jung, K. Bae und J. Kim, „Automatic free parking space detection by using motion stereo-based 3D reconstruction", *Machine Vision and Applications*, Vol. 21, Nr. 2, S. 163 – 176, 2010.

7. N. Kämpchen, U. Franke und R. Ott, „Stereo vision based pose estimation of parking lots using 3d vehicle models", in *Proceedings of 2002 IEEE Intelligent Vehicles Symposium*, Vol. 2. IEEE Computer Society, 2002, S. 459 – 464.

8. H. Satonaka, M. Okuda, S. Hayasaka, T. Endo, Y. Tanaka und T. Yoshida, „Development of parking space detection using an ultrasonic sensor", in *Proceedings of 13th World Congress on Intelligent Transport Systems and Services*, 2006, S. 1 – 8.

9. P. Degerman, J. Pohl und M. Sethson, „Hough transform for parking space estimation using long range ultrasonic sensors", *SAE Technical Papers*, Vol. 2006-01-0810, 2006.

10. W.-J. Park, B.-S. Kim, D.-E. Seo, D.-S. Kim und K.-H. Lee, „Parking space detection using ultrasonic sensor in parking assistance system", in *Proceedings of 2008 IEEE Intelligent Vehicles Symposium*. IEEE Computer Society, 2008, S. 1039 – 1044.

11. H.-G. Jung, Y.-H. Cho, P.-J. Yoon und J. Kim, „Scanning laser radar-based traget position designation for parking aid system", *IEEE Transactions on Intelligent Transportation Systems*, Vol. 9, Nr. 3, S. 406 – 424, 2008.

12. M. Schmid, S. Ates, J. Dickmann, F. von Hundelshausen und H.-J. Wünsche, „Parking space detection with hierarchical dynamic occupancy grids", in *Proceedings of 2011 IEEE Intelligent Vehicles Symposium*. IEEE Computer Society, 2011, S. 254 – 259.

13. L. Matthies und A. Elfes, „Integration of sonar and stereo range data using a grid-based representation", in *Proceedings of 1988 IEEE International Conference on Robotics and Automation*, Vol. 2. IEEE Computer Society, 1988, S. 727 – 733.

14. M. A. Fischler und R. C. Bolles, „Random sample consensus: A paradigm for model fitting with applications to image analysis and automated cartography", *Communications of the ACM*, Vol. 24, S. 381 – 395, 1981.

15. A. Elfes, „Using occupancy grids for mobile robot perception and navigation", *Computer*, Vol. 22, Nr. 6, S. 46 – 57, 1989.

An empirical study on image features for pedestrian detection systems

Marc Ritter[1], Holger Lietz[2], Robert Manthey[1],
Jan Thomanek[2] and Gerd Wanielik[2]

[1] Chemnitz University of Technology,
Chair Media Informatics,
Straße der Nationen 62, D-09111 Chemnitz
[2] Chemnitz University of Technology,
Professorship on Communications Engineering,
Reichenhainer Straße 70, D-09126 Chemnitz

Abstract A lot of Pedestrian Detection Systems relying on visual cues derived from camera sensors to detect people in their environment have been developed during the last decade. Most of them are evaluated as complete systems consisting of multiple and complex components, what complicates their comparison as well as the identification of the main factors that cause the goodness of the provided results. To the contrary, our work focuses in a first attempt on the systematic evaluation of single feature components by investigating the characteristics of different well-known feature combinations on three open datasets and by fixed classification methods.

1 Introduction

Due to the increasing interest of research in the field of Vulnerable Road User (VRU) protection, a series of Pedestrian Detection Systems (PDS) using in-vehicle sensors has been developed within the past years. For the majority of those systems, video sensors like far infrared (FIR), near infrared (NIR) and visible light cameras were preferred for driver assistance systems.

A state-of-the-art overview on different PDS using monocular video sensors as well as an evaluation of those systems is given in [1]. However, the tested systems use various classification algorithms such as different types of support vector machines, cascades of boosted trees, partial least squares and others. So it often remains unclear what caused the classification results and how features and algorithms interact.

Most currently available systems use Histograms of Oriented Gradient (HOG) features (cf. [2]), since they yield good results in the field of pedestrian detection, but fail completely in some situations. Different experiments showed that HOG descriptors can be corrupted by structured background and other objects next to a person. Furthermore, some objects like trees and road signs, are occasionally recognized as pedestrians in HOG-based PDS. Due to the lack of robustness, combinations of other features need to be found in order to create reliable pedestrian detection systems with low false alarm rates.

Among thousands of published papers on pedestrian detection systems, there are currently only few comparing complete systems under equal conditions (cf. [1,3]). Related studies on image features for pedestrian detection (e.g. [4]) showed that combinations of different features can improve the detection performance. Furthermore, earlier studies focused on the improvement of HOG-based detectors, but in this study we also concentrate on finding alternatives for those detectors.

2 Features

Our aim is to determine the value of significance of different image features such as Haar-like features, HOGs, Local Binary Patterns, MPEG-7 descriptors, and simple statistical variance. All features are extracted from several sub-ROIs across the current ROI.

In 1998 Haar-like features were proposed *Papageorgiou et al.* [5] for object detection. The value of a Haar-like feature in an image patch is the difference between the sum of the pixel intensities of the two rectangular regions in the patch. Popular shapes of the Haar-like features include edge features, line features and centre-surround features (see Figure 27.1) and were applied to different areas of object detection like face,

Figure 27.1: Haar wavelet types containing edge and line features.

pedestrian and car detection, especially in extended versions [6] that is out of scope of the following evaluation.

The Histogram of Oriented Gradients was firstly described by *Lowe* [7] and employed for pedestrian detection by *Dalal & Triggs* [2]. Many approaches mentioned in *Dollar et al.* [1] used HOGs in their pedestrian detection systems. The HOG feature vector is computed by dividing the image into several sub-regions: the HOG cells and HOG blocks. Each HOG block consists of a certain number of HOG cells. For each cell, a normalized n-bin-histogram of weighted gradient directions is computed, yielding to an illumination invariant feature vector. An approach of Combinations of HOGs and Local Binary Patterns (LBP) for pedestrian detection systems was proposed by *Wang et al.* [8]. The LBP value is computed by comparing the intensity values between the central pixel and its 8-connected pixels. Each component of the 8-bit LBP feature vector is set to "1" if the corresponding pixel in the neighborhood has a higher intensity value than the central pixel, otherwise it is set to "0".

The MPEG-7 standard or ISO 15938 [9] includes standardized sets of description schemes and descriptors for audio, visual and multimedia and description, that have been originally composed for application in image retrieval including color, texture, shape, and motion descriptors. Visual MPEG-7 feature descriptors have already been successfully applied in terms of human body posture estimation [10] as well as visual surveillance [11]. Within our evaluation, we use the features of the Homogeneous Texture Descriptor which is one part of the MPEG-7 texture descriptors for classification.

3 Datasets

There are currently many pedestrian datasets with images / image sequences for classifier training and testing available. We use the following three publicly available datasets: INRIA [2], DaimlerChrysler Pedestrian Classification Benchmark Dataset [12], and TUD-Brussels [1]. Table 27.2 shows the characteristics of these datasets.

But not all of the employed datasets have dedicated negative examples. For the INRIA and the TUD-Brussels data, we have generated negative non-pedestrian ROIs by choosing positions randomly from the dedicated negative images in the size of 64×128 pixels.

Dataset	Imaging Setup	Training		Testing		Height			Year of Publication
		# Pedestrian ROIs	# Non-Pedestrian ROIs	# Pedestrian ROIs	# Non-Pedestrian ROIs	10% Quantile	Median	90% Quantile	
INRIA [2]	photo	1110	1218	465	453	139	279	456	2005
DaimlerChrysler [12]	mobile	5000	5000	5000	5000	36	36	36	2006
TUD-Brussels [1]	mobile	1776	1776	1269	1269	40	66	112	2009

Table 27.1: Comparison of datasets for pedestrian detection systems, that are used in our experimental setup.

Figure 27.2: Five positive (left) and negative (right) samples from each dataset: INRIA (top), DaimlerChrysler (middle) and TUD-Brussels (bottom).

4 Evaluation

The following paragraphs describe the methodology of our evaluation whilst introducing the experimental setup to point out how the features from §2 are being used. Afterwards the extracted features were combined and trained using a simple and common classification technique to retain their intrinsic characteristics to determine their impact on the discriminability and general validity of the two-class-problem pedestrian and non-pedestrian across different data sets.

4.1 Methodology

Our evaluation consists of three major steps. The first one comprises the methods for the extraction of the five basic features, where we are using sliding windows within the given ROI to extract each feature from different positions and in different sizes. To extract the first four features, all images were linearly scaled to instances of 32×64 pixels. The resulting feature vectors are composed as follows:

- The five depicted basic Haar features from Figure 27.1 start over by an extraction window size of 16×16 pixels in the top left corner of the ROI being shifted by four pixels horizontally and vertically and scaled by iterative growth of four pixels into each direction leading to 370 features in total.

- We are using the intergral HOGs proposed by *Schloßhauer et al.* [13] that extract simple features of gradient directions and magnitudes from the Sobel operator and combine them with an integral image finally resulting in a vector of 2016 features.

- We integrate an unscaled and quite simple variation of the Local Binary Patterns starting with a 3×3 window that is shifted all over the image yielding to a vector of 1,860 features in total.

- The extraction of the statistical variance consists of windows of multiples of 8×8 pixels that are also shifted by 4 pixels in each direction across the image leading to 212 single values.

- MPEG-7 Homogeneous Texture Descriptors are extracted from the whole ROI as well as from three equally overlapping quadratic sub-windows on the vertical axis by making use of the *MPEG-7 Low Level Feature Extraction Library* from *Baştan et al.* [14]. Therefore, it is necessary to scale every sub-window to a size of 128×128 pixels to work properly. The descriptor produces 62 integer values on every sub-windows that describes energy and deviation, resulting in finally 248 features in total.

However, we are aware that most of this features can be parameterized and adjusted to given data sets by increasing sizes (cf. to LBP) or by controlling the number of available features by changing the fixed horizontal and vertical shift operations as well as the scaling factor. Other choices of the predefined size of the ROI with more pixels might also lead to better adaption to data sets with larger images. Nevertheless, we consider the chosen size of 32×64 pixels as appropriate and acceptable tradeoff according to the difference in size between the very small image patches of 18×36 pixels from the DaimlerChrylser Pedestrian Benchmark data set and the larger ones from the other data sets.

Within the second step, we examine (widely) known combinations of features from step one. Therefore, we decided to combine all pairs of extracted basic features and the fusion of all features as a subset from the power set.

The last step includes the training of all feature combinations on C4.5 decision trees [15] using dedicated training samples or sequences connected to a subsequent performance evaluation for the following three categories:

- one evaluation on 3-fold cross-validation,
- one evaluation on the dedicated test dataset, and
- two evaluations on the remaining test datasets.

This yields to 12 different runs for every feature and 192 runs in total, whereas the complete training procedures and evaluation results were obtained by using the WEKA machine learning toolkit [16].

4.2 Results

Table 27.2 contains more detailed results from all tested feature combinations by showing the average accuracy and the individual ranks among all feature sets on the different evaluation runs as well as the averaged overall values on the rightmost column. The 3-fold cross-validation was

Features	# Feat.	CV		@TS		@Others		Overall	
		ØAcc.	Rank	ØAcc.	Rank	ØAcc	Rank	ØAcc.	Rank
Haar+Variance	582	87.26	5	70.63	7	69.90	1	75.93	1
MPEG7+Variance	460	89.71	1	69.13	10	67.58	7	75.48	2
HOG+Haar	2386	84.97	8	71.87	3	69.01	3	75.28	3
MPEG7+HOG	2264	87.21	6	70.80	6	67.32	9	75.11	4
Total Set	4706	87.36	4	70.80	5	67.08	10	75.08	5
HOG+Variance	2228	84.77	9	71.32	4	68.23	5	74.77	6
MPEG7+Haar	618	89.21	3	68.72	12	66.09	13	74.67	7
Haar	370	84.66	10	69.55	9	69.01	2	74.41	8
HOG	2016	80.43	14	73.60	1	67.79	6	73.94	9
Haar+LBP	2230	81.37	12	70.33	8	68.93	4	73.54	10
HOG+LBP	3876	79.13	15	72.96	2	67.50	8	73.20	11
Variance	212	84.29	11	68.37	13	66.71	11	73.12	12
MPEG7	248	89.67	2	67.89	14	60.40	16	72.65	13
Variance+LBP	2072	80.94	13	68.78	11	66.24	12	71.99	14
MPEG7+LBP	2108	86.36	7	66.76	15	61.78	14	71.63	15
LBP	1860	65.76	16	62.58	16	61.74	15	63.36	16

Table 27.2: Performance of accuracy of the experimental feature combinations sorted after the overall ranks in ascending order (col. *Overall*) among the size of the feature vector (*# Feat.*) along with performance at the cross-validation (*CV*), at the dedicated test set (col. *@TS*) and on other two remaining test sets (col. *@Other*).

conducted once for every feature on three different training sets from the datasets presented in §3 and on the dedicated test dataset. To generate a general statement about the applicability on external data, the results of the remaining two test datasets are averaged. The average accuracy of the results are visualized in Figure 27.3.

As one can see, the results of the cross-validation tend to be significantly better than on any other category, whereat the combinations using the MPEG-7 Homogeneous Texture Descriptors lead the field on the Top 4 places, but get even worse on the dedicated and other test datasets.

Table 27.3 summarizes the results of our evaluation, while using a rank matrix to show the number of ranks that each detector has achieved over all the proposed experiments and categories from Table 27.2. We can observe a relatively high variance over all performing detectors.

4.3 Conclusion

Overall the results on the dedicated test datasets are significantly worse compared to the cross-validation but still better than on the external test datasets. This observations seem to strengthen the no free lunch theorem [17], whereupon the positive performance on the test-data cannot be deduced from the performance of the training data or cross-validation.

Beside the worse performance of the simple LBP feature, the performance of the feature combinations is relatively close throughout all runs whilst being located in a 10% margin.

To the best of our knowledge, the MPEG-7 Homogeneous Texture Descriptors have not been used for pedestrian detection so far. Its excellent performance without additional features on the cross-validation and the opposite in the other test cases tends to reflect its capabilities for retrieval and perhaps individual pedestrian recognition rather than pedestrian detection. We also consider the upscaling of the smaller images from DaimlerChrysler and TUD-Brussels as a major source for

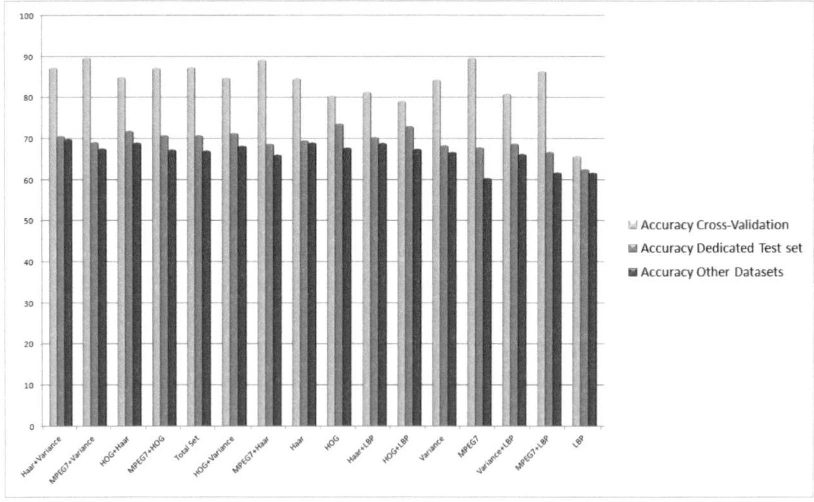

Figure 27.3: Column chart visualizing the results from Table 27.2 by displaying the accuracy of every feature on the three categories sorted in increased overall mean rank from left to right.

Feature / Rank	1	2	3	4	5	6	7	8	9	10	11	12	13	14	15	16	Ø	σ
Haar+Variance	1		1		1	2	2	1		1							5.88	3.06
MPEG7+Variance	2	1	2							1	1		2				6.33	3.29
Total Set		1		2	2		1			1	1	1					6.66	3.02
MPEG7+HOG		1	1		1	1	1	1	1	1	1						6.77	2.64
MPEG7+Haar	1		2		2					1	1	1	1				7.44	3.10
HOG+Haar	1		2			1	1		2		1	1					7.66	3.36
HOG+Variance	1	1		1	1			1	1	1	1	1					7.66	2.79
Haar		2			1	1	1	1		1	1					1	8.11	2.95
HOG	1		1		2	1		1			1	1		1			8.11	3.12
MPEG7	1	2	1					1					2	1	1		8.55	3.55
Haar+LBP		2	1			1	1			1	1	1	1				9.11	3.14
HOG+LBP	1		1	1		1	1						4				9.55	5.52
Variance		1					2		1	2	1			2			10.22	4.31
Variance+LBP			1			2		1		1		1	1	2			10.55	3.98
MPEG7+LBP			1		1		2	1				1				3	10.66	4.94
LBP		1		1								1			2	4	12.66	6.31

Table 27.3: Rank histogram showing the feature detector performance across multiple datasets by visualizing the number of times each feature combination achieved each rank followed by the average rank and standard deviations. The feature combinations are ordered by ascending mean rank.

considerable information loss for this descriptor. Despite performing worse on the cross-validation, the stand-alone integral HOGs deliver outstanding results on the dedicated test data set and work also well in combination with the Haar features or statistical variance.

We wonder about the superior performance of the Haar features, since we have experienced the opposite behavior on diferent kind of video sequences what rather correlates with the observations from *DollÃ¡r et al.* [1]. To explain this, we clearly miss and encourage a deeper analysis of the image content of the provided databases by incorporating additional semi-expert knowledge, for instance to investigate further the clothes of people or their pockets and backpacks as well as to distinguish between bicyclists and sitting people and so on that are counted as pedestrian in other evaluation campaigns.

5 Summarization & Future work

In this contribution we presented a systematic performance evaluation of various image features in different scenarios with application to a PDS. We show that multi-feature classifiers can, on the one hand, outperform the classification performance of common single-feature approaches, and on the other hand improve successful PDS.

Large-scale experiments including MPEG-7 descriptors should also be conducted to find thresholds of applicable minimum and maximum sizes followed by an examination of more complex versions of the LBP. Furthermore, the experiments should make use of more advanced classification techniques to eliminate dependencies in the structure of the decision trees. This can be achieved by using cascaded boosting algorithms either with decision stumps or decision trees.

For this experiment, we were using predefined parameterizations of the single features before their recombinations. Further experiments should deal with different parameterizations that might adapt better to individual datasets. Thus it is worth to investigate, whether a specified combination of parameterized features from one dataset might achieve better results on external data.

References

1. P. Dollár, C. Wojek, B. Schiele, and P. Perona, "Pedestrian detection: An evaluation of the state of the art," in *IEEE Transactions on Pattern Analysis and Machine Intelligence*, vol. 34, no. 4, 2011, pp. 743–761.

2. N. Dalal and B. Triggs, "Histograms of oriented gradients for human detection," in *International Conference on Computer Vision and Pattern Recognition*, vol. 2, 2005, pp. 886–893.

3. D. Gavrila, "Monocular pedestrian detection: Survey and experiments," in *IEEE Transactions on Pattern Analysis and Machine Intelligence*, vol. 31, no. 12, 2009, pp. 2179–2195.

4. C. Wojek and B. Schiele, "A performance evaluation of single and multi-feature people detection," in *Pattern Recognition, Lecture Notes in Computer Science*, vol. 5096, 2008, pp. 82–91.

5. C. Papageorgiou, M. Oren, and T. Poggio, "A general framework for object detection," in *International Conference on Computer Vision*, 1998, pp. 555–562.

6. R. Lienhart and J. Maydt, "An extended set of haar-like features for rapid object detection," in *International Conference on Image Processing*, vol. 1, 2002, pp. 900–903.

7. Lowe, "Distinctive image features from scale-invariant keypoints," *International Journal of Computer Vision*, vol. 60, no. 2, pp. 91–110, 2004.

8. X. Wang, T. X. Han, and S. Yan, "An hog-lbp human detector with partial occlusion handling," in *IEEE International Conference on Computer Vision*, 2009, pp. 32–39.

9. B. Manjunath, P. Salembier, and T. Sikora, *Introduction to MPEG-7: Multimedia Content Description Interface.*   John Wiley & Sons, 2002.

10. Z. Moghaddam and M. Piccardi, "Human action recognition with mpeg-7 descriptors and architectures," in *Proceedings of the first ACM international workshop on Analysis and retrieval of tracked events and motion in imagery streams*, 2010, pp. 63–68.

11. J. Annesley and J. Orwell, "On the use of mpeg-7 for visual surveillance," in *Proceedings of 6th IEEE International Workshop on Visual Surveillance*, 2006.

12. S. Munder and D.M.Gavrila, "An experimental study on pedestrian classification," in *IEEE Transactions on Pattern Analysis and Machine Intelligence*, vol. 28, no. 11, 2006, pp. 1863–1868.

13. J. Schlosshauer, N. Giesecke, B. Fardi, and G. Wanielik, "Fast implementation of a robust pedestrian recognition system," in *IEEE International Conference on Vehicular Electronics and Safety*, 2008, pp. 69–74.

14. M. Baştan, H. Çam, U. Güdükbay, and Özgür Ulusoy, "Bilvideo-7: An mpeg-7-compatible video indexing and retrieval system," *IEEE MultiMedia*, vol. 17, no. 3, pp. 62–73, 2010.

15. J. R. Quinlan, *C4.5: Programs for Machine Learning.*   Morgan Kaufmann, 1993.

16. M. Hall, E. Frank, G. Holmes, B. Pfahringer, P. Reutemann, and I. H. Witten, "The weka data mining software: an update," *SIGKDD Explorations Newsletter*, vol. 11, no. 1, pp. 10–18, 2009.

17. "No-free-lunch theorem," in *Encyclopedia of Machine Learning*, C. Sammut and G. I. Webb, Eds.   Springer US, 2010, pp. 721–721.

Imaging techniques for advanced characterization of mechanical properties in nano-electronic materials

Christoph Sander, Kong Boon Yeap, Martin Gall, Martin Küttner, Sven Niese, Zhongquan Liao and Ehrenfried Zschech

Fraunhofer Institute for Nondestructive Testing (IZFP-D), Maria-Reiche-Straße 2, D-01109 Dresden

Abstract Mechanical properties of low-k and ultra-low-k materials are an important input for simulations and the design of new, state-of-the-art integrated circuits. This paper describes a new procedure to measure the Coefficient of Thermal Expansion (CTE) of composite materials in 3D integrated dies with high local resolution and reviews two advanced measurement techniques—the Double Cantilever Beam experiment and the Nano-indentation technique. These techniques are modified and enhanced by the help of image-based measurement methods. With these modifications, the tests are significantly accelerated, automated and more reliable.

1 Introduction

The semiconductor industry is driven by the demand for processing power and satisfies it by increasing the number of transistors on the die. This rule is known as „Moore's law". The latest approach to keep the pace of this law leads to 3D-stacks of several dies. Due to this fact, the intrinsic stress in the dielectrics increases and crack growth is a main issue of modern low-k dielectrics in the back-end-of-line (BEOL). Also because of physical limitations in the manufacturing process, the need for new materials is ubiquitous. With a mixture of different materials, the thermal stress rises by reason of different coefficients of thermal expansion (CTE). Testing the material properties of these materials is an important duty, as the integration of new microprocessor designs is done by simulations that need reliable input. Many experimental setups rely on non contact measurement techniques that make image analysis essential.

2 Nano-scale CTE measurements

To verify the accuracy of full-die FEA simulations, an *in-situ* technique with very high local resolution to determine thermal material properties in a stacked die was developed. In this case the intent was to examine the composite CTE of a mesh of dielectrics and Cu in the BEOL of a 3D IC. The region of interest was excavated and build into free-standing cantilevers using the Focused Ion Beam technique (FIB), Fig. 28.1(a).

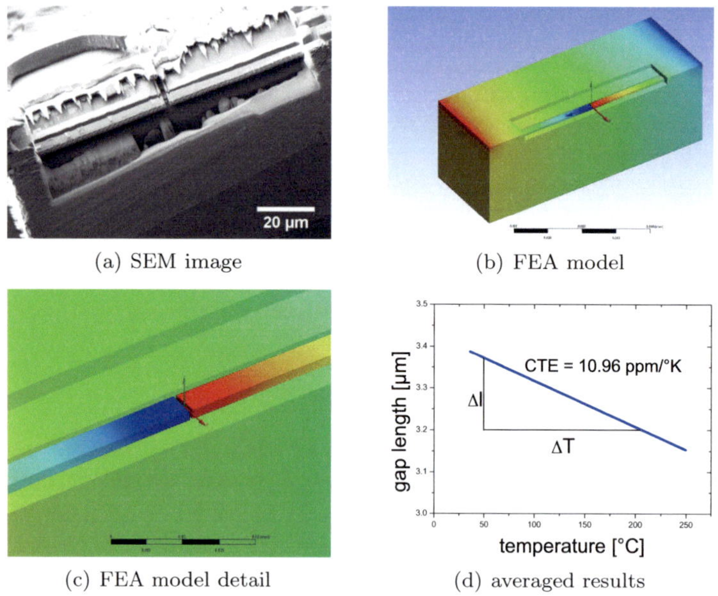

(a) SEM image   (b) FEA model

(c) FEA model detail   (d) averaged results

Figure 28.1: **(a)** SEM image of two FIB-cut bars (similar to cantilever beams) in a deprocessed 3D-die-stack for CTE measurements. **(b)** FEA model of the CTE experiment, showing the displacement in Z direction. **(c)** close up of the simulated model. **(d)** result of the experiment, mean values used for CTE calculation.

The measurements were observed and recorded by a Zeiss SEM with high spatial resolution. The thermal load was provided and measured by a custom-built heating stage inside the vacuum chamber. The ROI was continuously inspected and SEM images were taken at specific temperatures. The gap between the cantilevers was measured with an ImageJ routine afterwards. The gap closure (δL) (Fig. 28.1(a)) and temperature (δT) allowed the calculation of the linear CTE (Equ. 28.1). L is the original length of the two cantilevers. The expansion of the 50 μm thick silicon substrate was taken into account, since the fixed ends of the cantilevers were displaced by the expansion of the substrate. FEA-simulations were performed to estimate the scale of expansion, Fig. 28.1(a). The effect of the Si substrate was confirmed by the simulation.

$$\alpha_L = \frac{1}{L}\left(\frac{\delta L}{\delta T}\right)_p \tag{28.1}$$

The experiment was repeated on various well-defined locations on a die map with different Cu line structure and density (table 28.1). The effects of the Cu line orientation were determined. Using the CAD design files, the Cu volume densities on these locations were calculated. The CTE measurement results corresponded well with the FEA estimation for BEoL with various Cu/dielectric volumetric ratio.

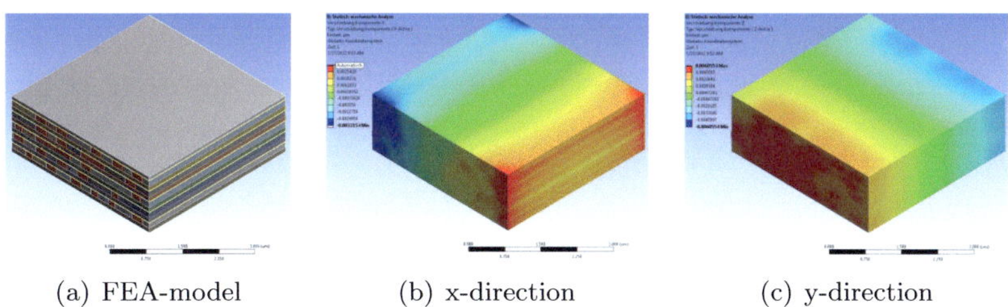

(a) FEA-model   (b) x-direction   (c) y-direction

Figure 28.2: **(a)** FEA model of a 4 μm x 4 μm x 1.5 μm block with parallel copper lines in y-direction. **(b)** FEA-simulation of the CTE experiment, showing the deformation in x-direction. **(c)** Simulation result with deformation in y-direction in line with the copper lines.

Fig. 28.2(c) shows the deformation in x- and y-direction for the same FEA model at 250 °C with Cu lines randomly distributed and aligned to the y-direction. Depending on the Cu line direction, CTE values of 13 ppm/K for the y-direction and 5.5 ppm/K for the x-direction respectively are in reasonable agreement with our experimental results (table 28.1).

x-/y-direction	1(x)	2(x)	3(x)	4(x)	4(y)	5(x)	6(x)
CTE [ppm/K]	6.6	6.1	5.9	5.6	8.0	7.1	11
Cu volume [%]	17.8%	17.6%	18.4%	18.3%	18.3%	23.8%	23.8%

Table 28.1: CTE results in dependence of Cu volume ratio.

3 Nano-indentation wedge test

For 3D-induced stresses, the knowledge of the Energy Release Rate (ERR) is of utmost importance since issues with cracking and delamination must be avoided. In addition, adhesion values are extremely important for the integrity of the entire BEoL stack. Adhesion properties of low-k and ultra-low-k dielectrics are often used to compare deposition processes, as dielectrics tend to crack with further minimization and lower k-values, Fig. 28.3(a). The nano-indentation technique is a fairly new method to derive the critical ERR G_c. While the experiment itself needs no further preparation, the analysis of the indented crack area is important to calculate G_c, [1–3].

The here presented procedure consists of a wedge indent and following height mapping by scanning the crack with a Berkovich indenter tip. The height map is processed by an ImageJ routine that computes the cracked area, Fig. 28.3(c). The results generate excellent statistics with very small errors (less than 10%) compared to traditional interface adhesion techniques like four-point bending or the double cantilever beam test, [4] (Table 28.2).

First comparisons acquired with four-point bending measurements show a very good correlation. The splits shown here encompass k-values of 2.7, 2.5, and 2.4. The reduction in both the interface adhesion as well as elastic modulus can clearly be seen. The trend is very clear and needs to be taken into account when considering scaling towards 32 nm, 22 nm, and further technology nodes. The dielectric is becoming weaker, resulting in a higher ERR and a higher inclination towards delamination and cracking.

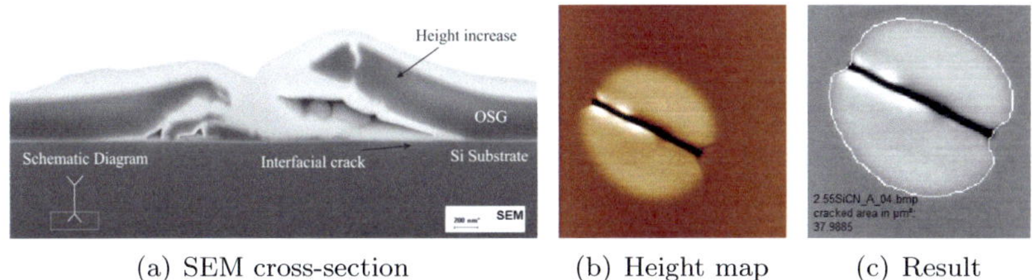

| (a) SEM cross-section | (b) Height map | (c) Result |

Figure 28.3: **(a)** Cross-section SEM image of an low-k dielectric material showing the crack propagation. **(b)** Topography map obtained with nano-indentation technique and **(c)** result after image processing with the calculated crack area.

For further improvement and increased measurement speed, the next step is to develop a new, optical-based height-profiling method to discard the relatively cumbersome indenter mapping. This combination of fast experiment and measurement will lead to a reliable, straightforward, and fast technique. Because of the exceptional correlation of this method compared to traditional adhesion measurement techniques and because of smaller errors, this technique has the potential to be the next standard for in line adhesion measurements.

sample	$G_c\,[J/m^2]$	error	$E\,[GPa]$	error
$k = 2.7$	4.24	0.29	8.86	0.63
$k = 2.5$	3.38	0.38	6.22	0.19
$k = 2.4$	2.79	0.18	4.42	0.32

Table 28.2: Wedge indentation results in dependence of dielectric constant k.

4 Traditional adhesion measurement techniques

Common techniques for quality control and comparison of thin film material properties are the Double Cantilever Beam test (DCB) and the Four-Point-Bending technique (FPB). These are well-known procedures for the adhesion measurement of thin films. Both are reliable but have shortcomings in experimental yield and speed of the test and preparation.

Both techniques measure the interfacial adhesion of thin films deposited on a substrate material. The thin films are sandwiched between two silicon beams, Fig. 28.5. During the experiment the interface of interest delaminates due to the applied load, [4, 5].

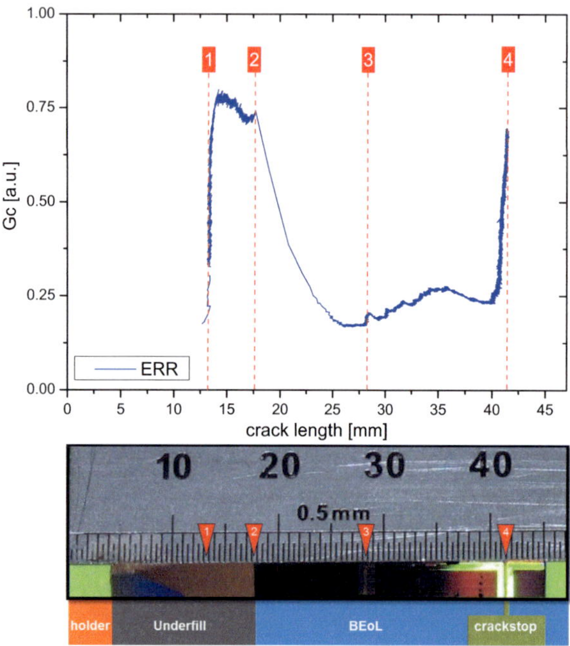

Figure 28.4: High local G_c-resolution on a patterned die. Diagram for a crack stop structure tested in DCB setup and DCB sample after experiment with different crack surfaces (Underfill, BEoL).

A significant advantage of the DCB test is the local resolution of the measurements that allows the correlation of the cracked surface with the measured G_c values. The DCB method is crack length dependent and therefore needs—besides the measured load—the crack length as input for the calculation of the ERR. The traditional experiment is based on the compliance method. This method derives the crack length from the Bernoulli beam theory. The compliance method gives only 10 to 15 data points per measurement with a high inaccuracy due to the crack length estimation, [4, 5]. For that reason, an optical-based *in-situ* crack length measuring method has been developed that gives continuous data points with even higher accuracy, [6, 7].

Figure 28.4 shows the ERR vs. the crack length for a measurement of a patterned die in DCB setup. The delaminated sample surface in the lower photograph indicates four zones in very good accordance with the measured ERR. The load is applied on a precracked sample, therefore the initial crack length is constant at 13 mm in the beginning (point 1 in the graph). After the critical load is reached, the crack propagates in the Underfill (1 to 2) until the crack jumps into the weaker interface of the BEoL (2 to 3). The crack halts at a copper-rich structure at point 3 until the critical load for this structure is reached. The crack propagates then through various structures towards the crack stop structure (point 4). The crack stop is designed to hinder further crack propagation. Therefore a high load is needed and the crack slows down towards point 4 until the critical load for the crack stop is reached and the crack stop breaks. This example shows the advantage of the optical-based DCB-test compared to the traditional compliance method and the FPB test.

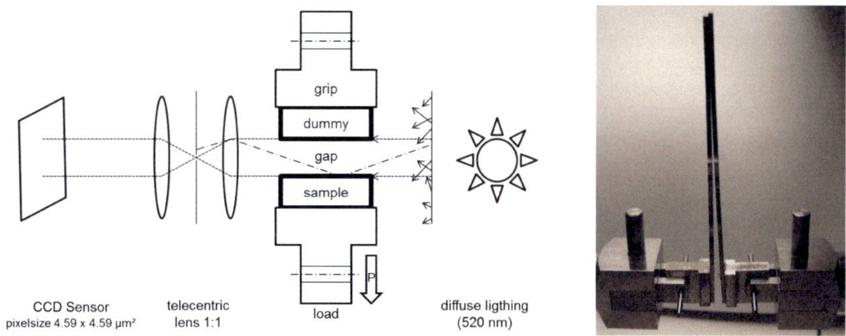

Figure 28.5: Schematic experimental setup for the DCB-test and a sample during the experiment. The gap is measured along the loading axis.

5 Conclusion

This paper reviewed characterization methods for nano-scale materials and the impact of non contact optical-based measurement techniques.

In matters pertaining speed, experimental yield, robustness and cost, optical-based measurement techniques are a welcome addition to cost intense analytical characterization methods.

Acknowledgments

The financial support of the Sematech/SRC 3D Enablement Center in Albany, NY, USA is greatly appreciated.

References

1. K. B. Yeap, "Characterization of Interfacial Mechanical Properties using Wedge Indentation Method," Ph.D. dissertation, National University of Singapore, 2010.

2. K. B. Yeap, K. Zeng, and D. Chi, "Determining the Interfacial Toughness of low-k Films on Si Substrate by Wedge Indentation: Further Studies," *Acta Materialia*, vol. 56, no. 5, pp. 977 – 984, 2008.

3. K. Yeap, K. Zeng, U. Hangen, and E. Zschech, "Nanoindentation for Quality Control of ULK Films," in *Interconnect Technology Conference and 2011 Materials for Advanced Metallization (IITC/MAM), 2011 IEEE International*, may 2011, pp. 1 –3.

4. D. Chumakov, F. Lindert, M. U. Lehr, M. Grillberger, and E. Zschech, "Fracture Toughness Assessment of Patterned Cu-Interconnect Stacks by Dual-Cantilever-Beam (DCB) Technique," *IEEE transactions on semiconductor manufacturing*, vol. 22, 2009.

5. R. H. Dauskardt, M. Lane, Q. Ma, and N. Krishna, "Adhesion and Debonding of Multi-Layer Thin Film Structures," *Engineering Fracture Mechanics*, no. 61, pp. 141–162, 1998.

6. C. Sander, M. Hecker, M. Grillberger, and M. U. Lehr, "Adhesion Analysis on Thin Film Structures for CMOS Technology using a Modified Double Cantilever Beam (DCB) Technique," in *11th Workshop on Stress-Induced Phenomena*, 2010.

7. M. Hecker, R. Hentschel, M. Hensel, and M. Lehr, "Crack propagation and delamination analysis within the die by camera-assisted double cantilever beam technique," in *Interconnect Technology Conference and 2011 Materials for Advanced Metallization (IITC/MAM), 2011 IEEE International*, May 2011, pp. 1 – 3.

Einfache und schnelle Kalibration eines radial angeordneten Multisensor-Lichtschnittsystems

Alexander Schöch[2], Ivo Germann[1], Silvano Balemi[1] und Carlo Bach[2]

[1] NTB Insterstaatliche Hochschule für Technik Buchs,
CH-9471 Buchs, Schweiz

[2] Zumbach Electronic AG,
CH-2552 Orpund, Schweiz

Zusammenfassung Wir stellen ein Kalibrierverfahren speziell für den Einsatz an radial angeordneten Lichtschnittsystemen vor. Das Verfahren arbeitet direkt mit den Lasern der Lichtschnittsensoren, eine zusätzliche Beleuchtung eines Kalibriermusters oder gar eine Anpassung der Belichtungszeit der Sensoren fallen somit weg. Pro Sensor reicht eine Aufnahme des Kalibrierobjektes, sodass das Objekt nicht bewegt werden muss. Dies vereinfacht die Kalibration im realen System und lässt eine schnelle und einfache Rekalibration auch produktionsnah zu.

1 Einführung

Zumbach Electronic AG entwickelt Messsysteme für Endlosmaterial (Profile, Drähte, etc.) auf Basis des Lichtschnittverfahrens. Ein solches Messsystem besteht aus bis zu acht Lichtschnittsensoren, die flexibel in einem Kreis um das Messobjekt angeordnet werden können. Damit lassen sich auch unregelmässige Profile aufgabenspezifisch vermessen. Jeder Sensor projiziert eine Laser-Linie auf das Objekt und nimmt das Bild der Linie mit einer hochauflösenden Flächenkamera auf. Durch einen vorgelagerten Schmalbandfilter kann jeder Sensor nur seine eigene Linie erkennen.

Wir stellen ein Kalibrierverfahren vor, mit dem die radial angeordneten Lichtschnittsensoren einfach und schnell zu einem Weltkoordinatensystem referenziert und somit kalibriert werden können.

2 Stand der Technik

Bei herkömmlichen Kalibrierverfahren von Lichtschnittsystemen (e.g. [1], [2]) wird ein Intensitätsbild von einem Kalibriermuster aufgenommen und ausgewertet. Das Muster muss ausreichend stark und homogen beleuchtet werden, um die nötigen Kalibrierdaten korrekt zu erfassen.

Im gegebenen Kameraaufbau mit Schmalbandfiltern und Belichtungszeiten, welche auf Laserlinien abgestimmt sind, müsste das Muster entweder sehr hell beleuchtet oder die Belichtungszeiten der Kameras zur Kalibration angepasst werden. Die helle externe Beleuchtung ist kaum exakt reproduzierbar und eine Anpassung der Belichtungszeiten für die Kalibration ist aufwändig.

Zhang et al. [3] zeigen ein Messsystem mit mehreren Lichtschnittsensoren, nutzen jedoch ein Kalibriermuster, welches eine externe Beleuchtung benötigt. Zudem ist eine Überschneidung der einzelnen Kamerasichtfelder notwendig, um die erfassten Daten im Anschluss zu fusionieren.

Es existieren spezielle Kalibrierverfahren für Lichtschnittsysteme, welche das Licht der Laserquellen zur Kalibration nutzen, eine externe Beleuchtung wird hierbei nicht benötigt.

Svoboda et al. [4] beispielsweise nutzen eine Laser-Quelle zur Kalibration. Diese muss relativ zur Kamera bewegt werden, was im gegebenen Aufbau nicht möglich ist.

Furukawa und Kawasaki [5] beschreiben eine Selbstkalibriertechnik, welche die Schnittpunkte mehrerer Laser-Linien dazu verwendet um ein polynomielles Gleichungssystem aufzustellen. Die Lösung der Gleichungen führt zu einer impliziten Kalibration. Da im gegebenen Aufbau keine Schnittpunkte von Laserlinien entstehen sollen, ist diese Lösung hier nicht anwendbar.

McIvor [6] nutzt ein Kalibrierobjekt mit unterschiedlicher Reflektivität, um Merkmale auf dem Objekt durch unterschiedliche Reflexion des Lasers zu erkennen. Dieser Ansatz bedingt mehrere Aufnahmen des Kalibrierobjektes, um flächige Intensitätsbilder zu erhalten, was wiederum die Kalibrationszeit erhöht und eine definierte Bewegung des Kalibrationsobjektes voraussetzt.

Stöcher und Biegelbauer [7] schlagen zur Kalibration ein wire-frame Modell in Form eines „hohlen" Würfels vor, welcher von einer Laser-Quelle beleuchtet wird. Durch Einpassen von mehreren orthogonal zueinander stehenden Ebenen können die Eckpunkte des Würfels sehr genau bestimmt werden. Allerdings muss der Würfel bei diesem Verfahren definiert verschoben werden, um das System zu kalibrieren.

Das hier gezeigte Kalibrierobjekt kann ebenfalls als wire-frame Modell bezeichnet werden. Es eignet sich aber speziell für kreisförmige Sensoranordnungen, wobei darauf geachtet wurde, die Selbstabschattung des Objektes möglichst gering zu halten. Eine Bewegung des Objektes ist nicht nötig; alle Informationen zur Kalibration können aus einer Einzelaufnahme pro Sensor bestimmt werden.

3 Verfahrensübersicht

Abbildung 29.1 zeigt links eine mögliche Anordnung von L Lichtschnittsensoren. Diese sind im gegebenen Systemaufbau immer radial, aber nicht zwangsweise in konstantem Abstand zu einem Zentrum ausgerichtet. Die Z-Position ist für alle L Lichtschnittsensoren dieselbe. Ein zu scannender Gegenstand wird kontinuierlich entlang der Z-Achse verschoben. Die Messwerte aller Lichtschnittsensoren werden zusammengesetzt, um komplette Profilschnitte des Gegenstands zu erhalten. Für diese Fusionierung ist eine gegenseitige Referenzierung der Sensoren nötig.

Der Winkel ϕ_i zwischen Kamera$_i$ und Laser$_i$ ist frei einstellbar, um die Auflösung bzw. den Messbereich jedes Sensors aufgabenspezifisch adaptieren zu können. (Abbildung 29.1 rechts).

Wir stellen ein schnelles und einfaches Kalibrationsverfahren vor, bei dem die vorhandenen Laser als Beleuchtungsquelle verwendet werden. Dadurch kann das Gesamtsystem kostengünstiger hergestellt und die Kalibrierung robuster und schneller durchgeführt werden.

4 Kalibrierobjekt

Ein geeignetes Objekt besteht aus einer kreisförmigen Platte, auf der zwei Sorten von a priori bekannten Strukturen (Zylinder und Quader) entlang von Linien (Sektorgrenzen) angebracht sind. Jeder Lichtschnittsensor sieht die Zylinder als Ellipsensegmente und die Quader als Segmente von Parallelogrammen. Durch eine zweistufige Auswertung der aufgenommenen Bilder können die Sensoren eindeutig zueinander referenziert werden.

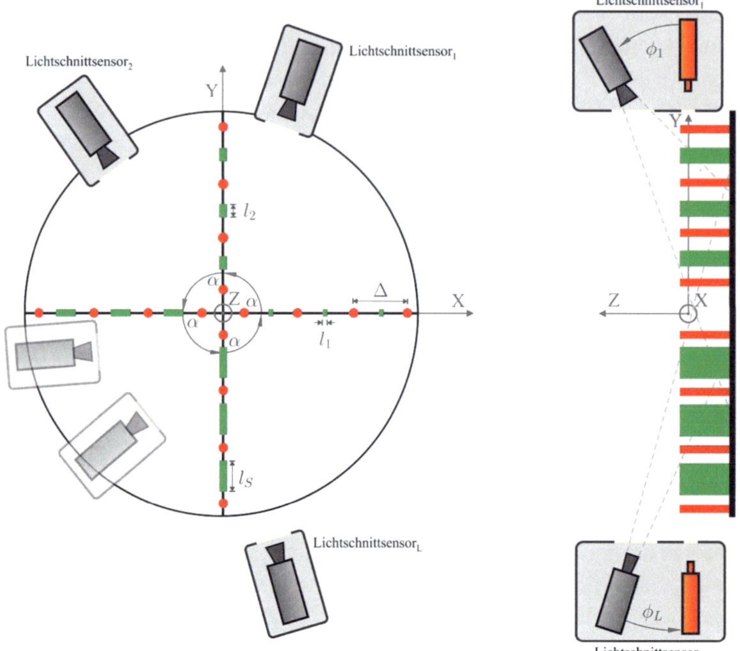

Abbildung 29.1: Systemaufbau und Kalibrierobjekt mit 4 Sektoren, links: Aufsicht, rechts: Seitenansicht.

Abbildung 29.1 zeigt ein solches Kalibrierobjekt. Die Einteilung in Sektoren wurde aufgrund der radialen Sensoranordnung gewählt. Um einen Sensor zum Weltkoordinatensystem zu referenzieren, müssen mindestens zwei Sektorgrenzen im Bild erkennbar sein. Die Sektorgrösse, definiert durch den Winkel α, muss für alle Sektoren gleich sein, kann aber frei gewählt werden.

5 Kalibrationsalgorithmus

Nachfolgend wird der Ablauf der Kalibration beschrieben. Als Voraussetzung muss gelten, dass die Lichtfächer der Laser-Quellen alle in einer gemeinsamen Ebene liegen und senkrecht zur Z-Achse stehen.

Für jeden $Lichtschnittsensor_i, \quad i \in [1..L]$:

1. Nimm mit $Lichtschnittsensor_i$ ein Bild I_i auf, mit aktiviertem Laser und positioniertem Kalibrierobjekt.

2. Finde alle sichtbaren Ellipsensegmente E (Zylinder des Objektes) und bestimme deren Mittelpunkte $\{C_e \ : \ e \in E\}_i$, sowie alle Rechtecksegmente Q in I_i.

3. Ordne die gefundenen Ellipsenmittelpunkte und Rechtecksegmente einer Sektorgrenze s zu: $\{C_{e,s} \ : \ e \in E, s \in S\}_i$ bzw. $Q_s = \{q_s \ : \ q \in Q, s \in S\}_i$. Berechne pro Sektorgrenze s eine Linie aus $C_{e,s}$ und bestimme den Schnittpunkt aller Linien. Dies ist der Mittelpunkt m_i des Kalibrierobjektes.

4. Ordne den Ellipsenmittelpunkten durch Wissen von Δ (Abstand zwischen Zylindern, siehe Abbildung 29.1) und m_i korrespondierende Weltkoordinaten zu. Die Zuordnung kann zu diesem Zeitpunkt nicht eindeutig bestimmt werden, es besteht eine Unsicherheit um Winkel $n * \alpha, \quad n \in [0..\#Sektoren - 1]$ um die Z-Achse.

5. Durch die gefundene Korrespondenz kann nun eine vorläufige Transformationsmatrix $\hat{\mathbf{P}}_\mathbf{i}$ berechnet werden (setze hierfür $n = 0$), um zwischen Bild- und Weltkoordinatensystem zu transformieren. $\hat{\mathbf{P}}_\mathbf{i}$ kann beispielsweise durch Direkte Lineare Transformation [8] gefunden werden. Eine Übersicht möglicher Methoden gibt [9].

6. Um die Mehrdeutigkeit aufzulösen, transformiere I_i ins Weltkoordinatensystem: $\hat{\mathbf{P}}_\mathbf{i}^{-\mathbf{1}} * I_i = \hat{R}_i$ und bestimme die Kantenlängen der Rechtecksegmente Q_s.

7. Berechne pro Sektorgrenze s für alle sichtbaren Rechtecksegmente Q_s den Durchschnitt der jeweils längeren Kante: $\{\hat{l}_s \ : \ s \in S\}$, $\hat{l}_s = \frac{1}{|Q_s|} \sum_{q \in Q_s} max\_kantenlaenge(q)$.

8. Ordne jeder Sektorgrenze anhand gefundener und bekannter Kantenlängen $\hat{l}_s$ respektive l_s einen Wert n zu. Durch die unterschiedlichen Kantenlängen der Rechtecke können die Sektorgrenzen eindeutig bestimmt werden.

9. Drehe die gefundenen Ellipsenmittelpunkte $C_{e,s}$ im Weltkoordinatensystem am Punkt m_i um $n * \alpha$ um die Z-Achse. Die Unsicherheit um Winkel $n * \alpha$ wird hiermit aufgelöst.

10. Durch die Auflösung der Unsicherheit kann nun die endgültige Transformation $\mathbf{P_i}$ zwischen Sensor- und Weltkoordinatensystem bestimmt werden.

6 Simulation

Der gesamte Kalibrationsprozess wurde als Scilab [10] Script implementiert und mit simulierten Daten geprüft. In Abbildung 29.2 sind zwei identifizierte Sektorgrenzen zu sehen.

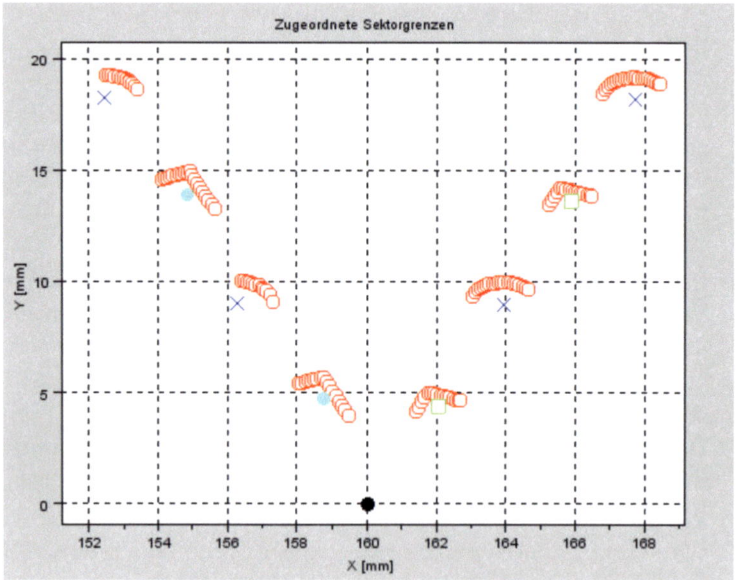

Abbildung 29.2: Simulation – Sektorgrenzen.

Die blauen Kreuze bezeichnen die Mittelpunkte der Zylinder. Die türkisen Punkte respektive die grünen Quadrate markieren jeweils eine sektorgrenzenspezifische Quaderart, die durch die Rechtecklängen l_s charakterisiert sind. Die Daten zeigen, dass nur eine Rechtecklänge pro Sektorgrenze erkannt wird. Die Identifikation der einzelnen Sektorgrenzen konnte für alle Datensätze robust bestimmt werden. Kann eine Sek-

torgrenze nicht eindeutig bestimmt werden, könnte hier beispielsweise
ein Voting-Verfahren [11] eingesetzt werden.

Die Ausgabe der Simulation ist in Abbildungen 29.3 und 29.4 zu sehen.
Die blauen Kreise stellen die Ground-Truth Daten des Kalibrierobjektes
dar. Rote Kreuze zeigen die Rekonstruktion mittels Direkter Linearer
Transformation.

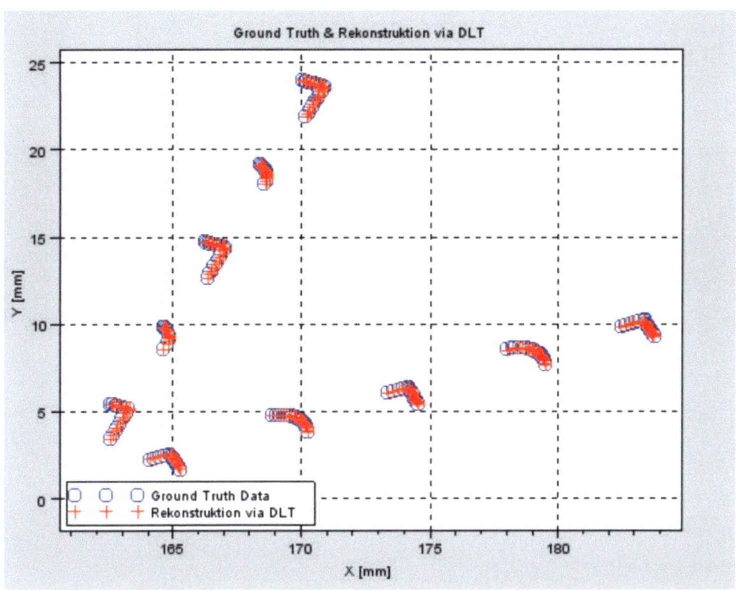

Abbildung 29.3: Simulation – Rekonstruktion: Übersicht.

In Abbildung 29.4 ist ein Detailausschnitt gezeigt. Das mittlere Resi-
duum beträgt 0.0135 mm. Da die simulierten Daten ohne Linsenverzer-
rung generiert wurden, kann mittels DLT eine relativ genaue Kalibration
durchgeführt werden. Mögliche Fehlerquellen beinhalten:

- Ungenaue Bestimmung vom Mittelpunkt an Rechtecken
- Approximation der Ellipsen als Kreise
- Numerische Ungenauigkeiten

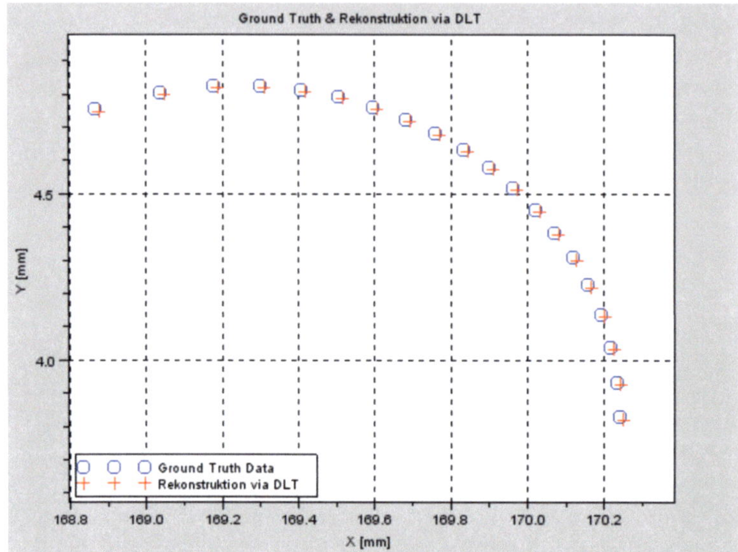

Abbildung 29.4: Simulation – Rekonstruktion: Detailansicht.

7 Zusammenfassung

Wir zeigen eine einfache und schnelle Kalibrationsmethode, die sich vor allem für Lichtschnittsysteme eignet. Durch die Nutzung vorhandener Laser-Quellen kann das Kalibrierobjekt einfach und definiert beleuchtet werden, es sind weder Kalibrationsmarkierungen noch Intensitätsbilder nötig. Dadurch entfällt die Anpassung der Belichtungszeit. Die Kalibration kann robust und mit einer einzigen Aufnahme pro Sensor durchgeführt werden.

Das gezeigte Kalibrierobjekt enthält genügend Merkmale, um mehrere Sensoren mit nicht überlappenden Bildbereichen automatisch zu einem Weltkoordinatensystem zu referenzieren.

Zur Zeit wird ein Kalibrierobjekt hergestellt, damit das Verfahren real geprüft und qualifiziert werden kann.

Literatur

1. Z. Zhang, „Flexible camera calibration by viewing a plane from unknown orientations", in *in ICCV*, 1999, S. 666–673.

2. J. Heikkila und O. Silven, „A four-step camera calibration procedure with implicit image correction", in *Proceedings of the 1997 Conference on Computer Vision and Pattern Recognition (CVPR '97)*, Ser. CVPR '97. Washington, DC, USA: IEEE Computer Society, 1997, S. 1106–1112.

3. W. Zhang, H. Zhao und X. Zhou, „Multiresolution three-dimensional measurement system with multiple cameras and light sectioning method", *Optical Engineering*, Vol. 49, Nr. 12, S. 123 601+, 2010.

4. T. Svoboda, D. Martinec und T. Pajdla, „A convenient multicamera self-calibration for virtual environments", *Presence: Teleoper. Virtual Environ.*, Vol. 14, Nr. 4, S. 407–422, Aug. 2005.

5. R. Furukawa und H. Kawasaki, „Self-calibration of multiple laser planes for 3d scene reconstruction", in *3D Data Processing, Visualization, and Transmission, Third International Symposium on*, june 2006, S. 200 –207.

6. A. McIvor, „Calibration of a laser stripe profiler", in *3-D Digital Imaging and Modeling, 1999. Proceedings. Second International Conference on*, 1999, S. 92 –98.

7. W. Stocher und G. Biegelbauer, „Automated simultaneous calibration of a multi-view laser stripe profiler", in *Robotics and Automation, 2005. ICRA 2005. Proceedings of the 2005 IEEE International Conference on*, april 2005, S. 4424 – 4429.

8. A. Y. I. Aziz und H. M. Karara, „Direct linear transformation into object space coordinates in close-range photogrammetry", in *Proc. of the Symposium on Close-Range Photogrammetry*, Urbana, Illinois, 1971, S. 1–18.

9. J. Salvi, X. Armangué und J. Batlle, „A comparative review of camera calibrating methods with accuracy evaluation", *Pattern Recognition*, Vol. 35, Nr. 7, S. 1617 – 1635, 2002.

10. Scilab Enterprises, *Scilab: Free and Open Source software for numerical computation*, Scilab Enterprises, Orsay, France, 2012.

11. B. Parhami, „Voting algorithms", *Reliability, IEEE Transactions on*, Vol. 43, Nr. 4, S. 617 –629, dec 1994.

Detektion und Extraktion von Geschossflugbahnsegmenten aus Grauwertbildfolgen

Uwe Chalupka und Hendrik Rothe

Helmut-Schmidt-Universität (Universität der Bundeswehr Hamburg),
Fakultät für Maschinenbau, Institut für Mess- und Informationstechnik,
Holstenhofweg 85, D-22043 Hamburg

1 Einleitung

1.1 Hintergrund

Im Bereich der Wehrtechnik erlangen elektro-optische Messverfahren aufgrund des anhaltenden technischen Fortschrittes zunehmend an Bedeutung. Hierzu zählen Techniken und Verfahren wie z.B. (a) die High Speed Videoaufnahme speziell für Innen- und Endballistische Untersuchungen [1], (b) LASER-Radar [2] und multi-spektrale Systeme [3] zur Gefechtsfeldaufklärung sowie (c) photogrammetrische [4,5] und LASER-Grid-basierte Verfahren [1] für außenballistische Untersuchungen.

Am hiesigen Institut wird derzeit ein weiteres elektro-optisches Messverfahren der Klasse photogrammetrischer Verfahren mit dem Anwendungsgebiet der Außenballistik entwickelt: eine stereoskopische, lasergestützte Geschossflugbahnvermessung. Hierbei wird die Reflektion eines Geschosses, das durch einen LASER-Kegel fliegt von zwei elektronischen, monochromatischen Kameras aufgenommen und auf einen Rechner zur Weiterverarbeitung weitergeleitet. Die so entstandenen Stereoaufnahmen werden verwendet, um anhand bekannter intrinsischer und extrinsischer Kameraparameter eine 3D-Flugbahn des Geschosses zu gewinnen. Hierfür sind unterscheidbare Flugbahnpunkte zusätzlich zeitlicher Informationen notwendig, was mittels Pulsung der LASER-Beleuchtung realisiert wird [6]. Statt einer durchgehenden Flugbahn, bilden sich so einzelne Segmente dieser ab (s. Abbildung 30.1). Mögliche Anwendungsgebiete sind die Geschossflugbahnvermessung oder Gefechtsfeldüberwachung.

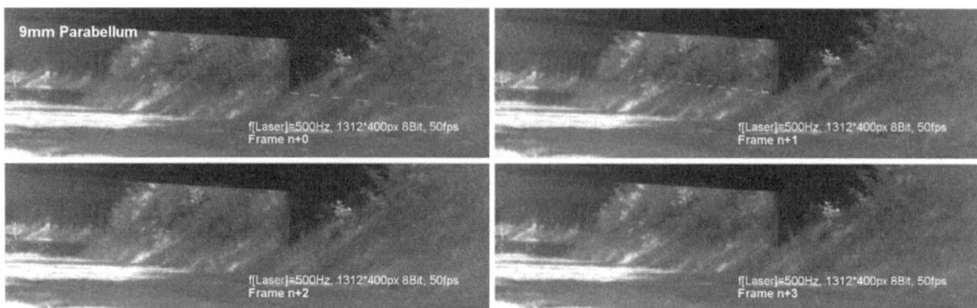

Abbildung 30.1: Aufnahmefolge der Flugbahn eines 9×19 mm Parabellum-Geschosses einer einzelnen Kamera bei einer Laserfrequenz von 500 Hz bei einer Bildrate von 50 Hz.

Verfahren bzw. Systeme, welche ähnliche Geschossspuraufnahmen erzeugen, werden z.B. in [7] und [5] beschrieben.

1.2 Motivation und Zielsetzung

Die für das aktuelle Verfahren benötigte Rückstreuleistung des beleuchteten Geschosses ist relativ gering. Um auch bei Tage Messungen durchführen und die Geschossreflektion intensitätsbezogen auflösen zu können, sind neben einer schmalbandigen Wellenlängenfilterung im Bereich der LASER-Beleuchtung kurze Belichtungszeiten notwendig [8]. Für eine durchgehende Observierung einer Szenerie müssen daher kontinuierlich Bildfolgen aquiriert werden. Dies bedingt spezielle Kameras, welche ein simultanes Auslesen des Bildsensors während der Belichtung erlauben, um zeitliche Lücken zu vermeiden. Bei den aktuellen Versuchen mit der vorliegenden Hardware[1] hat sich eine Belichtungszeit von 20ms als erforderlich ergeben, um den Hintergrund ausreichend abzudunkeln. Unter Berücksichtigung der gewünschten Auflösung bei zwei simultan verwendeten Kameras ergeben sich somit relativ hohe Datenraten[2], die verarbeitet werden müssen. Daher ist es sinnvoll aus dem eingehenden Datenstrom nur jene Bilder abzuspeichern, welche unmit-

---

[1] Zum Einsatz kamen zwei 8 Watt-LASER im Wellenlängenbereich von 808nm mit einem Öffnungswinkel von ca. $3°$, zwei 1.5nm FWHM Schmalband-Interferenzfilter und zwei CMOS-Kameras mit $1312 \cdot 1080$ Bildpunkten (operiert mit Ausschnitt von $1312 \cdot 400$ Bildpunkten @8Bit) bei einer Quantenausbeute von $\approx45\%$ bei 808nm.

[2] Bei aktueller Konfiguration ergeben sich $50Hz \cdot 0,5MB/s \cdot 2 = 50MB/s$.

telbar zum Schussereignis gehören, um diese später auszuwerten. In einer festen Versuchsanordnung ließe sich dies bspw. über eine mechanische/ elektronische Kopplung des Waffenabzuges mit dem Messsystem realisieren. In einem verallgemeinertem Aufbau zur Gefechtsfeldüberwachung ist der Moment des Schusses jedoch unbekannt. Eine akustische Triggerung mittels Amplituden- oder Frequenzbereichsanalyse ist alternativ denkbar, jedoch setzt dies einen detektierbaren Knall voraus, welcher bei entfernteren Schüssen oder Waffen mit Schalldämpfern ggf. jedoch den Schallsensor nicht in ausreichendem Maße erreicht.

Aus diesem Grund soll untersucht werden inwieweit sich hier Verfahren zur automatischen Bildauswertung einsetzen lassen, um eine automatische Schussdetektion zu realisieren. Für eine Bewertung sind die Erfolgquote und die auf dem Versuchsrechner benötigte Rechenzeit maßgeblich. In einem zweiten Teil soll eine Betrachtung erfolgen inwiefern sich etwaige Verfahren auch zur Extraktion der Geschossflugbahn eignen.

2 Vorverarbeitung

Ein erster wichtiger Schritt ist die Differenzbilderzeugung. Da sich die Geschossflugbahn nur für einen Bruchteil einer Sekunde abbildet, lassen sich so die meisten irrelevanten, statischen Bildinhalte relativ leicht und schnell entfernen. Aus dem n-ten Eingangsbild $B_n\left(x, y\right)$ und einem Referenzeingangsbild $B_{n-m}\left(x, y\right)$ m Bilder zuvor, wird das Differenzbild $D_n\left(x, y, m\right)$ berechnet mit

$$D_n\left(x, y, m\right) = \left|B_n\left(x, y\right) - B_{n-m}\left(x, y\right)\right|. \tag{30.1}$$

2.1 Minderung dynamischer Bildstörungen

Alle Eingangsbilder sind Störungen unterlegen wie Bildrauschen, Bewegungen im Hintergrund (hier insbesondere Vegetation durch Wind), Insekten welche durch den Laser fliegen sowie Reflektionen durch Schmauch oder nicht verbrannte Treibladungsreste. Um die Wahrscheinlichkeit zu minimieren, dass solche zufälligen Störungen bei der Differenzbilderzeugung im Referenzbild ungewünschte Bildinhalte verursachen, empfiehlt sich in Anlehnung an die klassische dynamische Rauschminderung eine Verwendung mehrerer Eingangsbilder jeweils als Referenzbild. Hierzu

werden aus k Referenzbildern k Differenzbilder mit dem n-ten Eingangsbild erzeugt. Das korrespondierende, störungsminimierte, n-te Differenzbild berechnet sich dann nach:

$$\widetilde{D}_n\left(x, y, k\right) = \min\left(D_n\left(x, y, 1\right), \ldots, D_n\left(x, y, k\right)\right). \tag{30.2}$$

So verbleiben lediglich Inhalte im aktuellen Differenzbild, welche sich von
allen anderen Differenzbildern unterscheiden (vgl. Abbildung 30.2). Dies
sind die Geschossflugbahn sowie Störungen, welche nur im verwendeten
Eingangsbild vorkommen. Ein Nachteil dieses Verfahrens ist jedoch, dass
Störungen welche zufällig im Bereich der Geschossflugbahn auftreten dazu führen, dass Teile der Flugbahn ebenfalls eliminiert werden.

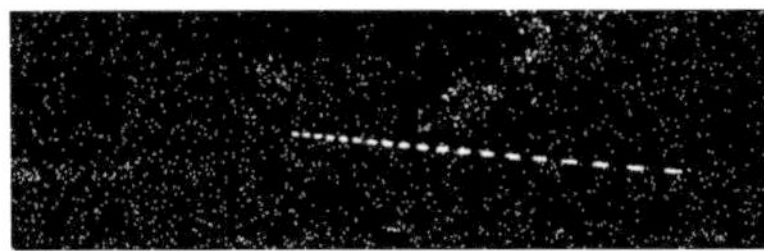

(a) Differenzbild aus einem Referenzbild

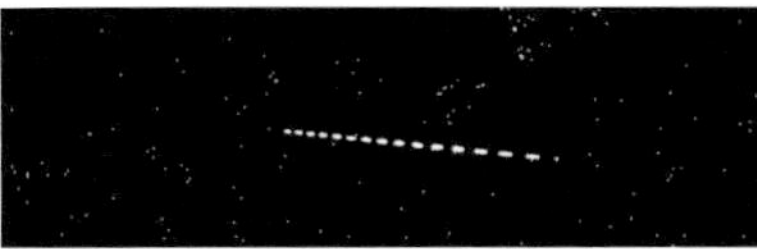

(b) Differenzbild aus 2 Referenzbildern

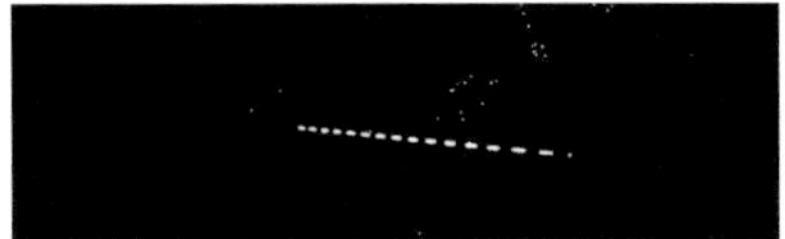

(c) Differenzbild aus 10 Referenzbildern

Abbildung 30.2: Beispiel dyn. Störungsminderung anhand binarisierter Differenzbilder, gewonnen aus verschieden vielen Referenzbildern (durch nachträgliche Dilatation verdeutlichte Darstellung).

2.2 Fusion sequentieller Bildfolgen

Für eine spätere Extraktion der Geschossflugbahn aus einem Schussereignis wird vorausgesetzt, dass alle Teile der Flugbahn in einem Bild enthalten sind (s. Abschnitt 4). Dies ist jedoch nicht garantiert, da Bildaufnahme und Schuss asynchron erfolgen. Je nach Geschossgeschwindigkeit und
beobachteter Flugbahn ist es zudem möglich, dass sich eine Flugbahn
über mehr als zwei Einzelbilder erstreckt, s. Abbildung 30.1. Es müssen
daher alle Differenzbilder, in denen eine Flugbahn innerhalb einer gewissen Zeit detektiert worden ist, zusammmengeführt werden zusätzlich

jeweils vorangehender und nachfolgender Einzelbilder, da eine Detektion bei kürzeren Flugbahnen weniger wahrscheinlich ist (s. Abschnitt 3). Aus allen relevanten t Differenzbildern der Indizes $\{s_1, ..., s_t\}$ eines Schussereignisses s wird das fusionierte Differenzbild $\overline{D}_s(x, y, k, t)$ berechnet mit

$$\overline{D}_s(x, y, k, t) = \max\left(\widetilde{D}_{s_1}(x, y, k), \ldots, \widetilde{D}_{s_t}(x, y, k)\right). \tag{30.3}$$

3 Detektion von Schussereignissen

Für eine Detektion eines Schussereignisses, d.h. ob eine Flugbahn im aktuellen Eingangsbild vorhanden ist oder nicht, sind grundsätzlich verschiedene Verfahren zur Liniendetektion denkbar. Ein wichtiges Kriterium bei der Wahl ist hierbei die Verarbeitungsgeschwindigkeit, um eine Echtzeit-Erkennung zu realisieren, d.h. eine Detektion innerhalb der Belichtungszeit eines Einzelbildes. Nach entsprechenden Vorüberlegungen wurden drei Verfahren ausgewählt bzw. ausgearbeitet und evaluiert: die Hough-Transformation, eine Region-Growing-basierte Segmentierung mit Winkelhistogrammfilterung und eine Region-Growing-basierte Segmentierung mit Hough-Transformation der Segmentmittelpunkte. Für alle drei Verfahren wird später ein Schwellwert v_s benötigt ab dem ein Bildpunkt in einem Differenzbild als positiv (wird verwendet) oder als negativ (wird nicht verwendet) gezählt wird. Für die Konfiguration des aktuellen Systems hat sich aus Versuchen der jeweilige Differenzbildmittelwert zzgl. 2 Grauwertstufen (bei 8 Bit) für v_s als geeignet erwiesen.

Verfahren wie Kreuz-Korrelation, Kontourerkennung oder alternative Segmentierungsverfahren via k-Means, Graph-Cut und andere Kantenerkennungsverfahren wurden für das Detektionsproblem als unnötig komplex („Overkill") oder zu rechnintensiv eingestuft. Da das Hough-Verfahren allerdings auf einem Brute-Force-Ansatz beruht und somit ebenfalls eher rechenintensiv ist, wird hier eine probabilistische Variante des Hough-Verfahren verwendet. Eine weitere Grundlage für die Überlegungen waren ferner die Annahmen, dass (1) der aufgenommene Flugbahnabschnitt nicht zu lang ist (und somit die Flugbahnkrümmung aufgrund des gravitationsbedingten Geschossabfalls nicht maßgeblich ist) und (2) Linsenverzerrungen vernachlässigbar klein sind, sodass sich die Geschossflugbahn im Wesentlichen durch eine Gerade approximieren lässt. Gekrümmte Flugbahnen werden daher in dieser Untersuchung nicht berücksichtigt.

3.1 Hough-basierte Detektion

Grundgedanke zur Verwendung der Hough-Transformation zur Detektion der Geschossflugbahn ist die Idee, dass sich die Flugbahn unter obigen Randbedingungen je nach Parametrisierung als ein gewisses Maximum im Hough-Raum abbildet. Auftretende Störungen, da zufälliger Natur, sind i.d.R. ungerichtet und sollten sich daher homogen im Hough-Raum verteilen, vgl. Abbildungen 30.3(a) u. 30.3(c). Die Wahrscheinlichkeit mit welcher das Verfahren eine wahre Aussage liefert sollte somit ungefähr jener Wahrscheinlichkeit entsprechen, mit welcher keine Störung ähnlicher Gestalt und Qualität der Flugbahn auftritt.

Einen weiteren Vorteil bei der Anwendung der Hough-Transformation für das aktuelle Problem stellt dar, dass keine gesonderte Kantenhervorhebung (wie z.B. mittels des Canny-Algorithmus) erfolgen muss, da sich die Geschossspur selbst im Wesentlichen bereits als Kante interpretieren lässt. Da die Transformation, wie zuvor bereits erwähnt, eher rechenintensiv ist, wird eine probabilistische Variante verwendet. Problembezogen (d.h. unter Berücksichtigung der aktuellen Bildgrößen und der zu erwartenden Segmentgrößen) wird nur jeder neunte Bildpunkt (je 3 in x und je 3 in y), welcher den Schwellwert v_s erreicht oder überschritten hat zur Transformation herangezogen.

Die Schwäche des Verfahrens liegt jedoch darin, ein geeignetes Kriterium zu finden, mit welchem ein Maximum im Hough-Raum einer Flugbahn gleichzusetzen ist. Hierauf haben die Länge, Breite und Anzahl der Flugbahnsegmente Einfluss, sowie die Zahl und die Verteilung der Bildpunkte, welche nicht zur Flugbahn gehören. Als initialer Ansatz wurde in den aktuellen Untersuchungen ein fester Schwellwert verwendet.

3.2 Detektion durch Region-Growing-basierte Segmentierung und Winkelhistogrammfilterung

Wie aus den Beispiel-Differenzbildern in Abbildung 30.1 zu sehen ist, bilden Bildpunkte einzelner Flugbahnsegmente unter Verwendung des Schwellwertkriteriums v_s zusammenhängende Konglomerate. Es wird daher vorgeschlagen zunächst alle derartigen Konglomerate im Bild über ein Region-Growing-Verfahren unter Verwendung des Schwellwertes v_s als Growing-Kriterium als Segment zu erfassen. Aus der Liste erhaltener Segmente lassen sich zunächst unplausibel kleine und große Segmente eliminieren, deren Ursache meist Störungen wie z.B. Rauschen oberhalb von v_s sowie Bildaussetzer sind. In Abbildung 30.3(b) sind für ein Beispiel die so verbliebenen Segmente farblich kodiert dargestellt. Aus diesen Segmenten der Anzahl u werden alle einzigartigen $\frac{u \cdot (u-1)}{2}$ Paarkombinationen gebildet. Für jedes Segmentpaar wird jeweils der Winkel zwischen den Mittelpunkten der enthaltenen Segmente berechnet. Aus den Winkeln aller Segmentpaare wird ein Histogramm erstellt. Ähnlich wie bei der Hough-Transformation liegt hier die Annahme zugrunde, dass sich bei Vorhandensein einer Geschossspur ein signifikantes Maximum in einer bestimmten Winkelklasse ausbildet, vgl. Abbildung 30.3(d).

Da nicht nur hintereinanderliegende Segmentpaare den gleichen Winkel zueinander bilden können, sondern auch zueinander parallele Segmentpaare, müssen die Segmente der Winkelklasse mit den meisten Vorkommen aus den jeweiligen Paaren in zusammenhängende Segmentketten überführt werden. Besitzt die längste zusammengeführte Segmentkette eine über einen Schwellwert definierte Mindestanzahl an Segmenten (typischer Weise die Anzahl zu erwartender Segmente in einem Bild[3]), gilt eine Flugbahn als detektiert.

3.3 Detektion durch Region-Growing-basierte Segmentierung und Hough-basierte Filterung

In einem dritten Verfahren werden die beiden zuvor vorgestellten Verfahren miteinander kombiniert. Zunächst erfolgt eine Segmentierung gemäß Abschnitt 3.2, sodass sich für das Beispiel in Abbildung 30.3(a) das gleiche Ergebnis wie in Abbildung 30.3(b) ergibt. Anders als zuvor werden im nächsten Schritt jeweils der Mittelpunkt der gewonnenen Segmente einer Hough-Transformation unterzogen. Anschließend wird nach einem notwendigen Maximum im Hough-Akkumulator gesucht, ab welchem eine Flugbahn dahinter vermutet wird. Der Vorteil des Verfahrens ggü. dem Hough-Verfahren aus Abschnitt 3.1 liegt darin, dass bereits eine erste schnelle Filterung von irrelevanten Bildpunkten (zu klein oder groß) durchgefürt wurde und sich der Transformationsaufwand auf die Segmentmittelpunkte beschränkt, wenngleich zusätzlich die Laufzeit für die Segmentierung hinzukommt. Ferner lässt sich das notwendige Maximum

---

[3] Die zu erwartende Anzahl lässt sich über die LASER-Frequenz und die Belichtungsdauer abzüglicher einer Toleranz ermitteln.

im Hough-Akkumulator ab dem eine Flugbahn als detektiert gilt besser bestimmen, da dieses der Anzahl zu erwartender Flugbahnsegmente abzüglich einer Toleranz entsprechen sollte.

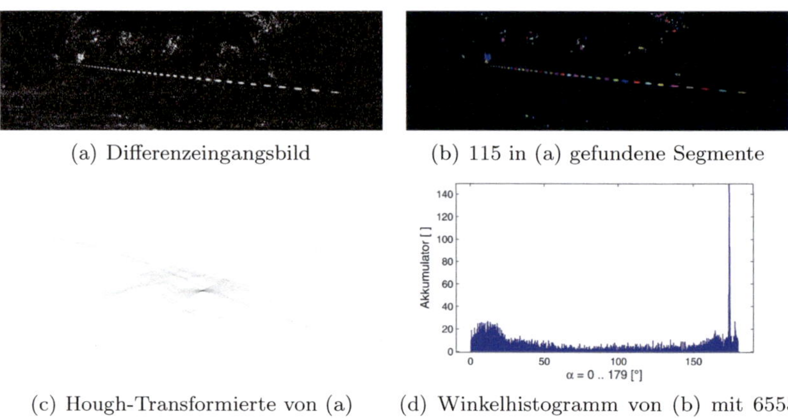

(a) Differenzeingangsbild

(b) 115 in (a) gefundene Segmente

(c) Hough-Transformierte von (a)

(d) Winkelhistogramm von (b) mit 6555 Segmentpaaren verteilt auf 900 Klassen

Abbildung 30.3: Auswertung eines Differenzbildes.

3.4 Evaluation

Im Folgenden sollen die drei oben beschriebenen Verfahren anhand aufgezeichnetem Bildmaterial getestet werden. Die Datenbasis umfasst insgesamt 9115 Einzelbilder (zusammengeführt aus zwei Stereokameras) aus Versuchen mit dem in Abschnitt 1.2 beschriebenen System. Enthalten sind zweimal 81 Schussereignisse (linke und rechte Kamera) eines $9 \times 19\,\mathrm{mm}$ Parabellum-Geschosses. Bei den Eingangsbildern handelt es sich um 8-Bit Graustufenbilder mit $1312 \cdot 400$ Bildpunkten Auflösung.

Kriterien bei der Untersuchung der Verfahren sind die Rechenzeit und die Zuverlässigkeit mit welcher eine Flugbahn detektiert worden ist. Das Testsystem ist ein Desktop-PC mit einem Intel Core2 Prozessor @2,4GHz und DDR2-667 RAM. Die Umsetzung erfolgte in C# (Programmiersprache der Bildaufnahmesoftware). Die Randbedingungen wurden so gesetzt wie sie bei einem Einsatz im Live-System wären. Das heisst, es wurden einfache Differenzbilder nach Gleichung 30.1 mit $m = 1$ erzeugt und verwendet, da eine Störungsminderung nach Gleichung 30.2 hier zu rechenintensiv wäre. Zur zusätzlichen Performancesteigerung wurde eine Auflösungsreduktion um den Faktor 2 je Bilddimension mit Antialiasing vorgeschaltet. Da die erzielbaren Ergebnisse letztlich maßgeblich von den jeweiligen verfahrenstypischen und den aktuellen Systemparametern (Bildauflösung, Bildwiederholrate, Signal-Rausch-Verhältnis) abhängen, wurde versucht die Parametrisierung so zu gestalten, dass ca. 10ms oder weniger Rechenzeit beansprucht wird. So ergäbe sich unter Berücksichtigung der Rechenzeit von ebenfalls ca. 10ms für die Differenzbilderzeugung und Auflösungsreduktion eine gewünschte Rate von ≥ 50 Bildern pro Sekunde für eine Echtzeit-Detektion (vgl. Abschnitt 1.2).

	Hough	Segmentierung u. Winkelhist.	Segmentierung u. Hough
False Positives	182 (2%)	66 (0,7%)	111 (1,2%)
False Negatives	4	0	0
Rechenzeit ($\varnothing$)	10,8ms	7,1ms	10,6ms

Tabelle 30.1: Testergebnisse der Detektionsverfahren aus 9115 Bildern.

Wie man den Ergebnissen aus Tabelle 30.1 entnehmen kann, liefern alle Verfahren ähnliche Ergebnisse und erfüllen näherungsweise das Zeitkriterium. Das Hough-Verfahren ist jedoch das Einzige, welches in 4 Bildern eine Flugbahn nicht detektieren konnte. Insgesamt liefert das Segmentierungsverfahren mit Winkelhistogrammfilterung hinsichtlich Rechenzeit und Fehldetektionsrate die besten Ergebnisse.

4 Extraktion von Geschossflugbahnsegmenten

Um später eine Positionsbestimmung des Geschosses nach der Zeit durchzuführen, müssen die einzelnen Flugbahnsegmente extrahiert werden. Aus diesen wird jeweils die Mittelpunktkoordinate berechnet, welche den Ort des Geschosses zum relativen Zeitpunkt eines LASER-Pulses markiert[4]. Hierzu werden alle Einzelbilder eines Schussereignisses, welche nach den Kriterien aus Abschnitt 2.2 durch ein Detektionsverfahren aufgezeichnet worden gemäß Gleichung 30.3 zusammengeführt.

---

[4] Die Verwendung der Mittelpunktkoordinate liefert zum einen den Vorteil möglicher Sub-Pixel-Genauigkeit und ist weniger anfällig ggü. ungleichmäßiger Reflektion des Geschosses als z.B. die Verwendung von Start- und Endpunkt eines Segmentes.

Von den drei beschriebenen Detektionsverfahren lassen sich hier nur die beiden Segmentierungsverfahren nutzen, da das reine Hough-Verfahren pixelbasiert arbeitet und keine fertigen Segmente liefert. Da die Verfahren auf ein aus mehreren Bildern fusioniertes Bild[5] angewendet werden, können verstärkt Störungen präsent sein, welche zu falschen Ergebnissen führen. Da die Extraktion selbst nicht in Echtzeit ausgeführt werden muss, ist mehr Zeit verfügbar zusätzliche Kriterien für eine Filterung von extrahierten Segmenten anzuwenden. So lassen sich bestimmte Segmente über ihre Form von vornherein ausschließen. In Abbildung 30.4 wird das Beispiel der Anwendung einer Vorfilterung verdeutlicht bei welcher Segmente mit zu vielen konkaven Ecken eliminiert werden (da Flugbahnsegmente überwiegend konvexe Ecken haben sollten). Eine weitere denkbare Variante zur Vorfilterung wäre eine Aufteilung der Segmente (nach einer Hauptachsentransformation) nach Länge, Breite, Größe, Entfernung, etc. und eine anschließende Klassifizierung mittels eines geeigneten Verfahrens. Hierauf soll jedoch an dieser Stelle nicht weiter eingegangen werden.

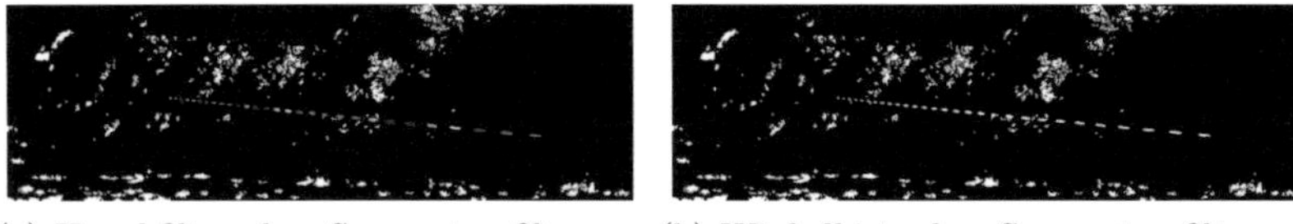

(a) Houghfilter ohne Segmentvorfilterung (b) Winkelhist. ohne Segmentvorfilterung

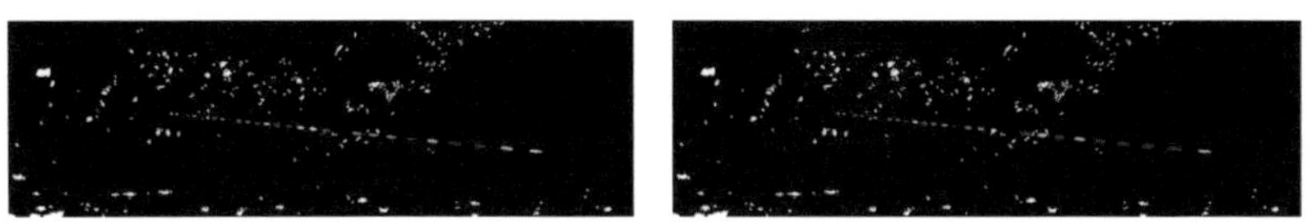

(c) Houghfilter mit Segmentvorfilterung (d) Winkelhist. mit Segmentvorfilterung

Abbildung 30.4: Vergleich der Segmentierungsverfahren mit Hough- bzw. Winkelhistogrammfilterung ohne und mit zusätzlicher Segmentvorfilterung an einem Beispiel mit vielen Störungen; farblich hervorgehobene Segmente wurden extrahiert; ohne Vorfilterung versagt die reine Winkelhistogrammfilterung.

Anhand einer Stichprobe von 20 der insgesamt 81 Schussereignisse (d.h. 40 Flugbahnen, da Stereobilder) wurden die beiden Segmen-

---

tierungsverfahren hinsichtlich ihrer Erfolgsquote bei der Extraktion von Geschossflugbahnsegmenten bewertet. Aus insgesamt 1225 Flugbahnsegmenten (ermittelt durch manuelle Inspektion) wurden mittels des Region-Growing-basierten Segmentierungsverfahrens (unter Eliminierung von sehr kleinen Segmenten)[6] 1043 Flugbahnsegmente ($\hat{=}$ 85%) extrahiert zusätzlich weiterer Segmente welche nicht zur Flugbahn gehören. Bei Anwendung der Histogrammfilterung auf das Ergebnis konnten 2 der 40 Flugbahnen (insges. 33 Flugbahnsegmente) gänzlich nicht extrahiert werden. Von den anderen 38 Flugbahnen wurden 985 der verbliebenen 1010 Segmente richtig extrahiert. Bei Anwendung der Hough-Filterung hingegen konnten 1038 Flugbahnsegmente (99,5%) aller 40 Flugbahnen extrahiert werden. Beide Verfahren zählten jew. genau ein Segment (jew. das gleiche) fälschlich zur Flugbahn (Störung nahe der Geschossspur). Aus den Ergebnissen kann geschlussfolgert werden, dass für eine Extraktion von Flugbahnsegmenten die Hough-Filterung der Winkelhistogrammfilterung nach erfolgter Segmentierung vorzuziehen ist.

Anhand der extrahierten Flugbahnsegmente lässt sich später der Flugbahnverlauf im Bild ermitteln. In einem zweiten Iterationsschritt ließe sich die Segmentierung noch einmal anwenden, ohne anschließend sehr kleine Segmente zu eliminieren. Stattdessen würden nur Segmente akzeptiert, welche sich in der Nähe der ermittelten Flugbahngerade befinden, sodass auch sehr kleine Flugbahnsegmente extrahiert werden könnten.

5 Zusammenfassung und Ausblick

Es konnte gezeigt werden, dass bereits einfache Bildauswerteverfahren ausreichen, um eine Flugbahndetektion zu realisieren. Hierzu wurden drei Verfahren vorgeschlagen. Alle Verfahren ließen sich auf die gewünschten Laufzeitbedingungen skalieren und lieferten hierbei eine gute Detektionsrate. Letztlich hat sich dabei die Region-Growing-basierte Segmentierung mit Winkelhistogrammfilterung als das zuverlässigste und schnellste Verfahren herausgestellt. Bei der Extraktion von Flugbahnsegmenten liefert die Region-Growing-basierte Segmentierung mit Hough-Filterung die besten Ergebnisse. Da für die Flugbahnextraktion keine spezifische Re-

---

[6] Die Eliminierung sehr kleiner Segmente ist zwar Hauptursache für die meisten nicht erfassten Flugbahnsegmente, aber notwendig, um Störungen zu minimieren, welche die anschließenden Filterverfahren destabilisieren.

chenzeitvorgabe existiert, sollten jedoch auch andere, eingangs erwähnte Verfahren nicht außer Acht gelassen werden, welche im Rahmen des Beitrages nicht untersucht werden konnten.

Literatur

1. C. L. Smith und L. D. G., „A forensic ballistics projectile location system", S. 184–189, 12-14 Oct 1998.

2. A. v. d. Fecht, *Beitrag zur Entwicklung von bildgebenden, augensicheren Laser Radar Systemen basierend auf dem Gated Viewing Verfahren*, 1999.

3. H. Rothe, Hrsg., *Vortragsband zur 4. Tagung "Optik und Optronik in der Wehrtechnik"*. Bonn: Studienges. der DWT, 2007.

4. H. Athen, *Ballistik*, 2. Aufl. Heidelberg: Quelle & Meyer, 1958.

5. J. Leathem, „Highly accurate measurement of projectile trajectories", Melbourne, 1997.

6. U. Chalupka und H. Rothe, „Stereoskopische, lasergestützte geschossflugbahnvermessung", in *3D-NordOst 2011*, Ser. Tagungsband zum 14. Anwendungsbezogenen Workshop zur Erfassung, Verarbeitung und Auswertung von 3D-Daten, Vol. 14. Gesellschaft zur Förderung angewandter Informatik, Berlin, Dezember 2011, 2011.

7. S. Snarski, A. Menozzi, T. Sherrill, C. Volpe und M. Wille, *Results of field testing with the FightSight infrared-based projectile tracking and weapon-fire characterization technology*, Ser. Proceedings of SPIE. Bellingham and Wash: SPIE, 2010, Vol. 7666.

8. U. Chalupka und H. Rothe, „Backscatter based projectile trajectory measurement under daylight conditions", in *Reflection, Scattering, and Diffraction from Surfaces III*, Ser. Proc. SPIE, Vol. 8495. SPIE San Diego, CA, August 2012, 2012.